民间非遗
美食概览

章黎黎　李兴武　编著

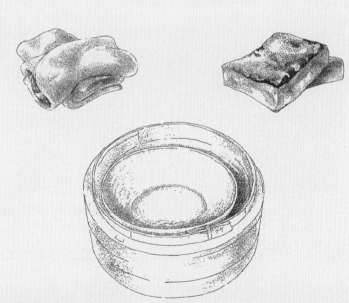

西南交通大学出版社
·成　都·

图书在版编目（CIP）数据

民间非遗美食概览 / 章黎黎，李兴武编著. -- 成都：西南交通大学出版社，2024. 11. -- ISBN 978-7-5774-0212-3

Ⅰ. TS971.202

中国国家版本馆 CIP 数据核字第 20240ZF066 号

Minjian Feiyi Meishi Gailan

民间非遗美食概览

章黎黎　李兴武　编著

策 划 编 辑	罗在伟
责 任 编 辑	邵莘越
封 面 设 计	原创动力
出 版 发 行	西南交通大学出版社
	（四川省成都市金牛区二环路北一段 111 号 西南交通大学创新大厦 21 楼）
营销部电话	028-87600564　028-87600533
邮 政 编 码	610031
网　　　址	http://www.xnjdcbs.com
印　　　刷	四川玖艺呈现印刷有限公司
成 品 尺 寸	185 mm × 260 mm
印　　　张	27.5
字　　　数	685 千
版　　　次	2024 年 11 月第 1 版
印　　　次	2024 年 11 月第 1 次
书　　　号	ISBN 978-7-5774-0212-3
定　　　价	88.00 元

中国饮食文化源远流长，博大精深，是中华文明的重要标志之一。俗话说："十里不同风，百里不同俗。"因地域风俗不同，全国各地的美食有着很大的差异。本书内容选取全国34个省级行政区，包括23个省、5个自治区、4个直辖市、2个特别行政区的饮食类传统制作技艺项目，按照行政属地划分，以民间非遗美食为重点，介绍饮食类传统技艺的历史故事、制作方法和风味特色。

全书由章黎黎和李兴武共同执笔完成，选取全国200多种获得国家、省级、市级的非遗美食和相应的彩色插图。内容皆选自全国各地美食相关报刊的文章和政府部门的相关公开报道，都是各地区特色明显、知晓度广、美誉度高的美食，且相关描写不涉及商业机密。通过挖掘非遗美食的故事、记录非遗美食的制作，以唤起社会对"民间非遗美食"的关注、传承和创新。

本书有这样几个特点：

一是贴近生活。书中介绍的美食，皆是老百姓的日常饮食，而且兼顾了全国东西南北不同地区的特色美食，读者读起来会有一种亲切感：使老者得以回忆，使年轻人感受历史，从中既能感慨时代之沧桑，又可品味先人之艰辛；既能感受当地风味之特色，又可体味当今饮食之大同。

二是彰显文化。饮食是一种文化。每种非遗美食，都有一段历史，都有一个故事，都是一种艺术。书中介绍的非遗美食，都反映着各地的历史、文化、习俗以及特色。通过本书的介绍，人们了解到的不单单是中国的民间非遗美食，还可以了解全国各地的历史和民俗。

三是图文并茂。书中对每一种非遗美食不但作了文字说明，而且还附有彩色插图，使读者更能直观地了解美食的特点。这些美食图片，使读者更容易深入了解美食制作的工艺。

总之，《民间非遗美食概览》不失为一部介绍中国饮食文化的百科全书，有一定的阅读和收藏价值。

目录

黑龙江

民间非遗美食

东北小鸡炖榛蘑

一、非遗美食故事

东北小鸡炖榛蘑

小鸡炖榛蘑（被人传为小鸡炖蘑菇）是广为人知的东北名菜，也是黑龙江传统的四大炖菜之一。

吃小鸡炖蘑菇据说是女儿婚后回娘家的饮食习俗，在黑龙江的广大农村流传着"姑爷领进门，小鸡吓掉魂"的谚语。就是说新婚的女儿携丈夫回门时，娘家基本都以小鸡炖榛蘑招待。因此，新姑爷进了丈母娘家的大门，小鸡就知道自己的末日到了，就要被与蘑菇炖在一起，作为美味奉献给新姑爷了。此菜也是黑龙江招待尊贵客人的一道佳肴。

小鸡炖蘑菇里用的小鸡都是乡下的散养土鸡。由本地鸡喂养五谷杂粮和虫子长成，其味也醇，肉也香浓；炖鸡的蘑菇用的则是野生的长白山的榛蘑，二者同时炖煮越炖越香。

二、非遗美食制作

（1）原辅料：土鸡、干榛蘑、葱、姜、八角、生抽、盐、料酒、老抽、鸡精、食用油。

（2）制作步骤：

第1步 土鸡现杀洗净，斩成小块，冲洗至无血水。干榛蘑洗净，提前用冷水泡发，择去根，洗净，控干水分，保留最后一次泡榛蘑的水，沉淀滤去泥沙。葱斜刀切成小段，姜拍松。

第2步 锅内倒入冷水，并加入少许料酒，放入鸡块，煮开后捞出鸡块，控干水分，备用。

第3步 锅内倒入色拉油，烧至五成热，放入葱段、姜和八角，爆出香味。

第4步 放入鸡块，倒入生抽，翻炒至上色，之后放入榛蘑，继续翻炒，使榛蘑的味道散发出来。

第5步 倒入热水和泡榛蘑的水，没过鸡肉即可，大火烧开。

第6步 小火慢炖一小时左右，至汤汁黏稠，撒入少许盐调味，即可出锅。

三、非遗美食风味特色

小鸡炖榛蘑成菜后鸡肉鲜嫩，芳香可口。该菜品营养价值高，含有丰富的钙、磷、铁、蛋白质、胡萝卜素、维生素 C 等营养成分。

参考文献：

郑昌江，姜春和，戴书经. 中国东北菜全集[M]. 哈尔滨：黑龙江科学技术出版社，2007.

哈尔滨红肠

一、非遗美食故事

20世纪初，哈尔滨著名的银行——秋林洋行的一个立陶宛员工不甘心为老板打工，而想自己做老板，于是，就建立了秋林灌肠庄，开始生产立陶宛风味的香肠，即"里道斯"香肠。因为这种香肠呈枣红色，所以又叫"红肠"，又因产地在哈尔滨，所以许多人又叫它"哈尔滨红肠"。

二、非遗美食制作

（1）原辅料：肥瘦适中的新鲜猪肉和牛肉、牛小肠或猪小肠、淀粉、蒜、黑胡椒粉、盐等。

（2）制作步骤：

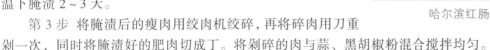

哈尔滨红肠

第1步 把猪肉与牛肉切成长约10 cm、宽约5 cm、厚约2 cm的肉块。

第2步 用盐与肥瘦肉块混合搅拌均匀，在3~4 ℃的低温下腌渍2~3天。

第3步 将腌渍后的瘦肉用绞肉机绞碎，再将碎肉用刀重剁一次，同时将腌渍好的肥肉切成丁。将剁碎的肉与蒜、黑胡椒粉混合搅拌均匀。

第4步 先将牛肉馅用适量冷水充分混合搅拌5~6分钟，用清水将淀粉溶解，一起加入已有配料的肉馅中，最后加入肥肉丁搅拌2~3分钟。

第5步 将牛小肠或猪小肠衣漂洗干净，按灌制香肠的要求进行灌制。将灌制好的肠放入烤炉内，炉内温度应保持在65~85 ℃，并每隔5分钟左右上下翻动一次，烘烤25~40分钟后，肠衣呈半透明状，表皮干燥，肠衣表面和肠头无油脂流出时即烤好。

三、非遗美食风味特色

哈尔滨红肠做法精良，产品光泽起皱，熏烟芳香，味美质干，肥而不腻，蛋白质含量高，营养丰富，是酒宴、冷餐的上等佳肴，已成为哈尔滨的标志性特产。

参考文献：

[1] 张帆. 哈尔滨文化中的俄罗斯元素[J]. 边疆经济与文化，2020（4）：1-3.

[2] 郭滨生，文双朝，倪志刚. 哈尔滨红肠风味区别溯源[J]. 肉类工业，2016（8）：54-55.

[3] 贺旺林. 真空包装哈尔滨红肠货架期预测模型的建立[D]. 大庆：黑龙江八一农垦大学，2015.

老都一处水饺

一、非遗美食故事

老都一处水饺是黑龙江省哈尔滨市的著名风味小吃。此小吃是以精制面粉作皮，以猪肉、鲜菜、水发海参、鲜贝、虾子、虾米等与鸡汤调制成馅后制作而成的。

相传，最早的"都一处"或"独一处"是 1911 年由辽宁海城人范长庚开设的"范记独一处"饺子馆，因其制作精细、质量上乘，曾誉满全城。后来河北省枣强县杨氏五兄弟到哈尔滨开设水饺馆，买卖不佳，生意萧条，于是他们兄弟轮流到"独一处"学艺，并在自己原有的工艺基础上吸取了"独一处"的配料及制法之长处，后逐渐赢得食客们的赞许，顾客盈门，生意兴隆，并最终亮出了"老都一处饺子馆"的字号。多年以来，"老都一处"都坚持自己的制作风格，饺子皮薄馅大，海味鲜美，汤多而不腻，成为颇受人们喜爱的传统美食。

二、非遗美食制作

（1）原辅料：富强粉、瘦猪肉、水发海参、鲜贝、虾籽、海米、香油、时令菜、精盐、酱油、鸡汤、花椒面、味精。

（2）制作步骤：

第 1 步 馅心制作。

A. 原料初加工。将猪肉洗净剁成茸，海参切成小丁，鲜贝切成粒状；时令蔬菜洗净，切成小粒，挤去部分水分待用。

B. 馅心拌制。先将猪肉茸放入调馅盆中，加入精盐、酱油搅打上劲，然后再逐次加入鸡汤搅打成稠糊状，最后加入海参丁、鲜贝粒、虾籽、虾米拌匀，再放入味精、花椒面、香油拌匀即成馅。

第 2 步 面团制作。将面粉加清水和成面团，揉至光滑后，放 15 分钟即可。

第 3 步 生坯成形。将饧好的面团搓成长条，揪成每个重约 7 g 的剂子，按扁后排成圆形面皮，包入馅心 7 g，捏成饺子形即可。

第 4 步 制品熟制。将清水倒入锅中烧沸，下入饺子生坯，煮至 6 分钟即成。

（3）特别提示：

第 1 步 馅心调制应劲度较好，以利成形。

第 2 步 面团用水量应根据天气变化灵活掌握，一般夏天用水量较冬天少。

第 3 步 煮饺子时，应保持水面"沸而不腾"。

三、非遗美食风味特色

老都一处饺子的特点是海味多，鸡汤拌馅，不放葱姜，味道纯正，皮薄馅大，汤鲜味美，鲜香不腻。

老都一处水饺

参考文献：

吴光启，王家新. 各地传统食品介绍（一）哈尔滨老都一处三鲜水饺[J]. 商场现代化，1984（10）：21.

老李太太熏酱

一、 非遗美食故事

老李太太熏酱自 1901 年创建，已经有 100 多年的历史。老李太太熏酱的创始人李进先本是一名厨师，1901 年因闯关东到了哈尔滨，先是流动销售自制的熏酱，1937 年后在哈尔滨三十六棚开始固定销售熏酱。李进先将自家企业取名为李家熏酱，主营熏酱，因食而不腻、色香味美等特点，成为当时远近闻名的风味美食，得到了人们的认可。20 世纪五六十年代，李进先及他的女儿李淑英，将李家店铺搬到了道外六道街。李进先去世后，女儿李淑英继承了父亲的手艺，并在原有的基础上进行改良，并将店铺改名为老李太太熏酱馆，成为 1980 年以后哈尔滨市最早一批的个体饭店。他的第三代传人李明发在 2002 年注册了老李太太熏酱品牌。独特的熏酱技术继承了其祖父将药膳与厨艺相结合的创意。

二、 非遗美食制作

（1）原辅料：猪手、香蒜、姜、蒜、秘制料包（陈皮、八角、桂皮等十几种调料）。

（2）制作步骤：

第 1 步 猪手洗净斩成大块。

第 2 步 锅内烧温水，放入猪手煮开后，至浮起泡沫，猪手断生，捞出用凉水冲洗干净，并用眉夹夹干净猪毛。

老李太太熏酱猪手

第 3 步 炒锅内放入少量油，把猪手放入，翻炒约五分钟盛出。

第 4 步 炒锅内放糖，炒出糖色，煮至黄色即可。

第 5 步 炒过的猪手再一次倒入糖色锅内，翻炒至全部沾上糖色盛出。

第 6 步 煮锅内，放入炒好的猪手、大蒜、香葱、姜片、生抽、老抽、黄酒、秘制调料等。放入刚好没过猪手的水。

第 7 步 大火烧开后，转中小火煮十分钟，转小火慢煮至剩下锅底位置的汁即可收火。

三、 非遗美食风味特色

老李太太熏酱运用传统和现代工艺精心秘制系列熟食，食而不腻，色香味美，烹林独秀，熏酱一绝，风味独特。目前熏酱产品种类有熏排骨、熏大骨棒、熏猪手等。经过百余年的历史沉淀，老李太太熏酱已经成为风靡省内外的美食，并被《哈尔滨美食地图》收录，成为哈尔滨特色的美食品牌。

参考文献：

[1] 邢芳芳. 哈尔滨老字号之百年发展历程[J]. 学理论，2019（12）：123-125.

[2] 马庆玲. 哈尔滨市以中华优秀传统文化助力乡村振兴情况调查[J]. 哈尔滨市委党校学报，2023（3）：53-57.

白肉血肠

一、非遗美食故事

　　白肉血肠，是从古代帝王及族长祭祀所用祭品演变而来的。祭祀过程中，以猪为牺牲。祭祀完成后，这种猪肉就称为"福肉"，即"白肉"。所谓血肠，即杀完猪后将猪血灌入肠里同煮。二者通称"白肉血肠"。

　　这道菜，不但好吃，做工还非常讲究，选料尤其精细。选用的猪，要成年猪才行。选的猪肉部分，只要腰部的上五花肉。将选好的上五花肉用铁叉子穿上，放在火上燎起大泡，再用清水漂肉，杂毛根都去掉。最后，肉呈蛋黄色，大块放进锅里紧。肉捞出后，切成薄片。肉片是五花三层的，瘦而不柴，肥而不腻，展开就像绸缎似的。而血肠更是讲究，头天晚上杀的猪，猪血在盆子里沉淀，然后把血上边的"血清"舀出灌肠，底下的混血不要，以表明人们对祖先的敬畏。

二、非遗美食制作

　　（1）原辅料：五花肉、砂仁、猪肠、桂皮、猪清血、桂皮、盐、紫蔻、醋、丁香、味精、酸菜丝、肉料面。

白肉血肠

　　（2）制作步骤：

白肉制法：

第1步　将肉叉于铁叉之上，用中火烤，烤出浮油，将毛烤净。

第2步　把烤好的肉放入水中浸泡10分钟后，用刷子刷3～4遍，刷净污染，吊起擦净污水。

第3步　肉皮向下，开水下锅，水开后，移至微火煮至六七成熟，抽出筋骨，再煮熟为止。

第4步　将煮好的肉切片，每片3～16 cm长、0.5 cm厚。

血肠制法：

第 1 步　将猪肠加盐、醋，搅拌搓洗至起白沫，用水洗净白沫和污物，放入冷藏箱待用。

第 2 步　取杀猪时流出的鲜血，过滤、坐清两次，把清血和混血分开。

第 3 步　混血与清血加水、盐、味精、砂仁、桂皮、桂皮粉、紫寇面。

第 4 步　把猪肠从冷藏箱内取出，用水洗净，一头用马莲扎好，从另一头灌血，灌好后，将口扎住，再从中间扎住，分为两段。

第 5 步　开水下锅，煮 10 分钟左右，见血肠浮起捞出。放入冷水盆内，把煮熟的血肠用刀切 3～6 cm 的片。

第 6 步　最后将白肉、血肠、酸菜丝下锅同煮 3～4 分钟即可。

三、 非遗美食风味特色

此菜色泽红白，糊香可口，味道多样，肥而不腻，瘦而不柴，嫩而不碎，松软鲜嫩，冷热均可，美味实惠，风味独特，是东北民间传统菜肴之一。

参考文献：

[1]　龚良. 东北名菜——白肉血肠[J]. 新长征（党建版），2009（3）：60.

[2]　韦民. 白肉血肠[J]. 肉品卫生，2000（1）：46.

锅包肉

锅包肉是黑龙江"非物质文化遗产"——"老厨家·滨江官膳"传统厨艺中的代表菜。锅包肉最初是哈尔滨道台府膳长郑兴文为自己的俄罗斯太太烹制的，她喜欢京菜焦炒肉片的外焦里嫩，但却不喜欢咸鲜味道。于是郑兴文根据俄罗斯的饮食习惯，将咸鲜口味的焦炒肉片，改为酸甜口味，并配上水果。随后，郑兴文将这道成熟的菜肴端上了哈尔滨道台府外交接待的餐桌上，受到了外宾特别是俄罗斯、格鲁吉亚、波兰等西方国家官员的欢迎。

哈尔滨历史悠久，但真正的成长和繁荣是中东铁路修建之后。伴随着大量俄罗斯人、波兰人、犹太人、格鲁吉亚人、日本人等的涌入，哈尔滨中西方相融合的人文环境逐步形成，为这座城市输入了新的血液和多元文化。郑兴文创制的锅包肉，也因此受到官员、贵族、西方人士的喜欢和追捧，并成为贵族阶层餐桌上的主流菜。

锅包肉

（1）原辅料：里脊肉、水淀粉、糖、醋、盐、蒜泥、芫荽各适量。

（2）制作步骤：

第 1 步 里脊肉改刀为长 3 cm、宽 2 cm、厚 0.3 cm 的长方形片，将肉片用少许的盐味上底口，加入水淀粉抓匀，将肉表面全部挂匀淀粉，另用小碗加糖、盐、醋、蒜泥调成糖醋汁。

第 2 步 锅内油烧至五六成热时，将肉片下入油锅炸至定型捞出，等油温升到六七成热时，再下油锅爆炸，反复炸两遍，炸至呈金黄色、外焦里嫩捞出。

第 3 步 炒锅起水放入调料，放炸好的肉片，烹入调好的汁，翻匀后撒入芫荽即可。

（3）制作技巧：

第 1 步 肉片挂水淀粉要均匀，不能太厚或太薄。

第 2 步 油温掌握好，一次定型，二次复炸，达到外香里嫩的效果。

锅包肉是黑龙江著名的非遗美食，一般菜肴都讲求色、香、味、型，此菜还要加个"声"，即咀嚼时，应发出类似吃爆米花时的那种声音。锅包肉色泽金黄，外焦香酥脆里鲜嫩，酸甜浓郁，增加食欲。

参考文献：

[1] 高娇娣. 一样的烟火气不一样的新夜市[N]. 中国食品报，2023-07-10（2）.

[2] 毛晓星. 锅包肉，谁与争锋[N]. 黑龙江日报，2023-06-25（2）.

老汤精

千百年来，"老汤"一直是流传在东北地区大厨们中的一句行话。辽金时期，以渔猎生活为主的女真人的汤锅主要用各种动物的剔肉骨头熬制出的老汤的陈香来调味，火候、容器、时间、配料，都很有讲究。在做菜肴时，用此汤羹勾兑，便可得其美味。随着大金国女真人进驻中原地区，以及黑龙江省阿城区的女真人后裔满族人向外流动，老汤也随之在华夏各区域广泛流传使用。

"满汉全席"是清宫最盛大的宴席。据记载御宴备有山珍、海味、珍禽、异兽、鲜蔬等。134 道热菜，48 道冷盘，点心 200 余款。老汤正是"满汉全席"制作过程中不可缺少的珍贵秘方。

二、 非遗美食制作

（1）原辅料：猪肉、鸡肉、大骨、盐、香辛料、糖、大葱、料酒、姜片等。

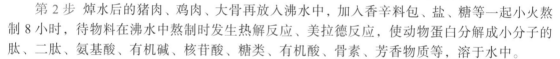

老汤精

（2）制作步骤：

第 1 步 猪肉、鸡肉、大骨放入冷水中，加入大葱、料酒、姜片焯水处理。

第 2 步 焯水后的猪肉、鸡肉、大骨再放入沸水中，加入香辛料包、盐、糖等一起小火熬制 8 小时，待物料在沸水中熬制时发生热解反应、美拉德反应，使动物蛋白分解成小分子的肽、二肽、氨基酸、有机碱、核苷酸、糖类、有机酸、骨素、芳香物质等，溶于水中。

第 3 步 过滤出不溶性物质（粗纤维、杂质等），经浓缩，添加 β-环糊精，加热搅拌，经过微胶囊化处理，喷雾干燥而制得。

三、 非遗美食风味特色

老汤精根据传统老汤的特点，突出原汁原味，以鲜为主，适合制作肉类食品及菜肴，尤其适合酱、卤等烹饪。"有味使之出味，无味使之入味"是老汤精的精髓。

老汤精粉的鲜味特点虽然不及单独的化学鲜味调味料的鲜味突出，但其原有的老汤鲜味不被破坏，突出了它本身鲜味均衡的特殊优势。

老汤精粉的精髓是具有较强的浓厚肉味感，使人们在品尝过程中，感觉到"百年老汤"的浓郁。另外，老汤精粉由于用的是真材实料，营养丰富，使用安全，再加上特殊的先进微胶囊技术，品质稳定，使用范围广泛，且添加起来较为方便。

参考文献：

[1] 李宗源. 数字化营销引领传统复合调味品变革[J]. 食品安全导刊，2023（21）：179-181+185.

[2] 朱桂凤，祁颖. 关于黑龙江省餐饮业非遗项目挖掘与保护的对策建议[J]. 楚雄师范学院学报，2019，34（6）：13-17.

哈尔滨熏鸡

哈尔滨熏鸡是哈尔滨正阳楼的特制产品，具有独特风味，是东北的一种特色小吃。东北天气比较冷，熏制食品十分不易，而在熏制食品中，哈尔滨熏鸡尤为美味，得到很多食客的认可。

哈尔滨熏鸡

清朝雍正年间，一位官员到灵丘县做官，李进才、李有才兄弟二人则是该官员的家厨，兄弟俩多年研究官府菜，最拿手的就是制作熏鸡。后来这位官员告老还乡后，李氏兄弟就在城里住下，开了一间饭馆，专制熏鸡出售。以后又传给了徒弟李玉成。到了清朝末年，其子李运继承父亲技艺的同时，自己又摸索出一套独特的制作工艺，在烹制加工时又加入多种中药，使得这种熏鸡具有益脾健胃、补虚理气、消食健脾的效用，很受百姓的欢迎。

二、 非遗美食制作

（1）原辅料：肥嫩母鸡、盐、酱油、味精、花椒、大料、桂皮、鲜姜、大葱、大蒜。

（2）制作步骤：

第 1 步 屠宰：鸡宰后，彻底除掉羽毛和鸡内脏，将鸡爪弯曲装入鸡腹内，将鸡头夹在鸡膀下。

第 2 步 浸泡：把宰后的鸡放在凉水中泡十一二个小时，取出，控尽水分。

第 3 步 紧缩：将鸡投入滚开的老汤内紧缩 10 ~ 15 分钟。取出后把鸡体的血液全部控出，再把浮在汤上的泡沫捞出弃去。

第 4 步 煮熟：把紧缩后的鸡重新放入老汤内煮，汤温要保持在 90 ℃ 左右，经三四小时，煮熟捞出。

第 5 步 熏制：将煮熟的鸡单行摆入熏屉内，装入熏锅或熏炉。烟源的调制要用白糖 5kg（红糖、糖稀、土糖均可）、锯末 0.5kg，把它们拌匀后放在熏锅内用火烧锅底，使其生烟，熏在煮好的鸡上，使产品外层干燥变色。熏制 20 分钟取出，即为成品。

三、 非遗美食风味特色

熏鸡因受到五香五味的气味熏陶，并且保证鸡肉原有的气味不外露，还保存了完整的一只鸡的形状，很有艺术性，所以更受食客欢迎。色泽枣红、明亮，味道芳香浓郁，肉质细嫩，烂而连丝，营养丰富。

参考文献：

[1] 桑玉红. 抖音短视频中哈尔滨城市形象建构研究[D]. 哈尔滨：黑龙江大学，2022.

[2] 叶明. 东北熏鸡制作要点[J]. 农产品加工，2010（3）：19-20.

大列巴

"大列巴"在哈尔滨已经有百年历史，是受俄罗斯文化影响而制作的一种美食。"列巴"是俄语"面包"的意思，"大列巴"是俄罗斯民族传统手工工艺在哈尔滨的延续和发展。

最初从事制作"大列巴"的面包师，多是闯关东来东北的山东人，由于他们工作吃苦认真，收入也很可观。当时有句顺口溜："上有天堂，下有列巴郎。大姑娘行三辈子好，才能嫁给列巴郎。"与一般面包不同的是，"大列巴"外壳比较硬，像锅盖一样，但里边比较松软，由啤酒花发酵，在烘烤面包时，先要将硬杂木的木头放入烤炉之中，将炉壁熏出木头的香味，然后再把面包放进炉子里，这样烤出的面包也会有木头的清香。

因为经过了3次发酵，所以"大列巴"特别容易消化，吃起来口味独特。

（1）原辅料：高筋面粉、全麦面粉、干酵母、糖、盐、温水、黄油。

（2）制作步骤：

第1步 酵母溶于温水，除黄油以外的其他材料放到一起，揉成面团，再将黄油加入，慢慢揉进面团。

第2步 将面团放入适当的容器，蒙保鲜膜，放到温暖湿润处进行第一次发酵，发酵至原来的3倍大即可（用手指蘸干面粉，插进面团，若小坑很快回缩则发酵未完成，反之则发酵完成）。

第3步 发酵好的面团取出，滚圆，蒙保鲜膜松弛15分钟。

第4步 将松弛好的面团取出，捏圆，放到烤盘上，用手轻轻压扁，然后进行二次发酵，至原来2.5倍左右大即可。（面团放烤箱中上层，下层放一盘开水，关上烤箱门）

第5步 二次发酵完成，面团取出，用锋利的刀在面包顶部交叉划四刀，在面团上撒一层薄薄的全麦面粉。

第6步 烤箱预热至200度，中层烤22分钟左右。

大列巴是哈尔滨最有特色的特产之一，它被称为哈尔滨风味食品一绝。大列巴之名，鲜明地体现了中西文化之融合，"列巴"是俄罗斯语"面包"的意思，因为个大，所以在前面冠以中文的"大"字。吃"大列巴"最好切成片，用微波炉加热后，抹上果酱，夹上奶酪，或者抹上黄油、鱼子酱，夹上火腿、香肠片如三明治般地吃，如果做点苏泊汤与之相配，味道就纯正了。也可以把列巴撕碎放到汤和牛奶里吃。

大列巴

参考文献：

[1]　褚洋洋. 俄式面包——大列巴制作工艺的探讨[J]. 食品安全导刊，2015（8）：66-67.

[2]　王卓，徐淑梅. 哈尔滨华南城商旅文融合发展现状及对策研究[J]. 绥化学院学报，2022，42（12）：35-37.

鸡西朝鲜族大冷面

一、 非遗美食故事

　　鸡西朝鲜族大冷面创建于 1956 年，经过几十年的发展，已有多家店面，由最开始的素菜辣拌发展到如今的荤素搭配，共二十多个菜品，成为鸡西餐饮的一大特色，并成为鸡西对外宣传的一张名片。

　　鸡西朝鲜族大冷面作为朝鲜族传统饮食技艺被收录到了第五批省级非物质文化遗产扩展项目名录。据第四代传承人鲁永巍介绍：大约在 1925 年，其太姥姥将朝鲜传统的冷面辣菜制作技术带到了鸡西，经过多年的潜心研究，反复试做，终将百姓认同的鸡西特色的冷面辣菜逐渐发展起来，并创出了美誉。

　　冷面本是朝鲜族的传统食品，用荞麦面或小麦面（也有用玉米面、高粱米面、榆树皮面的）加淀粉加水拌匀，压成圆面条，煮熟后浸以冷水，再去冷水，拌牛肉片、辣椒、泡菜、酱醋、香油等佐料。过去，朝鲜族有正月初四中午或过生日时吃冷面的传统，据民间传说，这一天吃纤细绵长的冷面，预兆多福多寿、长命百岁，故冷面又名"长寿面"。鸡西大冷面也是中国东北朝鲜族的特色食品之一，其面条细而筋道，配上酸甜可口的冰镇冷面汤，使人回味无穷。

二、 非遗美食制作

　　（1）原辅料：葱、姜、桂皮、八角、萝卜、牛肉、鸡蛋、熟牛肉、黄瓜、辣白菜、胡椒粉、白糖等。

　　（2）制作步骤：

　　第 1 步　将葱、姜、桂皮、八角、萝卜、牛肉切成半个手指大小，慢火煮 1 小时。

　　第 2 步　加入胡椒粉，然后将汤过滤至没有杂质的清汤。

　　第 3 步　往汤中加入白糖，加热到白糖溶化后再加入生抽。

　　第 4 步　最后加入切好的黄瓜片、少量的柠檬汁。

　　第 5 步　将荞麦面煮熟后用凉水浸泡，直到凉了为止。

　　第 6 步　加入熟鸡蛋、辣白菜、熟牛肉片、鲜黄瓜丝。

　　第 7 步　将事先冰好的汤和配菜一起装盘，撒入芝麻完成。

三、 非遗美食风味特色

　　鸡西大冷面入口后，柔韧耐嚼，凉爽清淡，滑顺润喉，而其中的辣、咸伴以微甜能立刻勾出口水，再配嚼冷面菜，令人食欲大增。越吃越辣，越辣越爱吃，直至沁人心扉、余味绵长，给人以醇美的享受。另外，冷面经济实惠，普通百姓都能接受。在鸡西，冷面馆到处都有，家家吃冷面，人人爱冷面，用它请客也不寒酸。鸡西的朝鲜族人还发挥"人缘、地缘、亲缘、资源"的优势，不断唱响朝鲜民族日常饮食品牌，像鸡西周边的鸡东县鸡林乡和城子河区永风乡等都把朝鲜族日常饮食、平常小吃作为规模化特色产业发展，形成了以经营冷面、辣菜、鱼锅为主的特色餐饮业，还出售自己酿制的"麻格里"米酒，这种酒与汉族的黄酒相似，只是稍甜。这些集中的乡下冷面饭店群有很强的辐射力，成为城里人吃冷面的新去处。

鸡西朝鲜冷面

参考文献：

[1]　丁燕. 鸡西大冷面缠绕在舌尖的家乡味道[N]. 黑龙江日报，2023-08-14（3）.

[2]　丁燕、孙伟民. 一碗冷面香四方[N]. 黑龙江日报，2023-06-01（3）.

吉林

民间非遗美食

乌拉满族火锅

一、　非遗美食故事

　　吉林乌拉满族火锅是东北特色餐饮美食，因兴盛于吉林乌拉城而得名。吉林乌拉是满语音译，据《吉林通志》记载："吉林谓沿，乌拉谓江。"吉林乌拉意为沿江，清康熙年间下令统称吉林。冬季来到美丽的吉林市，有"一观一品"之说，"一观"即欣赏天下奇观雾凇美景，"一品"就是品尝美味的乌拉满族火锅。

　　乌拉满族火锅是具有浓郁吉林地方特色的饮食。据说清太祖努尔哈赤带领部下行军打仗途中，为了节省时间，让大家把猪、羊、牛肉等放在一口锅内烧煮，吃起来味道很是鲜美，后经御膳房厨师加以山珍海味等煮制成御膳上品。近年来，吉林市相继出现了百余家乌拉满族火锅店，成为吉林市餐饮文化的靓丽的品牌和深受人们喜爱的风味特色名吃。

二、　非遗美食制作

　　（1）原辅料：老母鸡、胡椒、红枣、瘦肉、食盐、味精。

乌拉满族火锅

　　（2）制作步骤：

　　第 1 步　将老母鸡切开洗净，清除内脏。

　　第 2 步　其他用料也要洗净，瘦肉原块留用。

　　第 3 步　用料一起放入煲内，加入清水适量，煮约 5 小时后调味即成锅底。

　　第 4 步　配菜先要摆上四个、六个或八个"压桌碟"，即酸黄瓜、酸萝卜、妈妈菜、酱瓜条、咸芹菜、咸香菜、辣山胡萝卜、花生米等佐餐小菜。加入高汤的火锅上来之后，要先放入五花三层的白肉煮出油。然后，依次放入已切成薄片的鹿、狍、羊、鸡、鸭、鱼等肉吃鲜味。再后，则依次放入黄花菜、白菜、山菠菜、明叶菜、蘑菇、豆腐、冻豆腐、粉条等菜蔬，也是吃其各自特有的鲜味。由于一个餐桌上只有一个大火锅，人又各有所好，于是慢慢地形成了传统的乌拉满族火锅"前飞后走，左鱼右虾，转圈撒葱花"的吃法。"前飞"指的是飞禽，"后走"指的是走兽。蘸料由芝麻酱、腐乳、香油、韭菜花等加入野山菌制成。可以下锅的食材广泛，山珍、海鲜、时菜、豆腐、粉条，来者不拒，均可入锅。

三、非遗美食风味特色

乌拉满族火锅结合了中医养生，利用天然滋补药材调制秘方配料，并综合运用了煮、炖、焖、煨的烹调方法，具鲜、香、滑、软、嫩等特点。该火锅富含丰富的营养成分，肥而不腻、鲜而不懈、淡而不薄、口味醇厚，颇具满族特色。

参考文献：

[1] 邰金梓. 少数民族民俗文化的建设研究[D]. 长春：长春工业大学，2023.

[2] 魏登，王晓雨，谢英哲，等. 满族传统饮食资源与旅游产业融合发展的策略研究[J]. 食品安全导刊，2022（34）：189-192.

李连贵熏肉大饼

李连贵熏肉大饼是吉林省著名的风味小吃，起源于梨树县，因为最早为乳名叫连贵的李广忠所创，故称李连贵熏肉大饼。这种小吃在长春、四平等地均可吃到。

据说李连贵原是厨房里一名烧火的小伙计，为人机灵。师傅做饼，他总在一旁观看。师傅怕手艺被偷去，就找个借口把他辞退了。可李连贵不气馁，多处求师，苦心琢磨，终于练出了一手绝活。清朝光绪末年，家乡河北省滦县闹水灾，20 岁的李连贵和母亲领着两个亲弟弟及两个无依无靠的叔伯弟弟，投奔到梨树县城的舅舅家。在舅舅的帮助下，他租房开设了"兴盛厚肉铺"，主要经营酱肉、大饼和酒类。当时，梨树的烧饼铺不止一家。他为了办出特色，在烧饼铺一位懂得中药性能的管账先生的帮助下，试着用有香味的中药熏肉。经过多次试验和筛选，从 20 多味药里选定了紫菀、桂籽、山奈、丁香、肉桂、白芷、砂仁、干姜等芳香利窍、增鲜提味的中药，外加花椒、大料、大葱等佐料，急火烧开，慢火煮熟，然后用糖熏制。以后又借鉴外地吊炉的做法，并在饼中放入煮肉老汤或炸药料油与面粉合成的糊状酥，用慢火烙熟。李连贵和他二弟李广恩苦心摸索，终于形成了这种风味独特的熏肉大饼。

李连贵熏肉大饼

（1）原辅料：面粉、汤油（煮肉汤上面漂浮的油）、花椒面、精盐、花生油、熏肉等。

（2）制作步骤：

第 1 步　面团调制：

油酥面：面粉加汤油、花椒面、精盐和成油酥面团。

水面：面粉加温水和成水油面团。

第 2 步 生坯成形。将水油面搓成长条，下剂，剂子压扁后，擀至 10 cm 宽，抻成 26 cm 长的面片，均匀地抹上油酥面，再抻至 66 cm 后，卷叠起来，叠 9～11 层，用面杖将剂口两头擀薄，向里包成长方形的面剂，再压扁，擀成圆形面饼。

第 3 步 生坯熟制。将平底锅烧热，擦少许花生油，饼底朝下放入锅中，盖上锅盖烙制，刷油后，翻过再烙。反复两次，即"三遍油，四遍火"，待熟透出锅，从中间切开，码入盘中。此饼夹熏肉，配葱丝、甜面酱食用。

三、 非遗美食风味特色

正宗李连贵熏肉大饼风味独特。熏肉色泽金黄，肉皮透明，肥处不腻，瘦处不柴，皮软肉烂，易消化吸收，易存放携带。这种熏肉，夏季可放七天，冬季可放两三个月。大饼也别有特色，外焦里嫩，松脆相间，里面一层层的，薄得透明，香气袭人。吃时将大饼一切两半，用半张饼夹上熏肉，再配上葱丝、面酱，卷起来咬着吃，别有一番滋味。因此有"李连贵大饼卷熏肉，吃起来就没个够"的赞语。

传统吃法，在吃熏肉大饼前，还要先喝一小碗红枣水，来"引食开胃"，等吃完熏肉大饼，再喝上一小碗大米绿豆粥，以便"去寒解热"。

参考文献：

[1]　刘洋.百年老店"四绝菜"倾倒来沈游客[N].沈阳日报，2023-10-05（1）.

[2]　张光."大饼卷熏肉吃起来真没够"[J].侨园，2020（10）：54.

朝鲜族米肠

一、非遗美食故事

中国米肠的起源应从成吉思汗时期说起，据记载，成吉思汗为了保持战场上士兵战斗力，在猪肠里灌入米、蔬菜，风干或冷冻后将其携带，并驰骋沙场。在《齐民要术》一书中也有记载，米肠是用羊肉与调料加以混合，放入羊肠，再用沸水煮开并食用的食物。

当代中国的米肠，来源于中国朝鲜族风味。早在清朝末期，清政府就开始实施移民政策。朝鲜族移民把具有朝鲜半岛北方风味的米肠带到了中国，并且让它延续至今，成为一种深受人们喜爱的美食。

二、非遗美食制作

朝鲜族米肠

（1）原辅料：猪大肠、大米、糯米、猪板油、鲜猪血块、卷心菜丝、熟豆油、酱油、葱末、精盐、辣椒粉、肉汤、蒜泥各适量。

（2）制作步骤：

第1步 猪大肠用精盐、醋搓洗干净，放入冷水中浸泡2小时左右，取出，剪成1米长的段。

第2步 卷心菜用开水烫过，切成丝，猪板油切成丁，鲜猪血搅碎，滤出血渣。

第3步 大米、糯米一起洗净，加入猪血、卷心菜、猪油丁、熟豆油、酱油、精盐、葱末拌匀。

第4步 猪肠一端用麻线扎住，将调好的米馅料从另一端灌入肠内，再用麻线扎住，放入热水锅中，用小火煮至熟透取出，晾凉切片装盘，另用熟豆油、辣椒面、猪肉汤、蒜泥、味精兑成调味汁蘸食。

三、非遗美食风味特色

脂香味厚，软糯嫩滑，蘸味汁食之，香辣味鲜。

参考文献：

[1] 赵永泽. 图们江区域多元文化资源开发与国际合作研究[D]. 延边：延边大学，2017.

[2] 张娓嘉. 吉林省非物质文化遗产保护与旅游开发互动研究[D]. 长春：东北师范大学，2014.

朝鲜族打糕

朝鲜族打糕又称引绝味、引绝饼、粉糍、豆糕，是朝鲜族在各种节日、庆典和庆丰收等喜庆日子里最常吃的一种食品，有着悠久的历史。打糕作为朝鲜族民俗食品，集中反映了朝鲜族的生活起居和饮食文化，加工打糕时旁观的人们载歌载舞，场面热烈，整个过程完全融入了朝鲜族民俗活动之中，成为朝鲜族具有代表性的饮食文化之一，具有很高的历史价值和文化价值。朝鲜族打糕已成为国家级非物质文化遗产项目。

很早以前，长白县有家朝鲜族大户，家里人口多，可是由于地处山区，种的粮食总也不够吃，常常是半年糠菜半年粮。一晃，老头的第三个儿子娶了媳妇。媳妇过了门，问公公："爹爹，咱们家有啥说道吗？"老汉说："没有啥，就是有一个事！"

"您说吧……"

"你能不能想出个好法子，使咱们的粮食够吃？"

三媳妇回答："让我想想看！"

有一次，家里吃黏米饭，三媳妇端起饭碗又出了神。她拿着吃饭的勺子，在饭里慢慢地翻啊戳呀，不知不觉把饭粒都捣碎了，成了一碗黏饼子，她将碗里的饭吃完了，虽然不太饱，也没再盛，干了一天活，她发现，这样吃法果然抗饿。

于是，她就对老人说："爹，今年咱家多种点黏米吧！"

这一年，黏米丰收。

媳妇做了一大锅黏米饭，并用一根大棍子把米都捣碎了。

别人问："这是干什么？"三媳妇说："打糕！"

大伙一吃，都觉得挺好吃。

老汉说："种黏米，打打糕，好吃又省粮。"

从那以后，朝鲜族都喜欢吃打糕，后来又传到汉族地区。

（1）原辅料：糯米、豆沙、熟豆面、糖、盐等。

（2）制作步骤：

第 1 步 浸米。先把糯米洗好，用清水浸泡十几个小时，泡到用手指能把米粒捏碎为止，然后把米捞出来，沥干水。

第 2 步 蒸米。把米放入笼屉内用大火蒸 0.5 小时左右，蒸到软硬合适为止。

第 3 步 槌饭。把蒸好的糯米饭放到砧板上，用木槌边打边翻动。开始不要太大力，以防把饭粒打得四处飞溅，翻动时用水把手沾湿，并不断擦砧板，以免饭糕和砧板粘在一起，翻不动。要求打到看不见饭粒为宜。

第 4 步 把打成的糕切成适当小块,用豆沙或者熟豆面等裹上一层便可以吃了。喜甜食者,可蘸糖食用。喜咸者,可佐盐食用。

三、非遗美食风味特色

打糕是朝鲜族的传统风味食品之一,也是朝鲜族人喜爱的节令饮食,每逢年节、老人寿诞、小孩生日、结婚庆典等重大喜庆的日子,打糕是餐桌上必不可少的食品。朝鲜族人喜欢吃的打糕,比一般年糕更加黏润可口,味道尤为清香。

朝鲜族打糕

参考文献:

[1] 赵爱华. 基于新农村建设的乡村旅游转型升级研究——以丹东为例[J]. 辽东学院学报(社会科学版),2014,16(4):72-76.

[2] 崔丽燕. 朝鲜族的最爱之一——打糕[J]. 小学阅读指南(3—6 年级),2009(10):21-22.

查干湖全鱼宴

查干湖，蒙古语意思是"白色圣洁的湖"。它位于吉林西北部前郭尔罗斯蒙古族自治县境内，最大湖水面300多平方公里，在全国十大淡水湖中排第七位。查干湖冬捕不但跻身吉林八景之一，而且在2008年被列入了国家级非物质文化遗产名录。这一人类渔猎文化的活态遗存，带来的不仅有巨大的经济效益，还有显著的文化效益、社会效益。

冬捕即冬季冰雪捕鱼。早在辽金时期，查干湖冬捕就享有盛名。因易于保存和运输，加之文化的强大力量，使得这一古老的冬捕方式不但延续千年至今，而且不断发扬光大。与其说这是一种捕鱼的生产方式，不如说是一次敬历史、尊自然、重传统的文化洗礼。相传辽金时期，每临腊月，迎着凛冽的寒风，皇帝都会率家眷浩浩荡荡前往冰封的查干湖安寨扎营。仆人们将帐篷里面的冰层刮得薄之又薄，直到可看到冰下游动的鱼。此时将薄冰击破，鲜活的鱼接二连三地跳上冰面，成为君臣欢宴餐桌上的美味佳肴。这种捕鱼方式在当时被称为"春捺钵"。

查干湖炖杂鱼

与查干湖冬捕一样，查干湖的全鱼宴也是一项非物质文化遗产，所以到了查干湖一定要去尝一尝，这种全鱼宴是以查干湖野生鱼为主料，经炖、煎、炸、爆、削等独特的厨艺加工，用小至几厘米长，大至十几斤重的十几种甚至几十种查干湖野生鲜鱼做成的冷、热、生、熟俱备，软、嫩、酥、脆俱全，香、甜、麻、辣俱有的丰盛宴席。它有着鲜明的地域特色，同时又有着极为厚重的文化传承。

（1）原辅料：查干湖杂鱼、蒜蓉辣酱、东北大酱、黄豆酱、干辣椒、葱姜蒜、盐等。

（2）制作步骤：

第 1 步 将新鲜捕捞上岸的杂鱼清洗干净，用葱姜、料酒、盐腌制入味。

第 2 步 用油煎一下杂鱼捞出备用。

第 3 步 锅中留底油，放入葱、蒜、姜，煸炒出香味，同时放入蒜蓉辣酱、东北大酱、黄豆酱、干辣椒略炒。

第 4 步 放入煎好的杂鱼，加入清水没过鱼身，炖煮 0.5 小时。

第 5 步 出锅后撒入香菜、葱花即可。

三、 非遗美食风味特色

依湖而居的查干湖人，经常会使用炖、煮、焖、熘、煎各种技法烹饪湖鱼。但查干湖人做鱼，做法从不复杂，配料也不用太多，靠的就是食材的新鲜。葱、蒜、干辣椒用油烹香，放两勺农家大酱，用一把旺柴烧出一锅热汤，把打好花刀的胖头鱼沿着锅边滑入，有经验的大厨这时会把炉火由旺转文。一个小时后，待胖头鱼细嫩的鱼肉喝饱汤水，鲜美的味道便随着蒸汽缓缓溢出，待汤汁收尽，即可出锅。盛盘之后，可在鱼身上扬撒一把香菜段。

参考文献：

[1] 陈首君，赵利，王大壮. 草原明珠——查干湖[N]. 吉林日报，2008-07-02（4）.

[2] 马维东. 松原市休闲渔业发展探讨[J]. 智慧农业导刊，2023，3（1）：86-88.

蒙古族荞面

一、非遗美食故事

荞麦又名"乌麦""荍麦""甜麦"。据考证，荞麦原产于我国，有2500多年的食用和栽种历史，种植分布在我国的西南和东北地区。蒙古族是东北的主要少数民族之一，他们很早就知道种植荞麦并喜吃荞麦面食物。

荞麦有红茎甜荞麦和白茎苦荞麦之分，可食用的荞麦茎高一二尺，赤茎绿叶，开繁密白花，结实累累，为三棱形，老则乌黑。在《盛京通志》中记载："荞麦伏种秋收，更三四磨，白如雪，味甘香，胜中土所产，作饼松美。"

荞麦收割晒干后，先将荞麦脱粒用碾子碾一下，将荞麦大皮碾下来，再磨面。碾出的荞麦皮可以装枕头芯内，据说人枕后可解热祛火。磨出的面虽白，但蒸和烙饼后的荞麦食品则多发黑。

二、非遗美食制作

蒙古族荞面

（1）原辅料：荞麦面、盐等。

（2）制作步骤：在长期生活过程中，当地人总结出了很多种荞麦食品的做法和吃法，很有独特性。如荞麦面条、荞麦水饺、荞面猫耳朵汤等。下面以荞面猫耳朵汤为例介绍荞面的用法。

第1步 和面：用凉水和面，不能太软，不用饧面。

第2步 揉面：把和好的面从盆里取出，放在面板上揉软。

第3步 擀饼：用擀面杖把揉好的面团擀成一张稍带厚度的圆饼，不能太薄，一根筷子或一根小手指的厚度即可。

第4步 切条：用刀把擀好的面饼切成手指粗细的面条。

第5步 搓条：传统手工做法是用手把切好的面条搓成滚圆的长条。现代做法是用刀切。

第6步 掰块：传统做法是用手将搓好的圆条掰成一个个小骰子块，现代做法是用刀切。

第7步 捻猫耳朵：用大拇指在另一只手的掌心将小骰子块捻成猫耳朵形状，需要力道均匀，手法娴熟利落。

第8步 炝锅：准备好做汤的材料，将锅烧热，放入油、葱花、酱油、鸡粉少许调味，然后加盐、水，盖上锅盖烧开。

第9步 下面：待开锅后，将猫耳朵放入，即时搅动，待完全飘上来，盛出装盘，再撒上少许香菜点缀，这样，味道鲜美的猫耳朵汤就做好了。

三、非遗美食风味特色

东北冬季漫长而寒冷，是人体能量消耗量大的时节。而荞麦在谷类中被称为最有营养的食物之一，膳食纤维含量约为大米的十倍，铁、锰、锌等微量元素的含量也比一般谷物丰富，由于颗粒细小，更容易煮熟、方便消化。

在通辽乃至东北、华北，冬季里热吃的库伦荞面饸饹不仅营养价值高、御寒，而且含有多种药用成分，特别是以芦丁为主的黄酮类物质，堪称是冬季养生佳品。

参考文献：

[1] 苏日他拉图. 库伦旗荞麦文化资源产业开发研究[D]. 呼和浩特：内蒙古师范大学，2019.

[2] 孟根其其格. 库伦旗蒙古族荞面食品制作方法及习俗研究[D]. 呼和浩特：内蒙古师范大学，2010.

朝鲜族大酱

朝鲜族先人们以农耕为主的生产方式与自然环境相结合，形成了自己独特的饮食习俗。以米类为主食，以各种蔬菜、野菜、海产品和畜禽肉类、蛋类为副食，成为朝鲜族长期以来的基本饮食结构。日常生活中的饮食以饭、汤、泡菜和各种小菜为主。各种菜肴和汤类以辣、甜、酸、淡为特点，不喜欢油腻和过咸的食品。

朝鲜族大酱

大酱在古代是由中国传入朝鲜半岛的，后朝鲜族人民根据本民族的饮食习惯对酱进行了全面改造，从而形成了以朝鲜族大酱为主体的酱系列产品，如：清国酱（又称腐酱或臭酱、高丽臭）、兄妹酱、辣椒酱、鱼酱、饭酱等。朝鲜族有一句谚语："品尝大酱的滋味，便可知这家主妇的炊事手艺。"所以，大酱在朝鲜族饮食中占有重要的地位。

二、 非遗美食制作

（1）原辅料：大豆、稻草等。

（2）制作步骤：

第 1 步　炸豆子。用本年产的新大豆炸熟之后压碎打成酱坯，可做成圆形或长方体形。

第 2 步　发酵。酱坯放在稻草或谷草上，过一宿之后用稻草捆成十字形吊起来，晾干并使其发酵。

第 3 步 熬酱。过四个月，酱坯外面长满白色的霉，里面呈黑红色，此时洗掉酱坯的霉和灰尘，制成碎块，放入缸里用盐水浸泡 10 天左右，倒出液体熬成酱油，剩下的干物便成为大酱。

第 4 步 晒酱。大酱要非常有耐心地去打理，每天晒太阳，这样酱的味道会更加清香。

第 5 步 制作干稀不同的大酱。大酱有干酱和稀酱两种，干酱呈固体状，稀酱呈稠糊状。腌制大酱最忌讳的就是酱缸里进水，若进水酱缸里就会长白膜，会影响酱的味道，所以，每次吃酱时需用干净无水分的勺去盛。

三、 非遗美食风味特色

朝鲜族的酱文化来自当地的生态环境与人文环境，经历了生产和生活的漫长积淀，形成了别具特色的文化特征。朝鲜族人都有一种深刻的大酱情结，大酱对于他们，就如辣椒对于四川人一样，不可或缺。他们可以在居住和穿衣戴帽等习惯上随着时光、环境的变迁而改变自己固有的特点，可是要让他们放弃像酱文化这样的民族习俗却几乎是不可能的，朝鲜族不管生存在哪里，都丢不下大酱、辣椒酱。比如有名的朝鲜族酱汤，根据不同的选料如五花肉、小白菜、黄豆芽、土豆、海带、豆腐、平菇、角瓜、尖椒等，可以做风味各异的酱汤，以大酱代盐，不加也不用豆油爆锅，加水直接炖熟，不加味精，即可食用。在延边有句俗语"三天不吃酱木哩，浑身就没劲"。

现在农村大都是独门独院，经济、卫生环境等大大改善，对腌制大酱大为有利。每当走进朝鲜族农村，总能见到朝阳的院落里整整齐齐摆放着的大大小小的酱缸。在农村，朝鲜族家庭一般每年都会腌制大量的大酱，因为留守农村的父母长辈要把它寄给已经离开农村、住在城市里的子女或远方亲戚，有的甚至会被带到国外。远离父母的儿女吃上熟悉的大酱，马上就像回到了故乡，品尝着妈妈的手艺，心里会格外甜美。而工厂生产的大酱，不一定有自家产的酱清香可口。朝鲜族的饮食文化作为一种在特定的历史条件、自然环境和气候条件下所形成的文化，已不再是个简单的吃喝问题，它已形成与朝鲜族息息相通的深层文化内涵，带有十分深厚的民族情感与文化心理，并成为增强其民族凝聚力的重要源泉。

参考文献：

[1] 尹书瑾.《中国朝鲜族非物质文化遗产漫游》的朝汉翻译实践报告[D]. 延边：延边大学，2022.

[2] 齐欣，张露，齐仕博，等. 朝鲜族大酱中异黄酮的提取工艺优化及其抗肿瘤活性研究[J]. 食品工业科技，2019，40（15）：94-99.

牛马行传统牛肉饸饹

饸饹条本意为合乐条，其名字的来历颇有趣，相传与清朝康熙帝有关。康熙在东北视察，曾到一农户家就餐。该农户用红高粱面为康熙做了一碗面条，并用黄牛的牛骨熬汤，面条煮好后浇了牛骨汤，并放了其他佐料。康熙帝品尝后，对其赞不绝口，并询问它叫什么。该农户告诉他这道面条并没有名字，老百姓就一直这样吃。康熙帝看到眼前的情景，便说就叫"合乐条"吧。但也许是因为是食物，康熙提笔时却写为"饸饹条"。从此，这道美食便叫"饸饹条"了。

清朝雍正年间，吉林城修建清真寺后，青岛街牛马行一带便出现众多的特色小吃，饸饹条便是其中之一，而且在这些小吃中名气很大。当时，很多吉林城的人都会在那里吃上一碗。直到今日，这里也是吃饸饹条首选的场所之一。

牛马行传统牛肉饸饹

二、 非遗美食制作

（1）原辅料：高粱面、牛肉、牛骨、牛肉汤等。

（2）制作步骤：

第1步 将鲜牛肉洗净，切成二分厚、四分宽、六分长的小块，把熟牛油放入锅内，旺火烧至八成热时加入咸面酱，炸熟后放入牛肉。约10分钟后，再加适量的水（立冬后不需加水），用小火煮，直至肉酥烂后，加入五香粉和精盐搅匀，盛入盆中，即成燥子。

第2步 把高粱面粉倒入盆中，加入水揉成面团，然后把面团分别揉成直径三寸、长约四寸的面团，逐块放进架在开水锅上的饸饹床的圆孔里，压杆下压，挤出细条，落入锅中。待锅烧开后，漂起即熟。

第3步 炒锅内加入煮饸饹的汤，用旺火烧开，放入牛肉燥子约一两，锅开后，放入精盐、油泼辣子、葱花少许。另置一开水锅，将饸饹逐碗放入开水锅中加热，倒回碗中，浇上烩好的燥子，加适量的醋和少量咸韭菜段即成。

三、 非遗美食风味特色

饸饹条是由高粱米加工制作而成的，口感顺滑劲道、十分爽口。取材于地产黄牛，经过长时间熬制的老汤醇厚浓香、味道鲜美。老汤饸饹条还有一点点蒜香味，好吃开胃。放入少许的米醋，味道更加可口。

饸饹发展到今天，除了保存用饸饹床压面这一基本工艺之外，在制作工具、原料选用、制作方法及配料方面都有了很大的改进。饸饹床由木制变为铁质，面粉也被小麦面粉或者豆面、玉米面所替代，制作方法也由原先的煮演化成蒸煮拌并用，配料上也兴起了各种各样的浇头，不再只局限于原先的豆腐块和红白萝卜块等素菜，而是添加了猪肉和牛羊肉等荤菜。

参考文献：

张力凡. 吉林市满族博物馆非物质文化遗产活态重构研究[D]. 长春：吉林艺术学院，2022.

龙岗山蝲蛄豆腐

龙岗山蝲蛄豆腐

蝲蛄学名东北黑螯虾，又名长白山龙虾、草龙虾、水蝲蛄、蝲蛄夹，原产于中国东北。蝲蛄除了寒冷的冬天在水底冬眠外，其他季节都能发现它。蝲蛄呈褐红色，有坚硬的外骨骼，俗称硬壳。《奉天通志》记载：蝲蛄可入膳。研成乳状，滤后成脑，配以蘑汤，肉嫩汤肥，腴而不腻，口味鲜美，营养价值丰富。长白山五香蝲蛄豆腐为手工制作，首先把在河里捕捞的蝲蛄放入加盐的清水池内养 7 天，逐个把蝲蛄壳揭掉，清理冲洗干净。将蝲蛄用石臼和木槌粉碎，经过滤，烧开水，倒入蝲蛄汤汁，投入辅料，一锅粉绿白黄相间，异香扑鼻，令人垂涎的蝲蛄豆腐即大功告成。长白山五香蝲蛄豆腐手工技艺，是一种很有地域特征的饮食文化，具有原生态文化特点，很值得传承、保护。

二、 非遗美食制作

（1）原辅料：蝲蛄、小白菜、香菜、鸡蛋、葱姜、盐、植物油、香油。

（2）制作步骤：

第 1 步 将新鲜蝲蛄洗净揭去上壳（与螃蟹类似，蝲蛄内脏基本都在上壳内），去沙线（将三片尾叶的中间片轻轻抽出，可抽出沙线），放入专用的倒泥器（类似一个大号的捣蒜缸）捣碎成糯糊状，将捣碎的碎渣连同汤汁过百目筛或滤布，挤压过滤去渣，留取汤汁备用。

第 2 步 热锅凉油，放入姜片爆锅，添白开水，烧至滚开并保持旺火，取 500 mL 蝲蛄汤汁，加入蛋清 1 个，100 ~ 150 mL 清水（凉水），单方向搅拌均匀，倒入锅内，待开锅后豆花状蝲蛄豆腐就漂浮成型。

第 3 步 此时下入一小把洗净的小白菜，精盐调味，出锅后淋入几滴香油，撒上香菜，一碗鲜嫩可口的蝲蛄豆腐就做好了。

三、 非遗美食风味特色

蝲蛄营养丰富，且其肉质松软，易消化。蝲蛄中含有丰富的镁，镁对心脏活动具有重要的调节作用，能很好地保护心血管系统。蝲蛄还富含磷、钙等元素。

参考文献：

[1] 郭贵良，李霞，于林海，等. 东北蝲蛄的蝲蛄石形成与利用研究[J]. 中国水产，2023（3）：82-83.

[2] 尹晴. 蝲蛄豆腐传奇[J]. 东北之窗，2016（17）：69.

辽宁

民间非遗美食

老边饺子

相传清朝道光年间，河北任丘一带多年灾荒，官府却加紧收租收捐，老百姓忍无可忍，只好背井离乡，四散逃亡。其中有个边家庄的边福老汉，原来就是开饺子馆的，此时也待不下去了，只好一家人逃向东北。一天晚上，他们投宿在一户人家中，恰巧这家在为老太太祝寿，于是这家人给边福老汉一家每人一碗寿饺充饥。边福老汉觉得这水饺清香可口，其馅肥嫩香软而不腻人，于是就虚心向这家人求教。主人看边福老汉诚实厚道，便告诉了他其中的秘密，原来这家人为了让老太太吃起来舒服，在做饺子时就把和好的馅用锅煸一下再包，如此做出来的饺子便又香又软，而且不那么油腻了。边福将此记在心中，后来辗转到沈阳市小东门外小津桥护城河岸边住了下来，搭了个马架子小房，开起了老边饺子馆。由于技术上的改进，老边饺子名声渐渐响了起来。

二、 非遗美食制作

老边饺子

（1）原辅料：面粉、猪精肉、鸡汤、时令菜、酱油、精盐、味精、芝麻油等各适量。

（2）制作步骤：

第 1 步　面粉加入适量清水，和成面团，揉匀至光滑，用湿布盖好静饧。

第 2 步　猪肉切成粗粒，加少量鸡汤搅拌后，下油锅用葱姜末爆香，加肉馅、青菜煸炒，加调味品调好馅料。

第 3 步　面团取小块，搓条、下剂、擀皮，包上馅料，捏成饺子形状，放入开水锅内煮熟即成。

三、 非遗美食风味特色

老边饺子由于皮薄肚饱，柔软筋道，馅鲜味好，浓郁不腻，因此，凡远近来沈客人，都愿品尝。其特色汤煸馅的办法，系将肉馅用油煸之后再放入骨汤里煨好，使油煸后收缩的肉馅松散味美，易于消化。目前，"老边饺子"以其独特的煸馅，浓郁的风味特色，加之不断创新，适应时代需求，现已研制推出蒸、煮、烤、烙、炸、煎等上百种饺子的制作方法，发展出了不同档次的饺子宴，赢得了国内外宾客的高度赞誉。

参考文献：

李晓丽. 清代中国面食地理研究[D]. 重庆：西南大学，2023.

马家烧卖

一、 非遗美食故事

马家烧卖的历史可以追溯到清代嘉庆元年。那时，回族人马春每天推车到沈阳城内小西门里粮食市等热闹场所，随车携带原料炊具，边包边卖。由于他做的烧卖配方独特，选料精细，吸引了不少的顾客，并小有名气。这在沈阳当时来说是独此一家，也是沈阳烧卖之始。

道光八年（1828 年），马春之子马广元在小西城门拦马墙外开设了两间门市的作坊，正式挂起"马家烧卖"的牌匾，烧卖作为一种新的美食开始在沈城流传。

同治七年（1868 年）由于"马家烧卖"精工细做，不断研究改进，终于形成了具有独特风味的烧卖美食。"马家烧卖"的大名不胫而走，传遍了沈城内外，成为深受社会各阶层欢迎的美味佳肴。各界名人雅士争相品尝，顾客络绎不绝，生意兴隆大振。

马家烧卖

二、 非遗美食制作

（1）原辅料：精粉、水、盐、烧卖馅料等。

（2）制作步骤：

第 1 步 制皮：将 500 g 面做成 32 个剂子，以承德特产白荞面作铺面，用走槌擀皮，排成两种形状：一为荷叶皮，四周皱纹宽粗，形似荷叶；一为麦穗皮，周边皱纹细多，如同麦穗。两种皮均要求中间稍厚，四周略薄，直径约 8 cm，均匀圆整。

第 2 步 制馅：肥牛肉或羊肉切成细末，白菜洗净剁碎，酱油中掺水 1500 g 备用；在肉末中加酱油水，用棍搅拌均匀后，加入姜末、细盐和面酱，搅匀为止；香油倒在葱末中稍拌。待包馅时再倒入肉中，随即加入白菜，搅拌均匀即可。

第 3 步 包制：把事先压好的皮托起，舀水馅一汤匙放在皮中间，四边向上合拢到一半处捏紧，要紧而不严，松而不散，顶稍露馅，匀整。

第 4 步 屉蒸：把包好的烧卖放在小屉上，水响便入屉，封严锅盖。水烧开锅后，蒸 15 分钟左右即成。

三、 非遗美食风味特色

马家烧卖的妙处就在于用开水烫面，柔软筋道，用白荞麦面做铺面，松散不粘，选用牛的三叉、紫盖、腰窝油三个部位做馅，鲜嫩醇香。制馅要求严格，须将牛肉剔净筋膜然后剁碎；用清水浸喂，加调料拌匀不搅，呈稀疏状的"伤水馅"，拢包时不留大缨，形如木鱼，成熟后皮面亮晶，柔软筋道，馅心松散，醇香味好。其外形犹如朵朵含苞待放的牡丹，令人望而生涎，吃起来香气四溢，回味无穷。

参考文献：

[1] 胡海林，刘璐. 让"珍奇辽味"香飘四海[N]. 辽宁日报，2023-06-12（5）.

[2] 张明."马家烧卖"风光无限[J]. 侨园，2020（10）：55.

海城牛庄馅饼

一、 非遗美食故事

关于牛庄馅饼的起源，大致有两种说法。一说牛庄馅饼起源于 20 世纪 20 年代初的牛庄回族人刘海春；另一种说法是牛庄馅饼是由牛庄人高晓山的父亲高富臣首创。据《牛庄镇志》记载，20 世纪初牛庄是一个繁华的港口。当时牛庄的集市上有各种各样的小吃，牛庄人高富臣当时在集市上卖各种面食，生意红火，后来发明了馅饼。而据刘海春的儿子刘庆丰说，父亲当年从海城有名的"马家馆馅饼铺"出徒后，回牛庄在最繁华的街上卖馅饼，那时买刘家馅饼的人都得早起去排队。

牛庄馅饼究竟是起源于刘海春还是高富臣已经不可考，但就两家馅饼在牛庄的知名度看，二者均可谓是开山鼻祖了。

海城牛庄馅饼

二、 非遗美食制作

（1）原辅料：面粉、温水、肉馅、适量的蔬菜。

（2）制作步骤：

第 1 步 和面。要先用筷子加水绞面，再用温水扎面，这样和出来的面，够软，够筋性，包出来的馅饼才能皮薄，馅大，而馅又漏不出来。把面和到很软，拉起一块很有弹性能很快缩回去，又不会断，就可以了，在表面刷上一层油，使面的表皮不会干，放置一旁醒面 30分钟。

第 2 步 馅饼馅的做法跟饺子的馅差不多，蔬菜要适量，要不会影响口感。肉要求 7 分瘦，3 分肥，还有要注意的是猪肉馅不能用水绞，要不馅会过稀，包的时候就不好包了，牛肉可以适当绞点水，因为牛肉本身没有多少肥肉。还有就是不要在馅里放太多的油，馅饼是用油烙熟的，如果在馅里放入过多的油，吃起来就会过于油腻了。

第3步　找一光滑的案板或是桌子，上面刷上层油，手上沾油取一块面，揉匀，下成适当大小的剂子，由于面稀，不沾油的话，会粘在手上跟案板上，也可以不用案板或桌子，用盘子，不过用盘子要求手要快，要不然包得就没烙得快了！

第4步　在案板上将剂子用手按成稍厚点的皮，用手拿起皮放入馅，像包包子一样把面合拢，不要露馅，将上面多余的死面剂子揪掉，千万不要揪多了，要不就要露馅了，这样饼坯就做好了。

第5步　开始做锅烙饼，要用平底锅烙，锅烧热倒入油，用手拿起饼坯在锅里按平，按饼时要注意，从中间往旁边按，这样馅才会均匀。

第6步　烙馅饼讲究"三翻四烙"，翻3次面，每面个烙过2次，两个面就是4次，大约烙7~8分钟看见馅饼由于热气的原因鼓起就可以出锅了。

三、非遗美食风味特色

海城牛庄馅饼用温水和面，使面醒而不发，选猪、牛肉为鸳鸯馅，取香料十余种煮制，取汁喂馅增其味。蔬菜馅随季节变化，选豆芽、韭菜、黄瓜、青椒、南瓜、芹菜、白菜等配制，使饼馅荤素相配，浓淡相宜。高档品还以鱼翅、海参、大虾、十贝、鸡肉调馅，其味道更是鲜美无比。海城牛庄馅饼成品形圆色黄，皮面脆韧，馅心嫩爽，鲜香四溢，配以蒜泥、辣椒油、芥末糊等蘸食，更加味美适口，风味别样。无汤不成席，配个鸡蛋汤或是酸菜汤，清淡爽口，搭配馅饼正好。

参考文献：

[1]　王海东. 韭菜馅饼里的辛味人生[J]. 餐饮世界，2023（7）：52-53.

[2]　刘丹，张伟. 牛庄馅饼无缘"中华老字号"？[N]. 鞍山日报，2008-06-27（A04）.

锦州小菜

一、非遗美食故事

清康熙初年，锦州城南渤海湾一带，在一个叫硝盐锅的村子，住着一户姓李的人家，靠打鱼捕虾为生，历年"小满"前后，在二界沟附近捕捞鱼虾。因为这一带是个漫滩，是海水与河水的汇合处，这里产的乌虾（俗称大麻线）皮薄肉厚、肥鲜、味浓、无腥味。他打回来的鱼虾都担到锦州来卖。有时剩点虾就倒在缸里，怕坏了加点盐，久而久之，缸里的虾越积越多，并经过日晒自然发酵，变成黏稠状的虾酱。每到饭时就舀一点下饭，并送一些给左邻右舍品尝，凡吃到的人都纷纷赞扬味道鲜美。后经他细心管理，加以日晒和搅拌，虾酱味道就更加鲜美了，遂取名为卤虾酱。

后来他又发现有一层油浮在上边，吃起来比虾酱味道更鲜美。为了多一些虾油，他改用勺取上面的油，用装筷子的笼子插在虾酱中，过一会，笼子里贮满了虾油。油多了就用油腌菜，一开始腌些黄瓜条、芹菜，以后改为用整个小黄瓜，腌后花不落，刺不掉，吃起来更清脆鲜嫩。逐渐又增加细嫩的豇豆和辣椒浸泡于油内，数日后尝之，其味与虾油同，其色不变，于是"虾油小菜"便由此而生。

后来便开始拿到集市上卖，颇受人们欢迎，销路日增。自家产的小黄瓜不够用，就到附近村屯去收购，买卖越做越大。李家的"虾油小菜"在东海口一带逐渐传开。

同治中期，李氏后人开拓祖业，在锦州城内开了一个专门制作虾油小菜的作坊。为了维护既得声望，对四种小菜的原料都精心选购：小黄瓜，长寸许，必顶花带刺；芹菜，以秋后产品为宜，色绿，空心；油椒，以"磨盘椒"为宜，肉厚，形扁，放在掌内，力握不变形；豇豆，以清脆、细长为宜。腌制方法因物而异，既保持鲜度，也要留有原物味道。从此，"虾油小菜"又冠以"锦州"二字。由于锦州小菜色鲜味美，逐渐被人们认可，成为冬令佐食之佳品，一时间名声大振。这就是锦州小菜的由来。

二、非遗美食制作

（1）原辅料：小黄瓜、豇豆、油椒、苤蓝、芹菜、杏仁、小芸豆角、小茄子。

（2）制作步骤：

第 1 步 将锦州地区产的连花带刺小黄瓜用盐腌制，然后用清水洗去盐分、杂质，再放入缸中，投入原虾油，拌浸 48 小时。再加入熟盐水洗去虾酱，将瓜晾干后再装入缸中，加满虾油，浸泡 5 天即可。

第 2 步 将锦州地区产豇豆角洗净，切去根，用盐水浸泡 24 小时，捞出装入缸内，装一层撒一层盐。每天倒缸二次，4 天后，用清水洗净，切成 3 cm 长，装入缸内，放满虾油，经 7～10 天即可食用。

第 3 步 将锦州地区产的油椒洗净去蒂，在根处扎眼数个，然后用盐水浸泡 60 小时，每隔 3 小时翻动一次。捞出沥净水分后倒入缸中，放满虾油，每 3 小时翻动一次，1 月后每 24 小时翻动 4 次，天气凉爽后停止翻动。

第 4 步　将苤蓝洗净，削去表皮和根，用盐水腌制，10 天后即可食用。

第 5 步　将芹菜去掉根叶，切成 2 cm 长，放入沸水中煮 3 分钟，待色变绿时捞出，放入冷水中浸渍两次捞出，放入缸中。盐腌 12 小时后捞出，用清水洗净后再放入缸中，放满虾油浸泡，7~10 天即可食用。

第 6 步　将杏仁用开水煮一下，然后用冷水浸渍，冷却后去皮，再用盐水腌制即可。

第 7 步　将小芸豆角摘筋，用沸水煮 3 分钟，再放入冷水中浸渍 12 小时，然后捞出放入空缸内，将虾油灌满泡制，3 天后即可食用。

第 8 步　将小茄子去蒂洗净，在根部扎一个小孔，然后用开水煮一下，捞出放入凉水中浸渍，冷却后捞出，放入缸内，灌满虾油浸泡，7~10 天即可食用。

第 9 步　将准备好的各种原料，按比例配制即为成品。

三、　非遗美食风味特色

锦州什锦小菜主要以小黄瓜、油椒、豇豆、芹菜、苤蓝、茄包、芸豆、地梨、姜丝、杏仁等 10 种鲜嫩蔬菜和虾油配制腌成。对于各种原料都有严格的质量要求。在色泽上，小黄瓜、油椒、芹菜、豇豆、芸豆等要碧绿，姜丝正黄，杏仁洁白，苤蓝块红黄色。味道上，鲜脆适口，无苦咸、异邪味。外观上，蔬菜鲜，无杂物，不粗不碎。

锦州小菜

参考文献：

[1]　赵望. "登堂入室"的锦州小菜[J]. 侨园，2021（5）：51.

[2]　李默，曹凯欣，任广钰，等. 自然发酵锦州小菜中优良酵母菌的筛选及鉴定[J]. 中国食品学报，2021，21（4）：277-285.

金州益昌凝糕点

据《金县志》记载，吴鸿恩在金州城内开设益昌点心铺，后来因为手艺好，扩大经营。当时的益昌点心铺主要以软硬八件、套环酥、光头饼、状元饼等点心为主，这些点心外皮香酥，入口绵软柔滑，内馅清甜松糯，深受当时百姓的喜爱。

据金州一些老人介绍，当时金州城早晚都要关闭城门，每天早晨城门一开，城外人便陆续来到益昌点心铺吃早点，晚来一步，烧饼就会卖完。卖完早点后，伙计们就开始准备制作软硬八件等各式点心，这时南来北往的客商和进城赶集的人，都会在益昌糕点铺买上几件点心，再赶着大车离开金州城。

金州益昌凝糕点

随着益昌糕点的名声越来越大，分店越来越多，吴洪恩把益昌糕点的名号改为"益昌凝"。希望大家可以凝聚在一起，像一股绳将益昌糕点做大做好。此后，金州益昌凝糕点的美名，就顺着这些南来北往的车辙印传遍了整个辽南。

（1）原辅料：面引子、面粉、白砂糖、鸡蛋液、玉米油、牛奶、酵母等。

（2）制作步骤：

第 1 步 将面引子里的材料除酵母和牛奶以外全部依次倒入大碗。

第 2 步 将酵母用牛奶充分化开,将混合好的酵母加入之前的碗中,所有材料齐全以后用筷子或刮刀搅拌均匀至无干粉状态就可以上手揉面了。

第 3 步 将面揉成一个稍微光滑的面团即可,用时大概两分钟,然后盖上保鲜膜放到温暖的地方发酵至两倍大。

第 4 步 用手指戳发酵好的面团,不回缩就证明发酵好了,然后进行简单排气。

第 5 步 把做面团需要的材料除碱面和牛奶之外全部放入发酵好的面团上,将碱面倒入牛奶里充分搅匀。

第 6 步 面团和好以后不用二次醒发,直接放到案板上搓成长条,下剂。

第 7 步 把每个小剂子都团成光滑的圆球,光面朝外,尽量不要让表面留有接口缝隙。揉好的面团外面裹上一层干面粉。

第 8 步 依次做好每一个,然后放入烤盘,快做好的时候可以预热一下烤箱,165 ℃,8分钟。

三、非遗美食风味特色

"益昌凝"糕点传统制作技艺之所以能流传百年,并不断创新发展,其重要价值体现在三个方面。一是历史价值,百年老字号金州"益昌凝"的制作技艺历史悠久,深深扎根于民族民间。延续五代,传承 140 余年,以其传统手工制作技艺、诱人的味道,成为辽宁"中华老字号",无论是品牌文化还是传统技艺,都代表着地方特色的传统美食风味名品,有着深厚的历史。二是文化价值,传承百年的"益昌凝"糕点,无论是从手工作坊、家庭传承到摒弃传内不传外、传子不传女的狭窄家族传承方式,还是制作工艺方面都留下许多传奇故事,已经形成了一种独有的食品文化,应得到更大发展。"益昌凝"糕点的精湛制作工艺,是代代传承发展并不断完善的一整套秘制技术,其选料、配料、制馅、和面、烤制过程积聚了几代人的智慧和汗水,正因其精湛的制作工艺,才形成现在声名远播的经典品牌,其传统糕点的工艺制作价值值得传承和发展。三是社会价值,"益昌凝"糕点充满了浓郁的地方特色和传统文化气息,名扬国内外,满足不同层次需求,成就了其可持续的传承发展和品牌效应。

参考文献:

[1] 郑晓丽. 非物质文化遗产保护的对策研究——以大连市为例[J]. 通化师范学院学报,2018,39(1):85-91.

[2] 李灿. 大连市非物质文化遗产保护研究[D]. 大连:大连理工大学,2019.

沟帮子熏鸡

　　沟帮子熏鸡始创于清光绪年间。据家族历史介绍，1887年，"沟帮子"熏鸡第一代传人尹玉成老先生独闯关东，在沟帮子镇定居。尹老先生为人侠义忠厚，常济困苦百姓，深得乡人爱戴，后得到当地一户杜姓富商的看重，与杜家小姐结为连理，此后人称尹四爷。

　　一个风雪交加的夜晚，尹四爷在回家途中，偶遇一位衣衫褴褛的老人，见其困厄交加无安身之处，于是心生怜悯，接回家中照顾。悉心的照料使老人很快康复，因无比感激尹四爷的帮助，老人在临行前，将自己的御厨身份和遭人迫害逃出皇宫的经历据实相告。最后，老人从怀中掏出一本熏鸡秘方，告诉尹四爷："此物乃我总结四十多年经验独创的宫廷熏鸡秘方，此熏鸡深得先皇喜爱。我遭人算计就是因为这本秘方。你依照此法制熏鸡售卖，必将大有所成。"尹玉成大喜，依照此法制作熏鸡，于1889年创立熏鸡坊，取名"沟帮子熏鸡"。

　　（1）原辅料：一年生公鸡、胡椒粉、五香粉、香辣粉、豆蔻、白芷、桂皮，丁香、草果、鲜姜、味精、香油、老汤适量。

沟帮子熏鸡

　　（2）制作步骤：

　　第1步　鸡肉用清水漂洗去尽血水后，送预冷间排酸。

　　第2步　排酸温度要求在2~4 ℃，排酸时间6~12小时，经排酸后的白条鸡肉质柔软，有弹性，多汁，制成的成品口味鲜美。

第 3 步 采用干腌与湿腌相结合的方法,在鸡体的表面及内部均匀地擦上一层盐和磷酸盐的混合物,干腌 0.5 小时后,放入饱和的盐溶液继续腌制 0.5 小时,捞出沥干备用。

第 4 步 用木棍将鸡腿骨折断,把鸡腿盘入鸡的腹腔,头部拉到左翅下,码放在蒸煮笼内。经整形后的鸡先置于加好调料的老汤中略加浸泡,然后放在锅中,顺序摆好。用慢火煮沸 2 个小时,半熟时加盐(用盐量应根据季节和当地消费者的口味定),煮至肉烂而连丝时搭勾出锅。

第 5 步 将水和除腌制料以外的其他香辅料一起入蒸煮槽,煮至沸腾后,停止加热,盖上盖,焖 30 分钟备用。卤制:将蒸煮笼吊入蒸煮槽内,升温至 85 ℃,保持 45 分钟,检验大腿中心,以断生为度,即可吊出蒸煮槽。

第 6 步 出锅后趁热熏制。将煮好的鸡体先刷一层香油,再放入带有网帘的锅内,待锅烧至微红时,投入白糖,将锅盖严 2 分钟后,将鸡翻动再盖严,再等 2~3 分钟后,即可出锅。

三、 非遗美食风味特色

沟帮子熏鸡制作过程精细,包括选活鸡、检疫、宰杀、整形、煮沸、熏烤等。在煮沸配料上更是非常讲究,除采用老原汤加添二十多种调料外,还坚持使用传统的白糖熏烤,同时必须做到三准:一是投盐要准,咸淡适宜;二是火候要准,人不离锅;三是投料要准,保持鲜香。沟帮子熏鸡色泽枣红明亮,味道芳香,肉质细嫩,烂而连丝,咸淡适宜,营养丰富。

参考文献:

[1] 王司晨,陈建昆. 烟熏传统:沟帮子熏鸡(英文)[J]. 疯狂英语(初中天地),2024(1):68-69.

[2] 黄汝.“沟帮子熏鸡”名扬天下[J]. 侨园,2020(10):52.

金州老菜

一、 非遗美食故事

　　金州古城始建于金代，金代、元代一直是辽东半岛南部军事、政治、经济、文化中心，素有"辽南雄镇"之称。金州的达官显贵、社会名流除了家厨外，大事小情、逢年过节也会雇用名厨，官府的经典菜品与民间的流行菜品交相融合，丰富了金州老菜的内容。金州风味小吃遍布各处，盛行于市井酒家，首屈一指的有烧腰窝、炒羊菜、熘肝尖、蹄筋、羊肚、肥肠等。金州的驴肉菜经久不衰，至今仍有"不吃不知道，一品忘不掉"的说法；值得称颂的金州羊汤，来金州不喝就会有所缺憾；金州的鱼卤小面经济实惠，是一道民间独特的百年风味小吃；小白菜疙瘩汤、水仙包、炒饼、烩饼、蛎子羹、蒸咸蛋菜等众多特色小吃都别具一格，令人称道。现如今，这些小吃已经成为金州菜系不可或缺的一部分。

二、 非遗美食制作（塌肉片）

　　（1）原辅料：里脊肉、精盐、味精、黄酒、葱姜蒜等。

　　（2）制作步骤：

　　第1步　将里脊肉切成大片，放入精盐、味精、黄酒腌渍2~5分钟，然后蘸上一层面粉。

　　第2步　葱姜切成丝，蒜切成片，香菜洗净切成段，鸡蛋磕在碗内，用筷子搅开。

　　第3步　花椒放碗内加水泡出花椒水备用。

　　第4步　勺内放猪油，烧四成热时将里脊片蘸上鸡蛋液，逐片地放在勺内，两面煎至金黄色，倒在漏勺内。

　　第5步　勺内放猪油，用葱姜蒜炝锅，添鸡汤100 mL、精盐、黄酒、花椒水和味精，把里脊片推在勺内，移慢火上煨3分钟，移回旺火上，勾淀粉芡，淋上猪油，翻勺，撒上香菜段，拖在盘内即成。

塌肉片

金州菜有"不到火候不揭锅"的说法，特别是烧焖焙煨的菜品。金州厨师也有讲究，有着"没掌握勺功，便不可炒菜"的规矩。

金州老菜也非常符合健康标准的饮食理念。海鲜与蔬菜相匹配，动物性原料与菌类搭配，海藻类与动物性原料相配，各种小海鲜互相搭配……在烹制海鲜时，慎用调料，尤其是调料中的五白（盐、味素、白糖、猪油、淀粉）更要严格控制，以防对人体产生不良影响。

参考文献：

[1] 李灿. 大连市非物质文化遗产保护研究[D]. 大连：大连理工大学，2019.

[2] 张允峰. 金州老菜：山海时珍烹出百年厚味[J]. 东北之窗，2014（2）：60-63.

北镇猪蹄

一、非遗美食故事

"熏猪蹄"具有悠久的历史，它的制作可追溯到清道光年间。当时北镇城里有个杨姓父子三人经营的小肉食店。父名不详，长子杨俊青，次子杨汉青。他们的熏猪蹄精工细作，调料得当。除使用老汤、香油、精盐、八角、花椒和生姜外，还涂以白糖熏制，使猪蹄色味俱佳，远近闻名。

北镇猪蹄

北镇猪蹄外形完整、皮肉饱满、色枣红发亮，素有"东北小熊掌"的美称，具有入口香而不腻、咀嚼筋道有劲的特点。北镇猪蹄制作技艺主要包括选料、拔毛、喷烧、修蹄、煮制、熏制和涂油等多个工序，其中，煮制过程的老汤配制是制作的关键。

二、非遗美食制作

（1）原辅料：猪蹄、食盐、料酒、葱段、八角、姜片、花椒、砂仁、白芷、白蔻、桂皮、香叶、丁香、干辣椒适量。

（2）制作步骤：

第1步 把肘子、猪蹄用喷枪烧烤一遍，烤至焦黑色，这一步的目的是去除残留的猪毛，同时也可以有效地去除腥臊味。

第2步 猪蹄不需要劈开，肘子可以根据自己的喜好带骨或者剔骨。处理好以后放入清水中浸泡，用钢丝球洗刷干净，然后再次放入清水中浸泡几小时，把血水彻底浸泡出来，捞出，备用。

第3步 把处理干净的肘子和猪蹄放入锅中，加入适量清水淹没，再加少许葱段、姜片和料酒，大火烧开后，撇去浮沫焯水，5分钟之后取出，清洗干净，备用。

第4步 把姜黄和红曲米粉分别装入料包中，再把其他香料放入盆中，加入适量清水浸泡20分钟，清洗干净，捞出，控干水分，备用。

第 5 步 卤锅中加入清水，加入猪蹄和带骨肘子，再下入姜黄和红曲米料包，以及提前浸泡好的香料，再加入姜片、葱段、鸡精、冰糖、料酒。大火烧开后小火煮制 5 小时，将猪蹄和肘子取出，备用。

第 6 步 把煮熟的肘子和猪蹄放入熏篦中，熏锅中垫入一张锡纸，撒入白糖、茶叶和锯末，放上篦子，盖上盖子，中小火烧至锅盖缝隙处冒黄色浓烟后关火，焖 2 分钟后即可取出。

三、 非遗美食风味特色

北镇猪蹄选料考究，要求猪蹄大小适中，蹄重在 250 g 至 350 g 之间；煮制时讲究火候的把握，需先用文火烧开老汤，再将调料品置入老热汤浸泡，最后将蹄放入锅内用急火、文火分别煮制 60 分钟后，再出锅熏制；熏好后的猪蹄还需刷一层香油以增味提香，延长存放时间。北镇猪蹄具有悠久历史，风味独特，做工考究，用陈年老汤熏制而成，富含矿物质、胶原蛋白等多种营养成分，是闻名全国的地方传统风味食品。

参考文献：

[1] 周亚军，李文龙，李圣桄，等. 酱卤肉制品加工与保藏技术研究进展[J]. 农产品加工，2019（19）：58-62+67.

[2] 杨合超. 北镇熏猪蹄的加工方法[J]. 肉类工业，1986（9）：7-8.

兴城全羊席

一、非遗美食故事

“全羊席”是继满汉全席之后的宫廷大宴，是宫廷招待客人的高规格宴席。“全羊席”的出现已有近三百年的历史。全羊席传入兴城是在清朝末期，当时清廷御厨李德胜因触犯宫规，偷逃到兴城（当时为宁远州），把全羊席的制作技艺传给兴城人。全羊席又称翻桌席，讲究色、味、形，所有菜名中很少露羊字，可谓：“吃羊不见羊，食羊不觉膻。”兴城全羊席全羊入菜（除羊毛外）、配料独特、刀工精细、技法精湛、工序繁杂、席面豪华，保持了清宫尊贵、典雅的皇族风范，是清代饮食文化的精髓，一般宴会难得一见，具有较高的艺术文化价值和历史研究价值。

全羊席是用一体之物为主料，烹调多种菜组成的全席。从羊头到羊尾，共取料 13 个部位：头部、脖颈、上脑、肋条、行脊、磨档、里脊、三岔、内腱子、腰窝、腱子、胸口、尾部及内脏。根据各个部位的特点，用炒、爆、煎、烹、贴、烧、扒、烩、焖、㸆、炸、拌、卤、煮、酱、炮、熏、酥、蒸、拔丝、挂霜、蜜汁等 20 余种方法烹制出色香各异的佳肴。全羊席共有菜肴 112 品，点心 16 道，分 4 部分，每部分 4 个干碟、4 个鲜果、4 个蜜饯、8 个冷荤、4 个件、12 个热炒、4 个汤、4 种点心。

兴城全羊席

8 个冷荤：片三品肠、片去风穴、玻璃羊尾、炒沙肝、糖醋排骨、炮腰花、拌双皮、五香肚丝。

第一道件：点心状元饼、三羊开泰、软炸里脊、美容脑花、扒竹节、鞭打绣球。

第二道件：点心扇面麻花、狮子滚绣球、炸水塔、清蒸海洋、金钱腰子、炸肉排。

第三道件：点心口袋饼、红焖龙精、金丝绣球肝、香辣肉丝、焖草上飞、烩葫芦。

第四道件：点心喇嘛糕、锅烧肉、氽羊脯、烩白玉、天蓝地、四盖肉。

二、非遗美食制作（锅烧肉）

（1）原辅料：羊肉、葱、姜、甘草、香叶、花椒、陈皮、桂皮、砂仁、八角、盐、料酒、酱油、白糖等。

（2）制作步骤：

第1步 将羊肉洗净，切成大块，放入高压锅中，再依次放入葱段、姜片、大蒜、料酒、白糖、酱油、盐，将调料中的全部香料用布袋包成包放入锅中，压熟。

第2步 将羊肉取出，放在盘中，撒上干淀粉。

第3步 坐锅点火倒入油，至5成熟时将羊肉放入油锅中炸成金黄色时即可出锅，改刀，撒上椒盐即可食用。

三、非遗美食风味特色

"全羊席"是把羊的不同部位，用不同的烹调方法，做出色、形、味、香各异的各种菜肴，并冠之以吉祥如意的名称，虽系全羊，却无羊名。如龙门角、采灵芝、双凤翠等。在制作上，刀工精细，调味考究，炸、爆、烧、炖、焖、煨、炒，醇而不腻，具有软烂、清淡、口味适中、脆嫩爽鲜等特点。选用羊身各个部分做成的"全羊汤"，酸辣麻香，清素不膻。用眼、耳、舌、心等做成的明开夜合、迎风扇、迎香草、五福玲珑、八仙过海等菜肴，质脆而嫩，味美形奇，各具特色。

参考文献：

[1] 宋宇. 兴城内的"宫廷御宴"[J]. 侨园，2021（Z1）：54-55.

[2] 赵芷仪. 辽宁省非物质文化遗产兴城全羊席[J]. 兰台世界，2020（1）：2.

[3] 张恺新. 传入民间的宫廷御宴——辽宁省级非遗名录项目兴城全羊席制作技艺[J]. 侨园，2019（5）：18-20.

人参炮制

一、 非遗美食故事

新宾满族自治县地处辽宁东部山区、长白山支脉的延伸部分，境内四季分明，雨量充沛，森林覆盖率达到 64%，为人参的生长提供了得天独厚的地理环境条件。

据史料记载，新宾及周边地区的人参炮制历史可追溯至努尔哈赤在建州（赫图阿拉）时期，在此之前，无论是人工种植的人参还是野生参，均以鲜货和生晒参的形式作为贡品或出售；后来努尔哈赤创制的人参熟制法不仅增加了人参的储存年限，也提升了品质、效用和口感，受到人们的欢迎并流传至今。

明朝政府为了防止东北女真人的日益强大，加封努尔哈赤官职以示羁縻，但在经济贸易领域采取了一些限制其发展的措施。万历中后期，明朝政府想要依靠压低人参价格来削弱女真人的经济实力。人参的挖掘程序、技术十分复杂，挖出来后要用水冲洗干净，因此在潮湿气候条件下极易发霉变质。这种洗过又潮湿的人参在称量时压分量，如能及时卖出，获利更丰。但明朝商人抓住潮湿的人参容易发霉这一弱点，在收购时极力压低价钱。他们或"佯不欲市"，或"嫌湿推迟"。于是，女真人手中的人参大量腐烂变质，有时一烂就是数万斤。女真人无奈，只有向明朝商人屈服，忍痛廉价出售，还唯恐不能先期脱手。因此，在明朝与女真人的人参贸易战中，女真人曾经付出过惨重的代价。

为了改变商战中被动不利的局面，努尔哈赤发明一种先用沸水焯过再晒干的保存方法。这种人参的炮制品就是现在的"红参"。努尔哈赤的办法好处有二：一是先在沸水中焯一下，有杀菌的作用，可以防止霉菌滋生；二是经过"煮晒"后的人参存放时间较长，可以"徐徐发卖"，因此，明朝政府在人参贸易上的打压就失去了作用。

二、 非遗美食制作

（1）原辅料：人参。

（2）制作步骤：

第 1 步 浸润。一种方法是将鲜参根装入竹筐内，直接浸入清水 30 分钟。此种方法浸润均匀透彻，但时间较长，易损失有效成分。另一种方法是喷淋浸润，即将鲜参放在参帘上，厚度不超过 20 cm，水通过管道、喷嘴形成人工雨，冲洗参根 5 分钟。

第 2 步 洗参。一般的大型制参厂都会使用洗参机，可以去除人参表面的泥沙污渍，同时会挑出腐烂、红锈严重的人参。

第 3 步 蒸参。目前蒸参的方式有两种，一种是用锅灶，另一种是用比较先进的蒸参机。锅灶蒸参法步骤主要包括装屉、蒸参和出屉。蒸制时间一般从上元气开始计算到停火为止，参须和 8 ~ 10 年生大货需 3 小时左右，从上元气开始，温度升至 100 ℃，直到停火为止。停火后，温度逐渐下降，使参根慢慢冷却到一定温度，以防造成参根破裂。上元气前用猛火，从上元气开始到停火为止，用缓火保持温度。不能随便加火或撤火，以避免因温度急剧上升或下降而造成参根破裂或熟化度欠佳。

第 4 步　晾晒烘干。将蒸制好的参根摆放于晒参帘上，置于日光下晾晒。晾晒时间不能少于 4 小时。一般是白天晾晒，晚间烘干。这样可以加快人参干燥速度，改善红参色泽。

烘干是影响红参质量的关键工序。目前最理想的烘干方法是远红外负压烘干法。一般高温烘干的最适温度为 70 ℃。高温烘干的时间一般为 5 小时，如果因天气不好未能晾晒或干燥室湿度过低，可适当延长 1 小时。经高温烘干后，参根大量失水，主根含水量约 45%，芋须和中尾根含水量约 30%，须根含水量仅 10% ~ 13%。

第 5 步　打潮。经高温烘干的人参，支根及须根含水量较少，易折断，不便于实施下道工序，因此必须打潮软化。

第 6 步　修剪去尾。首先剪掉主体上的毛毛须。在修剪须根时，较细的须根应短留，较粗的须根应长留，一般要求须茬直径为 3 mm 为宜，这样留下的须根虽然长短不一，但粗细匀称适中。剪下的须根，按长短、粗细分类放置，并且按商品要求捆成小把，以备加工各类红参须。

第 7 步　二次烘干。去尾后的人参进行二次烘干，烘干温度为 50 ~ 55 ℃，4 小时排潮 1 次，每次 20 分钟，干燥时间 72 ~ 96 小时。

第 8 步　磨具压制，分拣分级，包装。

三、非遗美食风味特色

红参质地坚实，含水量低，有利于长期贮存。加工中可使淀粉充分糊化，人参固有成分得以有效地固定和保留。由于质地坚实不易吸湿，则可避免变质或生虫。

红参

参考文献：

[1] 吴宣霖. 加快构建高质量人参产业体系[N]. 通化日报，2023-12-08（1）.

[2] 陈晶，王炳然，张森等. 基于 Box-Behnken 响应面法结合层次分析法-熵权法优化米炒人参炮制工艺[J]. 时珍国医国药，2023，34（6）：1384-1388.

老龙口白酒

一、 非遗美食故事

"老龙口"始建于康熙元年（1662 年），因坐落于盛京（今沈阳）龙城之东门，龙城东门乃龙城之口，因而御封得名"老龙口"。"老龙口"白酒多供奉清朝廷，曾为康熙、乾隆、嘉庆、道光四帝 10 次东巡盛京御用贡酒，称为"朝廷贡酒"。清朝征战时期，曾作为清兵的壮行酒、出征酒，当时流传"飞觞曾鼓八旗勇"之说。"老龙口"至今已有三百多年的悠久历史，是沈阳老字号、中华老字号。

老龙口酒厂历史上多由山西人经营，继承和发扬了我国历史悠久的白酒传统酿造工艺。传统酿造工艺在传承的过程中，逐步演变成了具有北方风格和特点的老龙口白酒传统酿造工艺。在数百年的风雨沧桑中，老龙口酒厂虽几经易主，但其传统酿造工艺仍得以传承和发展下来。

二、 非遗美食制作

（1）原辅料：高粱、酒曲等。

（2）制作步骤：

第 1 步 往酿制用的水中加入高粱，并对这些高粱进行清蒸排杂，时间上一般为 40 分钟，期间加入稻壳进行渣醅。之后，按照老五甑工艺进行醅料掺拌，并复蒸一遍。复蒸以后，进行蒸馏糊化和回槽操作，蒸馏时按质滴酒，保证接酒质量。蒸馏过后进行糊化排酸，并开始分质接酒的第一步，将蒸馏后的酒放入陶瓷坛中贮存一年以上。

第 2 步 一年以后，可以出窖进行酒醅了，此时将酒入槽，加入打量水进行勾调，这是分质接酒的第二步。

老龙口白酒

第 3 步　对勾调过后的酒进行鼓风晾楂，晾完之后，便可以对该酒进行包装了，这便是分质接酒的第三步。

第 4 步　当材料温度达到入窖所要求的条件时，加入大曲粉，掺拌均匀，之后便可将掺拌均匀的物料分层入窖，入窖以后需要发酵 80 天。一瓶浓香的老龙口白酒，就这样酿制成功了。

三、非遗美食风味特色

长久以来，老龙口白酒始终坚持手工工艺酿造操作法，其工艺特点可归纳为"水好、曲精、发酵、蒸馏、贮存、勾调"12 个字，其突出特色有两点：一是原址原水酿造。老龙口酒厂院内有一眼古井，水质清澈甘洌，素有"龙潭水"之称。水中含有的矿物质及微量成分宜于酿酒，从"义隆泉"烧锅到今天的酒厂，都使用此井水酿酒。二是百年窖池发酵。酒厂的窖池有 300 多年的历史，最初是木制，后来演变成泥窖。从清初始建至今，窖池一直使用从未间断，这在全国是比较罕见的。经过长期驯化，窖池富集了霉菌、酵母菌等种类繁多的微生物，为酿酒提供了呈香呈味物质的前驱体，从而形成了老龙口白酒"浓头酱尾、甘洌爽净、绵甜醇厚、回味悠长"的独特品质与风格。

参考文献：

[1]　戚永哲. 辽宁非物质文化遗产生产性保护应注意的若干问题[J]. 理论观察，2012（4）：58-60.

[2]　尹忠华. 深巷飘酒香——国家级非遗名录项目老龙口白酒传统酿造技艺[J]. 侨园，2019（5）：16-17.

内蒙古

民间非遗美食

乌兰伊德

鄂尔多斯蒙古族以肉类为原料制成的食品，蒙古语称"乌兰伊德"，意为"红食"。据《黑鞑事略》记载，蒙古族的肉食品主要来自狩猎产品和家养牲畜。狩猎得来的动物包括野兔、鹿、黄羊等。鄂尔多斯蒙古族的食谱传统上依季节变换，夏秋季以奶食为主，冬春季以肉食为主。每年农历10月中下旬，当牲畜膘情好而且北方气候适合冻藏肉类的时候，牧人们精心挑选好牲畜后集中宰杀。除了现吃的以外，其他的肉剔骨并装在牛羊的瘤肚里冻储。为了一些节庆活动和送礼，还要保留一些不剔骨的肉，如"哈卜斯嘎"（整羊、整牛肉）、整羊背、整胸骨等。把灌血肠及心肝肺等装在牛羊的肚子里冻储的叫作"寨达斯"（即"冻肚儿"），以备冬春食用。牧民把冬储肉准备好后，一直到来年的夏天一般不屠宰。宰杀少量牲畜，称之为"卓乃伊德席"（夏天的肉食）。肉食品制作方法很多，在牧区一般是煮、烤为主，如手扒肉、羊背子、烤羊腿、风干牛肉、血肠等。招待贵宾或大型活动时上全羊席，在祭祀、祭敖包、那达慕等大型活动时也上全羊。手扒肉是牧区常吃的一种食品。制作方法是把杀好的羊解成几块，放入锅内用清水和少量盐煮，开锅即可食用，用刀割取，故称手扒肉。这种肉香嫩鲜美，肥而不腻。鄂尔多斯蒙古族食用手扒肉有特定的风俗习惯，例如用一条琵琶骨肉配四条长肋骨肉进餐；姑娘出嫁前或是出嫁后回娘家都以羊胸脯肉相待，羊的小腿骨、下巴颏、脖子肉都是给晚辈和孩子吃的。接待尊贵的客人或是喜庆之日则摆"全羊席"等。

手扒肉

鄂尔多斯蒙古族世世代代传承乌兰伊德文化。鄂托克旗蒙古族制作的各种肉食品，别具特色，味美可口，是招待客人、滋补身体的佳品。随着社会现代化进程的加快，草原牧民的生产生活方式发生变化。真正懂制作传统食品的老手艺人逐渐减少，一些原始制作工艺处于濒危状态，有些食品品种也逐渐消失。

二、 非遗美食制作（手扒肉）

（1）原辅料：带骨羊肉、红萝卜、味精、白醋、大蒜、胡椒面粉、洋葱等。

（2）制作步骤：

第 1 步　在煮羊肉之前，应先把羊肉放入沸水中氽水，去除血水，直接煮羊肉会影响汤的颜色，使汤汁浑浊。

第 2 步　应先煮羊肉，至羊肉八成熟时再下红萝卜，九分熟时下圆葱块，效果会更好。煮制羊肉时，还可以放少许白醋、大蒜和胡椒面粉，这样既可以祛除腥味又可以提鲜。

第 3 步　装盘时不应再放圆葱丝，配料太多会影响成菜效果。因为前期煮制时已放圆葱，所以后期汤汁中不应再放洋葱末，如果放一点小葱花、香菜或枸杞子效果会更好。

三、 非遗美食风味特色

"手扒肉"是"乌兰伊德"的一种，是蒙古族千百年来的传统食品，是牧民们的家常便饭。手扒肉的做法是把带骨的羊肉按骨节拆开，放在大锅里不加盐和其他调料，用原汁煮熟。吃时一手抓羊骨，一手拿刀剔下羊肉，蘸上调好的佐料吃。吃手扒羊肉是鄂尔多斯蒙古族一种简便而实惠的待客方法。手扒肉的做法是把挑选好的牛、羊肉，切成若干块（头、蹄、下水除外），白水下锅，原汁清煮，不加调味品。他们认为牛和羊吃着草原上的五香草，调味齐全，只要掌握清煮技术，就能做出美味爽口的肉来。吃手扒肉时用手扒着吃，不用其他餐具。但按照鄂尔多斯蒙古族习俗，吃手扒肉有一定的规矩，较多见的就是用一条琵琶骨肉配四条长肋肉。吃牛肉时则用一只脊椎骨肉配半截肋及小段肥肠敬客。

参考文献：

[1]　白伊娜. 蒙古族的饮食文化探索[J]. 中国食品，2022（16）：74-76.

[2]　袁嘉. 独具特色的蒙古族饮食文化[J]. 实践（思想理论版），2019（2）：56.

炒 米

据传说，成吉思汗曾率领 20 万大军带着炒米和干肉西征。军队缺水少粮，成吉思汗命将士掘井取水，依靠仅有的一点炒米度过了生命的难关，直到后续部队赶来，一举攻城。

蒙古族炒米的食用，始于公元前后而盛于宋元，繁荣至近代。当代由于蒙古民族游牧生活的减少和食品丰富多样化，传统炒米开始走向衰落，现今很多生在城市里的蒙古族人已经不知道炒米为何物了。

二、 非遗美食制作

（1）原辅料：稷子、水。

蒙古炒米

（2）制作步骤：

第 1 步 首先是用锅煮。锅里盛上水，烧到八分开时将稷子倒入锅内。盖上锅盖继续加热。烧开后，揭开锅盖，上下翻动均匀，盖好锅盖，轻火焖，六七分钟后，再上下翻动。这样连续翻动三至四次后，即可出锅。出锅的稷子粒鼓胀发圆，有透明感，但不能张嘴，否则影响炒米质量。煮稷子时，稷子和水的比例一定要适宜，达到稷子煮好水即干的程度最佳。

第 2 步 炒炒米。撮回砂子用筛子筛一筛，筛过的砂子再用箩子过了土，就可以使用了。砂子如不太干净，还要用水淘洗一次，晾干以后再用箩子过一遍土。炒炒米时一次顶多放三碗糜米（七烧锅），却要放五碗砂子。砂子烧红时，将晾出的糜米倒入，待大气冒过，米粒快嘣嘣啪啪爆起来，赶紧连砂子倒在筛子里，下面接上盆子。筛子一摇，砂子落在盆里，炒米留在上面。将砂子倒回锅中炒热，再加入新晾出的稷米，如此连续作业，那一点砂子可炒许多炒米。做好后把砂子装在口袋里，下次炒时再用。

第 3 步 去壳。仅仅炒熟的炒米是不能直接食用的，必须经过去皮的处理。在古代一般是用石碓去壳，将米放入石碓中，脚踏驱动杆，倾斜的锤子落下时砸在石臼中，来回数次，就可以去掉稻谷的皮了。去皮后，用竹编簸箕去大糠，再用箩子去细糠，此后，就可以食用了。

三、非遗美食风味特色

炒米是蒙古族的主食，在蒙古语中，炒米被称作"胡列补达"，用糜子经过蒸、炒、碾等工序加工而成。在日常生活中，牧民们不可一日无茶，也不可一日无米。炒米是他们的传统食品，在蒙古族家庭中，无论男女老少，都喜欢吃炒米。吃时将米置于碗中，用奶茶泡至柔软时，拌着奶食品吃，或者用奶嚼口加糖拌着吃，或者用鲜奶煮炒米奶粥吃，也可以煮炒米肉粥吃，还可以干嚼着吃。

参考文献：

[1] 包包. 飘香草原的蒙餐[J]. 餐饮世界，2022（6）：68-71.

[2] 包莫日根高娃，许良，屈海岭. 蒙古炒米中六种微量元素的 FAAS 法测定[J]. 食品研究与开发，2009，30（3）：117-119.

[3] 竞鸿，吴华. 吃神[M]. 上海：上海中医药大学出版社，2006.

察干伊德

一、 非遗美食故事

察干伊德，意为白色的食品，是用畜乳加工而成的奶制品。蒙古族是世界上用传统技艺精细加工奶制品种类最多的民族之一。元朝时期，大汗宫廷中就汇集了各部落技艺最精湛的奶食制作艺人，专为宫廷制作奶食品。察干伊德种类繁多，有奶豆腐、奶酪、鲜奶干、奶皮、嚼啃、酸奶、黄油、白油、奶酒、酸酪、马奶酒、酸奶糖等，由牛、羊、马、驼奶制作而成，营养价值高，是极为珍贵的食品。"楚拉"是用发酵后的牛奶乳清手工熬制而成的，把乳清放在文火上煮沸，一直到锅底出现稀奶酪，然后放入过滤布袋里过滤。把袋中稠奶酪取出用手攥成小块儿，即成楚拉。楚拉稍硬，味道酸里带甜，越嚼越香，方便携带，四季皆宜。

二、 非遗美食制作

（1）原辅料：鲜奶。

（2）制作步骤：

第 1 步 制作奶皮子。将过滤后的鲜奶用慢火微煮，第二天早上表面上凝结的一层脂肪就是奶皮子了。

奶皮子

第 2 步 制作酸奶。把过滤后的鲜奶倒进已经发酵的酸奶里，用厚毯子包好，让它在高温下发酵 4 至 5 个小时，新的酸奶就做好了。

第 3 步 制作酥油。跟酸奶一样，酥油也是牧民最喜欢和离不开的奶食品之一。将酸奶和鲜奶倒进木桶进行搅打，搅打几百次甚至上千次后，奶油和奶水就会分离，然后将奶油取出来揉成团状，进行冷却，酥油就制作完成了。待酥油提取后，剩下的液体就是清酸奶，蒙古语称"艾日格"，清酸奶味道香甜可口，解热止渴，是牧民必不可少的"饮料"。

第 4 步 制作酪旦子。将"艾日格"熬煮成呈浆状时，装入布袋进行挤压，把黄水挤出后放在太阳下晾晒，味道醇香、色泽鲜明的酪旦子（蒙古语称"乔日木"）就制作好了。

三、 非遗美食风味特色

在节日里，察干伊德中奶豆腐的摆放也十分讲究。奶豆腐会被摆在最中间的位置，放置在多边形木质高边盘子上，盘子上先放一层"阿尔查"（乳清经过熬制后形成的一种固体奶食品），再将环状的奶豆腐由大到小一层层整齐摆放，在环状顶端放置饼状奶豆腐。奶豆腐的摆放只能是奇数，蒙古族视奇数为吉祥的寓意。走进蒙古包，喝上一碗好客的牧民熬制的浓香奶茶，可以将盘子里盛得满满的奶豆腐、奶皮子、奶酪干、炒米甚至牛肉干等放进滚热的奶茶里，吃完顿觉浑身舒坦。一碗奶茶就能令人感受生活的美好。

参考文献：

苏日嘎. 传统乳制品产业发展面临的问题及对策——以内蒙古镶黄旗为例[J]. 中国食品，2023（24）：120-122.

赤峰对夹

哈达火烧是赤峰老街哈达街的名产，又名杠子火烧，有近百年历史了。这种火烧与寻常的不同，是烧饼的形状，油条的制法。通常以猪油、盐、矾、砂糖与水碱面揉在一起，擀成上下两个浑圆的圆饼，再摞在一起，用大木杠子压得实实在在，不见半点空隙，再拿火烤干，连芝麻都不撒。哈达火烧口感很硬，但成本低，耐吃，也不怕放坏，风吹日晒都不影响，泡到水里也不散，适合远行携带。

赤峰对夹

民国初年，身为买卖人的苏文玉、苏德标父子（河北人）来到赤峰。为了营生，苏家父子便卖烧饼，后受到老家"驴肉火烧"的启发，将哈达火烧、驴肉火烧和偷学的宫廷御膳熏肉技术整合在一起，创造出了一种具有独特工艺和风味的"加肉烧饼"，其名为"对夹"，在当时以热卖哈达火烧的赤峰街独创成名，并迅速流行起来，自此，对夹这种代表赤峰的特色小吃便诞生了。

（1）原辅料：低筋面粉、酥油、小米面、猪肉（瘦）、鱼露、葱、水。

（2）制作步骤：

第1步 酥油隔水融化加热到温。低筋面粉里倒入酥油，加水，和成油皮面团，多揉一会，饧半小时。

第2步 小米面倒入酥油搅拌均匀成油酥。把油皮面团擀成大薄饼，涂上一层小米油酥卷起，分成均匀的面剂子，大小均匀。

第3步 切面往内折，折后团成圆剂子，都做好后，切面口处向下放饧10分钟。

第4步 把饧好的面剂子擀成约1 cm厚的小饼，放到平底锅或电饼铛中烙制。不用放油，烙到两面微黄达到九分熟即可。

第 5 步　炒锅放少量油，炒香猪肉丁，放入酱油和小葱调味。

第 6 步　烙好的小饼用刀挨个在饼侧面切开，不要切断，小饼中间加上炒好的肉丁。烤箱预热，入烤箱中下层，170 ℃，10 分钟即成。

三、非遗美食风味特色

　　赤峰对夹是一种酥油烧饼，侧切一口，中间裹着熏猪肉，简单至极。对夹皮用猪油、盐、矾、五香面与少许砂糖和成，反复层叠，饼成千层，先入炉烤熟，出炉后再用酥油拌着糜子面在外表涂抹一遍，摆到铁杈子上，二次入炉急火熏烤起酥。对夹肉的做法是先选半肥半瘦的膘子肉，切成方块码在一口大锅里，肉块间隙填满花椒、八角、砂仁、桂皮、丁香、甘草，葱截段、姜切末、蒜瓣成瓣，还拌上豆瓣酱和砂糖。先开锅大煮，再下酱焖蒸，等到肥肉油花尽出，铁算捞起来淋净，上锅熏烤。赤峰对夹讲究出炉即吃，一旦变凉，对夹皮就会变硬，熏肉也会变干，口感就差了许多。

参考文献：

[1]　苏日古嘎. 内蒙古特色农畜产品新媒体推介研究[D]. 呼和浩特：内蒙古师范大学，2023.

[2]　冉瑞芳. 四海饮食美味多赤峰对夹酥脆浓香[J]. 现代营销（创富信息版），2017（7）；37.

六户干豆腐

六户是大兴安岭南麓的一个绿色小镇，自然天成、绝无雕饰，置身其中，心旷神怡。蛟流河穿其而过，得天独厚的自然绿色优势，使这里的大豆种植浑然天成。六户干豆腐之所以远近闻名，与其密不可分。2022年5月10日，六户干豆腐制作技艺入选内蒙古自治区第七批自治区级非物质文化遗产代表性项目名单。

六户镇香熏干豆腐卷

二、 非遗美食制作

（1）原辅料：黄豆、石膏等。

（2）制作步骤：

第1步 将黄豆浸泡，经过一晚上的浸泡过后，黄豆已经膨胀到最大限度，然后将泡好的豆子倒入磨中，将第一遍打磨出的豆浆缓缓加入铁锅中，将磨出的豆渣经过第二遍研磨，再分次边熬煮边加入铁锅中，将木火烧旺开始熬煮，几经沸腾，再转文火慢慢熬煮，前后要经过半个小时的熬煮，豆浆才能充分发挥出它的本原味道。

第2步 将煮好的豆浆盛出进行过滤，将过滤好的豆浆静置几分钟，待温度降下之后，便开始点脑，就是将备好的卤水加入豆浆中，豆浆遇到它的克星卤水后，便会发生微妙的变化，其中需要掌握好时间、用量，多则太硬，少了则无法生成豆腐脑。

第3步 生成豆腐脑后将豆腐脑捣碎，便到了最关键的一步：泼浆。将准备好的模具中铺好豆腐包，舀上一瓢浆水，快速均匀地泼到豆腐包上，再铺上一层豆腐包继续泼浆，如此循环往复，直到两大模子层层装满，泼浆才完成。泼浆要求的是速度和均匀，如果没有一定的功夫，泼出来的干豆腐就会薄厚不均，影响口感。

第4步 泼浆后要按压，将豆腐固定在模具上，经过半个小时的按压，一张张薄如纸张、筋道柔韧的干豆腐就完成了，这时候取出豆腐包一层层地将干豆腐揭下来，最后再经过打刀、打卷、打包，便成就了这道六户镇的名片美食。

三、 非遗美食风味特色

六户镇干豆腐以"干、薄、细、嫩"著称，"干"是指豆腐压得实、干爽；"薄"是指每张豆腐厚薄如纸，太阳底下能透亮；"细"是指豆腐里不含豆渣，口感柔和；"嫩"是指松软娇嫩，老少皆宜食用，容易被胃肠消化吸收。"干、薄、细、嫩"是六户干豆腐的四大特色。六户干豆腐可炒可炖，久煮不变形不变色。人们最喜欢的吃法当属用干豆腐卷大葱，再蘸自制的黄酱食用，开胃而且易消化，百吃不厌。

参考文献：

冯琳，田蕴鹏，白秀丽. 致富路铺进大草原[N]. 中国工商报，2009-06-12（2）.

喀喇沁白家熏鸡

一、 非遗美食故事

在赤峰市喀喇沁旗锦山镇，有一项从 1900 年传承至今的熏鸡制作技艺——喀喇沁白家熏鸡制作技艺。该项技艺已于 2017 年被列入赤峰市第五批非物质文化遗产代表性项目名录和内蒙古自治区第六批非物质文化遗产代表性项目名录。

白家祖籍山东省济南市商河县张坊乡白集村，祖上即从事餐饮业。1900 年庚子战乱，为逃避战火，白国华四世祖白元虎逃难到公爷府（锦山镇）谋生。公爷府蒙古族王公汇聚，又是商贾汇冲，回族多在此地开店立肆。白元虎凭着一身祖传加工熏鸡绝技，以沿街叫卖熏鸡小本生意起家，历经白凤全、白文生、白秀山、白国华、白志伟六代传承至今。

二、 非遗美食制作

（1）原辅料：土鸡、桂皮、丁香、白芷等。

（2）制作步骤：

第 1 步 选鸡：最为关键，选择喀喇沁山区生长期两年的土鸡。

第 2 步 屠宰：鸡停食饮水半日后由阿訇屠宰。

第 3 步 造型：入锅前将两只腿叉放入鸡腹，右翅插入嘴中，脖子弯曲，贴靠鸡胸，形成盘卧状造型。

第 4 步 煮入料：锅中放入老汤并配以桂皮、丁香、白芷等十几味调料，锅烧开后置鸡，旺火煮，微火焖，浮油压气六小时。

喀喇沁白家熏鸡

第 5 步 剁鸡：鸡入锅煮沸后，用工具将鸡胸、鸡腿等肉厚的部分扎许多孔以入味，并将锅内鸡上下翻动，使每只鸡烹煮入味均匀。

第 6 步 捞鸡：煮熟的鸡肉质熟烂并丝连，色泽金黄方可出锅。

第 7 步 熏制：熏制前先将鸡在锅架上烘烤，不断翻动直至表皮呈金黄色，再往锅架下先后放入香柏屑、红糖等名贵香料熏烤。

第 8 步 出锅：待整只鸡熏至色泽明亮，肉质松软，喷香四溢方可出锅。

三、 非遗美食风味特色

熏鸡用料考究，精选生长期为两年的健康蛋鸡，经阿訇屠宰，配以多种名贵调料、入老汤烹煮，后经香柏、红糖古法熏制而成。出锅时色泽枣红明亮，肉质松软，香飘四溢，数里可闻。

参考文献：

李震宇. 凝心聚力 砥砺前行[N]. 赤峰日报，2021-09-29（002）.

奶 酒

奶酒从外观上看和清水一样，清澈透明，丝毫没有"奶"的痕迹，味道也没有白酒那种刺鼻和辛辣，喝下去之后，淡淡的，又有些奶的醇香。奶酒营养丰富，含人体所需多种氨基酸、维生素。

关于奶酒的来历，有段有趣的传说。相传早在元朝初期，成吉思汗的妻子在烧酸奶时，锅盖上的水珠流到了旁边的碗里，她嗅到特殊的奶香味，一尝味美香甜，还有一种微醺的感觉。之后她在实践中摸索和掌握了酿制奶酒的工艺，还制作了酿酒的工具。在成吉思汗做大汗的庆典仪式上，她把自己酿造的奶酒献给丈夫和将士们。从此，成吉思汗把它封为御膳酒。蒙古族朋友敬献哈达和奶酒是对贵客的高礼仪。

奶酒

在长期的生活中，蒙古族形成了丰富的酒文化。酒是蒙古族人尊重长辈、客人、悼念前辈和祭祀神灵的信物。用酒表达他们的感情，用酒祈求他们的愿望，因而形成敬酒的歌曲、敬酒祝词等，在蒙古族的传统乐器托布秀尔和蒙古族的传统舞蹈沙吾尔登中，都有反映奶酒的酿制、饮酒、敬酒的内容。

二、 非遗美食制作

（1）原辅料：乳清液、鲜牛奶等。

（2）制作步骤：

第 1 步 以乳清液和鲜牛奶为原料，利用乳清液中的乳糖作为碳源，自然发酵奶酒，如果环境中发酵乳糖的酵母数量不足，就会产生发酵迟缓的现象，甚至发生酸败，这是乳酸菌继续分解乳糖的结果。

第 2 步 先进行乳酸发酵,后酒精发酵。发酵好的酸奶倒入锅中,用晒干的牛粪烧火加热,锅上扣一个无底的木桶,上口放一个冷却水盆或锅,桶内悬挂一个小桶,或在桶帮上做一个类似壶嘴的槽口,待锅中的奶受热蒸发,蒸气上升遇冷凝结,奶酒就会滴入桶内的小桶或顺槽口流出桶外,一锅发酵酸奶可酿出 4～5 公斤奶酒。

三、非遗美食风味特色

奶酒具有舒适的奶香,醋香微弱,口味微酸,略有苦味,香味比较协调。奶酒的微苦可能因乳清中微量的蛋白在发酵过程中分解,生成一些氨基酸,而某些氨基酸是有苦味的,具有一定爽快感,如控制得当饮者能够接受,但苦味过重将影响口感。奶酒的理化指标不同,由于牧民各家各户发酵期不同,蒸馏遍数不同,所以各酒样的酒度、酸醋成分有一定差异。

参考文献:

[1] 贺薇,张雪丹,丁杰,等.《饮膳正要》中的乳类应用与分析[J]. 中华中医药杂志,2024,39(1):453-456.

[2] 李剑. 一杯奶酒情意长——厄鲁特蒙古奶酒酿造技艺[J]. 新疆人文地理,2016(1):40-45.

茶食刀切

8

一、非遗美食故事

最初的刀切是作为茶点出现的。过去蒙古族牧民喝茶总要摆上点心边喝边吃，"刀切"作为茶点就成了茶桌、茶馆常备之物了。据传说：慈禧太后在未入宫前，曾随其父惠征在呼和浩特居住过。那时还是贵族小姐的慈禧就很喜欢吃这种"刀切"。进宫后做了皇妃的慈禧，每当回顾起这段往事，都亲点御膳房做些吃的，但都不顺口味，不如原来吃过的"刀切"好。

茶食刀切

二、非遗美食制作

（1）原辅料：面粉、白糖等。

（2）制作步骤：

第 1 步 和面：面粉摊成圆圈，将绵白糖、油倒入圈内，加适量温开水将糖、油搅拌成浆，再将四周的面粉掺入逐渐和匀。和好后要放在温暖处回饧、破筋。

第 2 步 擦酥：将糖、面混合过筛，加油擦匀制成糖酥。

第 3 步 成型：包酥要匀，包好后擀成长方形薄片，再从两端相对向中间卷起成长卷，然后切成 4 毫米厚薄片。

第 4 步 烘烤：将切好的片均匀地摆入烤盘，入炉烘烤，炉温 160～170 ℃，待底面呈麦黄色时即可。

三、非遗美食风味特色

"刀切"这一取名是依其制作方法而定的，直截了当，朴实确切，具有劳动人民直率的特点。做这种点心要先把面和好，铺上糖油酥，均匀地卷成条状，用刀切成四毫米厚的片，每斤面要切十八至二十片，摆入盘内上炉烘烤成熟即可。从外观造型上，很像呼和浩特一些古建筑的云头，又像蒙古族服饰上的云花形状。因此它有着鲜明的民族造型特点。刀切的制作，用料简单，成本低廉，但做工精细，工艺复杂。

参考文献：

[1] 薛道峰. 内蒙古的名吃[J]. 肉品卫生，2004（6）：47-48.

[2] 薛云峰. 关于开发内蒙民族地方菜的思考[C]. 饮食文化研究，2004：5.

苏尼特式石头烤全羊

一、 非遗美食故事

苏尼特部落是蒙古族优秀部落之一，勤劳的苏尼特人长期游牧在探马赤草原，创造了独树一帜的苏尼特游饮食文化。其中"石头烤全羊"烤制方法颇具特色。如今，在苏尼特左旗赛罕戈壁苏木、洪格尔苏木、达来苏木等地还较完整地保留着苏尼特式"石头烤全羊"烤制技术。

石头烤全羊源于蒙古族石头烤肉。据传，成吉思汗在一次围猎宿营时，看到士兵们架在篝火上的肉被熏得焦黑。他忽然灵机一动，取一个士兵的铁盔放到篝火上，把猎来的黄羊肉片切成薄片，铺在铁盔上烤成外焦里嫩的炙肉片食用。后来石头烤肉做法慢慢发展成石头烤全羊，苏尼特式"石头烤全羊"自十三世纪起在探马赤草原得到了良好的传承和独特的发展。

二、 非遗美食制作

（1）原辅料：全羊、沙葱、食盐、磨石、细铁丝、喷灯、大盆等。

（2）制作步骤：

第1步 宰羊。一般选用草原上膘肥体壮的绵羊或山羊，把绵羊或山羊宰掉后倒挂起来，整剥其皮，取出内脏，剔除骨头，将一层羊肉铺到羊皮"皮囊"里，把烤红的石头放在羊肉上，放入适量的食盐拌沙葱，而后再放一层羊肉，放一层石头，以此顺序铺排若干层。

第2步 把羊肉和石头装完后用细铁丝将口子牢牢捆住，剪掉羊毛，将它架在篝火上进行烘烤。

第3步 烘烤时，要掌握好喷灯的火候，用文火慢慢地烤上20~30分钟即可。划开羊皮，用火钳夹出油腻腻、滚烫烫的石头，将其在两手之间不停地迅速倒手。

苏尼特式石头烤全羊

苏尼特式石头烤全羊肉嚼在口中鲜嫩多汁，肥而不腻，美味可口。尤其那原汁原味的羊汤，更是美味无比。在漫长的历史变革中，苏尼特式"石头烤全羊"逐渐具备了历史价值和文化价值。特别是在羊肚子开刀那一瞬间，整个蒙古包都充满羊肉的鲜美，热气腾腾，肉香味十足，在场每个人不禁咽口水。首先把石头取出来，大家放在手里来回传递，象征传递祝福。接下来就可以大口吃肉了，要把好的肉分给长辈或尊贵客人，这是蒙古族的传统美德。如此烤出的羊肉肥而不腻，酥脆香嫩，甚至不喜欢吃羊肉的人都难以抗拒。里面的土豆、萝卜融合肉香更是美味。吃完肉喝上一碗纯正的羊肉汤，令人非常满足。

参考文献：

[1]　王伟，姚树霞，孙占荣，等. 苏尼特羊肉[J]. 中国标准导报，2014（10）：77-80.

[2]　刘春玲. 内蒙古非物质文化遗产的文化特征阐释[J]. 阴山学刊，2019，32（6）：67-73.

包头老茶汤

　　老茶汤随着走西口传到包头，在此代代传承，便成了包头当地的特色小吃，并成为包头市非物质文化遗产。包头老茶汤主料是小米面，最特色的工具是"龙嘴大铜壶"。制作茶汤的师傅右手执壶，左手执碗，壶身一倾斜，只见壶嘴与碗口间架起一条水线，沸水从茶壶流出的瞬间，茶壶嘴上的飞天小龙吞云吐雾般仿佛真的飞上青天。收手时，一碗小米面瞬间变成了热腾腾的杏黄色米羹，翻腕不扣，百妙千奇，配上红糖、白糖、葡萄干、枸杞、山楂、瓜子仁、芝麻，一碗八宝茶汤呈现在你的眼前。亲眼看着这传神的技艺，吃在嘴里的是香甜，留在心里的是对传统手艺的敬意。

　　而现在包头市最有名的茶汤之一是北梁乔家金街上的老吴金牌茶汤。老吴茶汤是祖传的，吴文昌的曾祖父早年在北京卖茶汤，后来走西口到了包头，便开始在包头经营老吴茶汤，到吴文昌这一辈，已经传了五代人。做了半辈子茶汤的吴文昌保留了老北京茶汤的古老技艺，从选料到做工，每一道工序都十分讲究，在传承老味道的同时，把顾客爱吃的奶皮子、八宝、杏仁、椒盐等食材也添加进去，口感更加丰富。

二、 非遗美食制作

　　（1）原辅料：糜米面、葡萄干、蓝莓干、蔓越莓干、熟芝麻、瓜子仁、腰果碎、核桃碎等。

　　（2）制作步骤：

　　第 1 步　把面放到容器里用略凉的温水调成糊状。

　　第 2 步　将刚开的热水快速倒入调好的糊里，然后开始搅拌，糊糊变得黏稠厚重，这就是由生面到熟面的过程。

包头老茶汤

　　第 3 步　加入红糖和八宝料，一碗热腾腾的八宝茶汤就做好了。

三、 非遗美食风味特色

　　茶汤是包头市特有的一种市井美食。汤是用来喝的，茶汤应该既有茶又有汤才是。然而真正的包头老茶汤却既不是茶，也不是汤，而是一种用小米面制作，加上纯正红糖、白砂糖、芝麻、核桃仁、葵花籽仁、桂花等佐料，并用开水冲好的米羹。似茶非茶的包头老茶汤，原料中虽然没有茶叶，但由于制作工艺与沏茶有异曲同工之妙，使其散发出类似沏茶的香气，因而被称为茶汤。

参考文献：

曹瑾. 舌尖上的非遗包头老茶汤[N]. 包头日报，2024-05-07（007）.

北京

民间非遗美食

都一处烧卖

一、　非遗美食故事

　　"都一处"烧卖馆是以经营北京风味烧卖为主、兼营山东风味菜肴的著名老字号餐馆。"都一处"开业于清代乾隆年间，坐落在北京前门大街，共三层楼房，一层是散座，以经营大众化烧卖（葱花鲜肉）为主，二层、三层以经营中高档次烧卖（小笼三鲜馅）为主，兼营山东风味菜肴。

都一处烧卖

　　"都一处"所以出名，同它名字的诸多传说有关。"都一处"的前身为"王记酒铺"，由山西省浮山县北井村人王瑞福开办。这个酒铺是个只有半间门脸的平房，屋内简陋。当时王老板为了及时开业，就临时从别的酒铺要来了一个碎酒葫芦挑挂在门首，作为幌子，所以人们又叫它"碎葫芦"。王老板原来是一个手艺精湛的厨师，经他制作的凉菜特别受人欢迎，再加上他售的是洋酒"佛手露"，很吸引人，所以时间不长，他的小酒馆就出了名。

　　相传，乾隆十七年（1752 年），乾隆皇帝微服私访，从通县（今北京通州区）回京路过前门，天已很晚，除碎葫芦酒馆营业外，多已关门。乾隆和两个随从就进了这家酒铺，随便喝了点酒，吃了十几个水饺。店家招待得十分殷勤，于是乾隆便高兴地问道："此店何名？"回答："店小，无名。"乾隆感慨地说，在这个时候（大年三十）还营业的酒铺，在京都也就只有你们这一处了，那就叫"都一处"吧。掌柜的听了也没在意。乾隆吃得很满意，回宫后就书写了"都一处" 3 个字，制成虎头匾，不久就叫太监送来了。王老板这才明白那天晚上来吃酒的原来是乾隆皇帝。他马上跪接匾额，并高挂在门首。从此，"碎葫芦"就改为"都一处"了。此事很快就传开，于是慕名来店喝酒的人骤然大增。

二、非遗美食制作

（1）原辅料：面粉、去皮猪肉、水发海参、对虾、酱油、黄酱、姜、芝麻油等。

（2）制作步骤：

第 1 步 馅心制作。将猪肉洗净，绞成肉茸；海参去内脏、洗净，切成 0.6 cm 见方的小丁；对虾去掉头、皮和沙线洗净，切成 0.3 cm 见方的小粒。

第 2 步 馅心拌制。将猪肉茸、虾肉粒放入馅盆中，加入黄酱、精盐、姜末、绍酒、味精搅打上劲，再分次加入清水搅打上劲，最后加入海参丁、芝麻油拌匀即成馅。

第 3 步 面团制作。将面粉放入盆中，加入开水和成面团待用。另将面粉上笼蒸熟备用。

第 4 步 生坯成形。将蒸熟的面粉过筛后置于案板上，再将面团搓条，下成大小相等的面剂，逐个按扁后放入筛过的熟面粉中，用擀面棒擀成四周皱起的圆形面皮。每张面皮包入馅心，轻轻合拢面皮的边缘，捏成石榴形即可。

第 5 步 制品熟制。将烧卖生坯放入装有松针的笼屉中，用旺火沸水蒸制 6 ~ 7 分钟即成。

三、非遗美食风味特色

在数百年的发展过程中，都一处形成了一整套精湛的烧卖制作技艺，其中烧卖的擀皮工艺堪称一绝，擀出的烧卖皮每张都是 24 褶。老店最初以猪肉馅、牛肉馅、素馅和三鲜（猪肉、海参、虾仁）烧卖闻名，随后又根据季节时令的变化，增添了鱼肉、蟹肉、虾肉等海鲜馅的烧卖，以及以猪肉为主，分别与白菜、韭菜、茴香、南瓜、大葱、西葫芦等相配而制成的四季烧卖。20 世纪 80 年代以来，都一处又相继开发出山楂烧卖、一品红烧卖、枸杞烧卖等滋补类烧卖，还创新工艺，制成双色烧卖、彩色烧卖、翡翠烧卖、薄荷烧卖等特色烧卖。同时，积极丰富烧卖口味，推出了酸、甜、咸、鲜、香、辣等十几个系列三十多种烧卖。

参考文献：

[1] 王红. 京城烧麦第一家——都一处[J]. 老字号品牌营销，2021（10）：1-2.

[2] 王晓彤. 都一处烧麦：京中老字号的人情味[J]. 文化月刊，2021（9）：16-17.

东来顺涮羊肉

一、 非遗美食故事

　　涮羊肉又称"羊肉火锅"。满族入关后兴起，康熙、乾隆二帝举办过几次规模宏大的"千叟宴"，其中就有羊肉火锅。后流传至市肆，由清真馆经营。《旧都百话》云："羊肉锅子，为岁寒时最普通之美味，须于羊肉馆食之。"清咸丰四年（1854 年），北京前门外正阳楼开业，是汉民馆出售涮羊肉的首创。其切出的肉"片薄如纸，无一不完整"，使这一美味更加驰名。1914 年，北京东来顺羊肉馆重金礼聘正阳楼的切肉师傅，专营涮羊肉。历经数十年，从羊肉的选择到切肉的技术，从调味品的配制到火锅的改良，都进行了研究，赢得了"涮肉何处好，东来顺最佳"的美誉。

二、 非遗美食制作

　　（1）原辅料：羊肉（瘦）、芝麻酱、腐乳（红）、韭菜、香菜、料酒、大葱、辣椒油、酱油、醋、虾油等。

　　（2）制作步骤：

　　第 1 步 选切：选内蒙古集宁产的小尾巴绵羊（即阉割过的公羊）的"上脑""小三岔""大三岔""磨裆""黄瓜条"等部位的肉，剔除板筋、骨底等，冷藏在 –5 ℃ 的冷库内，或用一层冰一层肉压 12 小时（冰与肉之间要衬上油布），待肉冻僵后，修去边缘的碎肉、筋膜、脆骨等，然后横放在案板上，盖上白布（右边边缘部不要盖没），再用刀切成片，每 500 g 切成长 20 cm、宽 5 cm 的薄片 80 至 100 片，切好后码在盘内。

　　第 2 步 调料：将芝麻酱、酱豆腐（先磨碎）、腌韭菜花、酱油、辣椒油、卤虾油、醋等分别各盛 1 小碗。

东来顺涮羊肉羊肉卷

第 3 步　涮食：在火锅内盛汤烧沸（汤内可酌加海米和口蘑汤，以增加鲜味）。然后将火锅、羊肉片、调料碗一起上桌，由食用者自涮自食。先用少量肉片入汤内抖散，当肉片受热呈灰白色时，即可根据自己的口味爱好夹出肉片蘸上小碗调料，就着芝麻酱饼和糖蒜吃。在肉片涮食完后，可再将白菜头、细粉丝（或冻豆腐、豆腐、酸菜）等作汤菜食用。

三、 非遗美食风味特色

东来顺因选料精、加工细、火锅旺、调料全、糖蒜脆、汤香鲜等特点，在北京众多美食中脱颖而出。在选料上，东来顺只用羊身特定部位的肉，比如"上脑""大三岔"和"小三岔"，以保证肉质肥嫩，美味可口。在加工上，把羊肉去皮去骨、剔筋去渣后，处理到似冻非冻的状态，人工切割出纹理清晰，"薄、匀、齐、美"的肉片。

涮羊肉用的铜锅，形状像蒙古族的圆顶立檐帽，中间有放炭火的圆形炉膛和烟囱，外边环绕环形涮锅，上下通风火力旺盛，这是保证生羊肉片"一涮就熟，鲜嫩可口"的关键。东来顺调料以麻酱、酱油为主，辅以酱豆腐、韭菜花、虾油等，口味丰富多样。自制糖蒜酸甜可口，开胃解腻；汤底放提鲜的口蘑和海米，使涮羊肉色、香、味、形、器和谐统一。

参考文献：

[1] 赵丹. 今天想吃点儿"非遗"[J]. 标准生活，2023（6）：26-31.

[2] 刘容宇. 基于游客感知的北京老城文化精华区旅游产品提升策略研究[D]. 桂林：桂林理工大学，2023.

月盛斋酱烧牛羊肉

月盛斋开业于清乾隆年间，到今天已经有二百多年的历史。月盛斋，全名应该叫月盛斋马家老铺。顾名思义，是一位姓马的回族人开办的。月盛斋原来不在前门大街，而是在前门里原户部衙门的旁边。

据有关资料记载，开办月盛斋的马家，世代居住在北京广安门内牛街。清乾隆年间，马家的马庆瑞经人介绍到礼部衙门当临时工，每逢礼部举办祭祀活动，他就负责看供桌。虽说这是个临时的差事，但是能将就着吃饱饭。有的时候，还能得一些赏赐。一次，马庆瑞得到了一只全羊的赏赐，拿回家后，留下一部分自己吃。其余的便用担子挑到街上去卖，想不到很快就卖完了。他觉得卖羊肉来钱快，比看供桌强。于是，便时不时地从差役们手中廉价买祭祀用过的羊，到街上去卖，慢慢地，也就经营起这羊肉买卖来，再不去衙门里看供桌了。

月盛斋酱牛肉

清嘉庆年间，马庆瑞对原来制作酱羊肉的调料配方进行了修改，并总结出了一套经验。首先要选西口大白羊。因当时这种羊不好买，因而月盛斋后院就养起了羊以备用。其次调料精细。月盛斋酱羊肉以丁香、砂仁、桂皮、大料等为主药，外加酱和盐调味。再者，掌握火候是很关键的一环。

制作羊肉的季节是从秋天到春天，旺季主要在冬三月。每年到入夏后，酱羊肉就进入淡季了。为了在夏天有生意可做，于是马庆瑞研究试制夏季食品烧羊肉。烧羊肉需宽汤，汤要多，用烧羊肉汤烧过水面，佐以黄瓜丝，吃到嘴里，是一种特别有风味的夏季美食。

（1）原辅料：牛肉、羊肉、干黄酱、花椒、桂皮、丁香、砂仁、花生油、香油。

（2）制作步骤：

第1步　先把整理好的羊肉，根据各部位肉质吃水情况，码入煮开黄酱水（用黄酱调成的汤汁）的锅中。锅底先放羊骨铺垫，把吃火大的羊肉放在下层，吃火小的放在中上层。码好后，放入配料，用锅盖压盖（使肉不露出汤面），即可烹制。

第2步　烹制时，先用急火煮3小时，随后将上下层羊肉翻动一次，兑入老汤和料水（用大茴香和花椒熬制），再改用文火继续焖3小时，即可出锅。出锅时要用钩子把肉取出，并及时用热汤冲刷，使肉的表面不带脂肪，不挂配料残渣。待沥净晾凉后，即可进行烧制。烧制前，先把花生油加热到65～70℃，后倒入香油，熬到散发出香味时将熟羊肉下锅烹炸，炸到金黄色即成。

三、非遗美食风味特色

月盛斋加工技艺具有鲜明的民族特色，它们是在综合吸收了清宫御膳房酱肉技术和民间传统技艺的基础上形成的，不仅从宫廷、民间广泛吸收中国传统美食文化的精髓，还在自己的配方中引入阿拉伯传来的香料，并借鉴中医"药食同源"的传统养生理论，将牛羊肉所具有的重要滋补功能，与具有养生价值的药材、香料等辅料相结合，和独门加工技艺相统一，制作技艺世称"三精""三绝"，即"选料精良，绝不省事；配方精致，绝不省钱；制作精细，绝不省工"。在火候的控制与运用上，讲究的是"三味"，也就是即旺火煮去味、文火煨进味、兑"老汤"增味。

参考文献：

[1] 孙传明，张海清. 非遗产品网络营销的影响因素研究——基于38个饮食类非遗技艺的分析[J]. 华中师范大学学报（自然科学版），2022，56（3）：428-436.

[2] 北京月盛斋清真食品有限公司. 月盛斋酱烧牛羊肉制作技艺经久飘香[J]. 时代经贸，2010（6）：75-77.

王致和腐乳

一、 非遗美食故事

　　早在汉代，我国就发明了豆腐。为了便于贮存，人们加入酒糟进行腌制，由此形成腐乳。至清代，腐乳酿造技艺得到完善和提高，出现了著名的王致和腐乳，其传统生产技艺一直传承至今。

　　清代康熙年间，安徽举人王致和进京赶考，住在北京安徽会馆。在备考期间，他依靠贩卖豆腐维持生计。王致和利用老家的腐乳酿造技艺保存卖剩的豆腐，不经意间发明了臭豆腐这一独特品种。其后臭豆腐生意日益红火，王致和于是弃学从商，在前门外延寿寺街创办了"王致和南酱园"，前店后厂，生产臭豆腐。王致和腐乳酿造技艺传承毛霉型发酵腐乳的制作工艺，主要生产红腐乳和青腐乳（臭豆腐），产品具有"细、软、鲜、香"的特点。王致和腐乳以大豆为原料，红、白酒、白糖、食盐为辅料，经微生物发酵而成，制作工艺较为复杂，从原料投入到成品产出需经大豆筛选、清洗、浸泡、磨浆、浆渣分离、豆浆加温、凝固、压榨、切块、接菌、前期发酵、腌制、灌装、后期发酵等几十道工序，为期三个多月。旧时王致和腐乳酿造所用的工具很多，主要有大缸、石磨、柴锅、石块、木板、笼屉、坛子等。在历史上，食用腐乳是广大劳动人民摄取植物蛋白的重要途径。

王致和腐乳

二、 非遗美食制作

　　（1）原辅料：黄豆。

　　（2）制作步骤：

　　第1步　选用优质大豆为原料，并要求颗粒饱满，无虫蛀、无变质。

　　第2步　根据一年四季泡料时间的不同，确定黄豆浸泡时间，清洗泡料时间冬季16~20小时；春秋季14~18小时。

第 3 步　黄豆磨浆后滤浆并煮浆，点入石膏制作成豆腐。

第 4 步　降温接菌，豆腐坯进行风冷降温 40 ℃ 以下接菌。前期发酵时间为 48 小时，发酵室培养温度 28～30 ℃，通过三次倒笼来调节温度。头遍笼为两屉倒，倒笼时间视毛霉菌丝生长情况而定，一般头遍笼在润发酵库 22 小时内完成。二遍笼根据菌丝的生长情况晾开或合笼。若菌丝生长旺盛产生大量热量，则把屉适当错开散热；若菌丝生长稀疏，则适当合笼保温。三遍笼根据菌丝的生长程度来决定倒笼时间和晾开程度。

第 5 步　搓毛腌制，将毛坯块放至腌制盒中进行腌制，腌制时一层毛坯一层盐，撒盐均匀，码放整齐，松紧合适。腌制一天后开始出汤，检查腌制盒内沥量，若汤量不足，需补盐汤至满。

第 6 步　灌汤，"王致和"腐乳风味独特，与所加的各种辅料有一定的关系。按品种不同，汤料的配制方法各异。其主要的配料有面黄、红曲和酒类，辅以各种香辛料。汤料配制完毕后灌入已装好盐坯的瓶内。灌汤封口，入后期发酵室。

第 7 步　后期发酵（陈酿阶段），豆腐完成上述工序后，进入发酵室，直至产品成熟，后期陈酿需 1～2 个月的时间。在此期间，各种微生物及其酶进行着一系列复杂的生化变化，也是色、香、味、体的形成阶段。此时，室内需要有一定的温度。如果温度低，微生物活动减弱，酶活力低，发酵期长；如果温度高，易出现焦化现象，也不利于后期的酵解。室内温度一般控制在 25～38 ℃。春、夏、秋三个季节，室内一般为自然温度，在冬季，为了缩短生产周期，加速腐乳成熟，则以通入暖气来提高室温，室内温度一般控制在 25 ℃ 左右。

三、非遗美食风味特色

王致和腐乳品类包括：青方（臭腐乳、辣臭腐乳）、红方（大块腐乳、红辣腐乳、玫瑰腐乳、白菜辣腐乳、木糖醇腐乳、低盐腐乳等）、白方（白腐乳、香辣腐乳等）、酱方系列，口味覆盖大江南北，深受人们喜爱。

王致和腐乳酿造技艺蕴涵了浓厚的民族特色，具有深厚的文化内涵；在一定的历史时期，腐乳满足了人们对植物蛋白质的需求，具有重要的历史和营养价值。

参考文献：

[1]　娄敏. "王致和"：用心书写中华老字号传奇故事[J]. 工会博览，2023（23）：14-16.

[2]　王红. 王致和[J]. 老字号品牌营销，2023（1）：1-2.

全聚德挂炉烤鸭

全聚德的创办人杨寿山是河北省冀县（今冀州市）杨家寨人，家中几口人种着几亩薄田。清咸丰初年，家乡闹灾荒，家中贫困无法生活，杨寿山同乡亲离开父母来到北京。他到北京后，就住在前外兴隆街宏福寺庙中。后在乡亲的帮助下，凑了点钱，做小买卖糊口度日。杨寿山为人聪明肯干，他做了几个小买卖，发现卖鸡鸭的生意好做，顾客多，钱好赚，又做起了卖鸡鸭的买卖。清同治三年（1864 年），前外肉市一家店铺倒闭，杨寿山托人说和，把这家店铺的铺底买了过来，开办了一个小猪肉铺，取名全聚德。为什么取名全聚德呢？因为杨寿山的字叫全仁。"仁"和"德"是连在一起的，有仁，就应有德，而且更要多聚仁德，所以取名全聚德。全聚德不仅卖生猪肉，而且烤小猪、烤驴肉、卖鸡鸭。当时，米市胡同的便宜坊买卖很兴隆，每天顾客挤破了门，焖炉烤鸭供不应求。杨寿山这个人脑子很灵活，他琢磨这种挂炉能烤小猪，为什么不能烤鸭子呢？便宜坊是焖炉烤鸭，我来个挂炉烤鸭。经过杨寿山同伙友的多次试验，挂炉烤鸭，终于成功了。杨寿山用挂炉烤出的鸭子，色香味都不次于焖炉烤鸭。

（1）原辅料：填鸭、果木、盐、五香粉等。

（2）制作步骤：

第 1 步 处理鸭子，去鸭掌、鸭翅等。

第 2 步 挂钩。将鸭挂起，挂钩的位置很关键，要求不歪斜、鸭体垂直。挂钩对后面的烫坯、挂糖色、晾坯、烤制都起到了关键的作用。

烫坯。将沸水浇在整个鸭坯上，使鸭体毛孔紧缩，表皮蛋白质凝固，皮下气体最大限度膨胀，皮肤致密绷起，以达到加快鸭坯晾干，外形美观，烤制时均匀着色，烤熟后鸭皮酥脆、清香的目的。左手提鸭钩，右手拿勺舀沸水，先浇烫刀口一侧，以防跑气，然后左手转动鸭钩，依次均匀地烫鸭体其他部位。

挂糖色。将饴糖（蜂蜜、白糖均可）与水按照 1∶7 的比例稀释，浇在鸭皮上。目的是解除鸭表皮的腥味，使鸭子烤熟后呈枣红色，增加鸭皮的酥脆度。浇糖方法与烫坯基本相同，不同处是将糖水均匀地浇在鸭体全身，挂好糖色后，左手提起鸭钩，右手抓住鸭左腿，将鸭头倾斜朝下，使灌进腔内的糖水和浇膛时未控净的水一起从鸭体右侧刀口处流出，以防鸭坯储藏时腐败变质。

晾坯。将鸭坯挂在阴凉、干燥、通风处，通过鸭体皮层和皮下水分蒸发，使表皮和皮下的结缔组织紧密地结合，增加鸭皮的厚度，保持鸭坯形态美观，在烤制过程中保证鸭胸脯不跑气、不塌陷，增加烤鸭成品皮层的酥脆性和清香性。晾坯时间的长短和条件因为季节的变化而不同，以鸭坯晾至不出油为准，晾坯过程中要严格注意卫生，严禁日晒。

全聚德挂炉烤鸭

第3步 烤制鸭子。挂上前梁之后，先使鸭体右背侧（即刀口侧）朝向火，这样能使高温先进入腔内，使水沸开，加快成熟。鸭右背侧略成橘黄色时，用鸭杆推鸭右膀转至左背侧向火，直烤到与右背侧相同的颜色为止。而后右转再烤左体侧，当同样呈橘黄色时（需5分钟），烤制进入转烤、燎裆过程。这时须将鸭挑起在火焰上荡悠几次，使鸭腿间着色，之后再将鸭重新挂于前梁上，使右体侧向火烤2～3分钟后再燎裆一次。将鸭挂回，烤制正体侧（约需3分钟）。最后烤正背侧，烤5～6分钟后，再重新烤左体侧，当色加深至橘红色时燎裆，而后烤右体侧，当达到同样颜色时再燎裆，之后再转正背侧。如此反复再烤2～3个周期，鸭体便可全着色。

第4步 出炉。鸭出炉与入炉的操作方法不同的是：一个是往里送，一个是往外取。出炉也是挑鸭的刀口侧，右手向后抽杆，当鸭子快接近炉门时，使鸭杆略向下低，轻轻向外一甩，同时左手腕向内转，右腿后移，使鸭身荡起，胸脯避开火苗悠过炉门的火焰与火挡，然后顺势将其挂在吊鸭横杆上。

烤鸭出炉后，要将腔内剩余的汤水控出，就需要拔掉之前的秸秆。右手捏住烤鸭右腿尖，左手拔塞，水分流出即可。

三、 非遗美食风味特色

吃北京烤鸭，最好的季节是秋天，其次是冬季。秋天时，鸭子的脂肪最为肥厚，而夏天时，填喂出的鸭子容易"掉膘"，烤出来皮薄有花纹。

全聚德挂炉烤鸭整套工艺由宰烫、制坯、烤制、片鸭4道工序多个环节组成，烤出的成鸭风味醇香，以皮层香酥、肉质鲜嫩、色彩鲜亮、气味芳香的特色而蜚声中外。

参考文献：

[1] 鹿广静. 北京非物质文化遗产教育政策研究[J]. 北京财贸职业学院学报, 2023, 39（4）:46-54.

[2] 牛安春. 老字号全聚德159岁生日交出亮眼成绩单[N]. 中国食品安全报, 2023-07-25（B03）.

便宜坊焖炉烤鸭

　　北京的烤鸭店开得最早的是"便宜坊"，据说开业于明朝的永乐年间，到现在已经快六百年了，可以说是京城老字号中最老的了。焖炉烤鸭起源于南京，开始是民间的"金陵片皮烤鸭"。传入宫廷，经过御厨不断改进，形成了焖炉烤鸭。明成祖朱棣迁都北京后，烤鸭技术也随之进京，并传入民间。米市胡同的便宜坊烤鸭店的匾额上冠有"金陵"二字，标榜它是从南京迁入北京的"正宗"。因此，焖炉烤鸭也称"南炉鸭"。清朝乾隆时的《帝京岁时纪胜》一书中记载的"南炉鸭、烧小猪、挂炉肉"，其中"南炉鸭"指的就是米市胡同便宜坊烤鸭店的焖炉烤鸭。

便宜坊焖炉烤鸭

　　吃烤鸭是有讲究的。早先吃烤鸭与现在不同。便宜坊开业之初，顾客吃烤鸭，先入座，由称为卖手的伙计提上七八只肥瘦不同、大小不一的生鸭来，供顾客挑选。顾客选定后，要在鸭子上签名，或是做个记号，以防烤制时调换。鸭子烤好以后，要送上来验明无误，再由服务员拿出去，当着顾客的面，片成比铜钱大一些的薄片，再呈上荷叶饼（用精白粉制作的圆形既薄且软的白面饼，直径约 13 厘米）、甜面酱（是著名老字号"六必居酱园"特制的）和葱条（是长约 5 厘米的葱白，破开），这才正式进食。顾客如果愿意在家里吃，可以送上门去，并负责片鸭。现在吃烤鸭，简略了前面的程序。顾客入座后，只要说声吃烤鸭，服务员便会根据顾客的需要量，将片好的鸭肉、甜面酱、荷叶饼、葱条送到顾客桌上，由顾客自己摊开荷叶饼，放上鸭肉、葱条、甜面酱，先卷饼的下部，再叠卷两边，做成圆筒形，便可进食。

二、 非遗美食制作

（1）原辅料：北京填鸭。

（2）制作步骤：

第 1 步 初加工。将填鸭宰杀煺毛后，腋下开膛，去掉内脏，清洗干净，用铁钩子钩着鸭脖子处，挂在阴凉处晾去水汽，周身再刷上饴糖，再晾 1 至 3 天，即可使用。

第 2 步 烘烤。烤前先点三个（细）秸秆，全部烧完后，炉膛已热，余灰仍燃，将晾过的鸭子挂在炉内，把炉门关严，烘烤 30～40 分钟，即可烤好，放在烤鸭盘内上桌。

第 3 步 片鸭。鸭子烘烤后，再斜刀将鸭肉片成长约 5 厘米、宽 3 厘米的片，每片都带皮，然后在盘中摆好，鸭头顺长一劈两半，摆在盘子中间上桌，同时带上荷叶饼、甜面酱碟、大葱段碟一同佐食。

三、 非遗美食风味特色

焖炉烤鸭在制作过程中，鸭子不见明火，烤出的成品呈枣红色，外皮油亮酥脆，肉质洁白细嫩。便宜坊焖炉烤鸭技艺在历代烤鸭师的手中不断得到发展，形成所谓"三绝"，即焖炉特制技艺绝、选鸭制坯技艺绝、烤制片鸭技艺绝。

参考文献：

[1] 王红. 便宜坊[J]. 老字号品牌营销，2022（22）：1-2.

[2] 关冠军，罗英男. 充分发挥老字号品牌在北京全国文化中心建设中的重要作用——来自北京便宜坊烤鸭集团的积极探索[J]. 时代经贸，2019（28）：66-69.

天福号酱肘子

清代乾隆年间，山东人刘德山在北京城里西单牌楼开张了一家"天福号肉铺"，专门制售各色山东风味肉食，生意一直很红火。刘老板父子俩起早摸黑，挣的都是辛苦钱。有一天儿子值夜看管煮肉的汤锅，竟在不知不觉中睡着了。等刘老板前来查夜时，锅里已肉烂如泥，眼看着剩下的只是黏稠一片。此时，晨曦将至，想重新再煮菜是来不及了。刘德山是精明无比之人，他急中生智，急忙和儿子一起动手，仔细地将锅里尚能启出成形的酱肘子一块一块地小心摆到铺面上准备出售。说来也是无巧不成书，次日清晨头一个前来光顾的竟是老主顾刑部大臣。此人平时酷好享用"天福号"的肉食，此时买来是准备招待几位地位显赫的客人，为着平时信得过，他不多说便付钱取货而去。

天福号酱肘子

且说中午刑部大臣家宴正酣，几位来宾全是朝中的官员，他们全都吃得津津有味，不断地夸赞"酱肘子"好吃。刑部大臣也是乐不可支。只隔一天，几位去刑部大臣家赴宴的官员都指派专人或管家去"天福号肉铺"，指名购买"酱肘子"。此刻刘德山老板尚感蹊跷，经小心探询，才知前日糊锅的肉食偏偏赢得了客人们的喜爱。叹喜之余，刘德山父子便特意精心制作了一锅加料的"酱肘子"，不仅肉好，而且料足。如此一来，又有好几位达官显贵和刑部大臣一道，成了"天福号"的老主顾了。

因为多了一些有身份的顾客捧场，转眼之间，本来名不见经传的"天福号"酱肘子美名不胫而走。时过不久，连清宫里的太后和皇上也叫人专门来买酱肘子了。

二、 非遗美食制作

（1）原辅料：猪肘子、桂皮、大茴、花椒、姜、粗盐、糖色。

（2）制作步骤：

第 1 步 将猪肘子多次冲洗制净，将肘子和大茴、桂皮、花椒、姜、盐、绍酒和糖色一起放进锅里。加旺火，煮至猪肘出油；捞出来再次清洗干净。

第 2 步 锅里肉汤撇沫、去杂质，过滤干净。

第 3 步 再次放入猪肘子，旺火烧沸。转用中火，大约煮 4 小时，再转小火，约焖 1 小时，看锅内汤汁浓稠时，取出晾凉。

第 4 步 将肘子改刀后装盘，便可上桌了。

三、 非遗美食风味特色

虽说是天福号"酱"肘子，从头到尾用不到任何面酱、酱油这些材料，这里的"酱"是指用汤煨肉的"酱艺"。中华酱艺有着几千年历史。天福号一直沿用的是自家独特技艺调制的老汤和酱汁。每天生产后，把酱汁和老汤留到第二天下锅，再加入新料、新水。出锅后的肘子自然晾凉，将锅中剩余汤汁调制成酱汁掸在肘子表面，不仅加深颜色，更增加其酱制口味。酱肘子切薄片、卷春饼或夹入热烧饼中稍焐，酱汁与肥肉即化，吃起来肥而不腻、瘦而不柴，是北京人经典的吃法。

参考文献：

[1] 王红雷. 天福号：匠心传承老字号品牌创新添活力[J]. 文化月刊，2022（4）：50-51.

[2] 田野. 天福号酱肘子：无可取代的醇香京味[J]. 文化月刊，2021（9）：12-13.

天津

民间非遗美食

桂发祥十八街麻花

清朝末年，在天津卫海河西侧，繁华喧闹的小白楼南端，有一条名为"十八街"的巷子，有一个叫刘老八的人在这个巷子里开了一家小小的麻花铺，字号唤作"桂发祥"。这个人炸麻花有一手绝活，炸的麻花真材实料，选用精白面粉，上等清油。他的铺子总是顾客盈门。后来，他的生意越做越大，开了店面。开始还算是宾客满盈，但是随着时间的推移，大家觉得麻花有点乏而生腻，渐渐地生意就不如以往了。后来店里有个少掌柜的，一次出去游玩，回到家是又累又饿，就要点心吃，可巧点心没有了，只剩下一些点心渣。又没有别的什么吃的，那少掌柜的灵机一动，让人把点心渣与麻花面和在一起做成麻花下锅炸。结果炸出的麻花和以前的不一样，酥脆不腻、香气扑鼻，味道可口。

按照这个方法，刘老八在麻花的白条和麻条之间夹进了什锦酥馅。馅料有桂花、闽姜、核桃仁、花生、芝麻，还有青红丝和冰糖。为了使自己的麻花与众不同，增强口感味道，他把放置时间延长，取材也愈来愈精细，如用杭州西湖桂花加工而成的精品咸桂花、岭甫种植甘蔗制成的冰糖、精制小麦粉等。最终形成什锦夹馅大麻花，"桂发祥"麻花成为"天津三绝"之一。

二、 非遗美食制作

（1）原辅料：面粉、植物油、白砂糖、姜片、碱面、青丝、红丝、桂花、芝麻仁、水。

（2）制作步骤：

第1步 在炸制麻花的前一天，面粉加入老肥，用温水调搅均匀，发酵种成为老肥，以备次日使用。

第2步 将水、白糖、碱面用文火化成糖水备用。

第3步 取面粉，用热油烫成酥面备用。

第4步 取芝麻，用开水烫好，保持不湿、不干的程度，准备搓麻条用。

第5步 烫好的酥面加入白糖、青红丝、桂花、姜片和碱面，再放入冷水搅匀，用干面搓手，把面搅和到软硬适用为度。在搓条过程中用铺面。

第6步 将剩下的干面放入和面机内，然后把前一天发好的老肥掺入，加入化好的糖水，再根据面粉的水分大小，倒入适量冷水，和成大面备用。

第7步 将大面饧好，切成大条，再将大条送入压条机，压成细面条，然后揪成长约35 cm的短条，并将条理顺。一部分作为光条，另一部分揉上麻仁做成麻条。再将和好的酥面做成酥条。按光条、麻条、酥条5∶3∶1匹配，搓成绳状的麻花。

第8步 将油倒入锅内，用文火烧至温热时，将麻花生坯放入温油锅内炸20分钟左右，呈枣红色，麻花体直不弯，捞出后在条与条之间加适量的冰糖渣、瓜条等小料即可。

桂发祥十八街麻花制作技艺具有选料精细、工艺考究的传统，根据面粉的特性和气候变化，由具有丰富制作经验的师傅通过手摸、眼看、鼻闻等手段，运用面肥发面、熬糖提浆、热油烫酥、糖粒拌馅等传统工艺技能制作而成。制作过程中，需要根据面粉质量调整油酥大小，并要适应气温高低变化而增减面肥、碱剂量，保证投料配比。每支麻花由数根细面条组成，在白面条和芝麻面条中间夹一条含有桂花、闽姜等多种小料的酥馅，经拧花搓制成形美、色艳、大小各异的麻花品种，并以其香甜酥脆、久放不绵的特色形成与众不同的独特风味。其技艺中的精华部分：搓制成型工艺，始终坚持手工操作。

桂发祥十八街麻花

参考文献：

[1] 廖晨霞. 十八街麻花"开新花"[N]. 天津日报，2023-11-13（1）.

[2] 杨翔菲. 桂发祥：乘政策东风十八街麻花香飘四海[N]. 上海证券报，2023-06-27（8）.

天津皮糖

一、 **非遗美食故事**

皮糖张的祖先原是山西长治人，居住在郊区一个大约四五十户的小村庄，当时的生活主要靠卖力气和用自己熬制传统的麦芽糖（主要谷物原料为小米、大米）做成糖坯子专供熬糖人和捏糖人用。燕王扫北时，先祖携一家人北上到北京。因其有熬制糖果的手艺，沿途中以此为生计。又因其所做糖果花样很多，尤其小糖人、小黄瓜、小动物等深得孩子们喜爱，难民常用之哄孩子，时间一长，众人便将这家人称为"糖人张"。随着难民一路相继落户，"糖人张"一家也在天津大直沽一带安下了家。先祖对自己的这手绝活很是自信，曾对子孙说："三百六十行，不如打鼓卖糖。"原本以为靠此为生应该落个丰衣足食，可在那战乱年代，生意着实不好做，为了让生意好做些，一家人经常迁居，就这样先人从大直沽一直迁到了西头梁家嘴一带。

天津皮糖

道光年间，先祖张少公在"梁家嘴"盖厂房，搞批发。一天，张家门口倒卧一个人，已奄奄一息，张少公急忙救起。此人叫张万年，乃广东潮州人，也是做糖果生意的，因家庭败落，来北寻亲戚借钱，想从头再来，不想身患肺炎。为了答谢救命之恩，张万年将自己做"牛皮糖"的手艺传给张少公。清朝光绪年间，唐人张又改称为"皮糖张"，在梁家嘴一带（现红桥区）挂起了"皮糖张糖坊"的牌子。20世纪初，第二代传人张均综合了天津刘记和业记皮糖的特点，将皮糖技术推进了一大步。

二、 非遗美食制作

（1）原辅料：白芝麻、清水、普通面粉、玉米油、白糖、清水、麦芽糖。

（2）制作步骤：

第 1 步　白芝麻清洗干净后沥干水分，再下锅炒熟；把锅烧热，倒入清洗干净的白芝麻炒熟，炒至芝麻在锅中跳动、微微发黄即可盛出来，放入模子中备用。

第 2 步　小碗中准备普通面粉，分次加入清水，边加边搅拌，充分搅拌均匀后过筛，得到细腻的面糊备用。

第 3 步　小锅里加入玉米油、白糖和清水，开小火把糖煮至融化，开始起大泡泡时，倒入准备好的面糊糊；然后用铲子不停地搅拌，充分搅拌均匀，得到一个光滑细腻的面团即可。

第 4 步　往面团中继续加入玉米油和麦芽糖，然后不停地按压、搅拌，让油、麦芽糖和面条充分融合，拌成用手指碰一下不粘手的状态即可关火。

第 5 步　把揉好的面团倒入芝麻盘中，再戴上一次性手套趁热按压平整，并让芝麻牢牢粘好。

三、 非遗美食风味特色

皮糖张现有 18 种口味，用精选的芝麻、白砂糖和精制淀粉制成。工艺古朴，以明火熬制，纯手工制作。低糖又不齁嗓子，耐嚼又不粘牙。到 21 世纪，又推出了酥糖、巧克力、麻花等系列产品。产品不仅在全国各大市场销售，还远销日本、德国、俄罗斯等国。

参考文献：

[1]　王光怀.“皮糖张”六年之争终见分晓[N]. 中国食品报，2011-03-28（2）.

[2]　张娣. 民族品牌需要传承更要保护[N]. 中国知识产权报，2011-04-08（7）.

起士林罐焖牛肉

一、 **非遗美食故事**

　　起士林餐厅最早的主人是德国人阿尔伯特·起士林，他以自己名字命名了这家餐厅，在他的经营下，起士林成为中国最早具有一定规模的西餐厅，也是天津第一家西餐特色饭店。店铺最早的店址，设在现今解放北路青年宫的对面。1904年，起士林的店址迁到北京影院对面，阿尔伯特和内弟巴德共同经营，主营德式西餐，一时间风靡天津。

　　新中国成立后，起士林、来宝饭店、维格多利、义顺成等饭店合并，融合德、俄、英、法、意五国五种西餐风味，统一起名叫起士林，并正式迁至今天的起士林大楼，形成了德、俄、英、法、意口味均有的西餐厅。其传统的奶油烤蟹盖、红菜汤、奶油汤等，历经百年，味道依旧。奶油烤杂拌、罐焖牛肉等一些经典的菜肴一直深受食客的欢迎。

二、 **非遗美食制作**

　　（1）原辅料：牛腩、胡萝卜、洋葱、芹菜、酥皮。

　　（2）制作步骤：

　　第1步　牛腩用凉水浸泡1小时，洗干净，逆着牛肉纹理切成麻将大小的块，放少许白胡椒粉腌制15分钟。腌制牛肉时间，把土豆切成滚刀块，胡萝卜切成滚刀块，芹菜切段，洋葱切片，蒜剥皮。

　　第2步　起锅，锅温热时放入黄油60g，中火，放入牛肉块煎制，当牛肉煎至变色盛出备用。

起士林罐焖牛肉

第 3 步　当牛肉块都煎好后，全部放到锅里，倒入准备好的牛骨头汤。

第 4 步　牛骨头汤的量没过牛肉块即可，大火煮开，转小火炖 1 小时。

第 5 步　另起锅，锅温热时放入黄油，调至中小火，放入月桂叶、干辣椒炒香，放入面粉，小火把他们炒匀，面粉要炒匀，避免出疙瘩。放入番茄酱，把它们炒匀，盛出红面酱备用。再起锅里放入适量的黄油，放入蒜和洋葱，煸炒至洋葱微软呈透明状。放入胡萝卜煎约 5 分钟后放入土豆。当土豆煎至表面有微微的金黄色时放入芹菜段，翻炒均匀。

第 6 步　放入炖好的牛肉块，翻炒均匀，倒入辣酱油，放入红酒，倒入适量的红面酱和适量开水（牛骨头汤），汤汁的量没过食材，翻炒均匀，大火烧开，小火炖 20 分钟左右。在炖牛肉期间，把酥皮从冰箱冷冻室里拿出来解冻。

第 7 步　把炖好的牛肉土豆放入罐里，撒上少许欧芹碎，把解冻好的酥皮盖在罐上。在酥皮的上边（罐上边的部分）刷一层蛋液。把罐焖牛肉放入烤箱中下层，上下加热管 200 ℃，烤 20 分钟。罐的顶部酥皮烤到金黄时即可。

三、非遗美食风味特色

天津百年老字号的西餐厅起士林，招牌菜俄式罐焖牛肉"闻名津城"，征服了无数食客的胃，无论是天津本地人，还是慕名前来的外地食客，对这道百年名菜都赞不绝口。它用独特西式香料调味，所有的牛肉食材配高汤在小陶罐里焖烤熟，很有意思的是，小陶罐子可以加盖子烤，也可以揉一团面蒙住罐子口一起烤。焖烤后的小罐子口有层黄黄的酥皮，揭开酥皮，牛肉的香气便扑面而来，酥皮蘸些汤汁吃，酸中带甜，香酥可口，牛肉吃起来软烂香美，酸甜适口，配上一份米饭，汤汁浸入其中，香口满溢。

参考文献：

白中阳. 舶来的饮食：论近代城市西式饮食的类别与消费——以近代天津为例[J]. 社会科学动态，2021（6）：89-94.

七里海醉蟹

一、 非遗美食故事

七里海醉蟹有着 500 年历史，它历史悠久，源远流长，由宁河区俵口于氏大户传承延续至今，是宁河区有名的地方风味名菜，也是于氏家族的传家菜品。传说梁城（宁河区）有一年河螃蟹成灾，人们想了很多办法都没解决，有位于氏师爷平时爱喝酒，因有一天醉酒，夸下海口说他有治理河螃蟹的办法，让人们弄个大缸，将缸里注入盐水和白酒，等着河螃蟹往里面爬，让盐酒水蛰它，最后螃蟹全被杀死，看到杀死的螃蟹，人们不知道如何处理这些螃蟹，又是那个于氏师爷首先站出来，当着大家的面大吃螃蟹然后夸螃蟹味道就是好，就这样人们用第一个吃螃蟹的人来形容勇敢的人，于氏师爷也由此名声大噪。后来人们开始效仿此法，形成了今日的醉蟹制作方法。

七里海醉蟹

二、 非遗美食制作

（1）原辅料：紫蟹、生姜、八角、精盐。

（2）制作步骤：

第 1 步 紫蟹捕捞后，静养几天，吐尽泥沙。

第 2 步 将刷洗干净的紫蟹（鲜活紫蟹为佳）放入容器后，倒入高度烧酒浸泡消毒。

第 3 步 一个小时以后倒出烧酒，加入适量绍酒、生姜、八角、精盐少许然后加盖密封。

第 4 步 低温保存 7 天即可食用，保存期一般为 3 个月。醉蟹因为生吃，又是冬季，所以选用较小的螃蟹，味道清淡可口。

三、 非遗美食风味特色

七里海紫蟹青壳、白肚脐、金钩爪、个大、肉厚、膏美、味鲜，明清两代与宁河的另一名产银鱼同为宫廷贡品。

七里海紫蟹在宁河的吃法多样，特别是醉蟹，堪称美食一绝。醉蟹的特点是：色泽明亮剔透，宛若白玉雕得，橙红的蟹黄，顶伏在上，令人想起"傲然挺立一点红"的丹顶鹤。蘸醋、佐酒食之，酒香伴鲜美，鲜美衬酒香。醇厚怡人，妙不可言，不愧为美味之佳品。

参考文献：

[1] 周鲁，薛茹. 天津市农业产业化与服务业融合发展的路径分析[J]. 天津经济，2014（11）：60-63.

[2] 黄学群. 天津市农业龙头企业概况及发展建议[J]. 中国农业科技导报，2004（6）：34-38.

天津煎饼果子

一 非遗美食故事

相传清朝末年，在山东省内，一人绰号老刀。擅长十八般武艺，最擅长使刀，可谓是出神入化，无人能及。老刀本人是个小生意人，性情温顺很有耐性。

一日，老刀在家中午休。突然门外传来嘈杂的打斗声。老刀侧身，打斗声更加惨烈。老刀起身，走出房门看到两个壮汉正在捶打一个瘦弱的老汉。老刀实在看不过去，大声喝住两个壮汉。"你敢管闲事？""路不平有人铲，事不平有人管。兄弟，为何欺辱一个老人呢？"两个壮汉看看老刀笑了："那你来管吧。"说着，一拳直扑老刀的面门，老刀也不含糊，侧身躲过拳风，回手劈出一掌。壮汉挥臂撞开，另一壮汉飞起一脚，正中老刀前心。老刀后退几步，尚未站稳，就被两个壮汉按倒在地。老刀翻身不起，看到老者已来至面前，哈哈大笑。

老刀明白了将要发生的一切，后悔已经没有用了。老刀离开了自己熟悉的家园。开始了背井离乡的逃亡生活。

一日，老刀实在饥饿难忍，看到手中的一小袋面粉和捡来的两根油条，心中思索着。这时，老刀看到对面走来一人，看面相，就知道此人才高八斗，必为奇人。那人手中握着一个馒头，但其上有八褶。问："此为何物？"答曰："包子。"老刀一脸茫然。

刀在阳光下，发出刺眼的光芒。老刀暗想，他做了包子，我就不能想点别的什么？老刀想到了煎饼。刀片子就是火灶，趁着余热，老刀将面汤倒入刀面，即刻成型。老刀心头释然，欲吃，又想到煎饼卷大葱。于是，将捡来的油条包入其中。

由于饥饿，老刀三两口吃了一大半。回味产生了，如果有酱，辣酱，一定更有滋味。老刀构思着，应该起个名字，叫什么好呢？"煎饼……裹着。"恩，就这么叫了。

这就是我们现在的煎饼果子的前身，"煎饼裹着"。

二 非遗美食制作

（1）原辅料：绿豆、小米、面粉、清水、葱花、甜面酱、蒜蓉辣酱、酱豆腐汁、鸡蛋、油条或薄脆。

（2）制作步骤：

第1步 将绿豆用水泡一夜。

第2步 将泡好的豆子加水用石磨机打成稠糊，注意水不要太多。

第3步 用纱布或刷子在鏊子上涂一层油，倒入一大汤匙绿豆面糊，用竹刮摊开。

第4步 摊成饼，不要等饼熟，打一个或两个鸡蛋上去，用竹刮将蛋黄戳破混合蛋白，均匀摊在饼上，放上葱花。

第5步 待饼皮变色和上面起大气泡，证明熟了，用竹铲或铲子，沿边缘慢慢掀起，将整饼皮翻面。

天津煎饼果子

第 6 步　油条放在正中，有人喜欢吃生葱，可以撒一些。

第 7 步　将饼皮一面折起，盖住油条，涂上甜面酱、酱豆腐汁和蒜蓉辣酱。

第 8 步　将另一面也折起，再将整个煎饼果子从中间对折，在鏊子上放一滴油，将煎饼两面分别煎 1~2 秒钟。

三、非遗美食风味特色

　　天津煎饼果子将各种食材完美结合，将传统的煎炸工艺与现代营养理念相结合，并且做起来方便快捷，随拿随走。吃起来口感酥脆，外糯里脆，再与秘制酱料相结合，使得天津煎饼果子在味道上更上一层楼。

参考文献：

[1]　马知遥. 非物质文化遗产的当代传承[J]. 东方论坛，2020（2）：148-156.

[2]　李鸿友. 天津风味小吃杂谈[J]. 食品与健康，2008（3）：44-45.

冬　菜

　　天津制作冬菜始于清代，盛于民初，源于沧州，兴于静海。据传在明永乐年间，静海县城以南 30 余里的运河西岸纪庄子村，一个姓常的船户偶尔将白菜放入鱼篓中用盐腌渍，腌好后白菜脆嫩爽口，味道鲜美。当地人受其启发，后来就大量制作出售，销路很畅，被人们称为"纪庄子冬菜"。这便是天津冬菜的雏形。后来由沧州的酱菜师傅迁到静海，对纪庄子冬菜加以改进，并配制出"什锦小菜"，销势更旺。

　　此后纪庄子附近各村冬菜作坊猛增，并借鉴天津酱菜园五香酱菜的制作工艺，进一步改进冬菜加工工艺，做出的冬菜味道更佳，并更耐存放，逐渐形成独特的酱菜品种。乾隆后期，陈官屯、纪庄子一带的冬菜已成为广受喜爱的风味食品并开始出口，被称为陈官屯冬菜或静海冬菜。

冬菜

　　（1）原辅料：白菜、大蒜、高度白酒、食盐。

　　（2）制作步骤：

　　第 1 步　切菜：为了保证制作出的冬菜色泽金黄、口感细腻，切菜前需要择去白菜的老叶、绿叶，使其达到菜棵整齐，无黄叶、绿叶、烂叶和伤帮的标准。用大刀将白菜切成 0~5 平方厘米的小块。切出来的白菜块大小要均匀，否则会使菜块水分含量不一致，降低冬菜品质。

第 2 步　晾晒：白菜切块后，需要自然晾晒脱水。将切好的菜块均匀地平铺在芦席上，在日光下摊晾。在晾晒过程中，每天要将菜翻动 2~3 次。自然晾晒好的菜瓣，周边干瘪中间鼓起，口感有嚼头、不干瘪。

第 3 步　腌制：腌制菜坯前，需将海盐炒熟，以降低海盐中的水分，同时，炒熟的盐腌制出的冬菜香气更加浓郁。腌制时加盐、蒜末，并用木棍搅拌均匀，每天都需要翻缸。

第 4 步　装坛：坛子必须用小口坛。小口坛密封效果好，不容易进空气。装坛时先向坛内装入一层调好的菜坯，并用木棍将菜坯捣实，之后每装一层菜坯都要将其捣实，防止坛中存有过多的空气。装坛时一定要装满坛口，使坛口留有 1 cm 左右的空隙即可。

第 5 步　封坛：冬菜是密封发酵而成的，坛口必须严密。先在坛口撒上 1 厘米厚的盐，可起到防止表层冬菜变质的作用。最后封口密封，放置在室内阴凉处，使其在常温下发酵。6 个月后纯手工制作的天津冬菜即可开坛食用。

三、非遗美食风味特色

美食家蔡澜曾说："冬菜实在有许多用途，一碗很平凡的即食面，抛一小撮冬菜进去，就会变成天下美味。"天津冬菜品质优良，营养丰富，以其独有的鲜嫩爽口、色泽金黄、肉厚口脆、味道醇厚、香甜辣咸等特色，在调味食品领域独树一帜。

参考文献：

[1]　童政. 秋冬菜越种越兴旺[N]. 经济日报，2024-01-30（2）.

[2]　韩建慧. 储冬菜：心尖上的记忆，舌尖上的变迁[N]. 乌海日报，2023-11-21（6）.

大福来锅巴菜

大福来锅巴菜创制于清乾隆二十二年（1757年），至今传承近三百年。

早在清朝康熙年间，从大文学家蒲松龄《煎饼赋》的描述中，就可知当时山东人吃煎饼，除了卷大葱、蘸酱的方法之外，还有沏煎饼汤的吃法。

后来流落津门的山东人也将煎饼带到了天津，几经演变，形成了天津人独特的两种煎饼食用方法，即锅巴菜和煎饼果子，成为完全不同于山东煎饼卷大葱、沏煎饼汤的独特津门风味小吃。

相传，乾隆皇帝第二次南巡，途经天津三岔口上岸巡视观景，一路遛到张记煎饼铺前，饶有兴趣地品尝煎饼卷大葱。吃惯山珍海味的皇上，吃到煎饼卷大葱，很是新鲜，又味美爽口，便吃得太急，有些犯噎，遂让人上一碗汤。煎饼铺从不卖汤，情急之下，老板夫妇将煎饼撕碎，撒上葱花香菜，点上香油、盐面，用开水一沏端了上来。不想皇上龙颜大悦，连说好吃，问是谁做的。皇上一指汤碗，问："叫什么名字呀？"老板以为问她姓字名谁，便道："郭八。"乾隆一听，说："锅巴倒也合理，锅上的嘎巴嘛！再加个菜字，叫锅巴菜就更好。"第二天，一位御前侍卫来到张记煎饼铺送来二百两赏银，对张兰高声叫道："你的大福来了！"随即方知昨天来的老爷子乃是当今皇上，忙叩头谢恩。

锅巴菜问世以后，大受欢迎，效仿大福来的锅巴菜铺越来越多，竞争日趋激烈起来。清光绪年间，大福来掌柜张起发对大福来锅巴菜制作工艺又进行了三项重大改进，即大小卤制、香菜根炝锅和卤香干片。从而使大福来锅巴菜格外好吃，在市场上脱颖而出，一枝独秀。大福来锅巴菜工艺从此正式定型，世代相传。

（1）原辅料：大米、绿豆、香干、香菜末、香菜根、酱油、葱末、湿淀粉、芝麻油、花生油、芝麻酱、粗盐、五香粉、面酱、姜末、鸡精、辣椒面、八角面、酱豆腐、碱面。

（2）制作步骤：

第1步 绿豆用石磨磨成碎瓣，过细筛，去掉其芽坯，再用清水浸泡3小时，捞入盆中，用手揉搓，再放入清水中，捞去豆皮膜，捞出沥水。

第2步 大米浸泡30分钟，再与泡好的绿豆瓣拌匀，上磨淋清水磨成豆米浆。

第3步 铁烙子置小火上烧热，舀上豆米糊，用刮子摊开摊匀，摊成直径为80 cm的圆形煎饼，熟后取出改成柳叶状，即为锅巴条。

第4步 锅中加入芝麻油烧热，放入葱末、姜末、香菜根炸至呈金黄色时，加入八角面、面酱炒熟，加入酱油烧沸，成酱卤，出锅装入盆中。

第 5 步 净锅加入清水烧沸，放入粗盐、酱卤烧沸后加入酱油，再将拌匀的八角面、五香面、姜末、碱面一起下锅，见沸后用湿淀粉勾芡，即成卤子，倒入器内。

第 6 步 粗盐放入盆中，加入沸水溶成盐液，滤去杂质，取盐水将酱豆腐搅成汁，再将汁与其他盐水一起搅匀，加入鸡精调匀，成酱豆腐汁。

第 7 步 净锅倒入花生油烧开后离火，待油温降至 150 ℃ 左右放入辣椒面，炸成金黄色的辣椒油，凉后将辣椒油滤出，锅底中的辣椒糊装入净盆中供自行选用；芝麻酱放入碗中，加入芝麻油调稀，成芝麻油酱。

第 8 步 香干切成菱形小片，放入烧热的芝麻油中炸脆，捞出沥油，再倒入沸水锅中烧沸，加入酱油、鸡精，再沸时捞出香干片。

第 9 步 锅巴条放入卤子器内搅拌匀，盛入碗中，再按照个人口味加入酱豆腐汁、辣椒油、香干片、芝麻油酱、香菜末，即可食用。

三、 非遗美食风味特色

锅巴菜的颜色五彩缤纷，多种味道混合在一起，香气扑鼻，锅巴吃起来香嫩有咬劲，非常适口，而且营养丰富，是天津人最爱吃的早点之一。

大福来锅巴菜

参考文献：

[1] 李鸿友. 天津风味小吃杂谈[J]. 食品与健康，2008（3）：44-45.

[2] 侯玉，张凡. 天津人的早点[J]. 商业研究，1986（7）：20-21.

天津耳朵眼炸糕

耳朵眼炸糕最早起源于晚清光绪年间，由刘万春创制，因为炸糕制作精细，物美价廉，所以有"炸糕刘"的绰号。不管是富人过生日，还是百姓办喜宴，借"糕"字谐音，都来购买它的炸糕，所以生意也越来越好。耳朵眼炸糕选用的是上等黏黄米，水磨后发酵，上等红小豆煮烂去皮，加上红糖汁炒成馅。包好下锅，炸出的炸糕皮酥馅香，口感香甜，非常好吃。

二、 非遗美食制作

（1）原辅料：红小豆、红糖、糯米、大米、植物油。

（2）制作步骤：

第1步 碾面：大米和糯米的用量应视糯米的黏度而定，通常糯米与大米的比例为 7:3。将米过筛去杂，用清水淘洗三次，然后放在锅中用净水浸泡 24 小时，至米粒松软时捞用。用水磨碾成米面浆，用白布袋把米面浆装起来，放在挤面机上，把袋内水分挤出去。

天津耳朵眼炸糕

第2步 发酵：湿米面经过发酵（发酵时间春秋需 12 小时，夏季随时可用，冬季 48 小时），放到和面机内和好备用。

第3步 制馅：将小豆去杂洗净，按投料标准加入碱面，放到锅内煮熟，用绞馅机绞烂，放入红糖拌匀待用。

第 4 步 成品制作：将和好的面上案掐剂，每个剂重 65 g，将剂逐个擀成炸糕皮，包入豆沙馅 30 g，成型。油锅内注油，烧至 5 分熟时，下入包好的生坯糕，逐渐加大火力，用长铁筷勤翻勤转，以糕不焦为准，炸 25 分钟左右即可出锅。

三、 非遗美食风味特色

耳朵眼炸糕历史悠久，是天津食品三绝之一，特点是外焦里嫩、细甜爽口、香味芬芳，独具特色。耳朵眼炸糕精选上乘江米，水磨加工面浆，用上等赤小豆、白糖经传统工艺制馅，指定油类炸制，成品外皮金黄、酥脆不腻，馅心香甜不腻。

参考文献：

[1] 天津耳朵眼炸糕[J]. 粮油食品科技，1982（3）：43.

[2] 赵亚波. 中式面点炸熟法的要点[J]. 食品安全导刊，2017（6）：131.

狗不理包子

一、非遗美食故事

清咸丰年间，河北武清县杨村（今天津市武清区）有个年轻人，名叫高贵友，因其父四十得子，为求平安养子，故取乳名"狗子"，期望他能像小狗一样好养活（按照北方习俗，此名饱含淳朴挚爱的亲情）。狗子十四岁来津学艺，在天津南运河边上的刘家蒸吃铺做小伙计，狗子心灵手巧又勤学好问，加上师傅们的精心指点，高贵友做包子的手艺不断长进，练就一手好活，很快就小有名气了。三年满师后，高贵友已经精通了做包子的各种手艺，于是就独立出来，自己开办了一家专营包子的小吃铺——"德聚号"。他用肥瘦鲜猪肉 3∶7 的比例加适量的水，佐以排骨汤或肚汤，加上小磨香油、特制酱油、姜末、葱末、味精等，精心调拌成包子馅料。包子皮用半发面，在搓条、放剂之后，擀成直径为 5 cm 左右、薄厚均匀的圆形皮。包入馅料，用手指精心捏折，同时用力将褶捻开，每个包子有固定的 15 个褶，褶花疏密一致，如白菊花形，最后上炉用硬气蒸制而成。由于高贵友手艺好，做事又十分认真，从不掺假，制作的包子口感柔软，鲜香不腻，形似菊花，色香味形都独具特色，引得十里百里的人都来吃包子，生意十分兴隆，名声很快就响了起来。由于来吃他包子的人越来越多，高贵友忙得顾不上跟顾客说话，这样一来，吃包子的人都戏称他"狗子卖包子，不理人"。久而久之，人们喊顺了嘴，都叫他"狗不理"，把他所经营的包子称作"狗不理包子"，而原店铺字号却渐渐被人们淡忘了。

二、非遗美食制作

（1）原辅料：面粉、净猪肉、生姜、酱油、水、净葱、香油、味精少许、碱适量。

（2）制作步骤：

第 1 步　将猪肉按肥瘦 3∶7 匹配。将肉软骨及渣剔净、剁碎，使肉成大小不等的肉丁。在搅肉过程中要加适量的生姜水，然后上酱油。上酱油的目的是调节咸淡，酱油用量要灵活掌握。上酱油时要分次少许添进，以使酱油完全掺到肉里，最后放入味精、香油和葱末搅拌均匀。（葱末提前用香油煨上）

狗不理包子

第 2 步 制好面皮后，分割成 20 g 的剂子。

第 3 步 把剂子用面滚匀，擀成薄厚均匀、大小适当的圆皮。

第 4 步 左手托皮，右手拨入馅，掐褶 15～16 个。掐包时拇指往前走，拇指与食指同时将褶捻开，收口时要按好，包子口上要没有面疙瘩。

第 5 步 包子上屉蒸 4～5 分钟即成。

三、 非遗美食风味特色

狗不理包子肉质鲜嫩，香味浓郁，是中国灿烂饮食文化中的瑰宝，被公推为闻名遐迩的"天津三绝"食品之首。历经一百六十多年的狗不理包子，经几代大师的不断创新和改良已形成秉承传统的猪肉包、三鲜包、肉皮包和创新品种海鲜包、野菜包、全蟹包等六大系列一百多个品种，百包百味。

参考文献：

[1] 白中阳. 近代以来别具特色的津门面食[J]. 寻根，2022（6）：86-90.

[2] 刘雨. 品味非遗"食"光[J]. 走向世界，2022（33）：28-29.

德馨斋路记烧鸡

一、非遗美食故事

德馨斋路记烧鸡

德馨斋路记烧鸡传统制作技艺，创始于清光绪十五年（1889年）。因当时漕运过往商船众多，为便于携带又能便于保存，路记祖上在药食同源的基础上，研制了用具有防腐功能的香料包（鱼腥草、桑叶、荷叶、玉竹、甘草、白芷、八角、小茴香、山楂、陈皮按比例粉碎），将菜童子净鸡腌制24小时，排出鸡体内血水，香料包和盐腌制深入骨髓起到了防腐功能。再用调料，如白芷、白果、肉豆蔻、肉桂、砂仁、葱白、生姜等与陈年老汤一起小火酱制4小时，后用香米、茶叶、冰糖熏制而成，制成的烧鸡，肉质白嫩、清香透骨、熏香浓郁、回味持久。在炎热的夏季可以保持7天不变色、不变质。在当时用荷叶包上，打上蒲包贴上面板，成为首选的佳品。

二、非遗美食制作

（1）原辅料：童子鸡、香料、香米、茶叶、冰花糖。

（2）制作步骤：

第1步　取童子鸡宰杀洗净。

第2步　净锅上火倒入宽水，大火烧开然后放入处理干净的鸡焯水。

第3步　焯好的鸡捞出来沥干水分备用。

第4步　净锅上火倒入色拉油（要宽），烧至五成热时。把表皮抹好脆皮水的鸡放入油中炸至鸡皮表面金黄色时捞出来，沥干油。

第5步　秘制酱汁大火烧开，把炸好的鸡放入酱汁中改文火卤制40分钟，再冷卤浸泡20分钟，捞出来用香米、茶叶、冰糖熏制而成。

三、非遗美食风味特色

德馨斋路记烧鸡口味独特，风味享誉津门。路记烧鸡，选料精细，做工独特，烧鸡通体金黄色，肉质鲜嫩，每一口都是浓浓的香味，鸡肉瘦而不柴，口感柔韧，令人回味无穷。

参考文献：

[1]　张晓城. 天津市文化产业发展战略研究[D]. 天津：天津师范大学，2014.

[2]　刘涛. 天津市红桥区非物质文化遗产保护管理研究[D]. 天津：天津师范大学，2013.

河北

民间非遗美食

槐茂酱菜

一、非遗美食故事

清康熙十一年（1672年），祖籍绍兴的赵氏夫妇从北京金鱼胡同迁居保定，选取了当时西大街二道口东北角槐树下为立足之地，形成铺面。当时古槐蜿蜒而上的千枝万叶能遮盖半个西大街，成为铺面最显著的标志，赵氏期盼生意兴隆，故为铺面取名"槐茂"。

槐茂在继承绍兴酱菜细腻、考究、因材施艺等工艺的基础上，融合北方风味，生意日渐兴隆。并且当时的老掌柜就有创新意识，曾多次去北京、山东等地，与同业相互取经，交流技艺，甚至带领保定菜农到锦州学习，逐渐形成了独特的口味。

二、非遗美食制作（酱萝卜）

（1）原辅料：白萝卜、酱油、姜、香油、白糖、辣椒粉、芝麻、桂花。

（2）制作步骤：

第1步 将腌萝卜切丝后用清水浸泡24小时，换水2次，捞出沥去水分备用。

第2步 将酱油、白糖、少量味精调匀煮沸，倒入干净容器内。

第3步 将麻油加热，放入辣椒面，炸一下即倒入酱油内，再加姜丝、芝麻、桂花、黄酒，搅拌均匀，倒入萝卜丝。

第4步 每天搅动2次，7天后即成酱菜。

槐茂酱菜

三、非遗美食风味特色

槐茂酱菜的加工原料有地露、花生、萝卜、韭菜、黄瓜、豆角、洋白菜等20多种。使用保定城西清冽甘甜的一亩泉水制卤腌制，去其生味，留其色泽。槐茂酱菜制作精良，脆嫩可口，味道齐全，鲜美适口，营养丰富，有香、咸、甜、酸、辣等多种口味。沿袭至今，已有宫廷酱菜、什锦酱菜、酱果仁、酱地露、酱包瓜、酱紫萝、酱黄瓜、酱金丝、糖蒜、五香菜等50多个品种，畅销世界各地。

槐茂酱菜的特点是完全采用传统工艺，乳酸自然发酵，无任何添加剂，用料考究，生产周期长。其形状有条、丝、丁、角、块、片；颜色呈酱黄色或金黄色。用上述各种酱菜配以花生仁、杏仁、核桃仁、姜丝、石花菜等制成的各种篓装、瓶装、散装的什锦酱菜，具有鲜、甜、脆、嫩的风味，色、香、味、形俱佳。

参考文献：

[1] 中华老字号品牌展示槐茂酱菜[J]. 老字号品牌营销，2019（3）：2.

[2] 省图. 保定槐茂酱菜[J]. 乡音，2017（1）：45.

正定宋记八大碗

八大碗很多地方都有，河北保定宋记八大碗是河北省第二批非物质文化遗产，正定用"八个碟子八个碗"待客的风俗也一直流传至今，婚嫁时招待亲朋，"八大碗"是必不可少的菜式。

正定宋记八大碗

"八大碗"主要包括四荤四素八个菜。正定八大碗制作技艺以"宋记"最为正宗，最具传统风格。四荤以猪肉为主，并精选其肘子肉、后臀肉，还有以精肉做成馅制成肉丸子，分为扣肘、扣肉、方肉、肉丸子。四素以萝卜、海带、粉条、豆腐为主，根据招待的客人不同，选择其中八种，经过其独特制作工艺做熟而成。由此技艺制作的八大碗已经成为该县城乡婚庆、重大节日招待尊贵客人时不可缺少的一套菜肴，是正定县民俗文化中的优秀代表之一。

二、非遗美食制作

（1）原辅料：前膀肉、中肋肉、后臀肉、肘子肉、萝卜、海带、粉条、豆腐等。

（2）制作步骤：

第1步 四荤以猪肉为主，这四碗肉用的肉料不同。先将选好的猪肉放在大锅中煮熟，煮熟后要趁热在肉皮上抹上一层蜂蜜，然后放进油锅中炸，直到肉皮成为黄红色出锅。

第2步 等肉冷却后，再按照四荤碗的要求切块装碗。八大碗对刀工要求较高，切肉讲究方块四面见线，方方正正；切片则长短协调，薄厚一致。

第3步 切素讲究识菜下刀，错落有致，宽窄有矩。将肉碗装好后，上笼屉蒸。第一次蒸需要武火（大火）蒸2小时，这次蒸不放任何佐料。

第 4 步　大火蒸了两个小时后，肉中的油大部分被蒸出来，将这些油倒出来，接着再蒸。第二次蒸要用文火（小火），还是不放任何佐料，这次需要蒸 1 小时，到时间后再将蒸出的油倒掉。

第 5 步　大锅在蒸碗时，后面的小锅用来炖素菜，直到完成。

三、 非遗美食风味特色

"宋记八大碗"的传统套菜中，难度最大的是荤菜。选好的肉放到大锅里煮到七成熟，捞出来把肉皮上的杂质擦干净，再趁热在肉皮上抹一层面酱，然后过油直到肉皮变成酱红色。出锅后肉被改刀成块或是片，一一码放到碗中。经过多次复杂的蒸制，一碗肉皮红亮、肥瘦相间的美食新鲜出炉，满屋飘香。

正定八大碗制作精良，选材考究，经济实惠，肥而不腻，老少皆宜，且色、香、味、型俱佳兼具显著北方菜系特征，荤素搭配，营养丰富，吃法讲究，现已形成一套完整、规范的工艺流程和技艺标准，被不同食用人群所接受和喜爱。

参考文献：

[1]　菲萸. 正定宋记八大碗[J]. 乡音，2014（9）：43.

[2]　王人天. 民俗学视角下的滇东北地区八大碗研究[J]. 曲靖师范学院学报，2011，30(5)：80-84.

一百家子拨御面

一、 非遗美食故事

"一百家子拨御面"是清代乾隆皇帝所封。"一百家子"系村名，该村位于隆化县城北三十公里处。清康乾盛世时，这里仅有百十户人家，故称"一百家子"。后来，清政府在一百家子村西驻扎官兵三个营盘，营盘首领都姓张，便把"一百家子"改为张三营，传世至今。早在三百多年前，一百家子村土地贫瘠，生长期短，荞麦是农民普遍种植的农作物。荞麦籽粒加工出来的荞面，不仅可以充饥，而且是地道的保健食品。一百家子村加工荞面有独特的精湛工艺，制作的荞面洁白细腻，被人们特称为"一百家子白荞面"。清朝时，一百家子村是皇家木兰秋狝的必经之地，并在这里设有行宫。乾隆二十七年（1763 年），乾隆率众自木兰围场返回承德避暑山庄途中留宿此村。晚宴主事周桐安排了用一百家子白荞面做的拨面，配以肉丝、鸡汤、鲜蘑等做成的面卤。乾隆吃得极为开心，称赞这白荞面"玲珑剔透，欺霜赛雪"，并封其为御面。"一百家子拨御面"由此问世。从那直到慈禧太后执政的一个半世纪的岁月里，一百家子白荞面一直是给朝廷的必备贡品。

二、 非遗美食制作

（1）原辅料：白荞面、老鸡汤、猪肉丝、榛蘑丁、木耳、盐等。

（2）制作步骤：

第 1 步 和面时，用滚水烫四分之一（冬天烫三分之一），然后用手蘸冷水按挤，将面揉成一团，然后醒面 10 分钟以上。

第 2 步 把面放在拨板上，用擀面杖将面擀成八寸到一尺宽、不超过一厘米厚的长方形面饼，然后两手平持特制拨刀，利用手腕、手臂、手腕和手肘巧妙配合，按照快、准、匀、细的要求，拨成三棱形的面条。

第 3 步 将水煮开后，加入荞麦面，煮 5 分钟，将面条煮熟后放入冰水中冷却，然后捞起沥干水分备用。

第 4 步 将鸡蛋打散，用花生油将其煎成薄片，冷却后切丝备用。

第 5 步 将海苔剪成细丝备用，葱切成葱花。

第 6 步 汤勺加蚝油、陈醋、白砂糖，在锅内烧开做成淋汁。

三、 非遗美食风味特色

一百家子拨御面风味独特，工序传统，拨技精湛，工艺考究，高级拨面师可将面拨到"细如针，白如雪"的程度，堪称中国民间手工艺一绝。一百家子拨御面含有多种维生素和大量蛋白质，且含糖量极低。

一百家子拨御面

参考文献:

[1] 孔润常. 隆化一百家子拨御面[J]. 乡音，2017（1）：45.

[2] 张春梅. 非物质文化遗产旅游开发模式探讨——以承德市为例[J]. 江苏商论，2009(5):64-66.

吊炉烧饼

一、 **非遗美食故事**

吊炉烧饼制作技艺是黄骅市后街村民间传统面食制作技艺，以家庭作坊的形式传承下来。据考，中国烧饼是汉代班超通西域时传来的，称胡饼、馕，盛于唐朝。明代，国人用铸铁做成吊炉，加工工艺得到改良。后街王氏先祖唐代从阿拉伯入中国，后迁此地。此后常、张、韩、李、刘、赵等姓氏陆续迁居后街村。清末（1890 年前后），黄骅财神庙村仇氏制作吊炉烧饼，后街人王云龙、张云亭等将吊炉烧饼制作方法引进，并进行改进，成为独特的后街吊炉烧饼。此后，后街人王俊成、刘金岭等对吊炉进行改进，将铸造铁板由固定改制成转动板，不仅提高了效率，也提高了烧饼品质。

二、 **非遗美食制作**

（1）原辅料：酵母、泡打粉、白糖、面粉。

（2）制作步骤：

第 1 步 酵母、泡打粉、白糖混合均匀，倒入温水搅拌均匀等完全化开后，再倒入面粉，揉制成质地软滑的面团，盖上保鲜膜，饧发冷藏 15 分钟后，擀成厚度均匀的面片，然后抹上一层油酥再卷成长条，用刀切成大小均匀的面剂子。

第 2 步 将剂子擀成圆饼状，包入白糖或椒盐等。揉成圆球状，用带有花纹的模子压成扁饼状。

第 3 步 将生圆饼放入盘里，在表面刷上蜂蜜水，撒上白芝麻，放入吊炉中烤制 10 分钟即可。

吊炉烧饼

三、 **非遗美食风味特色**

黄骅吊炉烧饼用当地的旱碱麦磨制而成，粉性松散不粘手、韧性强耐蒸煮，烤出的烧饼麦香十足，加之烧饼上的芝麻混着糖衣经过炭火的烤制后，迸发出面与芝麻完美结合后别有的香甜。

参考文献：

[1] 赵晨希. 吊炉烧饼[J]. 小学生必读（高年级版），2021（3）：24.

[2] 刘红霞. 河南省饮食类非物质文化遗产资源调查研究[J]. 现代食品，2023，29（3）：221-224.

驴肉火烧

一、非遗美食故事

保定驴肉火烧的发祥地为保定市徐水区漕河镇。相传，宋代时漕河码头有漕帮和盐帮两个帮会。漕帮以运粮为业，盐帮以运盐为业。双方为称霸码头，时常大动干戈，最终以漕帮大胜收局。漕帮俘获盐帮驮货的毛驴无法处理，便宰杀炖煮，设庆功宴；再将肉夹在当地打制的火烧内，名吃由此诞生。

驴肉火烧

二、非遗美食制作

（1）原辅料：熟驴肉、青椒。

（2）制作步骤：

第 1 步 将熟驴肉切末，然后把青椒切粒。

第 2 步 将和好的面团醒 20 分钟。

第 3 步 将面擀成面饼，撒上少许盐、花椒粉。

第 4 步 倒上少许香油，再撒上薄薄的一层面粉，这样烙熟后会起层，方便加入驴肉末和青椒粒。

第 5 步 饼皮上切一刀，朝一个边卷起，边捏严，压平擀开，放入锅中烙熟。

第 6 步 趁热用刀劈开，加入熟驴肉。

三、非遗美食风味特色

火烧为一种面食，一般为死面做成，将其在饼铛里烙熟后，架在灶头里烘烤，使其外焦里嫩，别具风味。趁热用刀劈开，加入热腾腾的熟驴肉，是最正宗的吃法。另有肉汤加淀粉熬制的焖子夹入火烧佐食。有些厨师会加入驴板肠提味，吃起来也别有一番风味。

参考文献：

[1] 邓紫馨，茹浩东，孙杰等. 驴肉特色品质挖掘研究进展[J]. 食品研究与开发，2023，44（24）：216-224.

[2] 刘殿波. 一口早餐，一口家乡的味道——纪录片《早餐中国》赏析[J]. 快乐作文，2023（14）：52-53.

潘氏风干肠

　　"潘氏风干肠"是秦皇岛抚宁区特有的民间食品，有着悠久的历史，它严格按照家传秘方选材、制作而成。宏都实业建立以后，传统技艺的加工和处理与现代熟食制作工艺相结合，生产出了备受人们欢迎的产品。目前，"潘氏风干肠"已经在秦皇岛附近地区打开了市场，也开始走出河北，走向全国。它既是餐桌上的美味菜肴，也是馈赠亲友的佳品。

　　潘氏风干肠是抚宁区潘官营村潘氏家族的家传特产，在潘氏家族中，这种熟食的加工和保存方法已经传承了整整二十代了。这门技艺是明朝万历年间潘氏老祖担任长城守军伙夫时，向"戚家军"中的义乌兵家属求教学成的，目前在潘氏家族中仍旧保留着良好的传承习俗。

二、 非遗美食制作

　　（1）原辅料：猪肉、酒、盐、白糖、香油、香辛料。

　　（2）制作步骤：

　　第1步　选用新鲜猪小肠制成肠衣；将精选猪前腿、后腿精瘦肉后脊背肥肉按配比切成小块。

　　第2步　加入酒、盐、白糖、香油、香辛料及潘氏秘方配料搅拌均匀，用筷子将其灌入肠衣内压实。

　　第3步　挂至放在通风、阴凉的地方慢慢风干数天发酵到可存放不变质程度后保存，使用之前用铁锅加开水煮，短时间风干即可食用。

潘氏风干肠

三、 非遗美食风味特色

　　"潘氏风干肠"肠体干爽，略有弹性，有粗皱纹，脂肪丁凸出，食之有独特的清香风味，味道适口，越嚼越香，久食不腻，食后留有余香。其蛋白质含量高、营养丰富，水分含量低，易于储存、保管。

参考文献：

[1]　刘红萍，马亚南，刘瑶. 秦皇岛传统手工艺类非物质文化遗产旅游开发构想[J]. 赤峰学院学报（自然科学版），2015，31（10）：59-61.

[2]　张翠晶，尚志芹，屈彬. 山海关古城文化旅游客源市场调查和文化旅游商品开发探究[J]. 河北企业，2017（5）：114-115.

藁城宫面

一、 非遗美食故事

藁城宫面手工制作技艺，源于隋唐，盛于明清。据说，早在明朝时期，藁城一带的面食艺人，就以精于制作挂面而驰名燕赵之地。清光绪年间，地方官吏曾以此进贡皇宫，列为宫廷佳品，故得名"宫面"。对此，《藁城县志》有这样的记载："吾邑之挂面，系土人所艺，味极适口，相传数百载，曾进贡清皇室，故名产也。"

二、 非遗美食制作

（1）原辅料：精粉、精油、粗盐。

（2）制作步骤：

第 1 步 和面。做好面必须有好水，藁城宫面就是要选择 0 度左右的冷水，而且水质不能太硬，太硬会使和出的面没有光泽。把洗净的粗盐倒入一定量的水，充分搅拌，使盐溶解，配制成盐水，最后按照比例把面粉、盐水倒入，开始和面。

第 2 步 饧面就是将和好的面团放置一段时间，一般冬天不能低于 30 分钟，夏天稍短些，其目的就是使面粉中的蛋白质充分吸水溶胀，使面熟化，增强面团的筋力与弹力。

第 3 步 开条。首先要准备光滑平整的面板，为了防止面团粘住面板，先在面板上撒上一层脱了皮的玉米面，将和好的面团放在面板上，边擀边抻成长方形，然后用擀面杖将面轧成约 5 cm 厚的面片，再用小刀将面从外向里割成约 5 cm 粗的一条面绳。

第 4 步 盘条。首先在面绳的中间部分撒上玉米面，一人从面板的中间拿起面绳的一端，边抻边甩给另一个人，而另一人则将甩过来的面，从中心向四周一圈一圈地盘好，底层盘好后，不能揪断，接着盘第二层，第二层也要从中心向四周盘，依次类推，直至盘满面盆，这时经过抻、甩，面绳会逐渐变细。

第 5 步 上轴。盘好的面上撒上一层玉米面，将两根上轴杆平行地固定在凿有孔眼的杆头上 8 字形缠绕。

第 6 步 分面。取出分面杆，将分面杆与固定在下面的上轴杆平行地插进去，两臂向外用力把面拉开，一般拉伸 3~5 次即可，分面杆在向外拉的同时还要向上移，移到最上端之后，上轴时面的交叉点就移到了上面。

第 7 步 上架晾晒。面条饧好之后才能上架，饧的时间太长，面会很软，抻出的面会很长，很容易垂到地上，饧的时间太短，压上铁架之后，会形成很多的断头，这时，我们可以把面抻开后，稍微晾一段时间，然后用铁架将面杆压到下面，固定好，开始晾面。

第 8 步 下架。宫面很细而且相互分离，一般晾晒两三个小时，也就是八九成干的时候，就应该及时下架了，下架时压在下面的铁杆会悬在半空中。

第 9 步 包装。把带有面头的面杆切掉，刮掉面杆上的面头，以备下次使用，然后对面板上的面进行检查，把两端的潮面、粗面切掉，只留中间一段，最后按照标准长度把面切开，切断的面，要长短一致，切口要平滑，摆放整齐，等待包装。

三、非遗美食风味特色

藁城宫面通常要在凌晨两三点钟起床和面，而且在制作过程中还会受到季节、气温以及空气湿度的影响，所以一般都选择在冬、春季节制作，基本上用一天的时间完成，经多道工序做出的宫面，条细空心，油亮洁白，粗细均匀整齐。煮熟挑入碗中，半汤半面，汤清味佳，既可作主食，又可佐餐。因其系手工制作，故耐火而不糟，回锅而不烂，较有口劲，食用简便，富有营养。

藁城宫面

参考文献：

[1] 李晓丽. 清代中国面食地理研究[D]. 重庆：西南大学，2023.
[2] 宋美倩. 藁城宫面丰富百姓餐桌[N]. 经济日报，2023-02-20（12）.

吊桥缸炉烧饼

缸炉烧饼起源于清同治四年（1865 年），当时，在乐亭县城北街有一位经营面食的师傅，名叫石老化，他在做包子、饺子的同时不断摸索，利用肥猪肉和白菜帮等尝试着配制成菜馅做成烧饼，然后放在吊炉里烘烤，烤出的烧饼风味独特，就开始在铺面销售。因烧饼味美价廉，十分畅销。之后，他为了提高烧饼口味和烤制效率，又反复琢磨，不断改进肉馅的调料配比，特别是经人指教利用水缸做成缸炉，以缸炉烤制而取代了吊炉。这缸炉烤烧饼火头匀，炉壁上贴得又多，且烤出的烧饼色泽焦黄，外酥里嫩。

（1）原辅料：白面、食盐、去皮白芝麻等。

（2）制作步骤：

第 1 步 用温水（水温 50 ~ 60 ℃）放入适量的食盐和白面调和。

第 2 步 面和好后，置于案板上，用面杖反复碾压成层状，然后分成面团，将每一个小面团分别擀、叠成长方形，整齐排列在案板上，将水洒在上面，用手抹平，再将去皮的白芝麻撒在上面，用手均匀制成烧饼胚。

吊桥缸炉烧饼

第 3 步 烧炉，所谓缸炉，即通常用的陶瓷大缸，纵着打去少半，横卧成炉，用泥抹严，用炭火或洋槐树干枝，烧到炉成灰白色，大约达 600 ℃，停火用水刷炉，使缸壁温度降到230 ℃，将做好的烧饼逐一用手背托贴在炉壁上。因炉壁有一定热度，烧饼即粘贴上面，上煎下烤，使烧饼熟透，放出焦香气味即成。烧炉火忌暴又忌弱，暴了烧饼易糊，弱了火力不足，烧饼会夹生。刷炉要看炉壁色泽，温度高处要多上水降温，低要加火增温，掌握温度无法使用温度计，全凭经验看炉色。

第 4 步　包剂子，剂子大小要均匀，再擀成面皮，包好拍扁后的烧饼要在不贴炉的一面蘸满炒好的去皮白芝麻，以备上炉。

第 5 步　烤烧饼。待缸炉烧烫后，将做好的烧饼胚一一贴在炉壁上，炉口盖上铁盖。20~30 分钟后，芝麻泛黄、发出香味时，即可起炉。用铲将烧饼从炉壁铲下，用手夹住取出，即可食用。烧饼做好，用手背一个个送入炉壁，个个挨紧贴匀。此时炉壁温度非常关键，温度低，烧饼贴不住掉在炭火里就成废品。温度调节要靠炉门铁帘，温度高了打开帘，温度低了关闭帘。

三、 非遗美食风味特色

久负盛名的吊桥缸炉烧饼，百余年来历久不衰。其特点是选料考究，加工精细，以缸横卧，内壁贴饼，外温内烘是其独特的制作方法。选用上等小麦粉和精纯豆油，以白菜、肥肉等为内馅，辅以葱、姜、蒜、丁香、豆蔻等佐料。制作过程中，在和面手法、擦酥劲道、佐料配伍、火候掌握、缸体温度、贴饼速度等方面蕴涵炉火纯青的娴熟技艺。产品外皮薄如蝉翼，入口即碎，香满口腹。内馅味道鲜美，香而不腻。采用当地特制果木炭为烤制燃料，使烧饼具有独特的果香气味。

吊桥缸炉烧饼外形浑圆，色泽浅黄，外皮酥脆，内瓤层次分明，香酥怡人，肉馅配料独特，肥而不腻，正面贴满芝麻，背面光滑，制作精巧，且久放不疲、风干不硬、营养丰富，老少皆宜。是烧烤、涮锅的上好佐餐和馈赠亲友的绝妙佳品。

参考文献：

[1]　李奇钊. 吊桥缸炉烧饼[J]. 小学生必读（中年级版），2018（10）：48.

[2]　杨立元，杨扬. 唐山非物质文化遗产的保护、传承及发展对策[J]. 唐山学院学报，2012，25（1）：6-12.

河南

民间非遗美食

葛记焖饼

葛记焖饼馆的创业人葛明惠先生，是清朝满族镶黄旗人，生于光绪八年（1882 年），他10 岁进北京珂王府做事，曾给王爷赶车，颇得王爷的欣赏，他勤快好学，闲时常到王府膳食房帮厨，熟谙烹调技艺。当时，王府中有一种主食千层饼，还有一种菜肴名称坛子肉。有一天，王爷回到府中，感到腹中饥饿，葛明惠便越俎代庖，用坛子肉为王爷焖了一盘饼，又用榨菜、芫荽泖了一碗汤，饼软肉香，清汤爽口，王爷大加赞赏。民国初年，战乱纷纷，葛明惠携两子来河南谋生，危难中想起被王爷大加赞赏的坛子肉焖饼，于是，经朋友帮忙在郑州火车站附近开了"坛子肉焖饼馆"，葛明惠亲自站灶，两个儿子打下手。新中国成立后，葛明惠和他的次子先后去世，长子葛去祥继续经营，他继承发扬父亲的烹调技术，使烹制的坛子肉一开坛便香气四溢，经其多年苦心经营，遂使葛记焖饼成为闻名遐迩的风味小吃。

二、 非遗美食制作

（1）原辅料：面粉、猪五花、绿豆芽、猪油、葱丝、小磨香油、冰糖、姜丝、精盐。

（2）制作步骤：

葛记焖饼

第 1 步 面粉加入清水拌匀，和成面团揉匀揉透，搓成长面条，揪成面剂，擀成长条片，抹上一层小磨香油，随手卷起，擀成厚约 0.4 厘米的圆饼生坯。

第 2 步 平锅烧热至六成，放入生坯，用文火烙至起花，其间要不停地翻，直到熟透取出，切成长 5 厘米、宽 0.3 厘米的条，绿豆芽洗净。

第 3 步 千层饼放凉后切成帘子棍形备用。

第 4 步 坛子肉选用带皮五花猪肉，切成 2 厘米见方的方块，先放入锅内添水煮开，撇去浮沫杂质，捞出肉块装入坛内，下足八大料，外加香腐乳，倒入肉汤封口，大火烧开后，改用文火慢炖，煨至烂熟。开坛时浓香四溢，过往行人闻香止步，素有"开坛香"之美称。

第 5 步 焖饼。锅内用青菜铺底，放上饼条和坛子肉，加高汤稍焖即成。其肉香醇厚，肥而不腻，其饼柔软适口，老少皆宜。

三、 非遗美食风味特色

葛记焖饼主要制品有葛记焖饼、葛记原锅焖饼、葛记香菇焖饼、葛记鸡蛋焖饼、葛记滋补焖饼等。焖饼时配菜除用豆芽外，更多是用四季鲜菜，如小白菜、四季梅、茭白等。焖饼用的汤，除猪肉汤外，还用鸡汤、鸭骨汤，因此焖出的饼软香不腻，鲜美爽口。

参考文献：

[1] 刘红霞. 河南省饮食类非物质文化遗产资源调查研究[J]. 现代食品，2023，29（3）：221-224.

[2] 潘盛俊. 论非物质文化遗产的保护与传承——以郑州市为例[J]. 大舞台，2012（7）：287-288.

秋油腐乳

秋油腐乳创建于明朝万历年间兰阳县（今兰考县）城内西街"崔福兴"酱菜园，距今已有四百多年的历史。相传，明朝万历年间，朝中有一位姓梁的御史，祖籍为兰阳县城。一次，梁御史随神宗皇帝出京巡游，来到开封，顺便到兰阳带回"崔福兴"的"秋油腐乳"供奉皇上。他还说崔家腐乳有三美（外观装潢美、腐乳色泽美、吃了味道美）、四香（闻着醇香、吃着浓香、食后爽香、打嗝有余香）的特点。皇帝品尝后，赞不绝口，曰"臣孝于孤，迎风十里香"。随授之为"酱菜之宝、腐乳之王"。从此，秋油腐乳"迎风十里香"的美名传为佳话，誉满全国。

二、 非遗美食制作

（1）原辅料：黄豆、芝麻油、曲酒、五香粉、精盐等。

（2）制作步骤：

第 1 步 选用秋季收获得的无秕粒、无霉变、无杂粒的饱满黄豆。

第 2 步 利用黄豆制作成传统老豆腐，并把豆腐切成 1 cm 见方块。

第 3 步 豆腐块与芝麻油、曲酒、五香粉、精盐等装入瓷罐或广口瓶（原为竹篓），经过太阳暴晒 25 ~ 30 天。如果气温低于 25 °C，可用火炕加温，成熟后存 1 个月即成。

三、 非遗美食风味特色

兰考秋油腐乳也称"兰考豆腐乳"，具有酱红透明、色泽乳黄、细嫩无渣、咸中有甜、甜中存香、浓香满口、食后余香的独特风味。它富含蛋白质、脂肪、氨基酸与多种维生素，营养丰富，因它采用秋季新收获的黄豆和芝麻作主要原料精制而成，故名"秋油腐乳"。

秋油腐乳

参考文献：

[1] 赵璟韬. 发扬传统工艺再创兰考豆腐乳产业新辉煌[N]. 开封日报，2007-02-03（2）.

[2] 郭娜. 开封市非物质文化遗产开发与保护现状研究[J]. 旅游纵览（下半月），2012（24）：82-83.

万古文盛馆羊肉卤

清顺治年间，王氏家族先人王家孝，在古代称"梁王城"的梁村开设羊肉面食馆，某日在炸制羊油放入大料（八角）准备下肉时，不小心将醋坛打翻，醋液洒入热油锅中，油烟随之沸腾四起，但却香味扑鼻，闻其味者，连连称赞，加醋制作方法被传承下来，王宗孝羊肉卤也逐渐小有名气。

第四代传人王元相对祖传工艺有较大发展，23 岁时已使王家羊肉卤颇有名气。清乾隆三十六年（1771 年）他开设羊肉馆，名曰"闻盛馆"。一文人经常与文朋诗友在此相聚，咏诗作对，食后尽兴赞曰"闻盛馆"者"文盛馆"也。慕名而食者逐渐增多，生意非常兴隆，王元相为感谢这一文人，将其改为"文盛馆"，并代代相传至今。

（1）原辅料：精选公羊、陈醋、肉桂、良姜、砂仁、豆蔻、大茴香、白芷、陈皮、草果、丁香、荜芨等。

（2）制作步骤：

第 1 步 羊肉切割成肉块，必须"一刀断、不回刀""竖丝切条、横丝切块"，均匀切成 1 cm 见方肉块，肉丝不乱不碎，易入锅同熟。

万古文盛馆羊肉卤

第 2 步 用肉桂、良姜、砂仁、豆蔻、大茴香、白芷、陈皮、草果、丁香、荜芨等几十种香料和秘制醋浸泡而成。

第 3 步 除膻渗香。采用纯正羊油炸卤，羊油须用新油熬制，油温加热至 140 ℃ 时，加入秘制醋浸泡药料，热油遇醋药料随即沸腾，去除羊肉中的膻味，渗出药料香味。

第 4 步 下肉炸。药料入锅后，待醋中水分饱和放入切割成型的羊肉块，迅速翻炸。炸至羊肉变为柿黄色，改微火 3 个小时加热，然后加入葱、姜、蒜再微火加热 30 分钟即可。

第 5 步 肉卤成熟后，加入调色酱，熄火出锅即成。

"万古文盛馆羊肉卤"历史悠久，内涵丰富，用祖传秘方制作，醇香四溢，风味独特，被誉为中原饮食一绝。有"食一口而动全在之感，让人回味无穷之妙"之称。《滑县志》有"东西南北都走遍，不如万古羊肉面"之载述。可见风味一绝。

参考文献：

[1] 赵娜，苏静. 安阳地区非物质文化遗产的传承与保护[J]. 郑州航空工业管理学院学报（社会科学版），2015，34（3）：74-76.

[2] 刘红霞. 河南省饮食类非物质文化遗产资源调查研究[J]. 现代食品，2023，29（3）：221-224.

逍遥胡辣汤

正宗的逍遥镇胡辣汤产自河南省周口市西华县逍遥镇,是"中华名小吃""河南十大名吃"。明朝嘉靖年间,朝中大臣为讨皇帝欢欣,从一高僧处得到一副助寿延年的调品秘方献上,奏以烧汤饮之,皇帝品尝后龙颜大喜,遂命之为"御汤"。明朝末年,流落在外的御厨赵纪途经逍遥,看到东门紧邻沙河,舟楫驰骋,西门紧依颍河,形势天成,两河逶迤东流,镇中寨堡坚固,乃地灵水秀之地,赵纪决计隐居。

于是,皇宫秘方便流传此地。百姓们以此秘方所熬制的粥汤酸辣扑鼻,醇香四溢,俗称"胡辣汤"。斗转星移,岁月流逝,该汤越传越远,因盛于逍遥,故称为"逍遥胡辣汤"。该汤以小麦面粉、熟牛、羊肉为主,佐以砂仁、花椒、胡椒、桂皮、白芷、山奈、甘草、木香、豆蔻、草果、良姜、大茴、小茴、丁香等三十余种纯天然植物香料,根据不同的配比综合熬制而成,加入味精,适量的香油、陈醋,香辣扑鼻,美味可口。

二、非遗美食制作

(1)原辅料:面粉、熟牛羊肉、八角、小茴香、大红袍花椒、桂皮、良姜、干姜、草果、玉果、白扣、砂仁、丁香、黑胡椒、白胡椒、粉条、豆皮、木耳、面荚、味精、精盐、香油、醋。

(2)制作步骤:

第 1 步 把盐掺入面粉中,加少许水搅揉成团,然后不断加水,直到揉出黏稠而有弹性的面筋和面筋水。

第 2 步 锅置火上加水烧开,放入面筋。

逍遥胡辣汤

第 3 步 待面筋熟后将面筋水和各种调料倒入锅中。

第 4 步 汤汁变稠时,放入粉条、豆皮、木耳、面荚、味精、精盐,旺火烧沸即成。

第 5 步 出锅后适量加入香油、醋即可。

三、非遗美食风味特色

逍遥胡辣汤辣味醇郁,汤香扑鼻,面筋与木耳的搭配更是恰到好处,吸收了浓郁汤汁的面筋,一口咬下去充满整个口腔,热辣之余还能感受到一丝清甜,油条更是胡辣汤的绝配,冬暖身夏解暑,早上来一碗别提多美了!

参考文献:

[1] 姜森焱. 偶旧于新,"逍遥镇胡辣汤"品牌视觉形象综合性研究[D]. 上海:上海应用技术大学,2023.

[2] 田野. 逍遥胡辣汤:小镇美食走上致富大道[J]. 文化月刊,2021(9):18-19.

道口烧鸡

一、 非遗美食故事

　　道口烧鸡创始于清顺治十八年（1661 年），距今已有三百多年的历史，据《浚县志》及《滑县志》记载，卖烧鸡的先祖在道口镇大集街开了个小烧鸡店，在开始的一百多年时间里，由于技术条件差，尚未具特色，生意并不兴隆。

　　有一天，一位曾在清宫御膳房当过御厨的老朋友来访，他身怀绝技。两人久别重逢，对饮畅谈。先祖向他求教，那朋友便告诉他一个秘方："要想烧鸡香，八料加老汤。"八料就是陈皮、肉桂、豆蔻、良姜、丁香、砂仁、草果和白芷八种佐料；老汤就是煮鸡的陈汤。每煮一锅鸡，必须加上头锅的老汤，如此沿袭，越老越好。先祖如法炮制，做出的鸡果然香。

　　先祖反复实践，在选鸡、宰杀、成型、烹煮、用汤、火候等方面，摸索出一套经验。他选鸡严格，配料、烹煮是关键的工序。将炸好的鸡放在锅里，兑上老汤，配好佐料，用武火煮沸，再用文火慢煮。烧鸡的造型更是独具匠心，鸡体开剖后，用一段高粱秆把鸡撑开，形成两头尖尖的半圆形，别致美观。先祖的烧鸡技术历代相传，始终保持独特的风味，其色、香、味、烂被称为"四绝"。

二、 非遗美食制作

　　（1）原辅料：选择健康的柴鸡，最好选用半年至两年以内、体重 1～5kg 的母鸡。以及陈皮、肉桂、豆蔻、良姜、丁香、砂仁、草果、白芷等。

道口烧鸡

（2）制作步骤：

第 1 步 将鸡宰杀，冷水洗净鸡体。

第 2 步 把鸡放在清水中漂洗 30～40 分钟，目的是浸出鸡体内残血。

第 3 步 将配好的八味香辛料捣碎后，用纱布包好放入锅内，加入一定量的水煮沸 1 小时，然后在料液中加食盐。最后把漂洗好的鸡放入卤水中腌浸 35～40 分钟，中间翻动一两次。

第 4 步 为了使鸡外观漂亮，将腌制好的鸡用清水冲洗后放在加工台上，腹部朝上，左手稳住鸡身，将两脚爪从腹部开口处插入鸡的腹腔中，两翅交叉插入口腔，使之成为两头稍尖的独特造型。最后用清水漂洗一次，并晾干水分。

第 5 步 上色油炸。油炸的目的是使鸡表皮色泽美观。将整形后的鸡用铁钩钩住鸡颈，用沸水淋烫 2～4 次，待鸡水分晾干后再上糖液（饴糖与水按 1∶3 组成）。用刷子在鸡全身均匀刷三四次糖液，每刷一次要等晾干后再刷第二次。将上好糖液的鸡放入加热到 170～180 ℃的植物油中翻炸，油温控制在 160～170 ℃，待其呈橘黄色时即可捞出。油炸时动作要轻，不要把鸡皮弄破。

第 6 步 煮制。在腌浸的卤中加适量水煮沸后，加盐调整咸度，再加适量的味精、葱、姜，把鸡放入，用文火慢慢煮 2～4 小时，将温度控制在 75～85 ℃范围内，等熟后捞鸡出锅。出锅时要眼疾手快、稳而准，确保鸡形完整、不破不裂。

三、非遗美食风味特色

道口烧鸡用多种名贵中药，辅之陈年老汤，其成品烧鸡色泽鲜艳，形如元宝。人们喜爱道口烧鸡，是因为它香味浓郁、酥香软烂、咸淡适口、熟烂离骨、肥而不腻。

参考文献：

[1] 王海涛，由瑾瑜. 老字号"义兴张"道口烧鸡包装设计的演变与更新策略研究[J]. 包装与设计，2023（6）：156-157.

[2] 张苗. 老字号的金字招牌[J]. 检察风云，2022（12）：74-75.

桐　蛋

一、非遗美食故事

桐河系长江的一条支流，流经唐河县桐河乡境内后，河道弯曲，滩涂众多，水草丰茂，是放牧鹅鸭的好地方。这一河段的蛋鸭所产的优质鸭蛋，个大皮薄，蛋形美观。经过复杂工艺腌渍后，味香可口、余香不尽，称为"桐蛋"。明太祖朱元璋刚登基后患病，御医久治不愈，宫内孔侍卫（时吴庄村孔庄人）从家乡桐河堡带桐蛋进贡明太祖，朱元璋龙颜大悦，令孔侍卫年送桐蛋 500 筐，赐金 200 两，赐名"桐蛋"（《桐河乡志·五世同堂》）。

桐蛋

二、非遗美食制作

（1）原辅料：鸭蛋、黄泥、白酒等。

（2）制作步骤：

第 1 步 鸭蛋擦干净，用酒或者米醋泡一下，消消毒，面粉或者黄泥用盐花椒来调制。

第 2 步 把黄泥或者面粉裹在鸭蛋上，在避光阴凉条件下存放一个月左右就可以吃了，这样做出来的咸鸭蛋个个起沙又流油。

三、非遗美食风味特色

桐蛋个头大，分量重，一般 6 个就可达到 1 斤，隔皮就能看见蛋黄，蛋黄如沙似米，呈深红色。食用时放入汤中，即刻漂起一层明油，品质极好。煮熟用刀切开，蛋黄酱紫鲜红，粒状似沙、似米，蛋白咸中加香，蛋黄外围呈淡黄色，内部黄红色，渍期较长的蛋黄有红紫色油脂流出，味香可口，久品余香不尽。

参考文献：

[1]　刘红霞. 河南省饮食类非物质文化遗产资源调查研究[J]. 现代食品，2023，29（3）：221-224.

[2]　贾志远，张瑞，牛佳佳. 河南省传统技艺类非物质文化遗产现代化转型模式研究[J]. 创新科技，2018，18（4）：10-13.

怀府闹汤驴肉

一、非遗美食故事

　　清朝顺治年间，董家由山西洪洞县迁至怀庆府柏香南大董庄村，后由董治振迁到柏香南关，柏香在当时是一个比较繁华的小城镇。董家有三个孩子，其中大孩子叫董文财，即董氏驴肉的创始人。迁至南关后，董文财便杀了自家的一头驴，为了补贴家用，他把制作熟的驴肉拿到集市上出售。赚了钱，董文财看到这是条生意门路，从此干起了卖驴肉的营生。由于生意越做越红火，怀庆府的人都到柏香南关买驴肉。董家为了扩大生意，便到怀庆府一条无名小胡同安家并支起了杀驴锅，由于董家驴肉的名气在当地很大，当地人就叫那条胡同为杀驴胡同。久而久之，卖驴肉的户越来越多，相继出现了姓胡、姓靳、姓王、姓徐等各家，而董氏驴肉生意最好、名气最大，每天都有各州县的客商云集这里批肉贩往各地。从此，怀庆府驴肉远近闻名，杀驴胡同的名声越传越广。

二、非遗美食制作

　　（1）原辅料：驴肉、驴棒骨、怀山药、怀牛膝、怀菊花、草寇、草果等。

　　（2）制作步骤：

　　第1步 选料。经屠宰分割后，将驴肉浸泡在专用容器中，清洗过的肉用清水浸泡1~2个小时。

　　第2步 腌浸。将浸泡过的驴肉切成大块在不高于10℃的房间内晾12小时，然后放清水、盐，腌制8小时。

　　第3步 煮肉。把腌制过的驴肉捞出，放入大锅，按比例加入老汤和佐料后，加本地深井水至淹没驴肉。煮制时间40~50分钟，趁烫沸时出锅，在室内充分凉透。

　　第4步 闹汤。在锅内加入调配好的定量老汤、佐料和驴棒骨，注入本地深井水，煮制8小时，待"闹汤"增浓后关火晾凉。

　　第5步 煮制。待闹汤开始增浓时加入六分熟的驴肉，继续焖制2小时后，出锅自然凉透。

　　第6步 包装。将煮制好的驴肉和"闹汤"进行真空包装，装入高温无菌锅内进行灭菌。灭菌温度120℃以上，灭菌时间30~45分钟。

三、非遗美食风味特色

　　闹汤驴肉之所以味美口感佳，有其独特的制作过程与方法。在选料方面求精，在制作上更是特别讲究：煮肉时的火候最关键，初期用大火，煮沸后压火焖肉，如用大火，易使肉变粗，过熟过烂都会破坏肉的营养及造型。特别是闹汤的配制，更是工艺独特的独门绝技。所谓"闹汤"，就是取多年熬制的高汤加入驴蛋白、椒盐、香料和少许淀粉，随着一个方向不停地搅拌之后变成一碗香浓的汁料，食用时取薄片驴肉蘸汁，入口芳香四溢、口齿留香。

怀府闹汤驴肉

参考文献：

[1] 张浩. 河南省美食旅游资源开发研究[D]. 西宁：青海师范大学，2022.

[2] 刘福民. 巧打特色牌小毛驴成就大产业[J]. 现代营销（经营版），2007（11）：18.

混浆凉粉

一、 非遗美食故事

　　据老人们口口相传，清初，孟州有个叫薛所的人，曾在朝中做礼部左侍郎，后告老还乡。其病故时，朝廷派一位阿哥前来吊唁。阿哥千里迢迢到了孟州，一路奔波劳顿，又加上水土不服，突然胸闷腹胀，不能进食，随行御医也毫无办法。贴身侍卫见阿哥病倒，急得团团转。

混浆凉粉

　　这时，县令身后的师爷出了一个主意，他说城东南庄有一个叫吴明的，善做混浆凉粉，他做的凉粉，清热健脾，祛风扶正，不妨一试。侍卫听罢，立即着人到南庄买了一碗混浆凉粉。说来也怪，那阿哥尝了一小口，又想吃第二口，越吃越有滋味。不知不觉一碗混浆凉粉竟被吃得干干净净，他还意犹未尽。

　　第二天又吃了一大碗，几天后，阿哥病好如初。为了感谢吴明，阿哥表示回去就向皇上求官让吴明当。吴明坚辞，说自己乡野村夫，受不得朝廷的约束，还是在乡下卖凉粉快活自在。阿哥过意不去，就赐他绿豆千石，封他为混浆凉粉王。那吴明磕头谢恩，不胜欢喜。

　　阿哥回京后，逢人便讲这段奇遇，从此孟州混浆凉粉的名气大增，就连京城的官宦人家也以能吃到孟州的混浆凉粉为荣。

二、 非遗美食制作

（1）原辅料：绿豆、香醋等。

（2）制作步骤：

第 1 步 筛选精品绿豆，然后用水浸泡十二个小时。

第 2 步　把泡好的豆子放到小磨上磨浆。

第 3 步　磨好的绿豆浆放凉沉淀，抽去上面的清浆和多余的水分，这叫撇浆。撇浆是做凉粉的关键一步，混浆稠了，产量就低，稀了，凉粉就会不爽滑、筋道。

第 4 步　接着就是将剩下的混浆上锅熬制，熬制的时候要注意火候，开始大火把混浆烧滚沸腾，然后小火慢熬，直到勺子在混浆糊糊中搅拌不动为止。熬制过程中要放盐，放盐的多少会影响凉粉口感。

第 5 步　最后将绿豆糊糊趁热倒入盆里，冷却五六个小时后倒扣出来，混浆凉粉就制成了。

第 6 步　吃的时候，将凉粉切成条，加上芥末、醋、辣椒、香油等拌匀，吃起来酸辣可口、爽滑劲道。

三、非遗美食风味特色

混浆凉粉其成品集色、香、味于一身，入口爽滑，质地筋道，清热润肺，味道鲜美。现在百姓中间还传有"一碗混浆凉粉片，给个神仙也不换"的说法，混浆凉粉的美味由此可见。混浆凉粉是中国河南省非物质文化遗产，成品的混浆凉粉呈绿褐色，晶莹剔透，用手轻轻一拍，淡淡的豆香就会从颤巍巍的凉粉团中弥漫而出，让人垂涎欲滴。

参考文献：

[1]　李肖利，王金献，万建章. 河南省非物质文化遗产资源优势及其价值体现分析[J]. 明日风尚，2017（11）：298-300.

[2]　牛立海. 乡村振兴背景下焦作市莫沟村乡村旅游发展研究[D]. 新乡：河南师范大学，2020.

王五辈壮馍

据传清河头金家是元朝贵族后裔。宋元战争结束，濮阳一带生灵涂炭，一片荒芜，土地肥美而人烟稀少。元朝统治者对立有战功的人员行赏安置，百夫长以上将佐可回到北方地广区域跑马圈地。金氏圈占了水草丰美的清河源头的清河头西一带，在此繁衍生息。金氏平常喜欢吃锅盔和馅饼，来濮阳后又喜欢上了这里的菜条和炕大饼。于是金氏将锅盔、油炸馅饼、炕大饼、菜条这几种食品的做法结合在一起，改良出了一种特大油馍馅饼，炕大饼一样大小，卷菜条一样做法，只不过擀成圆饼，菜馅由肉馅、大葱、粉皮、鸡蛋等混拌，用平底大锅浅油焖烧而成，这种大油馍馅饼因体硕个大被称为状元馍，后叫法演变为壮馍。至今在濮阳民间还流传有"壮馍好，壮馍好，平锅焖，浅油烧，肉馅香，皮脆焦，女人吃了能挑担，男人吃了好杠腰"民谚，充分说明了濮阳人对它的喜爱。

王五辈壮馍

（1）原辅料：牛肉（或羊肉）、粉条（或粉皮）、面粉、葱、姜、盐、料酒、酱油、五香粉、味精、香油。

（2）制作步骤：

第1步 面粉1/3用开水烫匀，冷却后和成烫面团，2/3用清水和成面团，然后将两种面团和在一起，揉匀，醒30分钟。

第2步 牛（羊）肉切成绿豆大小的粒，用刀粗略剁成肉馅；粉条（粉皮）用温水浸泡回软，切碎；葱、姜分别切碎。

第3步 牛（羊）肉馅、粉条（粉皮）、葱、姜，加盐、料酒、酱油、五香粉、味精、香油拌匀成壮馍馅。

第4步 面团揉匀，擀成圆片，放上拌好的馅，包裹好，做成厚度5～6 cm、直径约60 cm的圆饼，放平底锅中用小火半煎半烙（就是比一般烙的方法用油多些），两面金黄时即可。

壮馍形如圆月，色泽金黄，外焦里嫩，食之鲜香不腻。如民谣："圆圆小饼径尺长，根根馓条黄脆香。外软里酥饼卷馓，送与抗倭英雄尝。"说的就是壮馍。濮阳壮馍是河南濮阳著名的地方面食小吃，熟后的成品壮馍，色泽金黄，外焦内嫩，食之鲜而不膻，香而不腻。

参考文献：

白慧颖. 论非物质文化遗产之知识产权保护——以河南为例[J]. 河南省政法管理干部学院学报，2011，26（4）：152-155.

山西

民间非遗美食

郭杜林晋式月饼

"郭杜林"是指太原城内一家姓郭、姓杜、姓林的师徒三人开办的糕点铺。有一年中秋节前夕，三人因饮酒误了做饼时辰，导致早已和好的饼面发酵。酒醒后三人心急如焚，发酵的面不能做饼皮，重做来不及了，掌柜的知道了一定追究，郭姓师傅急中生智，指挥徒弟二人急忙往发酵的面中掺和生面，并加入小麻油、饴糖做成一种包馅饼。他们怀着忐忑不安的心情将饼做好，没料想这批口味新鲜别致的馅饼一上市，就受到人们的好评，这一年的中秋这家饼子比别人家的卖得快，它以"酥香、绵软、利口、甜香、醇和"的独特口感赢得了太原人的喜爱。从此，这种特殊技艺制作的馅饼在市场上流行开来，并成为太原人中秋节独具特色的食品。人们为了纪念这师徒三人，便把此饼称为"郭杜林"月饼。2008年，郭杜林晋式月饼制作技艺入选中国第二批国家级非物质文化遗产保护名录，从而成为"国家级非物质文化遗产保护项目"。

郭杜林晋式月饼

（1）原辅料：小米、大麦、芝麻、核桃、白糖等。

（2）制作步骤：

第1步 对小米和大麦进行粗加工，小米先去皮，用水浸泡数小时后，将净小米在笼屉里面蒸熟备用；大麦加水使其发芽，大麦发芽方法比较独特，并不是在瓮缸中蒙布发芽，而是选一个房间，将木板支起一定斜度和高度，均匀地撒在木板上后，往大麦之上洒水，洒水要均匀，同时用木锨进行翻搅，以保证受水均匀，一般 3 至 5 天即可发芽备用。需要注意的是前期洒水要勤，翻搅也要勤，后期则视芽苗长短而定洒水的多少。

第 2 步 碾碎发酵。将蒸熟的小米与发芽的大麦用碾子碾烂，二者混合比例要协调，小米的比例大，将二者拌在一起放入缸中，利用地火进行加温，温度控制在 30 摄氏度。经过五六天之后，黄白色稀流质的米稀水开始流出。发酵所用的缸比较特殊，缸侧面下部有孔，用玉米的秸秆塞住，但不完全塞紧，留有空隙，发酵的米稀水就顺着眼儿流出来。在发酵期间，房间的温度不能变化太剧烈，夏天的室温恰好，到冬天的时候就得生火炉。

第 3 步 过箩。将流出的米稀水过 140 眼的细箩，滤去杂质，并淋入熬锅之中。

第 4 步 明火熬。将熬锅置于明火之上，用炉火进行熬制。明火熬，火候大小控制很重要，火大了，容易粘锅，生成硬块；火小了，水分不能及时蒸发，影响米稀的成色及香味。

第 5 步 制饼。将和好的热面手工揪剂子，在柳木案板上揉圆压扁，饼剂中间厚、四周薄，捏成窝状包入饼馅，收口后揪去面头，保证压入模后上下及周边皮料厚薄均匀；揪面剂和抓馅讲究"一把准"，避免饼面过多接触器具而冷却起筋；郭杜林月饼的图案，最初由技师妙手点缀，清代中晚期曾流行篆字条纹，被视为郭杜林月饼的特殊图纹记号，后来又改篆字纹为水波纹，民间俗称为鞋底子。

第 6 步 烘烤。以阳泉无烟煤吊炉烤制，炉火与面饼之间以铁板分隔，技师双眼观察底火颜色、湿手入炉测试底火与上火的温度，凭经验调节炉温；入炉前在饼面上刷一遍糖浆，烤至微黄后再刷一遍糖浆，根据饼面起泡与否判断炉温，接着再烘烤，使成品出炉后色泽金黄发亮；技师凭嗅觉感知芝麻与玫瑰香味，掌握烘烤时间，使各种香味均衡。

第 7 步 储存。成品圈放储存是"郭杜林"月饼的特殊工艺。刚出炉的成品皮硬馅软，在陶瓷坛罐中存放一个月左右后，可以达到皮绵、馅酥、香酥一致的最佳口感。存放中间还需将饼面翻底。室内讲究无烟气、凉爽、干燥，成品储存一年内不会变质。

三、 非遗美食风味特色

郭杜林晋式月饼是山西特产，形制古朴，口味醇厚，酥绵爽口，甜而不腻，以"酥绵、利口、甜香、醇和"而名闻四方。郭杜林月饼在原料和辅料的选择上异常精心，皮面揉制手法与馅料制作工艺十分独到，烤饼的吊炉形制独特，烘烤温度完全依靠人工控制，烤成后通过窖圈熟藏使月饼香味更加浓郁，具有上佳的口感。郭杜林月饼生产保留着明清以来山西民间制饼业的传统技艺，其"以面为馅"的特殊工艺显示出北方制饼技艺的特征。

参考文献：

[1] 高明艳. 郭杜林月饼——传承 300 年的手艺[J]. 科学之友（上旬），2011（9）：14-15.

[2] 晋饼绝技——郭杜林晋式月饼的传统技艺[J]. 科学之友（上旬），2011（9）：10-13.

太谷饼

一、非遗美食故事

　　太谷饼是晋商鼎盛时期的产物，与晋商的生产、生活密切相关，并曾流传到俄罗斯、日本等国。它传承了我国传统食品——胡饼（由西域引进而来的一种烤制类食品）的制作原理，用特定的精选主辅料，经过考究的原材料配方，采用传统的发酵、熬稀技术以及特殊的炉烤工艺制作而成。

　　相传，慈禧太后对太谷饼情有独钟。庚子年慈禧向西逃难时途经太谷，正巧赶上午膳，随行护驾的车二师傅为其献上家乡特产太谷饼，太后极为赞赏，又带了很多太谷饼赶路。

　　而后返回京城时再次途经太谷，慈禧对太谷饼仍然念念不忘，欲将制作太谷饼的师傅带进京城，但师傅不愿离开故土，后在他人的劝阻下太后才作罢，遂当即下旨将太谷饼定为皇家御用贡品，让太谷饼身价陡增。

二、非遗美食制作

　　（1）原辅料：小麦面粉、胡麻油、白冰糖、小米面、蜂蜜。

　　（2）制作步骤：

太谷饼

　　第1步　和面。将白冰糖、小米面、塞北胡麻油、蜂蜜放入容器内，加温水，再加适量的碱面、苏打粉，搅匀，然后加入小麦面粉，搅拌。

　　第2步　揉面。不宜过多地来回翻动，不能用力太大，否则会揉出面筋，影响太谷饼的酥软度。

　　第3步　制饼。取适量的面团，以面团的下半部分均匀沾满芝麻，擀开后芝麻均匀布满整个饼面为准。

　　第4步　烫面。首先将烤炉升温，鏊子上刷少许胡麻油防止糊锅，待油温三成热时，由炉工将饼坯芝麻朝下均匀摆放在鏊子上，俗称烫面，使芝麻仁嵌入饼坯。

　　第5步　翻烤。将烫面后的太谷饼翻烤，放入拥有上下火的烤炉内，火候达到一定程度后即可出炉。

三、非遗美食风味特色

　　太谷饼表皮为茶黄色，并粘有脱皮的白芝麻仁，具有酥、软、香、甜的特点，即酥而不碎，甜而不腻，香甜可口，久放绵软。而且，它的储存时间长，久储味道不变。

参考文献：

[1]　姜晨林, 高亮, 黄佳琪, 等. 太谷饼营销策略的研究与展望[J]. 商场现代化, 2024（4）: 56-58.

[2]　白桦琳. 非遗视域下太原面食制作技艺传承研究[D]. 赣州: 赣南师范大学, 2023.

剔尖面

一、非遗美食故事

关于剔尖的由来，《阳泉饮食》一书有详细记载：李世民的皇妹——八姑，赴绵山诵经修行，为乡民采药医病。一日，八姑为一患病老妪配药、做饭，和面时，软了加面，硬了加水，最后还是将面和得稀软。眼看锅中水开，八姑急中生智，随手拿起一块木板，将软面团放于板上，用一根筷子试着将面往开水锅中拨，竟拨出了一根根面条。面煮熟后，老妪吃得很香，就问："孩子，这叫什么？"八姑将"这"误听为"你"字，脱口说："叫八姑。"老妪误听为"拨股"，从此就有了"拨股"面，这便是最早的剔尖。后来剔尖渐渐流传开来，成了山西人民饭桌上一道不可或缺的精致主食。

二、非遗美食制作

（1）原辅料：面粉、水、蔬菜、炸酱等。

（2）制作步骤：

第 1 步 将普通面粉放入容器中，加入食盐、水，用筷子顺着一个方向不断搅拌，一直到面变得有韧性，拉起来又可以轻松流下而不会断的时候，盖上盖子饧 30 分钟。

剔尖面

第 2 步 待饧好的面团光滑且有弹性时，用筷子把面挑到剔面板上，手掌上沾点水将面团压扁，左手托剔尖盘，右手拿剔尖筷子，用筷子置于面边并压住一点面，由上而下地用力将面一根一根拨入锅内沸水中。

第 3 步 待面煮熟后捞出，搭配各种荤素卤，既可干拌、汤食，也可加蔬菜和肉类炒制，非常美味。

三、非遗美食风味特色

从剔尖的别名"拨鱼"，我们不仅可以看出制作的方法，甚至还能看出它的形状。"拨"直言其制作的主要工序；"鱼"则指的是面食的形状。《醋乡特色》一书载，1958 年太原王毓秀和曾昭致两位师傅改进民间拨鱼制作方法，将面浆放在特制的盘子里，右手持一根特制竹筷，剔时左手一边转动盘，右手一边往出剔，提高了出品速度与成品长度。后来此面制法在太原面食界全面普及，成为山西面案师傅的基本功之一。转盘剔尖讲究往盘子里放面浆时，中间要空个洞，周围要沾上水，以便这盘剔完，再放面浆于洞中，周而复始。今天拨鱼还作为山西面食表演一绝，空中飞舞的面食如"鱼逐波涛，鲤跳龙门"，表达着对人们似锦前程的美好祝福。

参考文献：

[1] 李惠琴. 舌尖上的美食——山西面食[J]. 村委主任，2023（10）：1.

[2] 全小国. 莜面制作技艺的传承与发展研究[J]. 楚雄师范学院学报，2018，33（4）：20-24.

莜面栲栳栳

一、 非遗美食故事

据说隋文帝听信谗言，要废长立幼，坚决要立小儿子为太子，当时还是唐国公的李渊上疏劝谏，但是却遭到隋文帝的申斥，被贬到山西太原。

在上任途中，不巧李渊的夫人临盆，只好借住在一家古刹，李渊及其家人便在古刹内住了几日，寺院的方丈是个热心肠，用了当地的特色面食来款待李渊，李渊询问他"方丈端的是何物呢？"方丈便回答说："栲栳栳。"

后来历经几度春秋，李渊成功称帝，但是他依旧不忘当初寺院的一饭之恩，所以特意将当年的方丈调往京中上任，方丈携弟子前往京师，路过某处就把栲栳栳的做法传给当地人，就这样，栲栳栳成为晋、蒙、冀一带的美食，在糅合了其他地区的特色之后，出现了莜面栲栳栳。

二、 非遗美食制作

（1）原辅料：莜面、盐、水、羊肉臊子、台蘑汤等。

（2）制作步骤：

第1步 在盆里成比例地加入莜面和开水，边倒水边搅拌，将面搅匀成团，然后趁热揉光揉匀。面团揉光滑之后盖盖子或者保鲜膜饧面20分钟左右。

第2步 莜面饧好之后，取一小块莜面按在光滑的不锈钢案板上，用手掌根偏大拇指位置按住小面团，适度均匀用力向前按压推开，推压成薄薄的面片。

第3步 接下来就是搭卷的过程。用右手揪约3克的莜面，放在倾斜、光滑的釉面砖上，向前推，形成薄而均匀的牛舌状薄片，然后用左手轻轻地将面片捻起的同时顺势快速地绕在食指上呈圆筒形，整整齐齐地竖立于刷好油的笼屉上，码放好的莜面窝窝就像是蜂窝一样。

第4步 入蒸柜蒸制。这时候一定要掌握好火候，火候不到"窝窝"不熟，过火"栲栳"软摊，食之无筋，味欠色减，一般8分钟左右即可出锅。蒸熟后的"莜面窝窝"里面稍显粗糙，这样有利于汤汁的黏附，而外面却十分光滑，容易下口。

三、 非遗美食风味特色

蒸熟的莜面栲栳栳蘸上汤汁吃更美味。不同的季节，配制的汤料也不一样。夏秋之际，天气较热，适合配制黄瓜、水萝卜腌制的凉汤来拌莜面，黄瓜和水萝卜丝中加入少量蒜末，撒上适量盐，待蔬菜中水分被盐分解出来后，把炝好的芝麻葱花油倒入汤中，用山西老陈醋调制，再把切好的香菜撒入汤中，这时浓浓的香酸味扑鼻而来，沁人心脾，食欲大振。冬春季节，天气比较冷，人们一般喜欢用羊肉熬制汤料，既御寒又不显油腻，因此在山西又有"羊肉臊子台蘑汤，一家吃着十家香"的说法。

莜面栲栳栳历经上千年，已经积淀成山西民众稳固的饮食习惯。它不仅美味可口、营养丰富，还有象征"牢靠""和睦"的吉祥寓意。老人寿诞、小孩满月或逢年过节时，人们总要做上一道莜面栲栳栳招待亲朋好友，祈求全家和睦、人运亨通。在婚配嫁娶时，新郎和新娘也要吃上一笼莜面栲栳栳，意味着夫妻恩爱、白头偕老。

莜面栲栳栳

参考文献：

[1]　全小国. 莜面制作技艺的传承与发展研究[J]. 楚雄师范学院学报，2018，33（4）：20-24.
[2]　晋迪. 山西省旅游空间结构优化研究[D]. 西安：陕西师范大学，2013.

六味斋酱肘花

一、 非遗美食故事

六味斋酱肉传统制作是 2008 年经国务院批准列入第二批国家级非物质文化遗产名录的一种传统技艺。在民间，关于六味斋酱肉传统制作技艺起源有着这样一个传说：六味斋源于清朝乾隆三年的北京城，当时，山东掖县人刘凤翔来京谋生，与山西太原酱肘花传人刘德山在北京城西单牌楼附近开了一家熟肉铺，由于味好量足，生意一直很红火。一天夜里，两人守灶煮肉喝酒聊天，因为生意好两人高兴就多喝了点，竟在不知不觉中睡着了。等他们醒来时，锅里已是肉烂如泥，眼看着剩下的只是稠黏一片。此时，晨曦将至，想重新再煮已来不及了。他们急中生智，仔细地将锅里尚能启出成形的肉一块一块地小心摆到铺面上准备出售，看着已成了汁的肉汤，他们又灵机一动，将肉汁涂到肉上。谁知第二天人们吃后，反觉得肉味更加鲜美。从此，一传十，十传百，购买者越来越多，生意更加兴隆，两位掌柜就把煮肉的方法固定下来。后经刘墉及众多有身份顾客的"推介"，该店美名不胫而走。时过不久，连清宫里的太后和皇上也叫人专门来买酱肘花了。刘家肉铺顿时身价百倍，京城里的老百姓更是闻香留步、争相品尝。

二、 非遗美食制作

（1）原辅料：肘子、猪骨等。

六味斋酱肘花

（2）制作步骤：

第 1 步 原料选择与整理。选用肉细皮薄、不肥不瘦的嫩猪肉为原料，将整片白肉斩下肘子，踢去骨头，切成长方体肉块，修净残毛、血污，放入冷水内浸泡 8 ~ 9 小时后，去掉淤血，捞出沥水后，置于沸水锅内，加入辅料（酒和糖色除外），随时捞出汤面浮油杂质，1 ~ 1.5 小时捞出，用冷水将肉洗净，撇净汤表面的油沫，过滤后待用。

第 2 步 剔肘。剔肘时顺长从内侧将皮割开三分之一，第一刀沿着元宝肉上露出的骨头往下割，割到骨关节处；第二刀从元宝肉里面中间划开，要求不能划通；然后刀沿着骨头的周围往下剔，将腿骨剔出，不能割破肘子小头处的皮，要保持肘子形状的完整性，做到骨肉两净，骨不带肉，肉不带骨。

第 3 步 卷肘。取后腿精红肉适量，均匀撒上肘花腌料拌匀，一手抓住肘子的小头，将剔骨后的肘子肉面朝上，均匀撒一把肘花料。肘子上红肉的厚度大于 5 厘米时，翻开将肉厚的地方顺长割几条刀口，再均匀撒上肘花料。一手抓住肘子的小头，另一手将撒上肘花料的红肉塞进肘子，要求根部塞紧，红肉塞匀。

第 4 步 煮制。将锅底先垫上竹篾或骨头，以免肉块粘锅底。肘子逐个摆在锅中，松紧适度，在锅中间留一个直径 25 cm 的汤眼，将原汤倒入锅中，汤与肉相平，盖好锅盖。用旺火煮沸 20 分钟，接着用小火再煮 1 小时；冬季用旺火煮沸 2 小时，小火适当增加时间。

第 5 步 将肘子捞出稍晾，去掉缠捆的绳子，再将酱汁刷在肘花上面，使之挂在肘花表面，待晾凉后呈酱褐色，食时横断顶刀切薄片即可。

三、非遗美食风味特色

六味斋酱肉的品种有酱肉、酱肘花、杂拌、香肠、蛋卷等，风味各异。其主要特色是酱肉肉质精良，油光闪亮，香味浓郁，肉皮焦而不硬，绵而不粘，白肉肥而不腻，红肉瘦而不柴，食之久品余香。

参考文献：

[1] 贺宏丽. 太原市级"非遗"新增 38 项[N]. 山西经济日报，2010-11-24（3）.

[2] 韩春霖. 百年传承，时代在召唤新一代的"老字号"[J]. 声屏世界·广告人，2018（12）：68.

闻喜煮饼

闻喜煮饼在明朝末期就已经被人们所熟知，从清朝嘉庆年间至抗日战争前，闻喜煮饼就已经热销全国各地。闻喜煮饼在山西还被人们称为是饼点之王。晋南地区的人们都十分爱吃闻喜煮饼，虽叫煮饼，但并非煮成，而是通过炸的烹饪方法制作。它外观是圆形，外面滚着一层白芝麻，将芝麻团掰开，可拉出几厘米长的细丝。闻喜煮饼不仅营养丰富，而且甜而不腻，即使放的时间长一点，也不会变质，越嚼越香。据说清朝康熙皇帝路过闻喜地区时，闻喜的官员不敢怠慢，为迎接圣驾，选遍了厨师，其间皇上觉得所有的菜品几乎都寡淡无味，只有煮饼，味道独特，吃后回味无穷，仍不忘此美味，忍不住问这是什么美味。当时在场的官员都不清楚此物，无言以对。皇上看到这个场景了，说了句，那就叫他煮饼吧。自此之后，康熙皇帝命名的闻喜煮饼。一传十，十传百，名声就这样被流传开，这就是闻喜煮饼的由来。

二、 非遗美食制作

（1）原辅料：面粉、白糖、红糖、蜂蜜、香油、饴糖、芝麻仁、苏打粉、清水。

（2）制作步骤：

闻喜煮饼

第 1 步 先将面粉上蒸笼蒸熟，晾干，搓碎，再掺入饴糖（又称糖稀）、蜂蜜、香油、红糖、少许清水、苏打粉及生面粉，将原料搓揉成面团。

第 2 步 锅内加入香油，加热。把面团揪成小的面剂，先用手把面剂揉成鸽蛋大的圆球，然后在水里蘸一下，沥干水分。将面剂投入油锅中，中火炸约 3 分钟，外皮呈枣红色时即可捞出。

第 3 步 另起火，锅内放入蜂蜜、白糖、饴糖，熬制 10 分钟制作蜜汁，待能拉起长丝则成。将炸好的煮饼放入蜜汁内浸 2 分钟左右，捞出。

第 4 步 放入熟芝麻仁中翻滚，使芝麻仁均匀地粘在煮饼上面，即成。

三、 非遗美食风味特色

闻喜煮饼是山西省有名的糕点之一，历史悠久，工艺精湛，闻名四海，曾经作为贡品被进献到皇宫，深得百姓和官家的喜爱，堪称糕点的精品。其汇集了传统工艺和现代糕点的制作方法，食材上选用优质的面粉、蜂蜜、芝麻仁、香油等原料，富含蛋白质、植物脂肪、糖类和钙、磷、铁等矿物质元素，是良好的营养食品。

参考文献：

[1] 王新欣. 留住老味道[N]. 运城日报，2023-09-11（5）.

[2] 本刊编辑部，吉彦杰. 煮饼文化百年传承[J]. 科学之友（上半月），2020（9）：18-21.

大阳馔面

一、非遗美食故事

据传说：馔面源于周朝贵族膳食，属钟鸣鼎食高雅显贵之列。古阳阿，秦皇置县，汉主封侯，珍馐美馔，源远流长，这道宫廷御膳后流传到民间，成为百姓人家办喜事用来招待客人必不可少的一种主食。"碱"音偕"见"，碱面即寓见面，姻缘所系，婚嫁之标，囍事必证。《辞海》释馔，具食之精。2008 年，入选泽州县非物质文化遗产保护项目；2009 年，入选晋城市非物质文化遗产保护项目；2011 年，入选第三批山西省非物质文化遗产保护项目。

大阳馔面

二、非遗美食制作

（1）原辅料：面粉、豆角、油炸豆腐、海带、绿豆芽、土豆、胡萝卜、粉条等。

（2）制作步骤：

第 1 步 兑料。先选好精制面粉，再精确地按比例配兑盐、碱、槐叶汁、野菜汁等其他原料。

第 2 步 和面。古时候用擀面杖压面，流传至民间后，进一步得到发展，在石碾上压面，和面讲究将面揉出汗来，否则达不到要求。

第 3 步 抹油。将面切成块，重量要同等，然后抹油。

第 4 步 擀面。面要擀匀，擀成桑皮纸厚，韭菜叶宽才行。

第 5 步 切面。一块面要准确地切一百八十刀左右。

第 6 步 切好的面还要去余粉，捋、盘、按等多道工序。

第 7 步 装食盒密封发酵。发酵时间根据季节不同、温度的不同而定。

第 8 步 煮面。煮面也相当有讲究，要求锅大、水多、火大，在沸水中煮，时间长短要凭经验而定。

第 9 步 过滤。煮熟的面出锅后，要及时放入冷水中过滤两遍。

第 10 步 捞面也有讲究，面要捞浅一点，不能满碗，否则吃不出风味。

第 11 步 吃面时，将凉水里的面用滚烫开水浇两遍，便可浇臊子食用了。

三、非遗美食风味特色

馔面的制作工艺精细，配料讲究，馔面色泽光亮透明，风味独特，口感光滑如玉，煮熟滤水后加上高汤配以特制面卤，再撒上香菜和芝麻，其色、香、味俱全。

参考文献：

郭亚琼，孙虎. 山西省晋城市非物质文化遗产的保护与旅游开发研究[J]. 经济师，2009（9）：270-271.

鱼羊包

一、非遗美食故事

清道光年间，寿阳名厨王大财跟随寿阳三代帝王师祁隽藻司厨行走大江南北，在大量吸收和掌握了南北菜品的同时，注重对养生食品的研究，不仅讲究营养搭配，而且非常重视膳食营养平衡，在饭菜制作中研究了很多养生秘方。祁隽藻的母亲因年老体弱，虽然服用了很多滋补药品，身体仍不见恢复，而且常常厌食。家厨王大财根据祁母喜食包子、饺子的特点，就将自己研究的养生膳食：用鱼肉和羊肉制作的"鱼羊包""鱼羊饺"为祁母补养，经过一段时间的调养，祁母的身体逐渐得以恢复。

二、非遗美食制作

（1）原辅料：面粉、水、酵母、羊肉、鱼肉、葱、姜、芝麻油、胡椒粉、酱油、糖和骨头汤各适量。

（2）制作步骤：

第1步 羊肉用清水泡一泡，去除血水。沥干水分后，将肉先切成小丁，剁成肉泥。

第2步 将鱼肉剁成鱼泥。

第3步 剁碎葱姜。

第4步 将羊肉与鱼肉按照1∶1的比例混合。

鱼羊包

第5步 倒入芝麻油搅拌均匀，再放入适量的葱姜末、胡椒粉、酱油、糖和少量的高汤，朝一个方向搅拌，然后往馅里加点高汤，继续搅拌，搅至肉馅有弹性后，加汤再搅，至肉馅黏稠为止。

第6步 面粉和酵母混匀加水揉成光滑的面团，放在温暖的地方发酵至2倍大。

第7步 将发酵好的面团充分揉匀，切开面团，表面气孔小而均匀即可。

第8步 切剂子、擀皮、包包子，将包好的包子静置20分钟。待锅中水滚开后，上屉蒸25分钟即可。

三、非遗美食风味特色

鱼羊包的独特之处在于一个"鲜"字。鱼羊包是用新鲜鱼肉和新鲜羊肉按一定的比例搭配，加上家传老汤及多种调味佐料混合制成馅，选用上等面粉做成包子皮，再经多道工序精工制作而成。其配膳独特，营养合理，制作精细，滋味鲜美，皮薄馅嫩。一个个雪白晶莹的鱼羊包，咬一口会令人满嘴溢香。

参考文献：

[1] 鱼羊鲜包的肴馔溯源[J]. 科学之友（上半月），2015（7）：18-19.

[2] 鱼羊一包鲜阴阳双滋补——鱼羊包烹饪技艺流程[J]. 科学之友（上半月），2015（7）：20-21.

剪刀面

剪刀面最早起源于山西。相传，太原公子李世民读书练武、聚才谋义，武士薅慕名拜访，时值晌午，李世民私留其于书房用餐。正在裁衣的长孙氏来不及备饭，急和面团用剪刀细细剪下，煮后呈食。武士薅叹曰：纷乱当世，公子大略；面如天下，亦当速剪。后来李世民父子起兵大唐故地晋阳，以"剪面"之势攻取长安，统一了山河。后来杜甫身处藩镇割据，有诗"焉得并州快剪刀，剪取吴淞半江水"，一言睹王宰作画如剪裁风景，二言思太宗英武盼朝政一统。

剪刀面

到了宋代，太原有了生产剪刀的集中地，姜夔《长亭怨慢》有"算空有并刀，难剪离愁千缕"，元代杨维桢也有诗"便欲手把并州剪，剪取一副玻璃烟"。明代晋府店刀、剪更是名高声隆，国内各大商埠、码头都有专营商号。这也为剪刀面的世代相袭提供了物质文化基础。

（1）原辅料：面粉、食盐、蔬菜汁、水果汁等。

（2）制作步骤：

第1步 和面。面粉中加盐，接着分次加入少许的冷水，揉成较硬的面团，为了面团的颜色好看，还可以用蔬菜汁或水果汁和面，然后盖上盖子或者保鲜膜醒发半个小时左右。这样面稍微硬一些，在后期剪的时候，就不需要再撒面粉了。

第2步 剪面。接下来煮开半锅水，然后将火调小，让水保持似开又不开的状态，整个煎面过程不要让水沸腾。一手握着面团，另一手拿剪刀，剪刀贴着面团转着剪，面剪不离，声如鹊鸟归巢之喧，形如银鱼入水之跃。

第3步 煮面。煮的时候稍稍闷上一会儿，盛碗上桌，讲究配四味碟、四菜码，食乐无穷。

剪刀面与手擀面的区别在于它没有通过擀面杖去擀制，因为擀面杖擀制完的面条破坏了里面的组织，这样吃起来口感会比较硬。但是剪刀面由于是通过剪刀直接成形的，吃起来就比较柔滑筋道。

参考文献：

[1] 易霏. 油泼剪刀面[J]. 饮食科学，2022（11）：47.

[2] 刘佳佳. 历史视角下的山西面食文化研究[D]. 武汉：华中师范大学，2012.

宁夏

民间非遗美食

蒿子面

一、 非遗美食故事

蒿子面是宁夏非物质文化遗产，是 600 年宫廷御面，宁夏名小吃，纯天然绿色食品，取材自沙漠野生植物"蒿草"的籽。据史料记载，明朝朱元璋之子朱旃曾在中卫、中宁一带做官，其带来的宫中御厨将蒿子面的制作技术传授给当地人，此后蒿子面便在中卫、中宁传承下来，至今已有三百多年的历史。蒿子面吃起来面味醇香、劲道可口。

二、 非遗美食制作

蒿子面

（1）原辅料：蒿籽、面粉等。

（2）制作步骤：

第 1 步 在面粉里掺入少许蒿籽研磨成的粉。

第 2 步 和面的水中加一点当地发酵面粉时使用的碱精粉。将面和好后反复醒揉多次，擀成直径一米左右亮薄如纸的面张。

第 3 步 擀面和切面。因为蒿子颗粒较大，揉入面粉中需要更大的力气，才可以把面团揉搓。

第 4 步 煮面时按折扇式叠好，用刀切得细如粉丝一般，放入开水锅里煮熟捞出。

第 5 步 蒿子面一般为素面，臊子是豆腐、韭菜、土豆丁等。将制作出的汤菜调入面碗里，即可食用。

三、 非遗美食风味特色

蒿子面以一清二白三红四绿五滑六爽七香八长九酸十和等特色流芳百世，民间称"手工长面"，民俗又叫它"长寿面"。选用当年采摘的色亮、颗粒饱满、气味浓重的野生蒿籽，经过晒、筛、压、磨、晾等多道工序加工成蒿籽粉后按食用比例加入面粉中，可搭配的有豆角、土豆、豆腐、黄花、木耳、香芹、洋葱、蒜苗、香菜、香菇等食材。

参考文献：

[1] 李蕾，王雪芳，吴静雯，等. "互联网+非遗"模式的乡村振兴路径研究——以宁夏回族自治区中宁县蒿子面为例[J]. 村委主任，2023（12）：155-157.

[2] 拓兆兵. "百村千碗"香飘宁夏[N]. 经济日报，2023-07-17（12）.

八宝茶

八宝茶的起源，要追溯到盛唐时期，丝绸之路来往的商人为解除困乏，用各地的干果、茶叶等特产熬煮，后逐渐演变成迎宾待客的饮品。唐代医药著作《外台秘要》中"代茶饮方"就是对八宝茶的描述。其后，宋代、元代、明代众多古籍都记载了八宝茶。到了清代，八宝茶得到了较大的发展，上至宫廷，下至民间都常饮用。

二、 非遗美食制作

（1）原辅料：茶叶、冰糖、玫瑰花、枸杞、红枣、核桃仁、桂圆肉、芝麻、葡萄干、苹果干等。

（2）制作步骤：

第 1 步 茶叶铺底。先将准备好的优质绿茶铺放在盖碗底部。

第 2 步 加入主料。放入红枣、沙枣、桂圆、核桃仁、葡萄干、枸杞，此时盖碗中共有七种原料。

第 3 步 洗茶。向盖碗中注入 100 ℃的沸水，盖过所有原料即可，停留片刻后，倒去洗茶水。

第 4 步 加入辅料。洗茶后，向盖碗中加入一小撮熟芝麻、适量冰糖。

第 5 步 冲泡。再次注入 100 ℃沸水，盖上盖子闷泡 3～5 分钟后，即可饮用。

八宝茶

三、 非遗美食风味特色

八宝茶以茶叶为底，掺有白糖（或冰糖）、玫瑰花、枸杞、红枣、核桃仁、桂圆肉、芝麻、葡萄干、苹果片等，喝起来香甜可口，滋味独具。而在宁夏，八宝茶作为回族的传统茶饮，它不仅有悠久的历史文化底蕴，而且其科学的配方及醇香的口感也深得人们的喜爱，宁夏人美其名曰"回味"。

参考文献：

[1] 智慧. 沿着黄河品非遗美食[N]. 宁夏日报，2023-07-03（5）.

[2] 白雪莹. 八宝茶文化融入幼儿园劳动教育的路径探究[J]. 福建茶叶，2023，45（5）：108-110.

黄渠桥辣爆羊羔肉

一、非遗美食故事

据《平罗食志》记载，在民国时期，黄渠桥金保国的忠兴饭馆、周干臣的益顺居饭馆就有羊羔肉出售，在烹食方法上也各有不同，有清炖、黄焖等，但那时羊羔肉的名气还不如现在这样响。

黄渠桥辣爆羊羔肉

1945年，马绍章在黄渠桥的中兴饭馆打工，学习制作羊羔肉的手艺，后又承包了单位的食堂，他利用羊羔肉鲜嫩的特点，改清炖为爆炒，在佐料和火候上反复试验，使这道菜肴具有了肉嫩、味香、色美的独特风味。爆炒羊羔肉的问世，使马师傅的饭馆生意越来越红，慕名前来就餐者越来越多。马绍章病故之后，其子马忠民继承了他的手艺，成为其二代传人。与此同时，同街而居的周氏弟兄、马季、石海军及红光村的王建国也都先后经营起了以羊羔肉为主菜的餐馆。

二、非遗美食制作

（1）原辅料：羊羔肉、粉条、葱段、蒜苗、精盐等。

（2）制作步骤：

第1步 将羊羔肉均匀地剁成三厘米左右的方块，用清水浸泡两小时。

第2步 炒勺放在火上，倒入胡麻油适量，烧热后放入肉块煸炒八分钟，待羊羔肉呈棕红色时，再放入粉条、葱段、蒜苗、精盐、花椒水、酱油、姜片、辣椒、香醋等，然后再翻炒几下，加汤少许，加盖焖20分钟左右，出锅装盘。

三、非遗美食风味特色

黄渠桥辣爆羊羔肉色泽红亮，肉多菜少无骨，肉质嫩烂，滋味醇厚，最适合配着米饭一起吃，再搭配一道清炒的时令蔬菜，切上一盘糖麻丫，来上一碗浓醇爽口的盖碗八宝茶，可谓是浓香四溢，让人吃得停不下来。

参考文献：

[1] 齐永意. 宁夏乡村文化保护传承与创新发展的对策研究[J]. 民族艺林，2019（4）：49-55.

[2] 谢钰姣. 宁夏非物质文化遗产保护与传承研究[D]. 银川：宁夏大学，2019.

西吉洋芋擦擦

洋芋擦擦起源于清末民国时期，当时西北地区极其贫困，天灾时有发生，加上军阀不断剥削压迫，导致连年饥荒，饥饿的陕北人民盯住了黄土高坡盛产的洋芋。为了节约仅有的洋芋，妇人们便准备将所有能食用的野草、树叶和洋芋和到一块，但由于整个洋芋的淀粉没有完全释放，无法和野草等融合，妇女们只好将完整的洋芋分割成柳叶状细丝，为了节省油盐，只好用蒸的办法，结果味道极其香美，从此洋芋擦擦就成了陕北尤其是西北人民生活中不可缺少的美味。

二、 非遗美食制作

（1）原辅料：土豆、面粉、玉米粉、盐、花椒面、辣椒等。

（2）制作步骤：

第 1 步 将土豆用清水洗干净，去皮，把土豆刨丝，再用清水冲洗 3～4 遍左右，直到水清就可以。

第 2 步 摊晾开把水分控干，再将土豆丝放入盆内，分次撒上面粉和玉米粉，分次搅拌均匀，要达到每条土豆丝上基本都要裹

西吉洋芋擦擦

上面粉，彼此不粘在一起，散散的，然后加盐拌匀。

第 3 步 然后放锅里开始蒸，蒸的时间要够长，一般情况下根据量的大小，蒸上 30 分钟。

第 4 步 再把蒸好的洋芋擦擦放凉，然后在锅里开始烧菜籽油，待菜籽油温热后，放入花椒，炸出香味后，将花椒再捞出来，热后放入姜末、蒜末、葱花干红辣椒，煸炒出香味后，将洋芋擦擦放入锅中煸炒 2 分钟左右，再放入适量的调料盐、生抽、香醋、香油、剁椒、香菜、即可装盘，这样鲜香可口的洋芋擦擦就做好了。

三、 非遗美食风味特色

"洋芋擦擦"的历史沿革是漫长的、苦涩的，但它是西北人民千百年来与恶劣的自然环境不屈抗争的有力见证。它见证了西北过去的苦难、艰辛和无奈，但是也印证了西北人聪明的智慧、生存的勇气和积极乐观的生活态度，揭示了西北人勇于吃苦耐劳、敢于创造生活的精神。

参考文献：

[1] 王琼. 探秘西宁最好的洋芋在哪里[N]. 西宁晚报，2023-09-28（A04）.

[2] 梁梦. 综合活动：陕北洋芋擦擦[J]. 儿童与健康，2022（11）：82-84.

手抓羊肉

一、非遗美食故事

手抓羊肉是宁夏回族人家里的传统菜，每逢过节或者过寿，家家都会宰羊，自己煮肉自己做手抓羊肉，也会送给邻居。毕竟很多人家里没有大锅，也没法频繁宰羊煮肉，有时也会几家人一起宰一只羊，按人头分成几份，一起下锅煮，煮熟后再拿回各自家。街边手抓羊肉摊则成了朋友聚会吃肉的地方。

二、非遗美食制作

（1）原辅料：羊肉、花椒、小茴香籽、八角、桂皮、杏仁、橙皮、芝麻酱、腐乳汁等。

（2）制作步骤：

第1步 羊排斩块，清水加料酒浸泡一个小时去除血水。

第2步 锅中放水，将羊肉放入烧开煮几分钟，将花椒、桂皮、八角、大葱、枸杞、姜、小茴香、杏仁、橙皮放入同煮。

第3步 盖锅炖煮，待炖至提羊骨一抖，骨肉分离时即可取出。

手抓羊肉

第4步 取芝麻酱、豆腐乳汁、腌韭菜花、酱油、醋、葱花、蒜泥、辣椒油等放在小碗内一起拌匀制作蘸料。

三、非遗美食风味特色

宁夏手抓羊肉的部位是肋排，基本是四瘦六肥，将羊肉煮得酥烂，一口嗦下吃到嘴里，肥美的肉汁在口中四溢开来，羊肉的口感顺滑细嫩，吃不出任何调料的味道，有的只是羊肉本身的鲜香，也可以蘸上辣椒面，就生大蒜吃，大蒜的香辣很能突出羊肉的鲜美，再加上辣椒面的辣味，这样搭配在一起口味很丰富。

参考文献：

[1] 赵思佳. 传统村落旅游业发展现状及优化策略探究——以宁夏回族自治区为例[J]. 广东蚕业，2024，58（1）：145-147.

[2] 阿布都卡地尔·阿巴斯."沉浸式"美食之旅带你品味舌尖上的喀什[N]. 喀什日报（汉），2023-06-13（5）.

新疆

民间非遗美食

沙湾大盘鸡

一、 非遗美食故事

新疆大盘鸡出现于 20 世纪 80 年代，当时新疆沙湾县一位叫李士林的厨师在公路边开了一家"满朋阁"饭店。李士林擅长烹制辣子鸡块，某次一群建筑公司的职工来吃辣子鸡块，虽然觉得味道好，但总感觉量太少，看到李士林拿了只整鸡从后堂出来，就要他把整只鸡都给他们炒上。可是，炒好后的鸡块却没有那么大的盘子装，于是李士林就用盛拌面的盘子盛上了，吃完后这群客人大呼过瘾，而邻座的客人们也纷纷要求来一份大盘装盛的鸡，大盘鸡由此成形。起先店家把菜谱写在一块小黑板上，叫"辣子炒鸡"，后来越来越多的饭店开始推出这种用大盘子装鸡块的做法，大盘鸡的名声也就传开了。一时间，沙湾县城国道两侧，涌现出了许多"大盘鸡"餐馆。

沙湾大盘鸡

二、 非遗美食制作

（1）原辅料：土豆、青椒、干辣椒、花椒、桂皮、月桂叶、生姜、大葱、大蒜、冰糖、八角、盐、酱油、料酒、豆瓣酱。

（2）制作步骤：

第 1 步 将鸡洗净，将鸡的内脏和颈部淋巴结清洗干净，然后切成大小均匀的块，放入碗中，加入姜片和料酒腌制去腥味。

第 2 步 土豆去皮洗净，用滚刀切成大块，青椒、红椒、洋葱、大葱切段，调料用温水浸泡 5 分钟，沥干水分，把草果破开去籽。

第 3 步 起锅开大火，锅内放少许油，然后将糖放入小火慢炒。融化后，大气泡变成小气泡。当颜色呈黄褐色时，加入两倍以上的开水，熬化后就成了所需的糖色。

第 4 步 锅洗干净，加入比炒菜多一点的油，放入腌制好的鸡块翻炒，将鸡块翻炒至水色变黄，倒出沥干油。

第 5 步 锅内放油，放入姜片和大葱炒香，再加入豆瓣酱、香料、辣椒炒香并炒出红油，再将炸好的鸡放入锅中翻炒均匀。

第 6 步 加入适量的水没过鸡块，加入鸡精、蚝油、生抽、胡椒粉煮滚，转小火慢炖，鸡肉煮 7 分钟，加入土豆一起翻炒。

第 7 步 汤汁浓稠时，土豆煮 8 分钟后，捞出多余的料渣，最后加入盐、青椒、红椒、洋葱片，烧开装盘，然后放用开水煮的宽面，放在大盘鸡旁边，美味即成。

三、 非遗美食风味特色

沙湾大盘鸡的发展演变过程其实也是新疆不同文化逐步融合、适应的过程，是各族人民在心理上相互接近，文化上相互包容、认同的过程。沙湾大盘鸡既是美味，又是文化。它集汉族、哈萨克族、维吾尔族饮食风格为一体，是民族文化相包容、相辉映、相融共生的典型代表，以大盘、大块、大色、大味的粗犷之形，大聚、大烩、大器、大情的致和之神，成为新疆乃至丝绸之路餐饮美食中的一朵奇葩。

参考文献：

[1] 李超，王雪迎. 新疆沙湾大盘鸡的"青春密码"[N]. 中国青年报，2023-10-20（7）.

[2] 杨少华，刘德成. 沙湾 大盘鸡带动饮食业迅猛发展[N]. 新疆日报（汉），2009-09-09（7）.

烤包子

烤包子传说诞生在野外，那时候的牧羊人、猎人或采药者出远门时，因为好多天都不回家，他们都要随身携带一些面粉、水、馕、小刀等物品。如果在野外能抓到野兔等可以吃的动物，就当场把面和好，然后把洗净的肉切碎，拌些盐巴、调料等，再用面皮把它包起来，最后埋在燃过的木炭灰里烤熟。

这种方法烤出的包子，面皮上沾了不少灰，聪明的人就想出了办法，他们找来三块光洁的大石头，把它擦干洗净后，两块当支架，另一块较为平整的大石头架在那两块上面，然后把干柴点燃，等烟尘散尽，把那些炭灰扫进石头架里，烤热石头后，再把包子拈在石头架的内侧，这样烤的包子就非常干净了。这种烤包子技术后来被带到了城里，只是都贴在馕坑里烤了。

烤包子

二、 非遗美食制作

（1）原辅料：富强粉、洋葱、羊腿肉、姜、鸡蛋。

（2）制作步骤：

第 1 步 面粉倒入盆中，分几次加入水，边加水边用筷子搅拌，待面粉呈碎片雪花状后，用手揉成光滑的面团，盖上保鲜膜，放在室内饧 20 分钟。

第 2 步 洋葱切丁，加入切碎的姜末，和盐混合均匀待用。

第 3 步 把羊腿肉切成丁，加入盐，孜然，香油和水搅拌均匀后，腌制 5 分钟。

第 4 步 将洋葱倒入腌好的羊肉中混合均匀，馅就做好了。

第 5 步 将面团分成等份的小剂子，压扁后用擀面杖擀开后，在中间放上肉馅，在面皮的边缘刷上蛋液，像"叠被子"一样，包成长方形。

第 6 步 把包好的包子放进馕坑里，烤制 15 分钟左右，烤熟出炉后，趁热食用。

三、 非遗美食风味特色

烤包子是新疆维吾尔族传统美食，味道极为鲜美，烤包子主要是在馕坑烤制。包子皮用死面擀薄，四边折合成方形。包子馅用羊肉丁、羊尾巴油丁、洋葱、孜然粉、精盐和胡椒粉等原料，加入少量水，拌匀而成。把包好的生包子贴在馕坑里，十几分钟即可烤熟，皮色黄亮，入口皮脆肉嫩，味鲜油香。

参考文献：

[1] 郭玲. 新疆企业发力预制菜产业[N]. 乌鲁木齐晚报（汉），2023-08-28（5）.

[2] 于江艳. 标准化让新疆美食走得更远[N]. 新疆日报（汉），2023-10-09（2）.

库车大馕

一、非遗美食故事

馕是新疆的传统食品，也是维吾尔族日不可缺的面食之一。在新疆，馕有五十多个品种，常见的有肉馕、油馕、窝窝馕、芝麻馕、胡萝卜馕、卷饼馕等。据考证，"馕"字源于波斯语，流行于阿拉伯半岛、土耳其、中亚细亚等各国。维吾尔族原先把馕叫作"艾买克"，直到伊斯兰教传入新疆后，才改称为"馕"。

在古代馕常被称为"胡饼"或"炉饼"，多次出现在我国史料和著作中。北魏文学家贾思勰在其著作《齐民要术》"食经"一节中也摘录了关于馕的制作技术。在新疆维吾尔自治区博物馆里，也陈列着从吐鲁番出土的唐代时期制作的馕，说明 1000 多年前新疆人就已经会制作美味的馕了。库车市作为西域古人类的发祥地、古丝绸之路的重镇、世界四大文明古国的唯一交会地、西域龟兹古国的故地，馕这种民族特色食品不仅早已出现，更衍生出深厚的文化内涵。

二、非遗美食制作

（1）原辅料：小麦面粉、鸡蛋、芝麻、洋葱和胡萝卜等辅料。

（2）制作步骤：

第 1 步 和面。把面粉、鸡蛋、牛奶、洋葱油、糖、十三种香料、盐、胡椒、酵母放在一起揉成面团，醒面30 分钟。

第 2 步 擀面。将面团摊成圆饼，制成馕胚，并在饼上戳花。

第 3 步 涂料。馕面撒上芝麻、洋葱、红花等调料。

第 4 步 烤制。把馕坯放入馕坑烤制成熟。

库车大馕

三、非遗美食风味特色

面馕一般吃法与吃普通馒头一样。干馕咬不动，就将它掰入碗内，冲上滚开水焖软再吃。在烧开的奶里放砖茶，做成奶茶，用它泡馕吃，味更好。夏天，瓜果成熟时，还可就着水果吃。

维吾尔族人热情好客，先递上茶水，再端上一盆馕（只能正放，不能反放），主人亲手掰开让客人食用。馕已成为维吾尔族人民互相祝贺或送礼品的一种珍品。

参考文献：

[1] 李朋雪. 库车馕产业园发展综合效益评价研究[D]. 阿拉尔：塔里木大学，2023.

[2] 言躞. 舌尖上的新疆[J]. 党员之友（新疆），2020（9）：64-65.

红柳烤肉

一、**非遗美食故事**

新疆红柳烤肉的历史很长，最早是在罗布人村寨食用，因为新疆干旱缺水，土地具有盐碱性，在土地上生长的有耐旱耐盐碱的红柳。当地人民就使用新鲜的红柳枝剥皮后穿大块羊肉烤制，红柳烤肉不仅仅有肉的鲜美味道还多了红柳枝的清香。红柳烤肉一定要使用新鲜的红柳枝串肉，多次使用的红柳枝经过多次烤制会流失红柳枝的汁液，缺失风味。

二、**非遗美食制作**

（1）原辅料：羊肉、白圆葱、孜然、黑胡椒粉等。

（2）制作步骤：

第1步 取新鲜的羊腿肉切成适中的丁，白圆葱切成小丁，加入水用手抓成黏稠的液体，调入原味酸奶（酸奶有致嫩的作用）拌匀，再加入盐、自制香料粉，倒入切好的羊肉拌匀，腌制5分钟，加入鸡蛋，舀入香料油抓拌均匀，即可串串。

红柳烤肉

第2步 串肉的时候讲究三红（瘦肉）二白（肥肉）的搭配，这样就使得肉串吃起来不干也不柴。

第3步 取羊肉串放在炭火炉上，两面翻烤7分钟左右，撒入一层混合辣椒面，再烤制1~2分钟，撒入一层孜然面即可。

三、**非遗美食风味特色**

红柳烤肉选用牧民散养羯羊的羊腿肉，它具有肥而不腻、色泽鲜美、肉质紧密、有坚实感、肌纤维韧性强的特点，因此食用口感更佳。在烤制的过程中，新鲜的红柳枝在剥皮后会分泌出有点黏稠的红柳汁液，穿上羊肉后在炭火的熏陶下，不但可以分解掉羊肉的膻味，还会把红柳树特有的香味散发到肉心里，呈现丰富的口感，且更具地道特色。

参考文献：

王族，高守东. 烤肉打开新疆的正确方式[J]. 新疆人文地理，2017（9）：18-27.

新疆椒麻鸡

据说，新疆椒麻鸡起源于新疆昌吉回族自治州呼图壁县，创始人沙俊明创新了妈妈的手撕鸡做法，创立了老沙椒麻鸡，然后迅速火遍全疆。2008 年，老沙椒麻鸡制作技艺被呼图壁县列为非物质文化遗产并进行保护。

二、 非遗美食制作

（1）原辅料：三黄鸡、白色洋葱、线辣椒、自制麻椒红油、八角、香叶等。

（2）制作步骤：

第 1 步 把土鸡清洗干净，用盐、花椒粉抹在土鸡全身，腌制 20 分钟。

第 2 步 把姜切片、大葱切段。

第 3 步 调料准备好洗净，线辣椒泡 2 小时洗净捞起，用剪刀剪成末。

第 4 步 煮锅加水，加花椒粒等事先备好的调料，大火烧开，煮到香味出来。

新疆椒麻鸡

第 5 步 加土鸡，加盐，大火煮开，转小火煨煮到鸡九成熟，捞起彻底凉透。

第 6 步 热锅小火把线椒、麻椒、花椒粒炒出香味捞出装碗加少许盐。油烧到 7 成热左右，浇在炒好的线辣椒、花椒粒、麻椒粒碗里，拌均匀，凉透即可。

第 7 步 大葱切段、洋葱切丝，鸡凉了之后，用手将鸡肉撕成条，加洋葱、大葱、鸡汤、椒麻油、辣椒油，一起拌均匀即可。

三、 非遗美食风味特色

作为新疆美食代表菜之一，椒麻鸡的口感集麻、辣、鲜、香于一体，它的做法也非常简单易学，先将鸡肉用各种香料腌制片刻，再用水煮熟，过凉后手撕成小块，加以秘制料汁及洋葱、小米辣等一同凉拌即可，做好的菜品色香味俱全，吃起来麻麻辣辣，特别过瘾。

参考文献：

[1] 周晓璐. 新疆椒麻鸡腿休闲食品的研发[D]. 阿拉尔：塔里木大学，2023.

[2] 丁娜娜，任春山. 椒麻鸡蕴含思恋的美味[J]. 新疆人文地理，2013（1）：94-97.

巴楚烤鱼

巴楚烤鱼取用的是红海水库的野生鲤鱼、草鱼，红海水库由喀喇昆仑山冰雪融水经叶尔羌河汇聚而成，水质洁净。千百年来，叶尔羌河流孕育了巴楚刀郎文化及刀郎人，刀郎人沿河渔猎，繁衍生息，烤鱼技艺也得以千百年地延续。随着时代变迁，刀郎人的生活方式已由渔猎转为农牧，而红海水库因水清鱼肥，这道美味被一代代传承下去。

二、 非遗美食制作

（1）原辅料：野生鲤鱼、草鱼、盐水、胡椒面、孜然粉等。

（2）制作步骤：

第1步 新鲜活鱼洗干净，从腹部彻底割开并撑为两片。

第2步 用几根筷子粗细的木条横穿鱼皮，再用一根稍粗并比鱼长 20 cm 左右的木棍沿鱼脊竖穿入鱼皮，然后将鱼依次插在地上呈半圆形，再将干柴放在半圆形内点燃烘烤。

第3步 边烤鱼边撒上盐水、胡椒面、孜然粉等调料，先烤好一面，再烤另一面即可。

三、 非遗美食风味特色

巴楚烤鱼是让人难忘的美味，鱼肉外脆里嫩，香气诱人，没一点鱼腥味。当地流行一句话："来巴楚不吃红柳枝烤鱼，那等于白来了。"

巴楚烤鱼

参考文献：

[1] 李林波，于量. 助力"巴楚留香"品牌越来越响[N]. 解放日报，2020-10-10（2）.

[2] 邢云霞. 新疆特色烤鱼工艺优化及品质特性分析[D]. 新疆农业大学，2019.

甘肃

民间非遗美食

岷县点心

一、非遗美食故事

甘肃省定西市岷县地处甘川公路过境地，自古以来就是商贾云集、商品集散的繁华商埠，有"陇上旱码头"之称。自唐代以来，茶马互市就在这里得到发展，明代达到鼎盛时期。由于经济文化交流与贸易的发展，岷县人养成喜经商、善经营的传统。岷县点心就是在传统工艺的基础上，吸收南北点心制作工艺，逐步形成的特色食品。岷县人把点心又叫"酥食"，是由中国古代所说的"酥"发展而来的。作为当地一种经典的传统小吃，岷县点心在甘肃省内可谓家喻户晓，其加工技艺亦于 2010 年被列入甘肃省第三批省级非物质文化遗产代表性项目。据《岷州志》载："岷人尊客偶至，供以乳茶，设点数碟。"其"点"即为岷县点心。岷县点心的发展史至今已有三百多年了，它以独特的手工制作工艺和健康安全的食品质量享誉陇原，远销省内外。

二、非遗美食制作

（1）原辅料：面粉、食用油、绿红丝子、玫瑰花、核桃仁、花生米、冰糖、白砂糖、豆沙等。

（2）制作步骤：

第 1 步 馅子的制作：先将小麦精粉蒸熟，凉冷擀细，并用细箩过一遍，然后放入大油、清油、芝麻、花生米、核桃仁、红绿丝子（橘皮用糖腌制后切成的长条）、玫瑰花（也需用糖和酒腌制）拌匀待用。

岷县点心

第 2 步 皮子面制作：皮子面是由一定比例的水、面、油糅合制作而成的，百分之五十的油和百分之五十的面和匀就是油面，也叫"酥"。把皮面和油面卷成面卷，擀开，然后包入馅子，呈圆形然后压扁，最后在点心表面用食用色素压花，并压上黑白芝麻，然后用铁鏊加木炭烤熟即可（现在改用烤箱烤制）。

三、非遗美食风味特色

岷县点心风味独特，酥软可口，油而不腻，是人们节假日的美食和馈赠亲友的佳品。现在，岷县点心加工制作技艺已被列入省级非物质文化遗产保护项目。

参考文献：

[1] 王莹. 小糕点大文化[D]. 长春：吉林艺术学院，2022.

[2] 唐亚梅，霍亚宁，雷雨等. 岷县点心质量安全分析[J]. 食品安全导刊，2019（21）：156.

陇西腊肉

一、非遗美食故事

甘肃狭长地形，微软湿润的陇南和干燥寒冷的敦煌距离一千六百多公里，冬天敦煌人将肉放在户外就能冻得硬邦，但地处黄土高原的庆阳、陇南、定西，温度相对高一些，则需要挖空心思研究一些储存肉的手段。据说，制作腊肉的技艺最早就是从云南瑶县传到陇西，并与本土调味品、气温、饮食习惯相结合之后产生的。

二、非遗美食制作

（1）原辅料：猪肉、盐、花椒、小茴香、姜皮、桂枝、荜茇、良姜、砂仁、肉蔻等。

（2）制作步骤：

第1步 选择优良的猪肉。最好的肉料是岷县、漳县两地放养的蕨麻猪，将前中躯鲜肉去肩胛骨、胸骨修成长方形。将后腿修成柳叶状或琵琶形（即火腿胚）。

第2步 搓糖。将白砂糖或者红糖均匀地撒在猪肉的皮面，然后用力反复搓揉，直至糖被搓化即可。

第3步 抹盐。将选好的肉放温凉，然后涂盐。将盐、花椒、小茴香、姜皮、桂枝、毕拨、良姜、砂仁、肉蔻少许晒干或烘干，按一定比例混合拌匀，气温较高、膘肥者用料稍增，反之稍减。然后把选好的肉块或火腿胚放入大木盆或专制的大木盘上，紧握火腿蹄脚用手抓盐，在皮面上用盐料尽力抹擦，最后翻转在肉的割切面反复搓上一层盐料即成。

第4步 压桶。将涂抹盐料的肉块、火腿分层入桶。古代为木桶，现代为水泥坑池。为方便操作，腌桶一般为直径六尺、高二尺半的大圆木桶，有的使用特大缸。木桶的好处是透气，但易渗水，瓷缸的好处是保水，但不透气，需经常翻动。压肉前桶底须打扫干净，撒上一层盐料，将抹上盐料的腊肉胚（也叫煸子肉）平放桶底一至二层，然后压放火腿，将放满时，又放二层腊肉胚称为压顶。每个木桶可腌放二十头猪的火腿和腊肉。压放月余，肉内原有的水分被腌出，再经过盐料血水浸泡一周，一般腌45天左右即可。

第5步 晾晒。将腌好的肉出桶，悬人字形斜木架或地面木椽树枝上露天翻晒。晒时多晒皮面肉，晒到盐水透皮面出油红亮为止，切割面少晒，以免瘦肉晒干，味变枯燥。挂晒前还要抹上清油（胡麻油），包裹二三层用胡麻秆加工制作成的丝麻纸。

第6步 收藏。将晒好的肉放腌房内架空储藏以待出售。架空储藏一是为了防潮，不使肉泛霜；二是为了防止虫鼠侵害。收藏期间，皮上如发现白霜，必须刮掉、擦净，再转晒一两天。腊肉、火腿的收藏最怕出虫和走油（即肉皮上渗出油来），到阴历五月间（一般都在前一年阴历十一腊月腌肉），经过暑天，如储存不善，就会"出虫走油"，腊肉走油后，肉味枯燥变味，就不如上半年鲜美了。这也就是陇西腊肉只在冬春销售，立夏之后就没有了的主要原因。

陇西腊肉是我国西北地区久负盛名的地方特产，风味独特，美味可口，享誉陇原。陇西腊肉用料讲究，腌制工艺独特，肥瘦相间，瘦肉艳若红霞，瘦而不柴，肥肉晶莹鲜嫩，看似肥厚，食则不腻，加热烹制食用则肉香扑鼻而来，口感幽香醇美，深受西北地区广大群众的喜爱，成为春节家家户户餐桌上必不可少的一道特色菜。2011 年 5 月，陇西腊肉制作技艺被列入第三批甘肃省非物质文化遗产代表性项目名录。

陇西腊肉

参考文献：

[1]　王文珠. 甘肃省陇西县县域旅游发展现状及对策研究[J]. 对外经贸，2023（8）：60-62+82.

[2]　胡慧灵. 腊货里的家乡年味（下）[J]. 百科知识，2023（2）：9-14.

静宁烧鸡

一、非遗美食故事

平凉静宁县位于甘肃与宁夏接壤地带六盘山以西，历史上是古丝绸之路东段中线上的重镇。静宁烧鸡这一款美食直到 20 世纪 80 年代，才开始被西北各地的人知晓，这得益于静宁的交通发展。

静宁的烧鸡店选址大多在公路边，以前是西兰公路。312 国道建成后，成为西北连接华东、华中的大动脉，烧鸡店也随之开到国道边。静宁许多烧鸡店在此聚集，形成了小有规模的"烧鸡市场"，现在平定高速公路开通后，烧鸡店也入驻休息区，方便来往旅客购买。

二、非遗美食制作

（1）原辅料：小公鸡、丁香、桂皮、陈皮、大姜、花椒、草果、白芷、茴香、味精、葱及少量酒。

（2）制作步骤：

第 1 步 选料。以当地特产的肥嫩母鸡为主料，要求健康无病。

第 2 步 宰割。然后入清水中浸泡 2 小时左右，以去除血水，再捞出、上架，晾干表皮水分。

静宁烧鸡

第 3 步 制卤水。将调料装入纱袋内，入清水锅中，再加入盐、糖，进行烧煮，制成卤水。

第 4 步 卤煮。将经过整形的白条鸡放入卤水锅内（按大小顺序下锅），先用大火烧沸，撇去浮沫，再改小火焖煮数小时，至鸡熟烂即可出锅。出锅后抹上香油即为成品。

三、非遗美食风味特色

静宁烧鸡体形肥大、色泽金黄、形色相当美观，吃到嘴里更是酥香软烂、咸淡适口。鸡肉油亮咸香，骨肉勾连，紧致细嫩，口齿间无须用力便能轻松分离。撕下一个鸡腿啖之，浓郁的香味，颇具吸引力。

参考文献：

[1] 丁小凤. 小作坊的"华丽变身"[N]. 平凉日报，2024-01-13（8）.

[2] 肖颜虎. 静宁县鸡产业发展现状及对策研究[J]. 甘肃畜牧兽医，2019，49（8）：12-13.

王录拉板糖

王录拉板糖制作技艺是流传于正宁县民间的一种纯手工制糖技艺，特色鲜明，文化内涵丰厚，传承历史悠久，备受人们的喜爱。拉板糖制作技艺源于陕西三原、泾阳一带，与正宁县毗邻。光绪年间陇东大旱，王录村民杨万庆携带两个弟弟在泾阳县城逃难期间，向擅长手工制糖的"张姓人"学习手工制糖技艺。民国四年（1915年），弟兄3人重返故里，在自家窑洞开起糖坊，从事制糖业至今，历时已达百余年，传承五代。

（1）原辅料：小麦、黏米。

（2）制作步骤：

王录拉板糖

第1步 制作之前先将小麦浸泡起来，经过8天的浸泡，小麦开始长芽，大概有1厘米，同时把黏米在水中浸泡7小时。

第2步 蒸黏米，蒸的过程需要搅拌六次。两个小时后，将蒸好的黏米和麦芽混合搅拌均匀，再装入瓮中，进行4小时的发酵。

第3步 利用开水将其所含糖汁冲下，再把糖水倒入锅中用麦秸充分加热3小时，让水分予以蒸发，边加热边搅拌，直至糖汁呈糊状。

第4步 马上用勺舀出糖汁，用石板盛放，这时糖糊散热比较快，需尽快拉扯，反反复复将糖糊拉扯一段时间后，咖啡色的糖就变成了白色的糖，需要置于案板上晾一会儿再拉成条。制作好的糖有的会打碎吃，有的会做成疙瘩糖，市场上大部分卖的是长条芝麻糖，也会制作专门给灶神爷供奉的灶糖、曲锅子等。

王录拉板糖是一种纯天然的绿色环保食品。其为小米与小麦芽制作而成，主要营养成分为麦芽糖。

王录拉板糖其无可替代的实用价值、民俗文化价值、传统工艺价值一度成为当地群众祈福求安、祭拜灶神的必需品，是农村红白喜事餐桌上的佳肴，又是民间探亲访友、敬老爱幼的实惠礼品。在当地村民的生活中起到了生活"书签"的作用。

参考文献：

[1] 周璐. 甘肃庆阳地区旅游产业与文化产业融合发展研究[D]. 兰州：西北师范大学，2017.

[2] 齐社祥. 庆阳特色文化研究[M]. 兰州：甘肃文化出版社，2014.

兰州清汤牛肉面

一、非遗美食故事

兰州清汤牛肉面不仅是享誉全国的风味小吃，而且具有悠久的历史，曾三次获得全国名优小吃"金鼎奖"、中华名小吃奖，以其独特的风味和地方特色赢得了国内乃至全世界范围内顾客的好评和赞誉。兰州清汤牛肉面俗称"兰州牛肉拉面"，是兰州最具特色的大众化经济小吃，也是遍布全国的清真快餐。坊间传说，兰州牛肉面起源于唐代，但因历史久远已无法考证。有史料记载的是兰州清汤牛肉面始于清朝嘉庆年间，系东乡族马六七从河南怀庆府清化人陈维精处学成带入兰州的，经后人陈和声、马宝仔等人以"一清（汤）、二白（萝卜）、三红（辣子）、四绿（香菜蒜苗）、五黄（面条黄亮）"统一了兰州牛肉面的标准，即牛肉汤色清气香；萝卜片洁白纯净；辣椒油鲜红漂浮；香菜、蒜苗新鲜翠绿；面条则柔滑透黄。1999年，兰州清汤牛肉面被国家确定为中式三大快餐试点推广品种之一，被誉为"中华第一面"。

二、非遗美食制作

（1）原辅料：牛肉、牛骨头、白萝卜、生姜块、秘方调料粉、盐、蒜苗、香菜、味精、辣子油、香料各适量。

（2）制作步骤：

第1步 先把牛肉和牛骨头用清水洗净，然后在水里浸泡4小时，捞出后将牛肉切大块，与牛骨头一起入不锈钢水桶中炖煮，待要开锅时撇去浮沫，将白萝卜去皮，切大块，飞水后放入肉汤中，放入生姜块、盐，微火炖5小时至牛肉熟透，捞出稍凉后，切成丁备用。

兰州清汤牛肉面

第2步 另将骨头捞出不用，蒜苗切末、香菜切末备用。

第3步 开餐前，将肉汤烧开，撇去浮沫，使汤澄清，下入拉面，放入调料粉烧开，继续打去浮沫，再加入盐、味精、熟萝卜片调味。

第4步 待面熟后捞入碗内，将牛肉汤、萝卜片浇在面条上即成，并以每个人的口味加上适量的香菜末、蒜苗末及辣椒，其肉汤清澈鲜美，面条筋柔、入味，营养丰富。

三、非遗美食风味特色

兰州牛肉拉面营养丰富。其汤视之清澈尝之香浓，入口生香；且不膻不腥、香浓鲜美。

参考文献：

[1] 范景鹏."兰州拉面"百年历史人类学考察[J].档案，2022（12）：34-42.

[2] 赵国永，韩艳.兰州拉面及饮食习俗形成的地理因素分析[J].西北民族大学学报（自然科学版），2015，36（1）：91-95.

天水呱呱

天水呱呱是以荞麦及有关农作物为原料，利用天水的温润气候、水资源及地方调料制作成的传统小吃。天水呱呱历史悠久，深受当地人及省内外游客青睐，被誉为"秦州第一美食"。

西汉末年天水呱呱就已存在。隗嚣割据天水时，其母塑宁王太后三日必有一食，遂为皇宫御食。隗嚣兵败刘秀，投奔西蜀孙述，其御厨逃离皇宫，隐居天水，在城中租一铺面经营呱呱，天水呱呱制作技艺就这样流传下来了。元明清时期，天水呱呱制作技艺流传广泛。新中国成立以后，天水呱呱成为最受当地人民欢迎的一道小吃。

二、 非遗美食制作

天水呱呱

（1）原辅料：荞麦、油泼辣子、芝麻酱、食盐、香醋、蒜泥等。

（2）制作步骤：

第1步 制作荞麦呱呱的时候首先要选好材料，一般选用陇南盛产的荞麦。后将荞麦处理成荞麦珍子，用石磨将荞麦珍子磨成糊糊形状，经过磨浆的荞麦通过过滤提取淀粉，淀粉需进行长时间浸泡，有的认为是48小时以上，且需多次换水，过滤掉淀粉中的杂质，之后加温水放入锅中，用小火慢煮。

第2步 煮的期间要不停地搅拌，这一环节也是最费工夫的，必须要搅拌均匀、稀稠得当，而且还要时刻掌握好火候，此环节最需制作者的耐心和体力，倘若一次加工上百斤的呱呱，仅这一搅拌环节便使人手臂酸痛。

第3步 直至搅拌到锅内形成厚厚一层色泽黄亮色便可出锅了。出锅后装入盆内加盖，经过回醒，一锅香气四溢的天水呱呱就完成了。

第4步 最后便是呱呱制作技艺的点睛之笔，由厨师用手将成品呱呱捏成碎块，放入碗中，再配上油泼辣子、芝麻酱、食盐、香醋、蒜泥等十几种调料，就可以尽情享用了。

三、 非遗美食风味特色

摊主将呱呱从盆里取出，然后用手指把呱呱捏碎成小块放在碗里，对此有些人有些非议，但千年光阴匆匆而过，或许唯有这样用手指捏出来的东西，才是秦州最地道最正宗的口味，才让呱呱声名远扬。呱呱捏好后，加入芝麻酱、醋、盐、油泼辣椒等多种调料，搅拌均匀，让人垂涎欲滴。

参考文献：

[1] 牛正寰. 天水"呱呱"[J]. 西部大开发，2002（4）：64-65.

[2] 安登贤. 目的论视阈下旅游文本中地方特色小吃英译探析——以天水特色小吃"呱呱"为例[J]. 天水师范学院学报，2018，38（6）：107-110.

陕西

民间非遗美食

牛羊肉泡馍

牛羊肉泡馍，最早为西周礼馔，历史悠久。西周时曾将牛羊肉羹列为国王、诸侯的礼馔。《战国策》记载中山国君因一杯羊羹而激怒了司马子期，子期怒而走楚，说楚王伐中山，招致亡国的命运。据《宋书》记载：南北朝时，毛修之因向宋武帝献出羊羹，味美，武帝竟封俘虏修之为太官史，后又高升为尚书光禄大夫。到了隋朝，出现了"细供没忽羊羹"（谢讽《食经》）。此当为最初牛羊肉羹和面食混作的烹调形式。据文献记载，唐代宫廷御膳和市肆都擅长制羹汤。"三日入厨下，洗手做羹汤。"羊羹者，羊肉烹制的羹汤，即当今牛羊肉泡馍的雏形。经过唐、五代、宋、元等朝，各族人民陆续迁入内地，"渐变旧俗"。加上西安地处西北要冲，接近牧区，是牛羊交易的好市场。西安西羊市、东羊市等古老历史街巷就是当时的羊市。这些都为牛羊肉泡馍的形成和发展提供了条件。20 世纪 20 年代初，同盛祥饭庄在西安经营牛羊肉泡馍等。在此过程中，饭庄的烹饪师不断创新，将牛羊肉泡馍发展成为具有鲜明地方特色的美食。

（1）原辅料：面粉、酵母、碱面、水，牛油、羊油，牛骨、羊骨、大葱、生姜、香菜、小葱、精盐、味精、香料包、粉丝、黄花、木耳、糖蒜、辣椒、粉丝、黄花、木耳。

（2）制作步骤：

第 1 步 制作牛羊肉高汤。将牛羊肉切成大块，放入冷水中浸泡 4 小时去净血污，换水 2 次。然后把泡好的牛肉牛骨、羊肉羊骨，放入开水锅中，煮 5 分钟左右去掉血丝。锅中加入水，将牛骨（羊骨）洗干净和牛肉（羊肉）一起放入锅内，加入料包、大葱、姜片，大火烧，撇去浮沫，待汤变白时改用小火煮 4 小时。

第 2 步 打馍。将面粉加入酵母、碱面、水搅拌成絮状，水要分多次加入。面揉成团后，稍微醒 5 分钟左右揉一次。再醒 10 分钟左右揉一次，这次要揉匀揉光。然后醒 30 分钟左右把面揉成长条状，揪成每个约 100 g 重的面剂，擀成面饼，放入电饼铛里面烙 10 分钟左右即可。坨坨馍是死面饼，因为后面还要煮，所以一般烙至七成熟即可。

第 3 步 煮馍。将饼掰成小块放入碗内，将煮好的羊肉（牛肉）汤加入炒锅内煮沸，撇去浮沫，加入馍煮 2 分钟，加入盐、味精，搅拌均匀。放入泡好的粉丝，黄花菜、木耳适量，烧沸撇去浮沫，每份再放入羊肉（牛肉），待煮成糊状，加入油（牛油或羊油），出锅后加入香菜、葱花即成，再搭配上糖蒜、辣酱。

同盛祥牛羊肉泡馍料重味醇，肉烂汤浓，馍筋光滑，香气四溢，风味独特。其制作工艺十分考究，从选料、煮肉、熬汤、加料、调味到泡馍始终坚持做到精细、标准、规范。长期以来深受陕西乃至西北人民的喜爱。

牛羊肉泡馍

参考文献：

[1]　杨明."非遗里的西安年"浓浓年味最中国[N]. 西安日报，2024-02-08（5）.

[2]　田龙过. 陕西饮食文化的历史变迁及其因果逻辑[J]. 西部学刊，2021（21）：5-8.

德懋恭水晶饼

中华老字号"德懋恭"创建于清同治十一年（1872 年）。据载店主姓李，系清光绪初年咸阳籍进士李岳瑞先生的族侄。小李在西大街南广济街口开了酱货店，兼营糕点。开业后，多方收集各地糕点配方，钻研其配料、烘烤技术，不久便制作出陕西名点"水晶饼"，选料考究、制作精细、口味纯正，一经上市就备受达官贵人及百姓的青睐。李进士以小李为人作题，取其注重商业信誉、谦恭待人、勤奋好学、期望事业茂盛发达之意，选用"予懋乃德"之句，给店铺定名为"德懋恭"。

二、 非遗美食制作

（1）原辅料：面粉、白糖、青梅、桃仁、瓜仁、芝麻、果脯、橘饼、玫瑰、桂花、鸡蛋。

（2）制作步骤：

第 1 步 备料。将果脯切成均匀的小块（不能剁），芝麻洗净用文火炒至产生香味，注意保持芝麻原有的色泽；各种果仁（桃仁、瓜仁等）均须经过烘烤，以使口味纯正。糖浆要经过蛋液提纯，浆口老嫩要适度。调馅要使用经高温蒸制呈细砂状的熟面，以保证馅芯润口。调馅所用植物油，尤其是豆油，要事先熬熟、凉透，去掉不良气味。

第 2 步 调馅。将熟面倒在案面上推成圆圈，圈内放好各种小料，加上桂花、玫瑰酱等，再按原料配比放入糖、油，快速搅匀，注意不能多搅，馅的软硬要适度。

第 3 步 调粉。先调酥，后调浆皮。调浆皮时先把化好的凉浆倒入搅拌机内，同时倒入油，搅至油不上浮，浆不沉底，充分乳化时，缓缓倒入特制粉，搅拌成油润细腻、具有一定韧性的面团即可。

第 4 步 包馅。先把酥和浆皮按照 1 : 5 的比例包好，擀成片状，切成八条，卷起备用。按每千克 10 块，皮、馅 1 : 1 的比例包成球形饼坯，封口要严。

第 5 步 成型。根据饼馅、味不同、选用不同模具。刻模时要按平，严防凹心、偏头、飞边；出模时要求图案清晰、形态丰满，码盘时轻拿轻放，留有适当间距，产品表面蛋液涂刷均匀、适量。

第 6 步 烘烤。用转炉烘烤，炉温 180～190 ℃，时间为 12 分钟左右，产品火色均匀，表面棕黄，呈乳白色，并有小裂纹，底部檫红色即可出炉。

三、 非遗美食风味特色

驰名中外的"德懋恭水晶饼"是陕西地区传统美食之一，水晶饼小巧玲珑，皮酥馅足，滋润适口，层次分明，油多吃而不腻，糖重入口渗甜，且以其浓郁的玫瑰和橘饼清香使人见即想食。水晶饼面色金黄，四周雪白，素有"金底银帮鼓鼓腔，红色印章盖中央"的赞誉，被称为"秦点之首"。

德懋恭水晶饼

参考文献：

[1] 李向红. 非遗文化走进公众生活[N]. 陕西日报，2022-07-01（9）.

[2] 宁夏. 特色小吃水晶饼的制作技术[J]. 农家之友，2020（2）：64.

岐山臊子面

臊子面的发源地是岐山一带，并且自西周王朝开始，世代流传，距今已有三千多年的历史。周人最初在岐山脚下的周原一带定居，因此周原也被称为"岐周"，以后虽然两次迁都，但都不能动摇岐山的"圣都"地位。因此，"岐周"一直保持着祭祀仪礼上的最高地位，对后世的发展产生了深刻的影响，在全球化的今天，很多文化正在迅速消亡的大背景下，这里的习俗仍在世代流传。岐山人吃面时所进行的民俗礼仪与周礼中敬天敬地敬祖先的礼仪大体吻合：臊子面做好后，首先敬献给天地神灵和祖先，然后宾客方能按长幼次序入席食用。

（1）原辅料：面粉、大肉、豆腐、胡萝卜、青菜、香菜以及辣椒、食盐、醋等。

（2）制作步骤：

第 1 步 臊子肉制作。取带皮鲜猪肉，经过刮洗干净后，肥瘦肉分开，切成碎块。再将菜籽油加入锅中烧热后，投入切好的肥肉，用文火加热 20 分钟左右，再倒入瘦肉，加热至肉皮能掐动。油变清后，依次投入适量姜片、调料粉，加入食醋，文火烧沸 5 分钟后加入适量食盐，待肥肉片达到透明状后，放入辣椒面，煮 3 分钟左右，炼掉辣椒面的烈辣口味，搅匀出锅即成。

第 2 步 底菜制作。锅内加入适量菜籽油烧熟，把各种预先切好的菜倒入锅中搅炒，待半生时，加入食盐，调料粉搅拌至熟即可。

第 3 步 面条制作。第一是手工面，先是和面，和成的面团以硬为好，要求面团表面光，不沾手，不沾面盆。再是擀面，擀面时，先将面团反复揉搓成团，推擀成圆形，并撒干面粉在表面以防粘连，擀至要求的薄度后，切成宽、窄、细不同规格的面条，分别放置。第二是机制面条，可用压面机压制成不同规格的面条。

第 4 步 汤、煮面、捞面的制作。炝汤，锅内放入少量菜籽油烧熟，加入姜末、适量食盐、岐山醋，烧沸后加适量白开水再烧沸，然后，把岐山臊子肉、底菜、黄花、木耳、鸡蛋饼小方块、蒜苗（韭菜）等全部按量投入汤中，锅内汤始终保持微沸状态。煮面，把面条按量投入沸水煮熟后，立即捞入预备好的温开水中。捞面，待面稍凉后按照不同食量捞入碗中。浇面，将调好的汤浇到碗中，以汤距碗沿约 2 cm 为宜，便可供人食用。

三、非遗美食风味特色

岐山臊子面的特点为"煎、稀、汪、薄、筋、光、酸、辣、香",吃法相当别致,只吃面,不喝汤,是当地百姓四时八节、婚丧嫁娶、接待贵客的上等美食。改革开放以来,岐山臊子面得到了当地政府的重视和推广,保持了原汁原味的传统制作工艺,已经形成独特的产业,成为当地群众日常生活中和餐饮业的一种特色食品,广受群众喜爱。

岐山臊子面

参考文献:

[1] 张金凤,张克鹏,周帆. 论陕西小吃产业的市场学开发[J]. 邢台学院学报,2018,33(4):94-96+111.

[2] 霍忠义,戴生岐. 存在于岐山面食俗文化事象中的和谐性意蕴[C]//长安大学政治与行政学院,马克思主义学院. 文化自信与文化强省建设——陕西省社会科学界第六届学术年会文化分会场论文集. 长安大学文学艺术与传播学院;长安文化产业研究中心民俗文化与艺术创意研究所;长安大学政治与行政学院;2012:11.

渭北面花

面花在渭北民间也叫"礼馍""花花馍"，相传是古代金石礼器和图腾演化的产物。渭北面花主要分布在陕西省渭南市大荔、合阳、澄城等县。大荔面花素雅大气，澄城县以祭祀面花为主，合阳的面花色彩明艳，但制作工艺大体相同，包括和面、发面、做主体、捏花、插花、蒸制、着色等步骤。每当民间四时八节、生婚寿葬，民间匠人用白面，以针线、梳子、剪刀为工具，靠巧手揉捏出动植物、人物、建筑物等造型，拙朴生动，意态纷呈。渭北面花制作技艺 2007 年被列入第一批陕西省非物质文化遗产名录。

（1）原辅料：面粉、酵面、水。

（2）制作步骤：

第 1 步 和面。面粉中加入水、酵面，面要和得稍微硬一些，而且要很光滑，这样方便造型。这样和出来的面有光泽，而且在夏天也不容易裂开。

第 2 步 捏制。利用剪刀把发面剪成不同造型的象形面点，并醒发 30 分钟。

第 3 步 蒸制。将修整好的面花放在锅鏊上蒸烤，直至成型。

渭北面花

渭北面花的民俗文化内涵丰富，造型雅趣奇特，可分为时令面花、喜庆面花、丧俗面花和祭祀面花四大类。有祝福美满婚姻、子孙兴旺的鹣鹣馍，有祝老人福寿双全的寿桃，有春节拜年祭祖的花馄饨、花馒头、花糕、花炸果等十几个品种。

参考文献：

[1] 周著，王玉娟，杜家倪. 渭北面花的个性艺术特征及创新启示[J]. 家具与室内装饰，2023，30（12）：36-39.

[2] 王瑶. 非物质文化遗产视野下合阳面花研究[D]. 咸阳：西藏民族大学，2020.

鹿羔馍

一、 非遗美食故事

"岐山的挂面凤翔的酒，扶风的鹿羔馍京里走。"这两句自古流传关中西府的顺口溜，是扶风鹿羔馍享誉关中的写照。鹿羔馍的历史，可以追溯到唐代《唐六典·膳部》中的记载："民间九月九日，以粉面作糕，上置小鹿，号食禄糕。"据传，唐武则天在位时，曾来法门寺拜佛，路经扶风县城，进孔子殿拜谒。殿外摆着刻图章和卖馍的地摊，馍的外形极像一个鼓形的柱石，人称"柱顶石馍"，馍边沿白如雪，底部鼓起的地方黄如金，中间有一个圆形凹坑，小巧玲珑，散发着阵阵扑鼻之香，武则天被吸引品尝后说道："这馍好看好吃，可这柱顶石名不好。"说着便拿起旁边刻章人的一个梅花鹿印章，蘸上印泥在馍的小凹坑里印了下去。顿时，一只活泼可爱的小梅花鹿图案出现在馍上，显得更加好看，遂赐名"鹿羔馍"。从此"柱顶石馍"就更名为"鹿羔馍"了。

二、 非遗美食制作

（1）原辅料：小麦面粉、菜籽油、川糖等。

（2）制作步骤：

第1步 和面。将按比例配好的面和好后，反复挤压。将长约7米的木杠一头插进案板中间处的墙壁圆窝中，压面者的一条腿骑在木杠另一头，边跳跃边移动，边压案板上的面团边掺面粉，一直压到硬得实在掺不进面粉为止，再放置待面团"发醒"，"醒软"后再压，直至面硬得压不动为止，这时面既硬实又有韧劲，做成的馍坯不走形。由于面压得又硬又干，人们又将鹿羔馍称为"干粮"。

鹿羔馍

第 2 步 做馍坯。将和好的面搓条切块，用手丸成圆锥状，再用"偎偎"（模具）在圆锥状面团顶尖下压成形，中间留下一个小凹坑，盖上鹿羔图案，馍坯即完成。

第 3 步 烙烤。烙馍用平底锅，直径 50 cm，有边无沿，也称火鏊。一锅一次只能烙 14 个馍，烙多了火不匀称，保证不了质量口感。烙烤前，首先用钎子在馍坯凹坑处扎三下，以便透气不开裂。烧锅不用风箱，烧火不能图省事用硬柴，只能用麦草。要将麦草捋顺形成一束，握在手里摇着烧火。火不能太大，大了馍皮易烤焦；火也不能过小，小了面里的糖就会醒稀，致使馍变形。火候全凭经验掌握，待馍半熟后，要改用小火煨烤，慢慢上色，一锅大约需两个小时才能烙好。

三、 非遗美食风味特色

鹿羔馍形状外圆内凹，具有深厚的文化内涵。外圆，象征团圆；内凹，形似聚宝盆，象征财源滚滚；外边黄如金，里面白如雪，寓意珍贵如金银；馍中心处鹿羔图案鲜活生动，鹿与"禄"谐音，寓意福禄寿绵长。加之传说女皇武则天赐名，因而很受人们喜爱，成为馈赠亲友的佳品。鹿羔馍不光外形好看，吃起来更是美味可口，入口香甜酥脆，吃后余香在口。其最大的特点是耐于存放，经两个多月也不霉坏。过去，出远门往往需费时日，有些人吃不惯外地食物，带上鹿羔馍，一路不受饥饿之苦。外地人来扶风，好客的主人也将鹿羔馍作为礼品馈赠。

参考文献：

[1] 张金凤，张克鹏，周帆. 论陕西小吃产业的市场学开发[J]. 邢台学院学报，2018，33（4）：94-96+111.

[2] 隋丽娜. 关中非物质文化遗产研究[M]. 天津：南开大学出版社：2014.

紫阳蒸盆子

一、 非遗美食故事

传说，当年刘邦带军打仗行至紫阳县汉王城时，当地百姓为欢迎刘邦，特意找来厨师准备大摆宴席。可军队只停留一晚，七碟八碗的宴席根本来不及准备。情急之下，有位厨师将猪蹄、母鸡和当地的黑木耳、莲藕等加入调料，一起放入大乌盆，用大火蒸制了一夜。

紫阳蒸盆子

第二天清晨，刘邦大军闻香而醒，吃完这道菜后人人精神焕发。刘邦大为赞赏，问厨师此菜为何名。厨师以前也从未这样做过，正为难时，猛然看见桌上的大乌盆，灵机一动说，此菜名叫"蒸盆子"。

二、 非遗美食制作

（1）原辅料：全鸡、猪肘、莲菜、萝卜、木耳、香菇、鸡蛋、鲜肉、鱿鱼、墨鱼、海参、干辣椒、生姜、大蒜、青葱、料酒、各种香料（花椒、白胡椒、草果、八角、香草、良姜等）。

（2）制作步骤：

第1步 备料。一年生膘肥肉细的母鸡1只，3斤左右，烫毛洗净，除去内脏，在内腔壁上涂抹盐，水汽沥干备用。两年生猪前蹄一只，3斤左右，剔洗干净，横向剁成圆盘形状，俗称"猪蹄子盘盘"，用料酒、盐拌匀，放置5小时以上备用。莲菜、萝卜各以没有破损或伤痕为选取标准，洗净后滚刀切块成三角状。鸡蛋饺子：选用本地鸡蛋，蛋清蛋黄搅匀；将鲜精猪肉剁馅拌好备用，选用圆形炒勺，放置于炭火上，用猪板筋油均匀涂抹炒勺，加入适量鸡蛋，旋转炒勺炕至半熟，包入适量肉馅炕熟。蛋饺可做成"元宝"形，寓意"四季发财"，还可做成"金鱼"形，寓意"连年有余"。适量墨鱼、鱿鱼、海参、木耳、香菇发好，切块备用。取大茴、草果、花椒、白胡椒、肉香叶、干辣椒等香料适量，用干净纱布包紧备用。

第 2 步 装盆。首先将猪蹄块均匀铺放于盆底，然后将造型好的整鸡竖立放置于盆中央，将料包放置在鸡身下，周围放置切好的莲菜、水萝卜、胡萝卜、木耳、香菇等，与盆沿齐平，最后加入适量冷水，盖好盖子。鱿鱼、海参、蛋饺等易熟的辅料在主菜蒸熟后分别放入。

第 3 步 蒸制。蒸制最好用"牛头灶"，即当地的土柴灶。蒸制时将盆置于锅中央，锅底加入适量水，盖上蒸笼盖。初蒸时要用"武火"，最好选用竹片做燃料，火力猛，热效高，容易上气。待锅内上气后，即可改用"文火"，最好选用杂木做燃料，火力温而耐长，容易出味。用"文火"蒸制是整个工序中耗时最长、费神最多的工序，也是是否出味、能否成功的关键所在。"文火"蒸制一般需要六到八小时，这期间，首先火不能断，还要不断上水，保证底水不干，放入鱿鱼、海参，同时可以观察盆内汤的情况。待蒸制好后，灭去灶火。第二天早上再重新添火上气，在上桌前半个小时将鸡蛋饺子放入盆中，出锅后将切好的葱花、蒜苗花撒在面上，再将一段葱或红辣椒插入鸡的嘴里。

三、 非遗美食风味特色

蒸盆子的制作过程颇为讲究，原料有整只土鸡、猪蹄、莲菜、红萝卜、青笋、鸡蛋饺子；调料则有草果、桂皮等。鸡代表吉祥如意，猪蹄寓意抓钱手，代表富贵，莲菜代表年年有余，鸡蛋饺子做成元宝形状，寓意四季发财，里面除了盐不使用任何调味料，因为在紫阳人看来，最简单原始的方法才最能体现传统手艺的精髓。

参考文献：

[1] 李嵘. 《千年陕菜》卷土重来：被颠覆和被改变的[J]. 新西部，2023（1）：136-145.

[2] 程楚安. 紫阳蒸盆子[J]. 新西部，2023（1）：53-54.

泾阳水盆羊肉

泾阳水盆羊肉制作技艺又称"单走"，因烹饪的羊肉用大盆盛放，又因食用时碗大如盆，用以盛汤泡馍，因而得名。据传起源于秦，秦修建郑国渠，征召民工无数，为了解决民工吃饭问题，主持修建郑国渠的官员想出了一个制作方便又能保存民工体力的饭食，即命人用铁锅煮羊肉，用羊肉汤泡锅盔供民工食用，因其味美无比，受到民工称赞。后经传承发展，民国时水盆羊肉制作技艺成型，风味独特。

二、 非遗美食制作

（1）原辅料：羊肉八角、小茴香、草果、丁香、良姜、葱等。

（2）制作步骤：

第1步 选羊。主要选购产于泾阳口镇、兴隆、白王等地的羯子羊。山羊与绵羊的比例以4 : 1或3 : 1为宜。

第2步 宰杀。宰杀时用盆接羊血待用。一羊分解为四大块。

第3步 流水清洗。不断翻动，冲净血水及附着的羊毛。

第4步 漂肉。刮净污垢，剔掉羊骨。春、夏、秋季入凉水浸漂8小时；冬季入10° C左右温水中浸漂8小时，析出肉中血水及杂质。

第5步 复用流水清洗。用流水清洗3遍，彻底冲净。

第6步 汆肉。将肉汆入20～30 ℃温水中15分钟，汆净附着在肉上的油腻、杂质，将肉捞出，将汆肉的水倒掉。

泾阳水盆羊肉

第 7 步 煮肉。先将羊肉及五脏六腑、羊头放入开水锅，肉水比例为 1：3，根据肉量多少武火煮 30 分钟至一个小时。武火顶出肉中杂质，撇去大沫。再用中火煮 6 小时，中间继续不时用汤勺撇去浮沫和浮油。加适量水后飞火煮半个小时。将煮好捞出的肉放到木锨板上控水、晾凉备用。

第 8 步 制汤。将烹制好的羊肉汤盛入直径约 1.2 m 的铝盆，加入生姜、葱白、草果、羊油，烧沸 10 分钟，再加入适量味精、盐。

第 9 步 制调料水。将韩城产大红袍花椒，广东产八角、小茴香，广西或云南产草果、荜拨，四川或武汉产烟桂以及优质丁香、良姜等，严格按比例做成调料包，入调料盆，用沸汤泼出香味待用。

第 10 步 切肉。按照久已形成的"肥肋扇、搭腱子，二道臀边搭腰油"肥瘦搭配切肉要点，用刀将木锨板上型好的羊肉片成薄厚均匀、宽约 5 cm 的肉片放入碗中。

第 11 步 冒肉。用沸汤将碗里的肉"冒"三遍，再给汤里加入泼好的调料水、香菜末、葱末等。此时，一碗热气蒸腾、香气扑鼻的泾阳水盆羊肉便大功告成。

三、非遗美食风味特色

泾阳人喜食羊肉由来已久，泾阳水盆羊肉更受广大泾阳人所喜爱。泾阳人喜爱它的肉肥汤鲜，肥而不腻，瘦而不柴，回味无穷；喜爱它的投料考究，制作精细，调味丰富，汤汁乳白，不腥不膻，味道鲜美；喜爱它的馍色洁白，花纹金黄，香、酥、脆可口；喜爱它的不含任何添加剂，有着天然的羊肉醇香。

参考文献：

[1] 张森，马勇. 非遗视野下咸阳传统饮食制作技艺[J]. 杨凌职业技术学院学报，2018，17（3）：27-32.

[2] 尹锋超，刘小庆. 咸阳市传统手工技艺类非物质文化遗产研究[J]. 武夷学院学报，2017，36（10）：61-66.

潼关肉夹馍

一、 非遗美食故事

2011 年，潼关肉夹馍制作技艺被列入陕西省非物质文化遗产名录。潼关肉夹馍原名烧饼夹馍，起源于初唐。传说当年李世民骑马打天下，路过潼关时，品尝过潼关肉夹馍后赞不绝口："妙妙妙，吾竟不知世上有如此美食。"千百年来，潼关肉夹馍让人百吃不厌，被誉为"中国式的汉堡包""东方三明治"。

二、 非遗美食制作

（1）原辅料：面粉、猪油、酵母粉、五花肉、葱、姜、八角、桂皮、草果、肉豆蔻、高良姜等。

（2）制作步骤：

第 1 步 和面。选取中筋面粉，加入温水，和成面团，醒半个小时。

第 2 步 打馍。和好的的面分成团取一小块，在压面机里压成薄面片，均匀地在面片上涂抹猪油，先把面片三分之二卷成筒状，剩余三分之一用划条器划成细条，然后卷起来，呈圆柱状，然后开始揪剂子，每个面剂子重量在 110 g 左右，最后用手把每个剂子按压成扁状，用擀面杖均匀用力，擀成直径为 15 cm 左右的饼子。

潼关肉夹馍

第 3 步 烤饼。将饼子底面抹油放置在烤炉的铁板上烤至金黄色定型，然后刷油，翻面继续烤制，两面都烤至金黄色定型后，放入烤炉下面的抽屉里面继续烤制，烤制 3 分钟左右后翻面，继续烤制半分钟后，饼子两面呈金黄色，并且膨胀起来，即可出炉。

第 4 步 把锅烧热，放入冰糖和少量水，小火，不停地搅拌直至糖溶化，泛起大气泡。慢慢糖颜色呈棕红色，并有焦糖的香气，立刻加入热水煮至融合即成糖色备用。把猪肉洗净放入汤锅中，倒入清水（没过食材表面），大火加热煮沸后撇去浮沫，继续煮 3 分钟后捞出，用清水冲净表面的浮沫，锅中的水倒掉不用。

第 5 步 将焯烫好的猪肉放入洗净的锅中，加入足量清水（没过食材表面），用大火煮沸后，撇去有可能再次产生的浮沫，再放入盐、葱、姜、炒好的糖色、老抽、和炖肉料包搅匀，煮开后转小火炖煮 2 小时，加入盐调味，再炖煮 10 分钟即可。

第 6 步 将炖好的肉捞出拌上一点炖肉的汤汁切碎，将面饼用刀从侧面切开，把切碎的肉夹在面饼里即可。

三、 非遗美食风味特色

潼关肉夹馍与其他肉夹馍的区别主要在于烧饼的不同。这烧饼制作方法独特：用精制面粉加温水、碱面和猪油搅拌，和成面团，搓成条，卷成饼，在特别的烤炉内烤制，待花色均匀、饼泛黄色时取出。刚出炉的千层烧饼里边是一层层的，皮薄松脆，像油酥饼。咬一口，掉渣烫嘴，口感极佳。最传统的吃法一定要用刚出炉的热烧饼夹上煮好的冷肉，俗称热馍夹凉肉。独特的卤肉方法：将五花肉放在装有特制的配方和调料的卤锅内浸泡和炖煮，肉质细腻，芳香扑鼻，肥而不腻，瘦而不柴，吃起来咸香适口，回味深长。千百年来，虽经历史变迁，朝代更替。但潼关肉夹馍一直秉承其饼"酥脆"、肉"香而不腻"之特色，让人百食不厌，食过难忘，想起垂涎不已。

参考文献：
[1] 李晓波. 舌尖上的潼关[J]. 中国三峡，2023（1）：54-59.
[2] 李佳璐. 无夹馍不人生[J]. 百花，2022（7）：11-13.

青海

民间非遗美食

背口袋

一、非遗美食故事

"背口袋"作为土族饮食当中的主要种类，与当地地域特征及过去生存环境相关联。互助土族聚集区多处于脑山地区，由于气候较冷，菜瓜、菠菜等现在常吃的蔬菜都不易生长，冬天更是没有绿色蔬菜食用，但荨麻作为高寒植物，在脑山地区随处可见。所谓靠山吃山，靠水吃水，土族人将荨麻作为食物纳入自己的食谱当中并一直流传至今。

二、非遗美食制作

（1）原辅料：中筋面粉、盐、荨麻、花椒粉、蒜、豆粉。

（2）制作步骤：

第 1 步 新鲜荨麻剁碎，锅中加热水，加热，然后一边煮一边撒入面粉，拿筷子搅匀，等到呈糊状的时候不再加面粉。要加入盐、一点蒜末来调味。

第 2 步 将揉好的面团切成小团，用擀面杖擀成适合放在大锅中 5 毫米厚的面饼，生火等到锅热了之后将饼一个一个放入锅中烙至两面金黄备用，把

背口袋

剁碎的荨麻草倒入开水中均匀搅拌，搅拌过程中放入青稞面粉，并加盐、姜粉、花椒粉、蒜末等佐料直至锅中的荨麻呈现糊状，将煮熟的荨麻均匀地倒在备用的薄饼中央，将饼从两边折到中间，再从中间对折，再果断地将其一刀切成两段，特色美食"背口袋"就完成了。

三、非遗美食风味特色

薄饼里散发着荨麻的淡淡清香，让人忍不住想要吃"背口袋"。吃前要注意先吸一口汤汁，再混合着汁水咬一口下去，手法也是有讲究的，用右手抓住"口袋"的尾部提起迅速搭在左手虎口位置，放平口袋开始食用。

参考文献：

[1] 咸文静. 大境通达，见山望水寄乡愁[N]. 青海日报，2023-10-13（5）.

[2] 于晓陆. 黄河青海流域民族饮食文旅资源开发研究[J]. 南宁职业技术学院学报，2023，31（4）：69-73.

湟源陈醋

一、 非遗美食故事

青海湟源陈醋酿造历史悠久，约始于清乾隆年间，距今已有 200 多年的历史。清雍正初年平定罗布藏丹津叛乱之后，丹噶尔地（湟源）休养生息，民力复苏，清政府将"茶马贸易"集市移至丹噶尔。于是，湟源地区商贾云集，农牧业、民族商贸业再次蓬勃兴起。

湟源陈醋

丹噶尔原本就是汉、藏、蒙、回多民族杂居地区，本地居民受牧民影响，喜食肉类，广大牧区民众更是以肉类奶制品为主食，因而醋就成为大家必不可少的佐料。醋的销量大增，自然刺激了酿醋行业的发展。

二、 非遗美食制作

（1）原辅料：小麦、青稞麸皮、秫料等。

（2）制作步骤：

第 1 步 上料。首先要选用干净的小麦、青稞麸皮与秫料加温开水拌和均匀，置于木匣之内发酵。

第 2 步 发酵。使温度保持在 18 至 20 ℃ 之间。发酵程度全凭经验，一看颜色、二闻味道，从而决定起醅的时间，早了晚了都不行，要恰到好处。另外，在此过程中一定要适时"倒匣"，翻动醋醅，控制温度，使之均匀发酵。

第 3 步 淋醋。就是提取醋汁。先将温开水淋到装在醋匣中的醋醅上，适时、适度加压，最后压挤出醋汁。

第 4 步 泡制和曝晒。湟源人叫"晒醋"，陈醋实际上就是晒制出来的。醋液加入草果、八角、豆蔻、枸杞、党参等 100 多种中草药后被装在大口径酱盆内放置于日光之下，曝晒数月之久，起到二次发酵的作用。晒醋虽没有什么技术含量，却颇费工夫。每天需有专人看守，每隔一两小时就用木棍（不能用铁器）搅动一次，每到天阴下雨时，要用专用的石板盆盖盖好，绝不能让雨水淋入盆内，否则就会发霉变质。一直晒到醋液色呈棕红，状如胶水，方告成功。湟源陈醋之所以色如琥珀(棕红色)，味似醇醴，是因为从来不加化学香料和糖浆食色，一靠几十味中药材配料，二靠数月之久的曝晒。

三、 非遗美食风味特色

湟源陈醋又名黑醋，是以青稞麸皮为主要原料，加入草果、大香、豆蔻、枸杞、党参等 100 多种中草药，经过 60 多道生产工序，酿制而成的。湟源陈醋酸味纯正，清香甜润，质地浓稠，色香俱佳，冬天不冻、夏天不腐。如今，经过技术革新，湟源陈醋在产品质量、外部包装、花色品种等方面有了很大的改造和提升，开发出了保健醋、饮料醋等多种旅游系列产品。

参考文献：

[1] 雷志环. 青海省非物质文化遗产空间分布特征与旅游开发研究[D]. 西宁：青海师范大学，2023.

[2] 潘玲，谭梅. 湟源陈醋：传统特产为何风光不再？[N]. 青海日报，2022-08-04（011）.

狗浇尿

关于"狗浇尿"这个名字有一种说法，20 世纪 50 年代以前，青海当地民居的厨房里垒造的灶台比现在要高得多，厨房灶台上多使用陶制小茶壶盛放清油，因为这样的油壶倒出来的油是细细的一股，使用起来既方便又节省。烙饼时，用小油壶沿锅边浇油，由于灶台高，身高矮的往往会不由自主地翘起一条腿，这个动作恰如小狗在墙根撒尿的姿势，于是这样制作出来的油饼便被民间称为"狗浇尿"油饼，生动而形象，与天津的"狗不理"包子相映成趣。

（1）原辅料：面粉、水、香豆粉、花椒粉、苦豆粉。

（2）制作步骤：

第 1 步 用温水加盐，将面和好，揉匀、擀开，撒上香豆粉、花椒粉或者苦豆粉、食盐，用菜籽油抹匀，把面饼卷成长卷。

第 2 步 把长卷再卷成螺丝状，切成小块，压平擀薄。

狗浇尿

第 3 步 热锅中倒入菜籽油，转锅，把油转均匀，将饼放进去，沿锅边浇上一圈菜籽油，不停转动薄饼，让饼均匀上色，注意要用小火。

第 4 步 一面饼上好色，翻面，再沿锅多次浇油，每次少浇，不停转动饼子，煎熟即可食用。

狗浇尿制作过程中，清油充分融入面饼，没有油料浪费，渗透油的饼子香软可口，不同于油炸食品。"狗浇尿"在民间制作样式有多种，有的和面时用滚烫的开水，有的在面中掺入洋芋，有的加入香豆粉，还有的出锅时撒白糖，各种做法都有。出锅时往往会在烙好的油饼上盖上毛巾保温。因此，等油饼全部烙好，油饼也就被热气逐渐腾软，变得柔软起来，这样的"狗浇尿"特别适合老年人食用。

参考文献：

[1] 李晓丽. 清代中国面食地理研究[D]. 重庆：西南大学，2023.

[2] 张金萍. 特色美食——狗浇尿饼[J]. 快乐作文，2021（Z4）：44.

[3] 园林. 青海土族饮食文化[J]. 青海民族研究，1995（3）：76-77.

化隆拉面

据说，"化隆拉面"具有百年历史，是在清乾隆年间回族名厨马保友亲手创造的基础上改进而来的。化隆拉面经过"三遍水、三遍灰、九九八十一道揉"手工糅合拉制而成。"一清、二白、三红、四绿"是化隆拉面的特点。一清是汤要清；二白是面要白；三红是辣油红润；四绿是香菜、蒜苗鲜绿。化隆拉面还有一个独特之处在于以青藏高原牦牛肉、牛油、牛骨熬汤，再配上三十多种天然佐料，食之味美可口，清而不腻。这份美味不仅是对人们味蕾的吸引，更是一份古老美食的源远流长。

（1）原辅料：面粉、牦牛肉等。

（2）制作步骤：

第 1 步 选择面粉。一般要选择新鲜的面粉，不宜选择陈面。

第 2 步 和面。首先应注意的是水的温度，一般要求冬天用温水，其他季节则用凉水。其次，和面时还要放入适量的水和灰，因为二者能提高面团中面筋的生成率和质量。比如适量的水，它的渗透压作用能使面团中蛋白质分子间的距离缩小，密度增大，特别是能使组成面筋蛋白质之一的麦胶蛋白黏性增强，因而也就提高了面筋的生成和质量。还要讲究"三遍水，三遍灰，九九八十一遍揉"，其中的灰，实际上是碱，却又不是普通的碱，是用所产的蓬草烧制出来的碱性物质，俗称蓬灰，加进面里，不仅使面有了一种特殊的香味，而且拉出来的面条爽滑透黄、筋道有劲。近年来已用专用的和面剂代替，和面技巧仍是最关键的。

第 3 步 饧面。即将和好的面团放置一段时间（一般冬天不能低于 30 分钟，夏天稍短些），其目的也是促进面筋的生成。放置还可以使没有充分吸收水分的蛋白质有充分的吸水时间，以提高面筋的生成和质量。

第 4 步 溜面。先将大团软面反复捣、揉、抻、摔后，将面团放在面板上，用两手握住条的两端，抬起在案板上用力摔打。条拉长后，两端对折，继续握住两端摔打，如此反复，其目的是调整面团内面筋蛋白质的排列顺序，使杂乱无章的蛋白质分子排列成一条长链，业内称其为顺筋。然后搓成长条，揪成 20 毫米粗、筷子长的一条条面节，或搓成圆条。

第 5 步 拉面。将溜好的面条放在案板上，撒上清油（以防止面条粘连），然后随食客的爱好，拉出大小粗细不同的面条，喜食圆面条的，可以选择粗、二细、三细、细、毛细 5 种款式；喜食扁面的，可以选择大宽、宽、韭叶 3 种款式；想吃出个棱角分明的，拉面师傅会为你拉一碗特别的"荞麦楞"。拉面是一手绝活，手握两端，两臂均匀用力加速向外抻拉，然后两头对折，两头同时放在一只手的指缝内（一般用左手），另一只手的中指朝下勾住另一端，手心上翻，使面条形成绞索状，同时两手往两边抻拉。面条拉长后，再把右手勾住的一端套在左手指上，右手继续勾住另一端抻拉。抻拉时速度要快，用力要均匀，如此反复，每次对折称为一扣。一般二细均为 7 扣，细的则为 9 扣，毛细面可以达 11 扣，条细如丝，且不断裂，真可谓中国烹饪之精华。面条光滑筋道，在锅里稍煮一下即捞出，柔韧不粘。有句顺口溜形容往锅里下面："拉面好似一盘线，下到锅里悠悠转，捞到碗里菊花瓣。"

三、非遗美食风味特色

化隆牛肉拉面有一个独特之处在于以青藏高原牦牛肉、牛油、牛骨熬汤，再配上三十多种天然佐料，食之味美可口，清而不腻。古人云：面可补心，肉可补身。化隆牛肉拉面深受大众的喜爱，历久不衰。

化隆拉面

参考文献：

[1] 谭梅. 一碗拉面的新"长度"[N]. 青海日报，2023-10-25（7）.

[2] 宋珏遐. 政银协同助化隆拉面"走"向全国[N]. 金融时报，2023-08-03（12）.

西藏

民间非遗美食

古荣糌粑

一、非遗美食故事

糌粑是藏族的主要食品之一，藏族的糌粑饮食民俗是在长期的社会历史发展过程中逐渐产生、形成和发展的，它最初的功能只是用来果腹而已，后来吃糌粑已经成为藏族饮食文化的一种代表。它已经不单单是藏族人民的一种饮食民俗，而是藏族饮食文化的集中反映，蕴含着藏族人民的历史、文化发展，及其所沉淀的心理、观念、伦理、道德、信仰等内涵。

在西藏还有着一个关于糌粑的美丽传说：在公元七世纪的时候，赞普经常带着军队去打仗，但是西藏地区由于海拔太高，天气比较寒冷，再加上山路连绵不断，山上还有积雪，所以军队在行军的过程中的给养很难获得，赞普就十分担忧自己的军队是否能够完成征战。

但是在一天晚上，赞普睡觉的时候梦见了格萨尔王给他的指示，就是让他把青稞炒熟之后再研磨成面粉，这样的话就可以很方便地在行军的时候携带。赞普猛然惊醒，觉得这是一个不错的办法，就立即找人炒青稞，炒熟后的青稞香味扑鼻，一直传到几里外，而且这种方法也比较简单好操作，后来炒青稞的这种做法传遍了西藏。

二、非遗美食制作

（1）原辅料：青稞粉、酥油、盐、野菜等。

（2）制作步骤：

第 1 步 捏制。磨好炒熟的青稞粉放在碗里，加点酥油茶，用水不断搅匀，直到把糌粑捏成团为止。

第 2 步 包菜。糌粑里加入一些肉、野菜之类，做成"稀饭"，藏语叫"土巴"。

古荣糌粑

第 3 步 成型。包好肉菜的糌粑可以放入特制的模具中，按压成型，会使糌粑更具观赏性。

三、非遗美食风味特色

糌粑的原料就是青稞，所以糌粑也具有青稞所具备的营养价值。在《本草拾遗》中有关于青稞的记载，藏医典籍《晶珠本草》更把青稞作为一种重要药物，并且用于多种疾病的治疗。

吃糌粑能够有效抵御寒冷，因为糌粑中含有丰富的蛋白质，所以身处高原区域的藏族人民可以依靠糌粑补充人体所需要的热量，糌粑中还有维生素和钙铁锌硒等微量元素。

参考文献：

[1] 青稞香飘山谷中国家地理标志产品"古荣糌粑"[J]. 标准生活，2016（11）：92-96.

[2] 张文会. 西藏青稞加工产业研究[D]. 北京：中国农业科学院，2014.

日喀则朋必

在缺吃少穿的年代，朋必是当时人们为了躲避灾荒生存下来而创造的主要食品。面对大量的农耕劳作，人们需要食物维持体力。而用豌豆汁做成的朋必容易产生饱腹感，并且能给人提供劳作动力，使人创造更多劳动成果。穷则思变，看似简单的藏豌豆在日喀则人的改造加工下，变成了易于携带的宝藏食品，体现了日喀则人的聪明才智。

二、非遗美食制作

（1）原辅料：藏豌豆、豌豆汁、咖喱、牛肉末、藏生姜、藏葱、菜花油、清油、盐、鸡精及其他调料和香料。

（2）制作步骤：

第 1 步 将豌豆清洗并筛选掉坏了的豌豆（否则做出来的朋必颜色会泛白，口感也不佳）用水浸泡 15 ~ 20 分钟。

第 2 步 将湿豌豆碾磨成浆汁，用纱漏将浆汁过滤，进行取精去皮。

第 3 步 筛漏出的黏状液体会在容器中分三层：最上面淡淡的一层汁液可用于畜牧饲料也可丢弃，中间较为黏稠的一层即用于制作朋必，最底层为豆粉，可用于制作粉条。

第 4 步 从混合溶液中提取出中间层的豆汁。（如果原料直接使用购买的豌豆汁则可以省略掉前面的三个步骤）

第 5 步 在锅内倒入适量的菜油用温火加热，油热后，放入适量的藏葱和藏姜、盐（此时可按个人口味加肉末、咖喱粉、味精以及其他配料）。

第 6 步 向锅内加入提取出来的豆汁，并用大火将豆汁煮沸。同时不停地搅拌，避免煮焦粘锅。在搅拌过程中也可以继续往锅里依次加香料、清油等配料，掌握好用量并配合搅拌。

第 7 步 搅拌加热至豆汁逐渐凝固成坨状，此时关火。

第 8 步 等待它自己冷却后用擀面棒加固成形。

第 9 步 将朋必盛放在容器中，在上面撒上辣椒，至此，新鲜可口的朋必就制成了。

三、非遗美食风味特色

"朋必"为藏语，是一种用豌豆面制作而成的小吃。"朋必"几乎成了一种日喀则小吃的象征。做朋必的豆汁是从做粉丝的汁液中提炼出来的。做粉丝时，先把豆子碾成末，沉淀后把最底层的用来做粉丝，而中间较稠的一层汁液是做朋必的原料。加上藏葱或者咖喱，再混一些肉末，口感独特。朋必的吃法更是独一无二，以手掌作碗，以手指作筷子，大街上可边走边吃。日喀则人笑称没吃过朋必，就不算来过日喀则。

日喀则朋必

参考文献：

[1]　杨娅，原佳丽. 日喀则市藏族非物质文化遗产分类及保护研究[J]. 西藏民族大学学报（哲学社会科学版），2018，39（4）：63-68+156.

[2]　段阳. 民族文化发展视域下西藏非物质文化遗产传承人保护研究[D]. 拉萨：西藏大学，2020.

甜 茶

甜茶在西藏并不是自古以来就有的，而是一种"驼来品"，就是骆驼运过来的一种产品，在历史上西藏交通不发达的时候，骆驼是非常重要的运输工具之一，在西藏的文化交流以及物料运输方面起到了非常重要的作用。

二、 非遗美食制作

（1）原辅料：红茶、全脂甜牛奶粉、纯净水、白糖。

（2）制作步骤：

第 1 步 煮红茶。将红茶装入特制的布袋中（装入布袋是为了过滤茶中的碎渣），然后再把茶叶袋放入沸水中煮上 5 分钟左右。在煮的过程中，需要用手提着布袋在水中不停地搅拌，时间差不多后，挤干布袋中的水，倒掉袋中的残渣。

甜茶

第 2 步 加入奶粉。将奶粉倒入搅拌机内，加入刚刚煮好的茶水，搅拌均匀后倒入锅内。加入奶粉后会有泡沫，需要用瓢不断搅拌，泡沫会慢慢减少。

第 3 步 加入白糖。加入白糖然后搅拌均匀，并且一定要将红茶煮开，否则喝了容易肚胀、不舒服。

第 4 步 再煮红茶。重复第一步的操作，煮的时间为五六分钟。由于装红茶的布袋已经在滚水中煮过，而且非常烫，所以在挤布袋的时候有个技巧：一手提袋，另一只手握住瓢转动布袋，最后把布袋放在锅的边缘，用瓢挤压即可。

第 5 步 甜茶制作完成。有经验的师傅会根据甜茶的颜色判断茶味的浓度是否合适，再通过甜茶的味道，看看甜味是否适中。最后，甜茶就制作完成了，装入热水瓶中保温，随时都可以取出饮用。

三、 非遗美食风味特色

甜茶是乳黄色的，不透明而略稠，热气腾腾、浓香扑鼻。趁热而饮，香甜可口。

参考文献：

[1] 张美琳，黄霁虹. 拉萨甜茶馆的现状与社会作用[J]. 旅游纵览（下半月），2016（22）：148+151.

[2] 平措扎西，董引春. 甜茶，离太阳最近的悠闲茶香[J]. 民族论坛，2007（3）：23-25.

云南

民间非遗美食

蒙自过桥米线

一、 非遗美食故事

"蒙自过桥米线"源于新安所，始创于明代正德年间移民屯守新安所的江南汉族移民。明正德十二年（1517年），为了巩固边防，中央政府在临安府蒙自县（今蒙自市）的新安所（旧时称补瓦寨）新增设新安守御千户所（独立于临安卫的军事机构），布置军队驻防、筑城和屯田防守。新安守御千户所设立后，内地汉族开始大量移入，新安所成为蒙自地区的一个汉族聚居区。随着内地汉族的大量迁入，中原江南的汉族生产技艺和饮食文化也随之传入蒙自地区。米线便随之在蒙自这片沃土上茁壮成长起来。据丰子恺、陆文夫、汪曾祺等人的研究，"过桥"一词，在苏州的饮食文化中，指的就是吃面条时，先将"浇头"盛在小碟中，另用一只汤碗盛汤，然后将"浇头"和面条放入汤碗中食用的方法。将"浇头"放入汤碗中的动作即"过浇"，所谓"过桥"实为"过浇"的苏州俚音，久而久之当地人读其谐音为"过桥"米线。由此可见，"蒙自过桥米线"源于新安所的说法是客观可信的。

蒙自过桥米线

从滇南地区特有的历史来看，元明清以来的滇南移民对于滇南经济社会制度，特别是饮食文化的发展演变，具有极其重要的作用。从演化经济地理学的角度看，"蒙自过桥米线"是一种伴随着滇南军事和商业移民以及源于陕北的"饸饹"食品加工技术不断扩散和长期演化的结果，最终形成了滇南名膳"蒙自过桥米线"。

二、 非遗美食制作

（1）原辅料：酸浆米线、人工鸡蛋面、猪筒子骨、猪背脊骨、清水、精盐、净乌鱼肉、猪通脊肉、猪腰子、嫩鸡脯肉、瘦云腿、去皮鸡枞、鲜嫩草芽、嫩豌豆尖、水发豆腐皮、嫩韭菜、绿豆芽、白菜心、鸽蛋。

（2）制作步骤：

第1步　猪筒子骨敲破，再分别将壮母鸡、老鸭、猪筒子骨、猪背脊骨洗净漂透捞出，盛入汤桶内，注入清水，置于旺火上烧沸。

第2步　舀去浮沫，放入姜块，移至小火上煮4小时，待汤还剩2/3时，用细箩筛将汤沥入另一只汤桶中，加入精盐，并置于小火上保持微开待用。

第3步　接着取出鸡鸭备用。再在原汤桶中注入适量清水，继续煮熬，作为他用。

第4步　剁去熟鸡、鸭的头脖、脚爪、背脊，砍成一字条，整齐地码在汤中，撒入五香粉、花椒面，在食用过桥米线前，浇入滚汤上桌。

第5步　猪腰去腰骚洗净，片为薄片，泡去血污，放入沸水中汆熟捞出泡入清水中；云腿切成片；将乌鱼肉、嫩鸡脯、猪脊肉洗净漂透，分别片成薄片，连同腰片、云腿片一起铺摆在10个直径为16 cm的盘中，每个盘中都要有上述5种原料，铺摆要整齐均匀，然后取少许清水，滴入麻油，刷在生片上待用。

第6步　分别将韭菜、白菜心、豌豆尖、草芽、鸡枞、绿豆芽、豆腐皮、葱、芫荽洗净，把豆尖、白菜心、韭菜、绿豆芽放入沸水中汆熟取出，挤去水分，分别整齐地装入直径为14 cm的盘中。韭菜、白菜心切成条段；葱切成葱花；芫荽切碎；豆腐皮切丝；草芽、鸡枞切薄片。将鸽蛋打入10个小醋碟内待用。

第7步　接着将生菜豆尖、豆腐皮、白菜心、豆芽、韭菜、鸡枞、草芽、葱花、芫荽、花椒油、甜咸酱油上桌，放在桌中央。

第8步　再把生片、鸽蛋上桌，每人1份；米线烫透，每人1碗；蛋面煮熟，每人一碗。

第9步　取大碗10个，放入蒸箱中蒸透取出，擦干碗内水分待用。将猪油、鸡油兑在一起，置于火上烧沸，放入葱姜块炸一下捞去，油保持微沸状态。

第10步　每个碗中放入适量味精、胡椒粉，舀入滚油，浇进沸汤，即时上桌，每人1碗。先烫生片、生菜、鸽蛋，后下米线、佐料，拌匀食用即可。

三、非遗美食风味特色

百年过桥终得一味，"蒙自过桥米线"被誉为一个人的盛宴，深深吸引着八方宾客。过桥米线放佐菜配料的先后顺序和过程非常讲究，富有文化内涵，意寓祈福纳祥。蒙自米线的重要标志是纤细筋道，直径在2毫米之内，烹煮不易断碎。汤料、佐菜配料的制作和保温妙招，各商家都藏有祖传秘方。"蒙自过桥米线"的烹制、食用过程表达了蒙自人对米线的情怀及一份浓浓的乡愁。

参考文献：

[1] 刘心爱，李莎艳，依章梅，等. 云南蒙自过桥米线的品质测定[J]. 食品安全导刊，2023（34）：104-109.

[2] 于干千，李梅. 金汤银线——中国非物质文化遗产蒙自过桥米线[M]. 北京：中国轻工业出版社，2022.

宜良烤鸭

宜良烤鸭又称滇宜牌烧鸭。相传，在明洪武年间，朱元璋封颍川候傅友德为征南首领，率领千军万马奔赴云南，同时带上了自己的御厨，南京著名的烧鸭师傅"李烧鸭"李海山。后来等云南统一，回南京应变受封的颍川侯被朱元璋赐白绫而自缢身亡。"李烧鸭"闻讯不敢回南京，便隐姓埋名先后在宜良狗街、宜良蓬莱乡的李毛营，经营起烧鸭生意，开了家"滇宜烧鸭店"，并娶了位毛姓姑娘为妻，如今的"李烧鸭"已传至第28代。

（1）原辅料：鸭、椒盐、蜂蜜、大葱、葱汁、姜汁、甜面酱。

（2）制作步骤：

宜良烤鸭

第1步 将蜂蜜在手掌上化开，均匀涂抹在鸭身上，然后用鸭钩挂在鸭脖上，两只翅膀用小棍顶开，挂通风处晾皮2~3小时，腹内注入葱姜汁。

第2步 烤鸭炉用干松网结成团（每炉需十公斤左右干松毛），点燃炼炉，30分钟后，炉体发热，松毛火苗已下，再用火铲将松毛炭火抚平，然后将鸭子吊在炉口上，盖上盖子，焖烤10分钟左右，转动一下腹背，让鸭体受热均匀，约30分钟成熟。

第3步 出炉后，拔去肛门芦苇秆，挖出腹内汤汁，剖开斩成长条形，整齐入盘，保持鸭形，也可片皮切肉，剔骨蒸汤，上桌时带花椒盐、葱白和甜面酱。

三、非遗美食风味特色

宜良烤鸭作为云南省非物质文化遗产项目，有"北有全聚德、南有宜良鸭"之称。"宜良烤鸭"从原料的选择、加工制作过程到上餐桌后的食用方法都形成鲜明的地方特色。鸭子选择当地饲养品种，其烤制工具、材料和餐桌配料、佐料都有较浓厚的地方特色，即用土炉、鲜芦苇、青松毛、蜂蜜、椒盐等，加工过程均为手工操作，做工精细。香、酥、脆，油而不腻，爽口，老少皆宜，深受消费者的喜爱。

参考文献：

[1] 罗嘉. 解密滇菜的民族密码[J]. 今日民族，2019（6）：1-15.

[2] 刘容容.《舌尖上的中国》之叙事研究[D]. 昆明：云南大学，2015.

[3] 莫珏宇. 宜良烤鸭：对一个地域象征符号建构的探究[D]. 北京：中央民族大学，2012.

汽锅鸡

汽锅鸡是云南的名菜之一，早在清代乾隆年间，汽锅鸡就流行在滇南一带。相传是临安府（今建水县）福德居厨师杨沥发明的吃法。那年皇帝巡视临安，知府为取悦天子，发出布告征求佳肴，选中的赏银50两。杨沥家贫，老母病重，为得重赏，他综合了当地吃火锅和蒸馒头的方法，创造了汽锅，又不顾生命危险，爬上建水燕子洞顶采来燕窝，想做一道燕窝汽锅鸡应征。不料汽锅被盗，杨沥被问欺君之罪，要杀头。幸而乾隆皇帝英明，问明真相，免杨沥一死，并把福德居改名为"杨沥汽锅鸡"。从此汽锅鸡名声大振，成滇中名菜。那时汽锅鸡的做法比较简单，但味道很醇正。

（1）原辅料：土鸡、盐、白胡椒、姜数片。

（2）制作步骤：

第1步 先处理鸡，把鸡剁成块状，不要太小，要适中，然后锅内放入适量的水，把鸡肉放下去，水最好是能没过鸡肉，开火，然后等鸡肉快熟的时候把黄酒倒下去，再煮一会，焯水去腥味，最后把它捞出来，用温水把它冲一下，紧致一下肉。

汽锅鸡

第2步 准备一个汤锅，确保直径和汽锅的差不多，在汤锅中加入清水，将一块干净的毛巾浸湿，围在汤锅四周，然后放上汽锅，用毛巾将汤锅和汽锅的边缘密封。

第3步 接下来把之前的姜片铺在锅的最底下，再把之前焯水的鸡肉铺一层在上面，不要摆得太密，松散一点，把虫草花放在上面，剩下的鸡块也放进去，在最上面放松茸。

第4步 开大火让水烧开，然后再转小火，熬三个小时左右，把它揭开，放一点点盐，然后再煮一会儿，大概二十分钟就可以了。

汽锅鸡除了鸡肉鲜美，关键还在于汤，其实应该叫鸡汁最贴切，汽锅里不能加入任何水，完全是利用蒸汽高温加热，逼出鸡肉的油质和水分，所以汤汁要比一般的鸡汤浓郁，颜色较深。很多餐馆端上桌的汽锅有很多汤，其实都是蒸的过程中加入了水，这样大大缩短蒸的时间，但是味道也会淡很多。

参考文献：

[1] 张卫，孙科峰. 传承滇菜技艺传播滇菜文化——记一代滇菜名厨刘昆生[J]. 中国食品，2022（21）：38-43.

[2] 余平. 在云南吃汽锅鸡[J]. 保健医苑，2021（12）：51.

云腿月饼

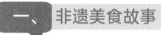

一、非遗美食故事

关于硬壳火腿月饼的故事，还得从咸丰初年（1851年）前后说起。当时朝廷一名官员到云南任巡抚，后官员离职回京，随行厨师胡善和其子胡增贵留在昆明，并开了本地第一家专营糕点的店铺"合香楼"。

云腿月饼

御厨出身的胡氏父子，发现一种叫作"云腿包子"的点心深得本地人喜欢，于是对馅料和工艺进行改良，以宣威火腿为主料，辅以白糖、蜂蜜、熟粉，外壳用面粉配上蜂蜜，做好后烘制而成。这种月饼外形圆润饱满，饼皮略硬而酥香，表面呈金黄色或棕红色，壳馅分离，入口甜咸适中、口齿留香。据传，慈禧尝后题写"合香楼"赐予胡氏父子，成为合香楼创业成功的标志。

二、非遗美食制作

（1）原辅料：中筋面粉、猪油、糖粉、蜂蜜、无铝双效泡打粉、小苏打、熟火腿丁、细砂糖、玫瑰酱、熟面粉等。

（2）制作步骤：

第1步 先处理火腿，把火腿洗净，泡约四小时，切成一指厚的片，装入蒸屉，旺火沸水蒸四十分钟蒸熟（筷子能插进肉里的程度），取出冷却后去掉皮和肥肉，切成黄豆大小的丁，不宜切得过小，太小烤后偏干。

第2步 把切好的火腿丁装入盆中，加入猪油和细砂糖、蜂蜜拌匀，再加入玫瑰酱和熟面粉拌匀，然后分成每个三十克的馅团放入冰箱冷藏，至包制成形时再取出。

第 3 步 开始制作饼皮，将中筋面粉、泡打粉和小苏打混合过筛在工作台上，用刮板开出面窝（面窝稍大一些），面窝中放入糖粉和蜂蜜，加入清水搅拌至糖溶化，用刮板拨入三分之一面粉，和糖水混合拌匀打浆，打至面浆浓稠起劲，再加入猪油和其余面粉，和成光滑的饼皮面团，盖上塑料薄膜松弛二十分钟。

第 4 步 松弛完全的饼皮面团分割成每个三十五克的剂子，用手压成圆形面皮，放入火腿馅料，用无缝包法包好，制成硬壳火腿月饼生坯，收口向下整齐地排入烤盘。

第 5 步 上火 210 ℃，下火 180 ℃，预热烤箱后烤制二十分钟，十一分钟时调换烤盘方向，将火腿月饼烤至表面棕黄色即可，出炉冷却后密封保存。

三、 非遗美食风味特色

云腿月饼是独具风味的云南名点，它是用云南省特产的宣威火腿，加上蜂蜜、猪油、白糖等为馅心，用昆明郊区呈贡的紫麦面粉为皮料烘烤而成。由于原料好，加工精细，因此，该饼虽属硬壳类月饼，但入口酥松，馅心甜中带咸，甜咸适中，油润而不腻，有浓郁的火腿香味，是中秋佳节家人团聚的必备食品，也是馈赠亲友的最佳礼品。

参考文献：

[1] 甄燕. 探寻云腿月饼寄寓的团圆密码[N]. 昆明日报，2022-09-09（9）.

[2] 朱和双. 近代以来云南火腿的几种常见吃法[J]. 楚雄师范学院学报，2023，38（1）：41-52.

宣威火腿

一　非遗美食故事

宣威火腿的形成，取决于宣威独特的地理气候环境。《宣威县志稿》载："宣腿著名天下，气候使然。"宣威火腿的生产、加工技艺历史悠久、源远流长。究竟起源于何时，已难详其考，但有一点可以肯定，明设宣威关，清置宣威州，使宣威火腿有了成名的前提和基础。也就是说，自清雍正五年（1727年）置宣威州后，火腿便以地名命名，称宣威火腿，据《宣威县志》记载，清雍正五年（公元1727年），宣威火腿就以"身穿绿袍"，肉质厚，精肉多，蛋白质丰富鲜嫩可口而享有盛名。清光绪年间，曾懿编著的《中馈录》中收有"宣威火腿"的制法。据此及有关史料推断，宣威火腿最迟明末即成，雍正时代即流入滇川首府，清末流到东南沿海，民国初年，以浦在廷先生为首的火腿公司已将火腿罐头远销东南亚。

二　非遗美食制作

（1）原辅料：鲜腿毛料、盐等。

（2）制作步骤：

第1步　上盐。将经冷凉并修割定形的鲜腿上盐腌制，三次上盐堆码，三天后反复查看，如有淤血排出，用腿上余盐复搓（俗称赶盐），使肌肉变成板栗色，腌透的则无淤血排出。

第2步　堆码翻压。将上盐后的腌腿置于干燥、冷凉的室内，室内温度保持在7～10 ℃，相对湿度保持在62%～82%，堆码按大、中、小分别进行，大支堆6层，小支堆8～12层，每层10支。翻码时，要使底部的腿翻换到上部，上部的翻换到下部。上层腌腿脚杆压住下层腿部血筋处，排尽淤血。

第3步　洗晒整形。经堆码翻压的腌腿，如肌肉面、骨缝由鲜红色变成板栗色，淤血排尽，可进行洗晒整形。浸泡洗晒时，将腌好的火腿放入清水中浸泡，浸泡时，肉面朝下，不得露出水面，浸泡时间看火腿的大小和气温高低而定，气温在10 ℃左右，浸泡时间约10小时。

宣威火腿

第 4 步 上挂风干。经洗晒整形后，火腿即可上挂。一般采用 0.7 米左右的结实干净绳子，结成猪蹄扣捆住庶骨部位，挂在仓库楼杆钉子上。成串上挂的大支挂上，小支挂下，或大、中、小分类上挂，每串一般 4 ~ 6 支。

第 5 步 发酵管理。日常管理工作，应注意观察火腿的失水、风干和霉菌生长情况，根据气候变化，通过开关门窗、生火升湿来控制库房温湿度，创造火腿发酵鲜化的最佳环境条件，火腿发酵基本成熟后（大腿一般要到中秋节），仍应加强日常发酵管理工作，直到火腿调出时，方能结束。

三、 非遗美食风味特色

经过两到三年的风干发酵，宣威火腿便达到了可以生吃的标准。发酵后的火腿切去外皮后，肌红脂白、香气浓郁、滋味鲜美。宣威火腿因产于宣威而得名，素以风味独特而与浙江金华火腿齐名。它的主要特点是：形似琵琶，只大骨小，皮薄肉厚，肥瘦适中；切开断面香气浓郁，色泽鲜艳，瘦肉呈鲜红色或玫瑰色，肥肉呈乳白色，骨头略显桃红，似血气尚在滋润。其品质优良，足以代表云南火腿，故常称"云腿"。

参考文献：

[1] 朱绍先，张城豪，毛鸿霖，等. 云南省宣威火腿产业发展现状及对策[J]. 现代农业科技，2023（20）：202-205.

[2] 汪曾祺. 人间至味[M]. 北京：中国文史出版社：2023.

易门豆豉

一、 非遗美食故事

豆豉于明朝初年从江西泰和县随"军屯""民屯"传入易门。易门豆豉以黄豆为原料，易门人都有在水田埂上种植黄豆的习惯，在易门浦贝还有"卖田不卖埂"的说法。每到春季栽种时节，农人们在放水"整田"时，会预先在有田埂的位置用锄头敲出一道几十公分的细土垡，待水入田之后最先融化成稀泥的细土垡会被搅成泥浆，再用板锄将泥浆抹在田埂的内侧及表面，既可以防漏水，又可以阻挡一部分杂草蔓延，这一层抹过泥浆的田埂便是种黄豆的"地基"。水稻栽种结束后，农人们便会在上面点种黄豆，再盖上一把草木灰。草木灰用山中的杂草和灌木闷烧而成，经高温闷烧后，无菌无病，盖在黄豆坑上正好可以防虫害，又可以为黄豆的生长提供一个碱性的生长环境。所以田埂上种植的黄豆颗粒饱满、肉厚多汁，有"豆中之王""田中之肉"之称。

二、 非遗美食制作

（1）原辅料：黄豆、辣椒、老姜、花椒、茴香子、八角、芝麻。

（2）制作步骤：

第 1 步 为保证豆豉原料的新鲜，黄豆米必须三天之内剥完，新剥出来的黄豆米，经清水淘洗后，趁鲜直接上锅蒸或是用清水煮熟。

第 2 步 待豆子完全冷却之后，将其放入篾笭，盖上纱布，再放上黄豆秆堆焐发酵。

第 3 步 三天两夜之后取出，放上盐和酒，静置十二个小时，再放上鲜辣椒磨成的辣椒泥、老姜、花椒、茴香子、八角、芝麻等配料，搅拌均匀，装入瓦罐密封，两周后即可食用，三五年后味道更佳。这就是水豆豉的制作。

第 4 步 若是制作干豆豉，则在发酵完成后，直接按比例拌上干辣椒、草果、八角等配料，放入杵臼里杵成胶泥状，再做成扁圆、长方形等形状，自然风干即可。

易门豆豉

三、 非遗美食风味特色

易门豆豉是易门人的待客佳品，有朋自远方来，易门豆豉及其制作出的美食都是餐桌上必不可少的。比如油炸干豆豉、青椒干豆豉、豆豉谷花鱼等。油炸干豆豉，直接将干豆豉切片用香油炸至焦黄酥脆即可，香辣可口，让人胃口大开；青椒干豆豉则用香油青椒煸炒，香辣中带有青椒的甜鲜；制作"豆豉谷花鱼"要先在锅中放油，待油热后放入葱、姜、大蒜、水豆豉爆香，再加水调制成浓汤，放入预先炸得酥脆的"谷花鱼"，熬煮至汤汁略收入味即可上桌，谷花鱼是在水稻田里养殖的小鱼，半个手掌大小，与水豆豉简直是绝配，加了豆豉的鱼，去腥提鲜，鲜香味美。

参考文献：

[1] 黄治铌. 云南小吃香天下[J]. 绿化与生活，2009（4）：47.

[2] 浦美玲. 旅游小酱菜美食大文章[N]. 云南日报，2007-02-02（10）.

丽江粑粑

一、非遗美食故事

"丽江粑粑鹤庆酒，剑川木匠到处有。"这是流传在滇西的民谚。丽江粑粑是纳西族独具风味的特色食品，有着悠久的历史，明代《徐霞客游记》中便记载了"油酥面饼"，即为当地人常说的"粑粑"，也就是今天家喻户晓的丽江粑粑。

崇祯十二年（1639年），丽江知府木增设宴款待徐霞客时，"丽江粑粑"的传承被记载下来。丽江粑粑最早是马帮商队的必备干粮。在道路曲折且路途遥远的茶马古道上，南来北往的马帮常年风餐露宿，需要带一些食物果腹。而普通的食物容易变质，所以马帮汉子们的妻子或母亲，就会给他们准备一些不易变质的丽江粑粑带在路上。

二、非遗美食制作

（1）原辅料：精制面粉、火腿末、焙芝麻、白糖、瓜子仁、核桃仁、小苏打、大碱、熟猪油、熟菜籽油、温水。

（2）制作步骤：

第1步　面粉倒入搪瓷盆，小苏打、大碱用温水溶化后倒入面粉中，加温水和成稍软的面团，盖上洁净纱布，置半小时。将白糖、芝麻、瓜子仁、核桃仁混合拌成馅心。

丽江粑粑

第2步　用大理石石板，抹上菜籽油。取面团均分成80g重的小剂，搓成圆条再擀成扁圆形长条，抹上猪油，撒上火腿末，用手从一头拉成长卷紧成圆筒状，再将两头搭拢，用掌心轻轻按扁，包入馅心，收口捏紧，用掌心轻轻地按一下制成生坯。

第3步　平锅上火，注入猪油，热时放入生坯，徐徐煎成金黄色即熟。

三、非遗美食风味特色

丽江粑粑不易变质变味，做好后放置数天不会发霉，无论带着出远门或将它作为礼物馈赠给远方的亲朋好友，都是很好的选择。食用时，拿出来蒸或煎一下，依然酥脆香甜。口味上，丽江粑粑分为咸甜两种，可以根据各自喜好选用。其色泽金黄，香味扑鼻，吃起来酥脆可口，加上酥油茶，更是美味无穷。

参考文献：

[1]　钱国宏. 神秘独特的纳西美食[J]. 走向世界，2023（42）：79.

[2]　孟甜. 滇西北民俗类非物质文化遗产保护效果评估研究[D]. 武汉：华中师范大学，2021.

建水豆腐

一、 非遗美食故事

相传，在明朝年间，朝廷在建水大量征兵，有一个小伙子被朝廷选中，在即将离开建水投身战场的前夜，小伙子的母亲担心儿子在路途中挨饿，便连夜将刚刚做好的豆腐用一块块小纱布包好。之后，用石块将豆腐里所含的水分压干，制成豆腐果形状，放入包裹，等天明让儿子带着这些豆腐上路。

因为长途跋涉，儿子到了军营，取出包裹里的豆腐，一块块豆腐早已经发霉、变臭。想把这一大包豆腐扔了，又觉得可惜，于是，便将发霉变臭的豆腐放在炭火上烤，等到豆腐烤出焦黄色，原本已经发霉发臭的豆腐散发出一股香味，放一块在嘴里，咬破脆皮，就见热气从无数蜂窝状小孔中散出，一嚼之下，汁液四溅，味道极佳。

从军营回到家乡，小伙子如法炮制，邻里尝过小伙子的烤豆腐之后，均对这种别样的吃法赞不绝口。就这样，豆腐的这一吃法一传十，十传百，建水县城家家户户都学会了烤豆腐。

二、 非遗美食制作

（1）原辅料：建水臭豆腐、盐、味精、辣椒面、花椒粉等。

（2）制作步骤：

第1步 买回来的豆腐晾干水分，放入竹筐晾一个小时。

第2步 晾干的豆腐放进一个相对封闭的容器里发酵。这个过程需要至少2天。放久了豆腐会太绵，筷子夹不起来，时间没放够味道会酸。其间记住要将豆腐翻面，别粘在一起了，一般放篮子里簸几下。发酵好了的豆腐表面会泛黄色。

建水豆腐

第3步 烤豆腐。小火慢煎，不停地翻面，直到两面金黄。这个步骤千万不要心急，大概20分钟后，豆腐就会外酥里嫩，呈金黄色。

第4步 做好的建水烧豆腐可以蘸调料，调料有干料和潮料两种，干料为辣椒面，潮料为腐乳汁。豆腐浸泡入潮料，小孔中吸满腐乳汁，一嚼之下，汁液四溅，唇齿留香。

三、 非遗美食风味特色

在建水一带吃烧豆腐最有趣：炭火上铁屉特大，豆腐多堆在一角，食客围屉而坐，火上熟一个，拣食一个；豆腐堆上再拨入生的烧上，源源不断。摊主南向坐，不断翻动、刷油。屉角备数个小罐，每一食客对应一个，每吃一个豆腐，摊主就扔一粒玉米在那罐中，待吃完要结账，他就倾倒罐中之玉米粒计数收款，很有"撒豆成钱"的意味。

参考文献：

[1] 温素威. 探非遗云飞扬[N]. 人民日报海外版，2021-08-06（12）.

[2] 龙成鹏，杨红文. 云南豆腐：从外来文化到地方方物[J]. 今日民族，2019（5）：38-42.

乳 扇

相传最开始的乳扇并不是云南的特产，而是被蒙古族人带到云南去的。历史上，乳扇最初被称为"乳线"。早在明朝《南诏野史》中，就曾有"酥花乳线浮杯绿"的记载，而在清朝《邓川州志》中，不仅出现了"乳扇"二字，还详细记录了其制作方法。

二、 非遗美食制作

（1）原辅料：牛奶、酸水。

（2）制作步骤：

第 1 步 酸水倒入锅中，差不多煮到 70 度，加入牛奶，酸水跟牛奶的比例是一比四。

第 2 步 搅拌一下，酸水会让牛奶逐渐凝固，变成像一朵朵小花一样。全部凝固到一起后，把酸水盛出去。

第 3 步 牛奶变成乳扇坨后，只要对折拉开再对折，折成看着滑滑的，就可以拉一下，揉一下，再绕到棍子上面，绕两道。

第 4 步 一拽、一扯、一裹、一捻，一片乳扇就出来了。

第 5 步 晾晒风干。

三、 非遗美食风味特色

乳扇形制独特，是一种含水较少的特形干酪，呈乳白、乳黄之色，大致如菱角状竹扇之形，两头有抓脚。生吃、干吃、油炸、煎烤均可。是下酒的好菜，也可与云腿等材料一起用于烹调。切碎后也可加进三道茶中的第二道甜茶里饮用。

乳扇

乳扇真空包装可藏数月，便于远途运输，远销东南亚各地，很受欢迎，馈赠亲友别有新意。

参考文献：

[1] 汪曾祺. 人间至味[M]. 北京：中国文史出版社：2023.

[2] 赵华，李竞前，黄萌萌，等. 我国奶农发展乳制品加工的相关政策与建议[J]. 中国奶牛，2022（5）：57-59.

四川

民间非遗美食

麻婆豆腐

麻婆豆腐始创于清朝同治元年（1862年），在成都万福桥边，有一家原名"陈兴盛饭铺"的店面。店主陈春富（一名陈森富）早殁，小饭店便由老板娘经营，女老板面上有微麻，人称"陈麻婆"。

当年的万福桥横跨府河，常有苦力之人在此歇脚、打尖。光顾饭铺的主要是挑油的脚夫。陈氏烹制豆腐有一套独特的烹饪技巧，烹制出的豆腐色香味俱全，不同凡响，深得人们喜爱，她创制的烧豆腐，则被称为"陈麻婆豆腐"，其饮食小店后来也以"陈麻婆豆腐店"为名。

二、 非遗美食制作

（1）原辅料：主料是嫩豆腐，辅料有牛肉、青蒜苗和鲜肉汤适量。

（2）制作步骤：

第1步 选石膏豆腐切块，加盐掺入开水浸泡10分钟去涩味。

第2步 牛肉去筋剁成细粒，炒锅内菜油烧至六成热时放入牛肉末煵酥，加盐、豆豉（研细）、辣椒粉、郫县豆瓣（剁细）再炒数下，再掺鲜汤，加入豆腐，用中火烧几分钟。

麻婆豆腐

第3步 再加入青蒜节、酱油等烧片刻，勾浓芡收汁，汁浓油亮时盛碗内，撒上花椒粉即成。其特色在于麻辣鲜香、口感细嫩、整形不烂、色泽红亮，且价廉物美。

三、 非遗美食风味特色

早期的麻婆豆腐用料是菜油和黄牛肉。烹饪手法是先在锅中将一大勺菜油煎熟，然后放一大把辣椒末，接着下牛肉，煮到干酥烂时再下豆豉。之后放入豆腐，稍微加水并铲几下调匀，最后盖上锅盖用小火将汤汁收干，起锅前再撒上花椒末。

20世纪60年代，制作麻婆豆腐时，油必用花生油，肉则不拘牛猪。肉炒熟后，加入豆瓣酱、豆豉、红椒粉、酱油、盐、糖，爆香后再加入豆腐片、高汤，滚煮后加入葱、姜、蒜，以水调太白粉勾芡，起锅前加花椒粉和麻油。现在作料与程序已有些变化，口味强调麻、辣、烫、咸。

参考文献：

[1] 盛晓阳. 豆腐，营养与美味俱佳[J]. 父母必读，2023（10）：94-99.

[2] 胡怀春. 笔尖上的美食[J]. 少年文艺（中旬版），2023（9）：19-21.

灯影牛肉

一、 非遗美食故事

据传，一千多年以前，任朝廷监察御史的唐代诗人元稹因得罪宦官及守旧官僚，被贬至通州任司马。一日元稹到一酒店小酌，下酒菜中的牛肉片薄味香，入口无渣，他颇为叹赏，当即名之曰"灯影牛肉"。灯影，即皮影戏，用灯光把兽皮或纸板做成的人物剪影投射到幕布上。用"灯影"来称这种牛肉，足见其肉片之薄，薄到在灯光下可透出物象，如同皮影戏中的幕布。

二、 非遗美食制作

灯影牛肉

（1）原辅料：牛肉、五香粉、白糖、辣椒面、花椒面等。

（2）制作步骤：

第1步 选黄牛后腿部净瘦肉，不沾生水，除去筋膜，修整齐，片成极薄的大张肉片。

第2步 将肉片抹上炒热磨细的盐，卷成圆筒，放在竹筲箕内，置通风处晾去血水。

第3步 取晾好的牛肉片铺在竹筲箕背面，置木炭火上烤干水汽，入笼蒸半小时，再用刀将肉切成长一寸五、宽一寸的片子，重新入笼蒸半小时，取出晾冷。

第4步 菜油烧熟，加入生姜和花椒少许，油锅挪离火口。10分钟后，把渍锅再置火上，捞去生姜、花椒。然后将牛肉片上均匀抹上糟汁下油锅炸，边炸边用铲轻轻搅动，待牛肉片炸透，即将油锅挪离火口，捞出牛肉片。

第5步 锅内留熟油，置火上，加入五香粉、白糖、辣椒面、花椒面，放入牛肉片炒匀起锅，加味精、熟芝麻油，调拌均匀，晾冷即成。

三、 非遗美食风味特色

灯影牛肉具有色泽红亮、麻辣干香、片薄透明、味鲜适口、回味甘美的特点，牛肉是中国人的第二大肉类食品，含有人体所需的多种矿物质和氨基酸，营养成分高，灯影牛肉既保持了牛肉耐咀嚼的风味，又久存不变质。

参考文献：

[1] 汪曾祺. 人间至味[M]. 北京：中国文史出版社：2023.

[2] 张钰佳. 家乡的美食[J]. 快乐作文，2017（34）：13.

军屯锅盔

一、 非遗美食故事

军屯锅盔发源地彭州市军乐镇（原名军屯镇），相传为三国时蜀将屯兵扎营的地方。据武侯祠三国文化专家推证，当年姜维在此将烤制蜀军干粮的方法传给百姓，此地成为军屯锅盔的起源。每年正月十六是军屯锅盔的开灶日，这里的锅盔店至今都要焚香行礼祭拜姜维。经过几代人不断改进，军屯锅盔制作技艺逐渐形成了一套自己独有的体系。军屯锅盔承载了传统文化符号和地方文化，蕴含着丰富的本土民间饮食文化，是蜀地文化的一种代表。经过上百年的变迁发展，军屯锅盔以其独特的魅力从一个小镇走上了成都名小吃的榜单，赢得了自己的荣誉，成为"美食之都"的一张名片。

军屯锅盔

二、 非遗美食制作

（1）原辅料：面粉、五香粉、肉馅、菜油。

（2）制作步骤：

第 1 步 将和好的面团分成每个 40 克的剂子。

第 2 步 剂子上拍一层油，用擀面杖擀成长片。

第 3 步 用手抻着面片一头，擀面杖托在面片中间，用力向前甩，反复几次，面片就会变得又长又薄。

第 4 步 军屯锅盔每张面片抹上蛋油酥 25 克。

第 5 步 在一端放入肉馅 30 克。

第 6 步 抹有肉馅的那一端面皮向内卷。

第 7 步 制成扁长形状的小"花卷"。

第 8 步 两手各拿着"花卷"两端，反向拧两下，再向中间一挤，"花卷"变成又圆又矮的"墩子"状。在"墩子"两端抹油，铺上层白芝麻。

第 9 步 将"墩子"擀成饼，就成了锅盔生坯。

第 10 步 煎锅中倒入菜籽油烧至四成热，摆入生坯。

第 11 步 煎 3 分钟变成颜色金黄的锅盔。煎制期间需不断晃动煎锅使生坯均匀受热，并每隔 30 秒翻一次面。

第 12 步 将煎好的锅盔放入烤炉内烤 2 分钟，其间需翻一次面，取出上桌即可。

三、 非遗美食风味特色

军屯锅盔采用先烙后烤的制作方法，油脂浸透饼皮，然后又在烤炉中自然蒸发，金黄色的外皮酥脆化渣，入口咔咔响，好吃又没有油腻感，香飘四溢。"香"是军屯锅盔的又一完美特点，香味诱人，隔一条街都能闻到。油香、馅香、芝麻香、花椒香，香味层层递进，真的是满口生香。

参考文献：

[1] 张文迪，吴亚飞，林星彤，等. 军屯小锅盔走向大产业[N]. 四川日报，2024-08-23（006）.

[2] 蒋英. 川西各民族饮食文化研究[D]. 北京：中央民族大学，2010.

夫妻肺片

一、 非遗美食故事

　　在清代末年，成都市井有许多提篮出售肺片的小贩。起初，有的小贩端个瓦钵，卖凉拌肺片，或将瓦钵放在长板凳一端，在其周围插了无数双筷子，吃一片用小铜钱记一次，为平民小吃。这时的"肺片"确实有牛肺。后来，因牛肺颜色难看，口感很差，所以经营者就取消了牛肺，成为无肺的"肺片"。由于名声很大，人们叫得久了，就沿用其叫法。

　　住在成都少城地带的郭朝华、张田正夫妻二人走街串巷出售"肺片"。不管白天夜晚，也不管刮风下雨，夫妻二人紧紧相随。他俩买回做肺片的原料，清洗得干干净净，精选材料，制作也很精细，使人看见就产生好感；再用上好的调料准确调味，拌出的肺片确实好吃，很有风味，深受欢迎。久而久之，人们为区别于其他人出售的肺片，遂取名为"夫妻肺片"。

二、 非遗美食制作

　　（1）原辅料：牛心、牛舌、牛腱、牛脸、精盐、味精、鸡精、白糖等。

　　（2）制作步骤：

　　第1步 将牛心、牛舌、牛腱、牛脸用清水浸泡漂洗干净，备用。

　　第2步 将处理好的食材放入沸水锅中焯水10分钟，捞出清洗干净，备用。

　　第3步 将处理好的食材放入卤水小火卤1小时，捞起放凉，备用。

夫妻肺片

　　第4步 汤料制作：过滤干净的卤水、精盐、味精、鸡精、白糖、酱油一起搅匀，即为夫妻肺片汤料。

　　第5步 牛心、牛肉、牛肚、牛脸切片，芹菜切段，放入调好的汤料、孜然粉、花椒面、蒜泥、黎红花椒油、香油、藤椒油、红油、油辣子拌匀即可。

三、 非遗美食风味特色

　　夫妻肺片色泽红亮，质地软嫩，口味麻辣浓香。观之青红碧绿，津河暗涌。一大青瓷盘新拌的肺片端上桌，红油重彩，颜色透亮；把箸入口中，便觉麻辣鲜香、软糯爽滑，脆筋柔糜、细嫩化渣。

参考文献：

[1] 李汶辛. 川菜文化作为国际中文教育教学资源的开发与应用[D]. 绵阳：西南科技大学，2023.

[2] 赖昊文，谭琼. 巴适的成都[J]. 红领巾（成长），2022（10）：28-29.

成都三大炮

一、 非遗美食故事

成都三大炮传统制作技艺源于糍粑制作技艺。20世纪三四十年代，李红兴携其子李长清来蓉，以其家传糍粑制作技艺谋生。李长清吸取成都名小吃"珍珠园子"的特点，对糍粑制作进行改良，逐渐形成了"三大炮"的雏形。80年代以来，"三大炮"屡次获得"名小吃"等称号，成为成都美食的一张亮眼名片。

成都三大炮传统制作技艺是成都饮食文化的一朵奇葩，为研究成都平原社会风俗、城市变迁、民间饮食提供了活态材料，在丰富民众饮食、拉动旅游经济等方面发挥着重要作用。

成都三大炮

二、 非遗美食制作

（1）原辅料：糯米、芝麻、黄豆、红糖等。

（2）制作步骤：

第1步 将糯米淘洗干净，用清水浸泡八至九个小时，装入饭甑内，用旺火蒸熟（蒸的过程中，揭开甑盖，洒沸水二至三次）然后倒入石碓窝内，掺入开水（以淹过米饭为度）。待水全部被米吸收后，再用木槌将糯米饭舂成糍粑。黄豆、芝麻分别炒熟，磨成粉，红糖用适量的开水化为较浓的汤汁。

第2步 将黄豆粉放在簸箕内铺开。在木架或小桌上放一个方形木板。板上放两到四组（每组二至三个重叠）铜盏。在木板下方紧接着放一小桌或木架，放置装有黄豆粉的簸箕。取糍粑三坨，搓成圆球状，分三次连续甩向木板，弹落入簸箕内，黏上黄豆粉。

第3步 将黏上黄豆粉的糍粑三个一组装盘，再撒上芝麻，浇上红糖汁即成。

三、 非遗美食风味特色

四川省成都市的"三大炮"，属表演型的美食。每年传统的青羊宫花会，各种小吃与春花争香比美，热闹非凡。此时，也正是"三大炮"大显身手之时。越是人多的地方，它越有竞争力。因为它除了能调动人们的嗅觉外，还可以调动人们的听觉。制作时的那种气氛，就可抓住一群食客，特别是青少年顾客的注意力。

参考文献：

[1] 谷敏. 四川省非物质文化遗产融入城市公共文化服务建设的现状及对策研究——以成都市青羊区为例[J]. 四川戏剧，2019（12）：55-59.

[2] 李克亮. 加强保护传承与活化利用，促进非遗可持续发展[J]. 文化月刊，2023（6）：14-19.

龙抄手

一、非遗美食故事

　　龙抄手传统制作技艺是一种在川人中享有盛名的传统抄手制作技艺。主要流行于成都市中心城区，并向周边及新疆、河北、广东、宁夏等地发展。抄手，又称馄饨、包面、云吞等，是指以面皮左右交叉包入肉馅，煮熟后加原汤、红油或其他佐料调配食用的小吃，是民间流传的最古老的面食之一，也是四川最有代表性的面点小吃之一。龙抄手传统制作技艺讲究形如菱角、汤清馅细、皮薄馅饱，采用纯猪肉加水制成水打馅，再据四川饮食特点配以清汤、红油、海味、炖鸡、酸辣等佐料，入口爽滑，细嫩鲜香。

二、非遗美食制作

　　（1）原辅料：猪肉末、小麦粉、葱、姜、花椒、胡椒粉、酱油、虾皮、紫菜、芝麻油。

　　（2）制作步骤：

　　第 1 步　馅心调制。将猪前夹肉剁成蓉，加精盐、味精、胡椒粉、蛋液、姜汁搅打上劲，加入芝麻油拌匀即成。

　　第 2 步　面团调制。面粉放案板上扒一个小窝，加冷水、蛋液和匀，揉至光滑，饧制 20 分钟。

　　第 3 步　生坯成型。将面团擀压成 0.05 cm 的薄片，切成 5 cm 见方的面皮叠齐。取一张面皮，左手托皮，右手用馅挑上馅，先叠捏成三角形后，再将两角交叉黏合在一起捏成形即可。

龙抄手

　　第 4 步　煮熟后加原汤、红油或其他佐料调配食。

三、非遗美食风味特色

　　抄手皮用特级面粉加少许配料，细搓慢揉，擀制成"薄如纸、细如绸"的半透明状。肉馅细嫩滑爽，香醇可口。龙抄手的原汤是用鸡、鸭和猪身上几个部位肉，经猛炖慢煨而成的。原汤又白、又浓、又香。

参考文献：

[1]　韩凝春，王成荣. 老字号非物质文化遗产的生存机理[J]. 时代经贸，2021，18（5）：21-27.

[2]　郑伟. 川菜文化创意产业发展现状及对策研究[J]. 现代商业，2021（6）：45-47.

川北凉粉

一、非遗美食故事

川北凉粉，创于蜀汉，兴于明清，盛于 20 世纪 50 年代。靠川乡礼仪之邦，经二十八代传人之手，牵丝挂牌，制粉调汤，传承至今，其间，已有近两千年历史。

川北凉粉

相传早在蜀汉时期，安汉县今南充市嘉陵江中渡口码头，在渔舟货船之间，沙丘卵石之上，有两个凉粉棚：大棚姓薛，人称薛凉粉；小棚姓谢，名叫谢凉粉。大棚经营冷吃旋子凉粉，小棚经营热食片子凉粉。两家凉粉冷热有别开头各异。一样绵软细嫩，爽口宜人；一样麻辣鲜香，其味无穷。薛家与谢家喜结良缘，夫妻和睦，绝技传家，两种凉粉，合流一处；谢凉粉更招换记，粉墨登场，亮相安汉。

据说巴西郡今阆中太守张飞巡视安汉，对谢凉粉喜爱有加，备受封赏，成为蜀国刘备御前贡品，谢凉粉才跻身市井闹市，集能工巧匠，取西充山南椒辣，采南部江北豆夹，改制砣粉，再调红油，配上松脆酥香小锅盔，风味独特，鲜美异常。霎时间，老饕光顾，馋虫毕至，车水马龙，食客盈门。

二、非遗美食制作

（1）原辅料：豌豆、香油、大蒜和酱油。

（2）制作步骤：

第 1 步 用清水将豌豆浸泡 6~8 小时，直到泡胀为止。

第 2 步 对泡涨的豌豆进行水磨，即在磨的时候加适量的水。

第 3 步 豌豆全部磨完后，用豆包布过滤。第一遍过滤出的是原汁浆，浓度大，用容器装好单独放在一边。第二遍、第三遍再加清水过滤，目的是将大部分的淀粉滤出，经 3 小时左右，去掉上面的清水，取出沉淀在下面的油粉和淀粉。

第 4 步 将第一遍滤出的原汁浆倒入锅内，一边加温一边用木质小擀面杖不断地进行搅动，待烧沸后，再将第二、第三遍过滤出的油粉和浓度约 60% 的淀粉缓缓加入锅内，一边加一边不停地朝一个方向搅动，使之和先下锅的原汁混为一体，并继续用小火煮 10 分钟即可起锅。

第 5 步 将做好的成糊状的热粉倒入陶瓷器皿中进行冷却（不用木制器皿）。

第 6 步 将冷却后的凉粉，切成约 8 cm 长，0.8 cm 宽厚条状，装入碗内，加入精盐、葱花和红辣椒油即可食用。根据各自的爱好，也可加适量的香油、大蒜和酱油。

三、 非遗美食风味特色

川北凉粉，源于蜀汉，兴于明清，创新于当代。川北凉粉具有独特的秘制调味配方，其质量标准为：色泽似谷花、明而不透，质细柔嫩，细而不断，筋力绵软，口感有嚼劲，微辣鲜香，食后不上火。

参考文献：

[1] 宋文辉. 民国时期四川饮食文化之演变[J]. 南宁职业技术学院学报，2023，31（6）：8-15.

[2] 汪曾祺. 人间至味[M]. 西安：陕西人民出版社：2020.

[3] 申文灿. 川菜非物质文化遗产与美食旅游开发[J]. 广西质量监督导报，2020（9）：66-67.

牛佛烘肘

话说闯王李自成北京兵败后，逃往南方。途经牛佛时，已是人困马乏疲惫不堪。一行人饥饿难耐，店铺却都已打烊，无以为食。他们投宿在一户人家中，这家主人正好是少林寺火工头陀的后人缪二。缪二家传制作烘肘的绝技，很是知名。

缪二见这一行人气宇不凡，有心展示一下家传绝技。他当下让儿子将猪圈里养了多年的母猪杀了，做了一份烘肘给这一行人食用。李自成吃后大赞缪二手艺，给了他一堆银两，问他用什么烘猪肘才能做得这般美味？缪二面对一堆银两，不经意就把做烘肘的秘密说了出来：用薏仁、冰片、人参、花生等材料喂食五年以上的母猪肘。一代接一代人之后，缪二的名字在当地人嘴里成了牛二，缪二做的烘肘也成了当地的一道招牌菜，一直传到现在。

二、 非遗美食制作

（1）原辅料：猪前肘、盐、冰糖、冰糖色、料酒、老姜、葱结、五香粉、肉汤、猪骨头、色拉油。

（2）制作步骤：

第 1 步　先将猪前肘去尽残毛，烧烙刮洗干净，入沸水锅中过一次水，清水漂洗；猪骨头也出一次水。

第 2 步　下色拉油烧至六成热，老姜洗净拍破下锅，葱结下锅，用小火炒香；再放五香粉炒，然后放肉汤、冰糖、盐、冰糖色、料酒入锅烧沸。

牛佛烘肘

第 3 步　取一大锅，将猪骨头垫底，放入猪肘，灌入制好的汤汁，先中火烧沸，再改小火把肘子烘软。最后将烘软的肘子盛入盘中，取原汁收浓后淋在肘子上成菜。烘制的时间把握是牛佛烘肘成败的关键，时间短入不了味，时间长了又会影响成品的品相，所以时间的控制必须精当，是全部工序的要点。

三、 非遗美食风味特色

"牛佛烘肘"整形成皇冠状，色泽鲜嫩，味美香甜，食之不烂，肥而不腻，名震巴蜀，后经官府传入宫中，成为康熙年间宫廷的上等菜肴。烘肘端上桌来，盈尺的阔口盆子里满满当当只装了这么一个肘子。肉色棕红鲜亮，汤汁深红浓稠，这种看似沉稳而内敛的颜色，在饭桌上却是最让人不能容忍的，必欲啖之而后快。这时烘肘的香味在近处反而不是那么馥郁浓烈，它只是轻柔而舒缓地潜入人的鼻息，却最能勾起人的口水。

参考文献：

[1]　蓝勇. 中国川菜史[M]. 成都：四川文艺出版社：2019.

[2]　宋良曦. 中国盐文化奇葩——自贡盐帮菜[J]. 盐业史研究，2007（3）：46-50.

富顺豆花

一、 非遗美食故事

关于富顺豆花的起源，有一段久远的历史和一个有趣的传说：三国时期，由于当时的金川驿地区（今富顺县）有一口"盐量最多"的富顺盐井，加上适宜大豆生长的气候条件和地理环境，豆腐流传到了富顺后备受欢迎。此后，由于发达的产盐业吸引了来自四面八方的商贾，富顺在很长一段时间内几乎成了自贡市的经济文化中心，人气异常旺盛，豆腐食品需求量自然显著上升。发展到民国时期，一天，一位来富顺贩盐的商人来到当地有名的朱氏餐馆，由于实在没有耐心等待，就跑到厨房催厨子快点把自己点的炒豆腐端上桌来，当他看见那还没成型的豆腐正热气腾腾地在锅内慢悠悠煮着的时候，由于实在没时间再等了，便要求朱氏餐馆的店主将此"嫩豆腐"卖给他。没有充分凝固，当然就不能煎炒，于是，老先生就吩咐厨子备辣椒水让这位客人蘸着下饭。客人不仅没感到难吃，相反，他还觉得这样吃起来比起煎炒过的老豆腐更加鲜美可口。老先生受此启发，在此基础上反复研究豆花的鲜嫩程度、蘸水的配方以及最适合配豆花的米饭。后来，便有了让人百吃不厌、回味无穷的"富顺豆花"，并成为川菜里的一个经典招牌菜。

二、 非遗美食制作

（1）原辅料：黄豆、盐卤、辣椒油、酱油、盐、味精。

富顺豆花

（2）制作步骤：

第 1 步　选出优质大豆若干用水浸泡，刚好泡透即可。将泡好的大豆和适量清水加入石磨中推细。把推好的浆放入锅里烧开，舀入事先准备好的布口袋内去渣，把豆浆滤在瓦缸里。若是冬天就要马上下盐卤（石膏粉加水），夏天则要等一会儿再下胆水。

第 2 步　点豆花时，盐卤装在一个有小缺口的碗里，往下滴盐卤，右手持长柄饭勺不停地从盐卤滴下处往外刨，一直刨到卤缸里起鱼籽眼为止。

第 3 步　将豆浆从瓦缸舀到铁锅内，经微火一煮，豆花沉到锅底，窖水浮到锅面，将一半圆形的楠竹片放到锅底豆花与铁锅之间，抓住篾片的两头来回移动。窖水通到锅底，豆花不生锅也就烧不糊。

第 4 步　豆花做好后，把调料（辣椒油、酱油、盐、味精、姜末、葱花、香菜）放入碗中，调料的用量根据各自口味放。

三、非遗美食风味特色

"一轮磨上流琼液，百沸汤中滚雪花。"它是藏在街头巷尾的美食，是热腾腾的市井烟火气，是一家老店里传出的香味，更是专属于富顺的味道。富顺豆花承载的灿烂的历史文化，饱含丰富的人文风情，传承百年，依旧散发着勃勃生机。

参考文献：

[1]　四川省民政厅. 四川省地名文化传承保护工作的思考[J]. 中国民政，2023（10）：33-35.

[2]　王云熙. 饮食文化品牌塑造研究——以富顺豆花为例[J]. 品牌研究，2020（6）：33-35.

赖汤圆

一、非遗美食故事

赖汤圆是成都有名的小吃，已有 100 多年的历史。其创始人是四川资阳东峰镇人赖元鑫。赖元鑫少年时父母双亡后，便跟着堂兄到成都一家饮食店当学徒，后来因得罪老板被辞退。1894 年，他向堂兄借了几块银圆，以挑担卖汤圆为生。他看到成都卖汤圆的众多，认为要想站住脚，非有过人的质量不行，便磨细米粉，加重糖油心子，早上卖早堂，晚上卖夜宵，起早贪黑，苦心经营。直到 20 世纪 30 年代才在成都总府街口开店经营，取名赖汤圆。

二、非遗美食制作

（1）原辅料：糯米、大米、黑芝麻、白糖粉、面粉、板化油、白糖及麻酱各适量。

（2）制作步骤：

第 1 步 将糯米、大米淘洗干净，浸泡 48 小时，磨前再清洗一次。用适量清水磨成稀浆，装入布袋内，吊干成汤圆面。

赖汤圆

第 2 步 将芝麻去杂质，淘洗干净，用小火炒熟、炒香，用擀面杖压成细面，加入糖粉、面粉、化猪油，揉拌均匀，置于案板上压紧，切成 5 cm 见方的块，备用。

第 3 步 将汤圆面加清水适量，揉匀，分成 30 个，分别将小方块心子包入，做成圆球状的汤圆生坯。

第 4 步 将大锅水烧开，放入汤圆后不要大开，待汤圆浮起，放少许冷水，保持滚而不腾，汤圆翻滚，心子熟化，皮软即熟。

第 5 步 食用时随上白糖、麻酱小碟，供蘸食用。

三、非遗美食风味特色

赖汤圆做工精细、质优价廉、色泽洁白、皮薄馅丰，煮时不烂皮、不漏油、不浑汤；吃时不粘筷、不粘牙、不腻口，爽滑软糯、滋润香甜。其品种先是黑芝麻、洗沙心，后增加了玫瑰、冰橘、枣泥、桂花、樱桃等；馅心有圆的、椭圆的、锥形的、枕头形的。其鸡油四味汤圆一碗四个，四种馅心，四种形状，小巧玲珑，配以白糖、芝麻酱蘸食，风味别具。

参考文献：

[1] 林华. 赖汤圆：百年传承，小汤圆大发展[J]. 中国食品，2023（3）：72-75.

[2] 黄海涛. 老字号品牌赖汤圆包装创新设计"御品系列"[J]. 上海纺织科技，2020，48（6）：112.

重庆

民间非遗美食

黔江鸡杂

鸡杂作为一道历史久远的盘菜，存在的历史很早，食用的方式多种多样。早在清代乾隆时期《调鼎集》中就记载有"鸡杂"一项，并记载有一道"咸菜心煨鸡杂"菜品："一切鸡杂切碎，配火脚片，笋片，清水煮去咸味，挤干，同入鸡汤、酒、花椒、葱、飞盐煨。"已经有一点煨鸡杂的感觉了。在清末《成都通览》中也记载南馆菜中有一道鸡杂，只是没有谈到是何种烹饪方式。

黔江鸡杂

黔江鸡杂改良为一种煨锅的鸡杂并成为一道有影响的江湖菜的时间是 20 世纪 90 年代。当时鸡杂最开始在黔江的小馆子中出现。一名叫李长明的餐馆老板，把制作歌乐山辣子鸡剩下的鸡血、鸡杂、泡菜，混在一起炒，得到很多朋友的认可，随后这种酸辣鲜美的味道得到更多消费者的认可，黔江鸡杂就在黔江流传开了。

（1）原辅料：鸡胗、鸡心、鸡肝、鸡肠、蒜苗、青椒、土豆、干辣椒、泡辣椒、蒜、老姜、泡姜、大葱、菜油、料酒、泡野山椒、生粉、盐、生抽、白糖、胡椒粉、鸡粉、味精、猪油、洋葱、西芹等。

（2）制作步骤：

第 1 步 原料处理。把新鲜的鸡杂（鸡胗、鸡心、鸡肝、鸡肠等）洗净，鸡肾、鸡胗对剖剖成花形小块，鸡心用滚刀片成薄片，鸡肠切长节。将刀工处理后的鸡杂入碗，加老姜、大葱、盐、料酒码味后，加淀粉拌匀待用。淀粉可增加口感的嫩度。另将泡姜剁碎，泡酸萝卜切条，泡椒切成节。

第 2 步　热炒辅料。锅内放入泡椒红油烧热，投进泡姜米、泡红辣椒、姜片、泡酸萝卜、青红花椒、五香料炒出香味，掺入鲜汤，下盐、白糖、料酒、胡椒粉、鸡精、味精等调味备用。

第 3 步　爆炒鸡杂。锅内放入猪油烧热，先下鸡杂爆炒散籽后，速放姜片、蒜米、泡姜、泡红辣椒（剁茸），炒至刚熟，加入炸好的土豆、洋葱、芹菜、蒜苗等。即倒入先前准备的热炒辅料，随后转入火盆锅内。

第 4 步　淋油出锅。另起净锅下熟菜油，烧至六成热，速放干辣椒节，炸至色棕红，在辣味浓时浇入火锅盆内鸡杂上，加香菜即成。吃时可配魔芋、鸡脯肉、芋儿粉丝、凤尾菇等软嫩原料涮食。

三、非遗美食风味特色

黔江鸡杂运用土家烹饪方法，以鸡的内脏，即鸡心、鸡胗、鸡肠和鸡肝之类为原料。黔江鸡杂是地道的重庆江湖菜，鸡杂的腥膻味重，将其与辣椒、泡椒和葱姜蒜同炒，热菜油烹饪红艳艳的泡椒、粉嫩嫩的泡萝卜丝，既可以去除鸡杂的异味，还使成菜脆嫩鲜香，辣得人食欲大增。

参考文献：

[1]　陈俊池，向家淑，唐琼芳. 对黔江休闲农业和乡村旅游发展的思考[J]. 旅游纵览，2021（13）：77-79.

[2]　汪姣，肖云敏. 非物质文化遗产的旅游开发路径研究——以重庆市黔江区为例[J]. 旅游纵览（下半月），2016（10）：72-73.

洪安腌菜鱼

一、非遗美食故事

边城洪安古镇旁有清水江，江中的鱼大多数来自下游的湖南流域，由于江水清澈见底，产出的鱼肉质细嫩，入口即化。腌菜产自重庆。配菜之所以选用贵州的豆腐也是十分讲究。贵州的豆腐精选优质黄豆作为原材料，经过师傅精湛的技艺，豆腐细嫩滑，颜色雪白，香味扑鼻。主料选好后，加以葱、姜、蒜、辣椒、香油以及特制的底料熬煮即成。这一锅鱼里汇集了三省的水土人文，辣椒的红、豆腐的白、酸菜的香完美结合。吃过之后让人唇齿留香，久久回味。

二、非遗美食制作

（1）原辅料：黄辣丁鱼、秀山腌菜、豆腐、泡红椒、野山椒、小葱、大蒜、鸡蛋、料酒、精盐、大葱、老姜、淀粉等。

（2）制作步骤：

第1步 原料初加工。黄辣丁鱼的背部有刺，洗鱼的时候可以剪掉。由于黄辣丁鱼下颚的两边各有一根大刺，边缘都是细细的倒刺，又尖又利，还有毒，所以处理黄骨鱼时要格外小心，要防止被刺伤。黄

洪安腌菜鱼

辣丁初加工后用料酒、精盐、葱姜码味。将鸡蛋清和淀粉调制成蛋清浆，腌青菜切成薄片，野山椒、泡红椒剁细。

第2步 锅内放油烧至六成油温，放入腌青菜、姜蒜米、野山椒、泡红椒末炒香，放入鲜汤烧沸出味，再放精盐、胡椒粉、味精调味，做成烧鱼汤底。

第3步 将黄辣丁或鱼条拌匀蛋清浆后放入含有汤料的锅内煮熟起锅，装入汤锅再撒上葱花即可。吃完洪安腌菜鱼，再在锅里煮上当地特有的手工面，这腌菜鱼才算是吃得有始有终。

三、非遗美食风味特色

洪安腌菜鱼的烹饪方法别致，色泽鲜美，香气浓郁，味道酸辣可口，成为西水流域最具代表性的特色美食之一。

参考文献：

[1] 李建桥. 秀山：做大边城[N]. 重庆日报，2010-06-10（A08）.

[2] 杜陈猛. 重庆美食旅游资源开发研究[D]. 重庆：重庆师范大学，2012.

土家油茶汤

一、 非遗美食故事

由于土家族只有语言而无文字，关于油茶汤的传说众说纷纭。据传，油茶汤是土家放牛娃在茶山里摆"家家"而发明的。他们在山上拾得一捧油茶籽，放在瓦罐中炒出了茶油，再摘来茶叶放入油中一炸，兑上山泉水，加入随身带来的炒玉米，越吃越有味。尝到了这种自制的美味，放牛娃们就常在山中做这种最原始的"油茶汤"；后来，此事传到大人耳中，大人们试着用铁锅、茶油、茶叶等对这种做法加以改进，久而久之就做成了土家族地区常喝的油茶汤，从此油茶汤便在土家族地区流传下来。

二、 非遗美食制作

（1）原辅料：茶叶、花生、炒米花、玉米花、炒黄豆、豆腐干、核桃仁、大蒜、老姜、猪油、精盐等。

（2）制作步骤：

第 1 步 制作前一般农村需一口铁锅、一个三脚、一把锅铲和一些柴火就行。不少人家还有专门装盛油茶汤的罐子，有陶的、铁的、铜的、瓷的。装油茶汤

土家油茶汤

时将罐放在火边煨着，在上山劳动时装一大罐油茶汤以备午餐时用。

第 2 步 用旺火将铁锅加热，放入菜油，先把花生粒炸成金黄色后装盘。再将豆腐干炸爆开后装盘，炸豆腐干时要掌握火候，不能炸糊。把先炒好（或炸好）的炒米花、玉米花、豆腐果、核桃仁、花生米、炒黄豆等"泡货"准备好即开始下一步。

第 3 步 把锅中油盛出，加入猪油少许，待油温加热至六成时，把姜末放入油中，同时放入茶叶翻炒至刚好微焦，倒入适量水（以没茶叶为宜），水沸腾时用锅铲煸炒并略压，目的是茶叶爆开后加水挤压，这样不仅可以出茶汁，茶叶也不会焦，还可以浸入汤中。

第 4 步 等沸腾 1~2 分钟，再加入大量水烧开，放盐调好口味后，舀至碗中，再放入炸好的花生粒、豆腐干、核桃仁、蒜末等，这样可以一边喝汤，一边食用汤中的花生粒、豆腐干、核桃仁，如果这时再配上用火烧好的糍粑，吃起来满口余香，回味悠长。

三、 非遗美食风味特色

土家油茶汤是一种似茶饮汤质类的点心小吃，香、脆、滑、鲜，味美适口，提神解渴，是土家人非常钟爱的传统的风味食品，故有民谚曰："不喝油茶汤，心里就发慌"，"一日三餐三大碗，做起活来硬邦邦"，"一天不喝油茶汤，满桌酒肉都不香"，同时，喝油茶汤又是土家人招待客人的一种传统礼仪，凡是贵客临门，土家人都要奉上一碗香喷喷的油茶汤款待。

参考文献：

[1] 文斌，谭惠. 重庆西阳土家文化旅游研究[J]. 市场论坛，2007（7）：85-86.

[2] 一夫. 毕兹卡与土家油茶汤[J]. 农业考古，1993（2）：55-56.

秀山米豆腐

秀山米豆腐是以粮食为主原料的地方性小食品,因其独到的制作技艺和丰富的营养价值,深受人们的喜爱。关于米豆腐的传说,有好多种说法,有的人说米豆腐的发明是在远古时代,发明人是神农氏。以前在洪水泛滥成灾时,神农氏为了调动老百姓筑坝抗洪,把大米磨成浆状,加水熬煮成糊糊充饥,有一天,伙房把石灰水当成米浆倒到锅子里面煮,又把这些糊糊装到筛子里面,不久就凝成坨坨,后来百姓取名为米豆腐。

(1)原辅料:精白米、熟石灰、盐、酱油、姜米、蒜末、葱花、油淋辣椒粉、豆瓣酱、酸萝卜、醋、香油等。

秀山米豆腐

(2)制作步骤:

第1步 制作设备及工具准备,准备磨浆机(或石磨),煮锅,筛子(铁皮筛或竹),水缸,盆,勺等。

第2步 备料用普通籼米即可。要求米质新鲜、无杂质,不能用糯大米,因其黏性大,不易制作;石灰要用新鲜生石灰,用量据原料数量而定,不宜过多或过少。石灰过多碱性过重,制作出来的米豆腐涩口味重;石灰过少则碱性过弱,制作出来的米豆腐味淡。

第 3 步　浸泡。将备好的米在水桶中浸泡 10～12 小时。

第 4 步　磨浆。把浸泡好的米用磨浆机（或磨子）磨成米浆。浆液浓度一般以浆水能从磨浆机上流下来为宜。

第 5 步　熬煮。将米浆倒入先烧烫的温水铁锅内，再掺入已溶解好的石灰液。

第 6 步　成型。米豆腐按其形状可分为虾子型和方块型两类。制作虾子型米豆腐将煮熟的糯糊趁热用筛子过滤到有水的水缸里迅速冷却成虾状米豆腐，再用冷水漂洗一两次即可。制作方块型米豆腐是将煮熟的糯糊趁热倒入盆里，让其自然冷却后凝固，再把米豆腐用刀划成若干块即可。

三、非遗美食风味特色

秀山米豆腐色泽明亮，口感清香，软滑细嫩，酸辣可口。尤其是在炎热的夏季，既可解渴，又可止饿。米豆腐常见的吃法有：

1. 油炸吃。将晒干的米豆腐片放入油锅中炸脆，撒上花椒盐，香脆可口，可上宴席，为佐餐的佳肴。

2. 炖吃。将米豆腐用刀打成方块，放入适量的清油、盐、草果面拌匀后放入锅中炖熟。其特点是保温性强，外表虽降温内心却烫呼呼的，其味香嫩爽口，特别在寒冷天气佐餐是极好的菜肴。

3. 凉腌吃。先把米豆腐打（切）成小条块放入碗中，抓点切好的韭菜放在上面，再加入盐、酱油、姜米、蒜末、葱花、油淋辣椒粉、豆瓣酱、酸萝卜、醋、香油，用筷拌后便吃，味道十分爽口，特别是夏季炎热天气吃之，更令人精神振奋、力气倍增。

参考文献：

[1]　李满. 渝东南土家族饮食文化旅游资源开发研究[D]. 重庆：重庆师范大学，2016.

[2]　杨洪，袁开国，王慧琴. 湘鄂渝黔边区非遗资源特色及保护性旅游开发路径研究[J]. 经济研究导刊，2021（12）：115-121.

灰豆腐

一、 非遗美食故事

　　鲜豆腐含水量大，易碎易腐，难以携带不便贮藏，只能现吃现做。人们为改善鲜豆腐的不良性状进行了长期探索，从而在渝黔接合部苗族、土家族和仡佬族集居区产生了制作灰豆腐这门传统技艺。因为灰豆腐在制作过程中需用碱灰（用桐壳、南瓜藤、烟茎等烧制）和柴草灰进行鲊制和炒制，故民间取名为灰豆腐。彭水灰豆腐是彭水县黄家镇一带的传统饮食，它是在鲜豆腐的基础上加以灰鲊制、炒制、除尘等制作工艺，生产出的一种新食品。分布于彭水县西南部的黄家镇、朗溪乡、润溪乡、大垭乡及其毗邻的周边省县。彭水灰豆腐适宜凉拌、焖烧、干炒、火（汤）锅配菜等多种烹饪方法，口感柔软、细腻，营养丰富，风味独特。

二、 非遗美食制作

　　（1）原辅料：黄豆、石膏、碱灰、柴草灰等。

　　（2）制作步骤：

　　第 1 步　选料。要确保成品香气浓、产量高、口感好，须以当地产优质新鲜早黄豆为原料，加工前要先过筛，除去原料中的尘土、杂质和残破粒。

　　第 2 步　制作鲜豆腐。将黄豆用清水浸泡，使之充分发胀后碾成浆，然后按照传统工艺点制成鲜石膏豆腐，放入豆腐箱中稍加压榨，成型去水。

灰豆腐

　　第 3 步　灰鲊制。待箱中豆腐成型，水沥干后，用刀切成小块，放入碱灰或柴草灰中吸干水分，此过程根据季节和温度变化，需耗时半天至两天不等。

　　第 4 步　炒制。待豆腐中的水被吸干，用手触摸发硬时放入锅内，用新鲜柴草灰一起加热翻炒，经 40～60 分钟，炒泡炒黄即成，称豆腐果。

三、 非遗美食风味特色

　　彭水灰豆腐口感柔软、细腻，营养丰富，风味独特。炖的豆腐果或火锅煮的豆腐果，如果未切开，吃之前必须先用筷子插穿，将里面的热汤压出，否则会烫伤嘴。当地人喜欢将灰豆腐用来炖猪脚、煮火锅，吃起来松泡绵柔、鲜美可口、香嫩甜滑、口感纯正，令人回味无穷。

参考文献：

[1]　余继平，余仙桥. 传承人的视角：重庆彭水非物质文化遗产资源保护与发展研究[J]. 重庆文理学院学报（社会科学版），2018, 37（1）：20-26.

[2]　李满. 渝东南土家族饮食文化旅游资源开发研究[D]. 重庆：重庆师范大学，2016.

斑鸠蛋树叶绿豆腐

相传很早以前，在竹山县有个王姓孝子，家里很穷，上无片瓦，下无寸土。娘儿俩住在山洞里过日子。有一年春天，好多农民断了米粮，揭不开锅。王生娘儿俩更是经常挨饿，一天睡梦中，王生听到一个姑娘喊他的名字，叫他去拿豆腐。王生喜出望外，麻利地爬起来跟着这个姑娘一起走。走了很远一段路，王生也认不得这是啥地方。他们在一间草房前停了下来。姑娘说：你同我一起去打"神仙叶子"吧，说着就进屋拿了一个背篓，叫王生背上，转到屋后的森林中，姑娘指着一种小叶枝条说："这就是'神仙叶子'，打回去可以做豆腐。"王生半信半疑地跟着那姑娘打叶子，不大一会，背篓打满了。

他们把"神仙叶子"背回草屋，用清水洗净，滤干水装在木桶里，倒下开水搅拌，至叶子变成糊糊，再用筲箕滤去叶茎，加了一点酸浆水，包在包袱里挤去水汁，打开一看，一大块绿色的豆腐便做成了。那姑娘切下一块，放在锅里煎好，做成汤，用土钵盛了装在背篓里，那一大块豆腐也包了让王生带回去，母子俩好度荒春。王生很感谢姑娘给他的帮助，依依不舍地同姑娘分了手。

王生走了一段路，不由得又回头望那姑娘，哪见人影？连草房也没有了，这里就是一片荒山老林。王生很纳闷，急急赶回山洞，取出豆腐让老娘吃了，娘顿时感到很有精神。王生把经过对娘说了。娘说："这是神仙在点化你啊！今后你就教乡亲们也做这豆腐吧，使大家都不挨饿，度过荒春。"从此，王生就带乡亲们上山采这种做豆腐的叶子，教大家做这种叶子豆腐。因为这豆腐是神仙点化的，乡亲们都叫"神仙豆腐"，把这种做"神仙豆腐"的树叶，叫作"神仙叶子"。大家就靠"神仙豆腐"度过了荒春。

（1）原辅料：臭黄荆叶、柏树灰、青红椒、油辣子、食用盐、醋和蒜泥等。

（2）制作步骤：

第1步 首先将摘回来的斑鸠叶用冷水洗净，备用。然后烧一锅沸水，把洗净的斑鸠叶倒入其中，用热水烫漂斑鸠叶，使其变软。树叶颜色烫漂数分钟变为深绿，准备下一步用。

第2步 榨汁。取一个铁盆或者铁桶，将筲箕放在盆口，把烫熟的斑鸠叶放在筲箕里面，双手用力揉搓，使斑鸠叶的汁从筲箕的孔隙里漏到器皿里面，一直榨到仅剩叶脉为止，这个动作速度要快，以免漏下的斑鸠叶汁凝固。

第3步 凝固。让斑鸠叶凝固成形。把准备好的柏树灰烬用水搅拌均匀，水和灰一起洒在筲箕里，让灰水也顺着筲箕的孔隙漏下，与斑鸠叶汁相溶。

第4步 静置。将装满斑鸠叶汁和灰水的器皿静置在凉爽的地方，温度不能过高，阳光不能直射，放好后不要去移动或者摇晃器皿，以免不能顺利凝固。静置1～2小时即可食用。

凝固好的绿豆腐用刀切成条状形小块，盛在盘中，再调上青红椒、油辣子、食用盐、醋和蒜泥，最后撒上葱花佐料即可食用，入口清凉，味道微苦，酸辣适口。

斑鸠蛋树叶绿豆腐

参考文献：

[1] 孙志国，黄莉敏，熊晚珍，等. 重庆武陵山片区特产的地理标志与文化遗产[J]. 安徽农业科学，2012，40（34）：16966-16969.

[2] 孙志国，钟儒刚，刘之杨，等. 武陵山片区非物质文化遗产的保护与文化产业发展[J]. 江西农业学报，2012，24（10）：160-165.

血 粑

相传，杨家六郎入狱后，妹妹去给六郎送饭，饭都被狱卒吃了。妹妹想出了一个主意，用一种植物混合糯米蒸煮成一锅饭，颜色如同黑炭，而下饭菜就是外表黑乎乎的血粑。由于这次送的饭黑乎乎的，狱卒没敢吃，终于到了六郎手中。后来，血粑就成了当地的传统食品。

血粑营养丰富，品质安全，色、香、味宜人，为伴酒之佳品，食之少量即能延缓饥饿，特别适宜活动量大的人群食用。

二、 非遗美食制作

（1）原辅料：猪血、糯米、豆腐、红薯粉、葱、姜、蒜等。

（2）制作步骤：

血粑

第 1 步 把糯米淘干净，然后用开水泡 12 小时后再蒸熟，蒸糯米的时间要长，要让糯米熟透，这样吃起来口感才比较软糯。待糯米完全熟后，趁热将糯米倒入猪血里面，把蒸熟的糯米、豆腐和猪血搅拌均匀。

第 2 步 加葱、姜、蒜、辣椒粉、盐、油、味精、醋等调料，再加适量的红薯粉，再次搅拌均匀后就使劲揉，要揉得很黏稠、紧密，只有把血粑揉紧实了，蒸出来的血粑粑才有型，不易散。

第 3 步 把揉成条状的血粑粑放入锅里蒸，为了让血粑粑能很好地定型，需要在蒸格上铺一层菜叶子。蒸的时候要用大火，蒸熟之后就可以出锅了。把蒸好后的血粑粑放在一旁让其完全冷却，之后就可以拿来切片炒菜了。

第 4 步 为了储存时间更长，可以用小火慢慢烘干血粑。在一般情况下，家庭日常烘熏需20 天，专业烘熏 15 天即可。当手捏血粑个体，有硬度感，粑心无湿心，外表色黑油润，粑心为红色或褐红色，此时生血粑加工即成，可上市销售。

三、 非遗美食风味特色

血粑表面油黑；成品水煮（蒸）熟后，切片呈深红或者褐红色；粑片柔软；气、味纯正宜人。若产品加工与储藏不当，造成亚硝酸盐超标，色、香、味失常变质，均为不合格产品。好的血粑吃起来像三香、豆腐干一样有嚼劲，糯米和猪血的味道已经混为了一体，越吃越有味儿。"血粑"虽黑黑的，其貌不扬，用清水将"血粑"煮熟后，切开来，腊香扑鼻，内呈枣红色，油亮而有韧性。它既可切成薄片，又可油炸食用，风味迥异，特色分明。

参考文献：

[1] 舒语涵. 做血粑[J]. 小学生导刊（高年级），2019（Z1）：29.

[2] 杨涛. 苗都彭水社饭习俗[C]//中国食文化研究会，北京师范大学文学院，中国食文化研究会，中山大学旅游学院，北京师范大学文学院. 中国食文化研究论文集（第三辑）. 重庆旅游职业学院，2018：3.

擀酥饼

据传，自道光元年（1821年）以后，四川学政使每三年要前往酉阳主持一次考试，路过郁山时，郁山巡署都要准备佳肴相待。光绪中，学使吴庆坻路过郁山，侍者端上擀酥饼四个，吴学使吃了几个后，十分满意，席也不坐，把剩下的几个也吃了。光绪甲辰年（1904年）最后一任学使郑沅经过郁山，巡检署照例备上美味佳肴，席上还添了一盘擀酥饼，郑学使取用一个之后，赞不绝口。因为前后学使的推崇，郁山擀酥更日益蜚声于边区各县，每当达官显贵前来县署都先派人到郁山采购。

擀酥饼

郁山擀酥饼配料精致，做工考究，采用上等的面粉、饴糖、芝麻、黄豆、桂花等原料，经手工精制而成，不含任何添加剂，从原材料到整个加工过程都未受到任何污染，属于纯天然的健康食品，具有"香、甜、酥、脆"的特点。春夏保质期为3个月，秋冬保质期达到6个月。

（1）原辅料：精面粉、黄豆、花生、芝麻、冰糖、白糖、饴糖、桂花、熟猪油等。

（2）制作步骤：

第1步 备料。郁山擀酥饼制作主料为上等精面粉。

第2步 和面。取适量精面粉，添入饴糖，再加水揉均匀。

第3步 制酥。将精面粉蒸熟晾干后进行粉碎，经萝筛去渣后，加入熟猪油揉均匀。

第 4 步　制皮。将和好的面粉团手工压成薄片。

第 5 步　包酥。将制好的酥包入皮中。

第 6 步　擀酥。用面杖将包好酥的面饼擀均匀。

第 7 步　包馅。先将黄豆、花生、芝麻、冰糖、白糖、饴糖、桂花、猪油等 20 余种材料按照一定的比例搭配，制成馅，包馅时将制好的馅包入擀好的酥皮中。

第 8 步　成型。将包馅后的材料放入铁制饼圈内压成生饼。

第 9 步　上芝。选用上等白芝麻，放在箩箕中，再将生饼放在芝麻上面，只要一面沾上芝麻即可。

第 10 步　烘烤。将生饼放入平底锅内，有芝麻的一面向上，再将平底锅放到文火灶上烘烤 2~3 分钟，再将经过高温的盖锅覆盖在平底锅上面，约 3 分钟后起锅。

第 11 步　分拣包装。将烘烤好的擀酥饼进行质检和包装。

三、非遗美食风味特色

擀酥饼成品呈金黄色，具有"香、甜、酥、脆"的特点，食后"丹桂盈口"。有名人食后赞道："食尽江南珍馐味，始知郁山有擀酥。"

参考文献：

[1]　杨艳. 非遗小吃最重庆的味道[J]. 重庆与世界，2021（4）：82-85.

[2]　朱智燚. 郁山擀酥饼的技艺传承和文化保护[J]. 食品研究与开发，2013，34（9）：127-129.

[3]　朱智燚. 浅析郁山擀酥饼的保护[J]. 黑龙江史志，2013（2）：59-60.

郁山鸡豆花

相传，鸡豆花为唐代废太子李承乾的侍女可心创造，在郁山流传也有1300余年的历史。郁山鸡豆花在郁山镇市民中广为流传。在喜庆宴会、酒席上都制备鸡豆花招待客人，成为郁山最具特色的饮食佳品。此品以上好母鸡胸脯肉、特产红薯淀粉、土鸡蛋为原料。将鸡脯肉制成浆状，取蛋清，放入适量优质淀粉，加辅料，再放入适量的纯净鸡肉汤，清水调匀，煮熟后再配以适量鸡肉汤即可食用。本品形似豆花故名。

二、非遗美食制作

（1）原辅料：老母鸡、鸡蛋、豌豆苗、熟火腿末、蛋清、味精、盐、淀粉、胡椒粉、清汤。

（2）制作步骤

第 1 步 提前准备好农家散养的老母鸡、土鸡蛋，用去掉鸡脯肉的老母鸡做高汤。

第 2 步 土鸡只取鸡胸部分，去筋后用刀背捶蓉，并用刀背剁数遍后锤茸，鸡蛋清与淀粉混合后调匀。鸡茸中加清水搅散，再依次加入蛋清、盐、味精、胡椒粉、高汤，每加一种佐料搅匀一次，最后搅为鸡茸糊。

郁山鸡豆花

第 3 步 熬好鸡汤后，将表面的浮油舀出。将鸡蓉糊冲入沸腾的鸡汤，瞬间凝结成豆花状。

第 4 步 将豌豆苗入锅焯水，用清水漂透心，再用刀修齐两头，放于碗底，将鸡豆花舀入碗中，再撒上熟火腿细末，并将鸡油一勺勺慢慢淋在鸡茸上，让鸡油的香味慢慢渗透进去。出锅撒上葱花，即成。

三、非遗美食风味特色

郁山鸡豆花的制作工艺复杂，技艺精湛，用料考究。选用新鲜母鸡鸡脯肉，经去筋、剁碎捣烂溶入荚粉水中，与蛋清糕搅匀后，放入熬制好的鸡汤内煮熟即可。它色彩晶莹，清香鲜嫩，入口即化，老少咸宜。

参考文献：

[1] 黄金，张芙蓉. 武陵山区民族特色川菜食品工艺现状与传承调查——以彭水土家族苗族自治县为例[J]. 四川旅游学院学报，2014（6）：12-14+18.

[2] 谭志国. 土家族非物质文化遗产保护与开发研究[D]. 武汉：中南民族大学，2011.

鲊（渣）海椒

一、 非遗美食故事

渣海椒是武陵山区人们餐桌上的最爱，无论是佐酒还是下饭，随处都可以见到渣海椒的身影。从严格的意义上讲，渣海椒的正确写法应该是"鲊海椒"。"鲊"即是用米粉、面粉等加盐和其他佐料拌制的切碎的可以贮存的菜。"鲊"是一种腌鱼的方法，所以在古时，腌鱼都叫"鲊"。不过，鲊字的范围现在已经发生了变化——成了人们对土法腌制的代词。或许是"鲊"字太过生僻的缘故吧，民间便把"鲊海椒"写作了"渣海椒"。在武陵山人看来，渣海椒是他们土家先辈赐予自己的传家宝，每一道制作工序都是一段记忆和感情的延续。

二、 非遗美食制作

（1）原辅料：新鲜辣椒、玉米粉、糯米面、盐、老姜、野蒜等。

（2）制作步骤：

第 1 步 选择新鲜的海椒，这是渣海椒的灵魂，海椒的选取是制作渣海椒成败的关键，选材以那种小而老的红色拉秧子海椒（从地里拔掉的辣椒秧上摘下的最后果实）为最佳。别看它的个头小，可却辣味十足，用它做出来的渣海椒可谓色香味俱全。

鲊（渣）海椒

第2步 将备用的红海椒用清水洗干净晾干水分，用刀将其剁碎之后拌入盐、老姜、少许野蒜等佐料。

第3步 凭自己的口味喜好放入海椒量约二分之一的玉米粉或是糯米面，拌均匀之后立即装入陶制的坛子里，按紧，用干净的稻草或玉米衣壳塞紧，再用竹条盘住坛口，倒置于一个盛有清水的陶盆之中，让其密封发酵。一两周之后，一坛子略带酸味，香气扑鼻的渣海椒就算大功告成了。

三、 非遗美食风味特色

鲊海椒既可以单独炒来吃，也可以炒肉，拿来炒回锅也别具风味。早些年米都是稀缺的粮食，所以人们大多用的是玉米面。现在大多用米粉替代了玉米面，所以配以鲊海椒的鲊肉也以米粉肉（粉蒸肉）代替了。

参考文献：

[1] 汪姣，肖云敏. 非物质文化遗产的旅游开发路径研究——以重庆市黔江区为例[J]. 旅游纵览（下半月），2016（10）：72-73.

[2] 李满. 渝东南土家族饮食文化旅游资源开发研究[D]. 重庆：重庆师范大学，2016.

湖北

民间非遗美食

柏杨豆干

一、 非遗美食故事

明清以来，在利川柏杨集镇一带就开始生产豆干，其中尤以柏杨沈记豆干作坊生产的豆干最为有名，并被当地官员列为朝廷贡品，深受朝廷皇族们的喜爱，康熙皇帝还给柏杨沈记豆干作坊亲笔御赐"深山奇食"金匾。从此柏杨豆干亦称为深山奇食沈记柏杨豆干，并以皇恩御赐为荣，使豆干制作传统工艺沿袭几百年传承至今，成为人们喜爱的地方风味小吃。

柏杨豆干历来用炭火烘烤，工具为炭火、竹篾筛，将豆干一块一块放到竹篾筛上翻烤，至颜色金黄，豆油略微沁出，香味溢出即可。最后一步是包扎，把棕树叶撕成细线状，柏杨湿豆干 6 块一叠，干豆干 20 块一叠。放在簸箕里，柏杨豆干便可以拿上街去卖。

二、 非遗美食制作

（1）原辅料：黄豆、石膏等。

（2）制作步骤：

第 1 步 选用当地高山含硒大豆，筛去杂质，头晚便选大豆用泉水清洗，然后浸泡 6 小时左右，至第二天凌晨石磨磨豆，一瓢豆（二十粒左右）一瓢水，不可多不可少，磨成豆浆。然后，要将豆浆上面的一层泡沫用木瓢舀去，以保持豆干的品质。

第 2 步 柴火煮浆至翻滚沸腾，煮浆过程中需用竹片搅动，以防煳锅，否则加工出来的豆干便有异味。熬煮开后起锅时，用竹条取三张豆油皮。这豆油皮是豆干中的精华，富含大豆卵磷脂和异黄酮，薄薄一层即可下汤，又可包裹豆干一起品味。

第 3 步 熬好豆浆后便是滤浆。用白布做成的"摇摇"将豆浆中的豆渣滤出，反复两次，确保过滤的豆浆纯净。

第 4 步 过滤后的豆浆用木制盖子盖上，每隔五分钟搅拌一次，共搅拌三次，最后一次添加沈记祖传香料，与豆浆相融在一起。半小时后揭盖闻香，察看自然凝固形成的豆花。

第 5 步 包干。用布帕按照湿豆干或干豆干的规格进行包扎，湿豆干每块厚约 0.8 cm，长宽约 8 cm；干豆干每块厚约 0.6 cm，长宽约 8 cm。将包好的豆干叠好，湿豆干 6 块一叠，干豆干 20 块一叠。

第 6 步 豆干包完后，用木榨将叠好的豆干压榨半个小时左右，榨出多余的水分，干豆干需要三次调整力度，既要保持一定水分，又要防止榨得过干。将榨好的豆干一块一块剥开，摊放在木板上，剥开一块便在沈记祖传香料中滚洗一次，这样从外到里都有了香味，同时也还起着保鲜的作用。

柏杨豆干色泽金黄，美味悠长，绵醇厚道，质地细腻，无论生食还是热炒，五香还是麻辣，均有沁人心脾回味无穷之感。

柏杨豆干

参考文献：

[1] 杨洪，袁开国，王慧琴. 湘鄂渝黔边区非遗资源特色及保护性旅游开发路径研究[J]. 经济研究导刊，2021（12）：115-121.

[2] 吴玲. 湖北恩施柏杨豆干创新与推广策略研究[J]. 山西农经，2021（2）：17-18.

张关合渣

一、 非遗美食故事

张关合渣因宣恩一小集镇"张关"而得名，以合渣火锅为典型特征，尤以镇上一位黄姓老太婆制作得最有名、最为地道。20世纪20年代末30年代初，后来成为十大元帅之一的贺龙曾住过她家。据说，她出生时的名字就是贺龙给取的，当初叫黄凤仪。那时，黄凤仪的母亲就常煮合渣给贺龙吃，当地百姓也用合渣慰劳红军。其实，合渣就是用石磨带水碾碎大豆，其汁与渣不过滤不分离，合在一锅，直接烹食。煮合渣对于山里村妇来说，是小事也是常事。不过，黄凤仪自加入此行列后，经年累月，却琢磨出了新道道。选豆、碾磨、烧煮都多一些讲究，做出来的合渣特别像豆腐又不是豆腐，有渣而无渣的粗糙感，开泡泡的合渣在锅里白里透绿，柔软细嫩，入口清香鲜美。张官镇因黄凤仪煮的合渣口味纯正，营养丰富，也被人熟知。

二、 非遗美食制作

（1）原辅料：黄豆、萝卜菜叶、鲜汤、肉末、鸡蛋等。

（2）制作步骤：

第1步 将黄豆洗净用水泡胀后，连豆带水在石磨上一转一转地磨成浆，倒入锅中煮开。

第2步 放入切好的新鲜萝卜菜叶，再煮开，就制成一锅乳白带绿的合渣。

张关合渣

第3步 渣煮好后点卤变得稍干，可以加入炒好的猪肉末的臊子，或加鲜汤配猪肉、仔鸡、鸡蛋等做成鲜肉合渣、仔鸡合渣、鸡蛋合渣等系列合渣火锅。由此看出制作一份"推合渣"比起制作豆腐要简单得多，不用过滤，不用压榨。

三、 非遗美食风味特色

土家人爱吃合渣，不仅是因为制作很容易，还因为它营养价值高，味道也美。常吃合渣有几大妙处：黄豆富含蛋白质，青菜富含维生素，因此合渣的营养价值高；合渣的味道特别，清淡，带乳香，百吃不厌；土家人的第一大主粮玉米，性粗糙，但就着汤汤水水的合渣，却极易下喉。在炎夏，喝一碗合渣，既解渴，又消暑，还可以将其放置几天，让其变酸——土家人称之为"酸合渣"，酸合渣更解渴，更消暑。寒冬，可在酸合渣中放土辣椒、猪油、盐、大蒜等调料，架在柴火中猛煮，煮到一定程度，就边煮边吃，比起麻辣豆腐、臭豆腐，又是一番风味。

参考文献：

[1] 安丽芳. 恩施乡土味儿[J]. 中国三峡，2018（6）：118-121.

[2] 耿亮. 恩施民族特色饮食经济探讨[J]. 现代商贸工业，2009，21（10）：91-92.

建始花坪桃片糕

一、 非遗美食故事

桃片糕，又名云片糕。关于其美名有一段颇不寻常的来历。相传乾隆皇帝巡游江南淮安府时下榻在一汪姓大盐商花园。一日，看到窗外鹅毛般的大雪漫天飞舞，乾隆诗情萦绕，情不自禁地吟咏出"一片一片又一片，三片四片五六片，七片八片九十片……"的诗句，可是到第四句偏偏卡壳了，冥思良久而不得。

建始花坪桃片糕

这时，接驾的汪盐商恰巧捧着细花玛瑙盘子前来跪献茶点。乾隆一想，正好趁这吃茶点的工夫，把窘相掩过去。桃片糕薄薄的片，洁白晶莹，甚是惹人喜爱，放入口中，酥软香甜，乾隆交口称赞。汪盐商乘机叩请皇帝给这祖传的茶点御赐芳名，乾隆欣然应允，眼前这糕点的色彩、形状、质地，岂不像外面飞舞的雪片吗？哪晓得他一高兴竟将默念的"雪片糕"写成了"云片糕"，既然是御笔，哪是能随便更改的？后来就沿用了"云片糕"这个名称。

二、 非遗美食制作

（1）原辅料：糯米、白糖、麻油、核桃仁等。

（2）制作步骤：

第1步 炒粉。先将糯米用温水淘净（如用冷水淘，炒时易粘砂粒），干后，拌以石砂炒熟，筛去石砂，再磨制成粉。

第2步 湿糖。隔日将绵白糖与麻油一起放入缸内，加入冷开水搅匀。

第 3 步　炖糕。先将炒米粉与湿糖（比例相等）、核桃仁拌匀擦透，过筛后置入模具内。在表面压平，再用刀将模内粉坯横切成四条。最后连同糕模放入热水锅内炖制，约 5 分钟取出。同时也须注意锅内水温，要始终保持半开程度，防止含水过多。

第 4 步　复蒸。复蒸亦叫"回气"。将炖好的糕坯再放入锅内复蒸，以增加其糯性。在回气时要注意气温与火候的关系，正与炖糕时相反，即夏季要小，冬季要大。复蒸约 5 分钟，取出后撒些熟面以防粘牢，贮在不透风的大木箱内，用熟面将糕全部盖没，以便吸去水分，防止霉变与保持质地软润，待隔日切片包装销售。

第 5 步　切片。在切片方面，要做到片薄均匀。原来用手工操作，现都用机器操作，不但减轻工人劳动强度，而且还大大提高生产效率和产品质量。

三、非遗美食风味特色

云片糕不仅厚薄一致，而且图案美观。桃片中间缀以核桃粒，疏影横斜，暗香浮动，美轮美奂。它形状同牌，色泽若玉，片薄像纸，柔韧如带，散开似扇，质地高华，肥润绵软，芳沁肺腑，甚是惹人喜爱。撕一片送入口中，香甜软润，泯化弥散，齿颊生津，回味无穷。

参考文献：

[1]　孙志国，钟儒刚，刘之杨，等. 武陵山片区非物质文化遗产的保护与文化产业发展[J]. 江西农业学报，2012，24（10）：160-165.

[2]　孙志国，熊晚珍，王树婷，等. 湖北武陵山区地理标志产品和文化遗产的保护与对策[J]. 湖南农业科学，2012（5）：145-148.

土家呷酒

一、非遗美食故事

呷酒是土家人特制的一种酒，头年九十月，将糯米、高粱、小米、小麦等煮熟，拌上曲药，存放于酿坛中，封上坛口，至次年五六月以后起用，也有的贮存数年后饮用。其浓度低、味甘甜，用竹、麦、芦管吸吮，酒液洁莹透明，可加开水复呷，直到无酒味而止。土家族古籍中记载了酿造呷酒的方法。

二、非遗美食制作

（1）原辅料：糯米、酒曲。

（2）制作步骤：

第1步 糯米若干，浸泡5小时，把水滤去，把浸泡后的糯米倒入饭甑。

第2步 把饭甑盖好，放到大镬中，大镬底部放水，镬底生火蒸上3个小时，直至米变成软熟的饭粒。

第3步 把蒸好的饭粒扒松，倒进非常干净的大水缸。加入适量酒饼发酵剂，不同酒药可酿出不同的酒，有的甜，有的浓，甜酒酒药少，浓酒酒药多。

第4步 把酒缸盖好，冬天等6~8天，夏天等3~4天，香醇的米酒就出来了。

三、非遗美食风味特色

土家族呷酒的制作技艺属于原生态的民族民间的酿酒技艺，随着生活的现代化进程的推进，这一民间传统酿酒技艺在一些土家族山寨还在传承，如川东地区、石柱、恩施州等地，但是总体上处于濒临失传的状态。呷酒的饮用礼仪及消费习俗是土家族长期以来形成的具有民族认同、文化认同和共识的一种表现形式，具有其民族凝聚力和向心力。对呷酒的酿造技艺应进行挖掘、整理、恢复、保护和传承。

土家呷酒

参考文献：

[1] 邓伟志. 开发利用世界文化遗产资源促进遗产地精准脱贫[D]. 武汉：中南民族大学，2019.

[2] 武瑕. 地域性景观视角下的民族村寨旅游景观设计研究[D]. 武汉：中南民族大学，2021.

热干面

非遗美食故事

20世纪30年代，汉口有一个小摊贩叫李包，在长堤街关帝庙那里靠卖凉粉和汤面为生。正值夏天，酷热难耐，可还有不少面没有卖出去。他害怕面条会馊掉，就将剩下的面煮熟了放在案板上晾干。在操作的过程中把旁边的油壶给碰倒了，麻油就泼到了面条上。李包无奈只好将面条用油拌匀了重新晾干。第二天，李包把昨天的拌了油的熟面条再放入沸水里烫了一遍，捞起来放入碗里沥干，然后再加入拌凉粉用的调料。顿时热气腾腾，香气扑鼻，吸引了很多来买的人。他们吃完都觉得特别好吃，纷纷竖起大拇指。有人就问他，这是什么面，李包脱口而出"热干面"。从此热干面在武汉名声大噪，进而火遍了全国。

二、 非遗美食制作

热干面

（1）原辅料：碱水面、酱萝卜丁、酸豆角、油炸花生米、葱花、芝麻酱、卤水、酱油、辣椒油、食用盐、白糖、白胡椒粉、芝麻香油。

（2）制作步骤：

第1步 大火烧水，烧开后放入面条，用筷子挑散，煮熟捞起沥干备用。

第2步 胡萝卜洗净，切成小丁，放入滚水中煮，煮熟后捞出沥干水。

第3步 芝麻酱倒入碗中，加入香油搅匀，再加入少许开水，继续搅拌，搅拌至芝麻酱成稀糊状。

第4步 在芝麻酱里加入甜面酱、豆瓣酱、鸡精、白胡椒粉调匀成酱料。

第5步 面条盛入碗中，加入酱料，撒上胡萝卜丁和香葱花拌匀即可食用。

三、 非遗美食风味特色

热干面采用碱水面，并以食油、芝麻酱、色拉油、香油、细香葱、大蒜子、萝卜丁、酸豆角、卤水汁、生抽等为辅助材料。热干面的做法较之普通面条也稍稍复杂，需要经过水煮、过冷水、过油的工序，再淋上芝麻酱、香油、醋、辣椒油等调料，面条爽滑筋道，香浓可口，令人回味无穷。

参考文献：

[1] 曾远翔. 武汉的味道[J]. 红蜻蜓，2024（Z3）：78-79.

[2] 曹梦. 舌尖上的武汉——热干面香家乡情浓[J]. 东方娃娃·保育与教育，2023（5）：12-15.

蟠龙菜

蟠龙菜据说是专门为朱厚熜进京即位争取时间，由厨师詹多研制出来的。相传朱厚熜进京前，皇室皇族早有明争暗斗，张太后迫于政势，密诏颁达了三位亲王，并说"先到为君，后到为臣"，这一历史典故流传至今。当时住兴王府的朱厚熜是离京城最远的一位亲王，为赶时间，幕客严嵩献计，要朱厚熜假扮钦犯坐囚车，日夜兼程直奔京城。而朱厚熜乃藩王世子，终日生活豪华、奢侈，坐囚车尚可忍受，而途中吃饭可就成了大问题，因沿街靠站用膳耽误时间，用膳只能在囚车上。心灵手巧的詹厨师偶然悟出了配方，在众多厨师的通力合作下，成功地做出了一道吃肉不见肉且携带又方便的美食，助朱厚熜登上了皇帝宝座。

二、 非遗美食制作

（1）原辅料：猪肉、草鱼、鸡蛋清、鸡蛋、蚕豆淀粉、味精、姜、猪油（板油）、小葱。

蟠龙菜

（2）制作步骤：

第1步 将猪瘦肉剁成蓉，放钵内，加清水浸泡半小时。

第2步 待肉茸沉淀后沥干水，加精盐、淀粉、鸡蛋清、葱花、姜末，边搅动边加清水，搅成黏稠肉糊。

第3步 草鱼宰杀治净，片取净肉剁成茸，加精盐、淀粉搅上劲透味成黏糊状。

第4步 鸡蛋磕入碗内，搅匀，入锅摊成蛋皮3张。

第5步 鱼蓉、肉蓉和在一起拌均匀，分别摊在鸡蛋皮上卷成圆卷。

第6步 鱼肉茸卷上笼，在旺火沸水锅中蒸半小时，取出晾凉。

第7步 晾凉后切成3 mm厚的蛋卷片。

第8步 取碗一只，用猪油抹匀。

第9步 将蛋卷片互相衔接盘旋码入碗内，上笼用旺火蒸15分钟，取出翻扣入盘。

第10步 炒锅上火，加鸡汤、盐、味精，勾芡，淋入熟猪油，浇淋在蛋卷上，点缀花饰即成。

三、 非遗美食风味特色

蟠龙菜用精肥肉、精瘦肉再加以淀粉、鸡蛋、盐、姜等佐料制成，是一道吃肉不见肉，携带方便的菜肴。食用时，装碗造型成"龙"的形状。食而不腻，美味爽口，故被嘉靖皇帝赐封为"蟠龙菜"。蟠龙菜古时为皇上御用，现在老百姓也能吃上。

参考文献：

[1] 王虹. 蟠龙菜制作技艺保护与传承策略的研究[J]. 文化月刊，2023（12）：61-63.

[2] 全世豪，董强. 暗藏玄机的蟠龙菜[J]. 百科知识，2023（14）：65-67.

湖南

民间非遗美食

泸溪斋粉

一、非遗美食故事

泸溪是湘西的南大门，与沅江河畔相抱，位于高山耸立峡谷，扼入大西南的咽喉，地势险要，历来为商埠、军事之要地。相传早在汉代，伏波将军马援就曾在这一带征讨"南蛮"，遭到"南蛮"顽强的抵抗，加上士兵水土不服，军粮供给不足，几仗下来，兵疲马乏，死伤惨重，撤退到沅水江边进行休整，封闭了半个多月不战。当地的百姓拥戴马援，以斋粉慰劳士兵，以解决水土不服，成了士兵的美味佳肴。不到半月之后，马援士兵和战马体力迅速得以恢复，大战"南蛮"，获取全胜，从而就形成了泸溪斋粉的雏形。这说明了泸溪人吃米粉有着源远流长的历史。据《泸溪县志》记载，早在康熙年间斋粉在泸溪县境内就已家喻户晓。斋粉不同于山珍海味，但却是泸溪人心目中的人间珍馐。泸溪斋粉承载了数百年的历史演变，也承载起每个地道泸溪人的寄托，如今来泸溪旅游的朋友都会心心念念地要去吃一碗地道的泸溪斋粉。

二、非遗美食制作

（1）原辅料：大米、胡椒粉、姜末、葱花、酱油、盐、醋、豆豉汁、花生米等。

（2）制作步骤：

第1步 打浆。将浸泡一个星期略有酸味的大米磨成浆，浆要细匀，粗了不好揉团。

第2步 兑芡、揉团。把浆盛入布袋，压干或挤干水分，在浆块中掺兑适量的芡粉，反复揉搓，分成1 kg

泸溪斋粉

左右的浆团，再放进滚开的水中煮。煮团极有讲究，是粉丝有无韧性的关键工序。煮好后捞出，趁热把浆团掰开，用力揉搓，把浆团中间的生浆和外表的熟浆揉匀成浆团。

第3步 榨粉。将浆团放进榨粉机里压榨，银丝玉缕般的粉丝流进开水锅里，煮几分钟。

第4步 洗粉。捞出粉丝，放在清水里清洗，再一扎一扎地理好，分放在筲箕里。至此，斋粉丝生产全部完成。

第5步 煮粉。锅烧开水放入斋粉丝，略煮3分钟，捞入放有胡椒粉、姜末、葱花、酱油、盐、醋、豆豉汁的碗中，撒上花生米，即可食用。

三、非遗美食风味特色

斋粉重汤味，其味"不在面而在汤"，斋粉汤多粉少，而汤回味无穷，有鸡汤的鲜却无鸡肉的腻，一口下肚美妙难忘。斋粉与众不同的"哨子"是花生米，用花生米的脆香裹上鲜汤，细细地嚼，慢慢地咽，好吃到让人忘忧，意犹未尽，明早又会趋之若鹜。

参考文献：

吴楠. 湘西州非物质文化遗产的法律保护[D]. 武汉：中南民族大学，2022.

社 饭

在湖湘大地尤其是湘西山区，农民每逢春季社日都要祭祀土地神，祈求年景顺利、五谷丰登、家运祥和，俗称过社、拦社，他们要煮一种食物叫作社饭，用作节日的祭品。苗族、土家族人十分看重过社，家家户户都要做社饭，并且乐此不疲。清代《潭阳竹枝词》"五戊经过春日长，治聋酒好漫沽长。万家年后炊烟起，白米青蒿社饭香"是描写土家族人过社的真实写照。

社饭是土家族和苗族同胞喜爱的食品。它的特点是饭菜合一，营养丰富，既有糯米的香糯，又有腊肉的熏味，还有社菜的清香。饭锅一开，浓香四溢，令人馋涎欲滴，食欲大振。

社饭

二、 非遗美食制作

（1）原辅料：糯米、籼米、青蒿叶、腊肉（或鲜肉）、干豆腐、胡葱、地米菜等。

（2）制作步骤：

第1步 糯米、籼米各半用水淘洗干净，在开水中溜泡一下，捞起用筛子沥干。

第2步 将刚采摘的新鲜青蒿叶（带嫩苔）洗净，煮熟，切碎（或用碓冲碎），漂洗，去掉苦水，直到青蒿呈白蓝色，即成"社菜"。

第3步 将腊肉、干豆腐、胡葱、地米菜等配料及调料小炒半熟。

第4步 灶锅内放水，烧开后，放进糯米和大米，煮至七成熟时，把炒好的配料倒入锅中，与米饭搅匀，盖紧盖，用微火焖熟后，即可食用。

三、 非遗美食风味特色

煮出来的社饭有蒿香、饭香、肉香、菜香等多种味道，香馨入鼻，沁人心脾。饭粒色泽晶莹透明，油而不腻，吃社饭时香气扑鼻，食欲大增，吃完一碗还想吃第二碗。社饭可以现煮现吃，也可以做好后炒着吃，社饭只会越炒越香，其味鲜美，芳香扑鼻，松软可口，老少皆宜。

参考文献：

[1] 程书徽. 武陵早春社饭香[J]. 中国三峡，2023（2）：118-121.

[2] 钟芳. 白米青蒿社饭香[J]. 保健医苑，2021（7）：51.

乾州板鸭

一、 非遗美食故事

　　乾州板鸭制作具有悠久的历史。乾州对河的兔岩有个周兴发，后来迁往乾州北门内付爷衙门，他曾经任过清乾绿营把总，善烹调，时人称他周师傅。清宣统年间，乾州厅（今吉首市）知事李千禄带来一位名叫谭振球的广东厨师。一天，李知事宴请文武官员和士绅，周把总也在座。筵席上，山珍海味，样样齐全。周把总唯独喜食谭厨师带来的板鸭和香肠，觉得别有风味。后来周把总专门向谭师傅请教板鸭和香肠的制作技术。此后，周把总又在谭厨师传授的基础上加以改进，每到冬天总要加工数十只板鸭赠送亲朋，品评滋味。那时，周把总的长子早丧，次子洪熙在外地谋生，故周就把板鸭制作技术传给他一位好友。从此，乾州板鸭开始面世。

乾州板鸭

二、 非遗美食制作

　　（1）原辅料：活鸭子、肉桂、山奈、川椒、丁香、八角、桂子、白胡椒、食盐、白糖等。

　　（2）制作步骤：

　　第 1 步　处理鸭子。

　　第 2 步　投料入缸。整形之后，即撒盐和香料，按口内、颈、胸腹、翅、腿顺序撒上，大腿和前胸多肌肉处应多撒一点。每个鸭子约撒盐料 1 两。轻轻揉擦，使盐和香料粘住鸭体。之后将鸭胸朝上，头颈弯入背下，一层层地放入瓦缸内（瓦缸比其他盛器好），最上一层再撒上一些盐和香料覆盖，并用一个比瓦缸略小一点的木盖盖上，用石块压住木盖，将鸭体压扁，使盐和香料腌透。

第3步　腌制检查。鸭入缸后，要经常注意检查。入缸五六天，要加入5%的冷盐开水略微掩盖腌鸭的表面，使盐和香料渗入腌鸭的肌肉内，防止表皮生滑的现象。在腌制期间，如果屋内气味飘溢有五香味，说明腌得好；如果没有五香味，说明存在不良的情况。这时应试缸内温度，用手摸缸边，呈凉冷感则正常，发热则不正常，应赶快出缸处理。

第4步　出缸晾晒。入缸15天后，观察鸭肺的颜色，如系棕红色，则已腌好，可以出缸；如系鲜红色，则腌制时间未到，仍需继续腌制。出缸后将腌鸭放入温水洗掉香料渣和盐水，用干净布抹干腔内外水分，整好外形，扯直皮肉，把腔内未除掉的黏膜、筋腱除掉，再将鸭胸腹向下，背部朝上，平放在通气漏水的竹帘上，让其日晒风吹。待腔内稍干又翻转来晒（或风吹）至五六成干，用小麻绳穿上两鼻孔，挂在通风处。

三、非遗美食风味特色

乾州板鸭烹调之前，先用温水洗涤一下，再用淘米水浸泡一个时辰，如果想口味淡一些可以在淘米水里加一点盐，以盐解盐可以让板鸭解咸提鲜，浸泡过后的板鸭沥干水分切成块状或片状装盘，盘中放置霉干菜、香干豆腐、血豆腐，上层再放入姜丝、蒜蓉、花椒、香葱等，入锅大火蒸熟，出锅乘热淋上辣椒酱、芝麻油、生抽、蚝油等即可食用，出锅的板鸭自然清香，皮黄肉红，酥软嫩滑，入口味美，为上等佳肴。

参考文献：

[1]　李蔚. 湖南美食旅游资源评价及开发[J]. 湖南商学院学报，2008（4）：97-99.

[2]　丁传礼. 吉首市的旅游资源及其开发[J]. 热带地理，1988（2）：172-177.

张家界三下锅

一、非遗美食故事

相传，明朝嘉靖年间，倭寇在我国东南沿海大肆袭扰，朝廷多次派兵抗倭，都以惨败告终。尚书张经上奏朝廷，请征湘鄂西土家族士兵平倭，明世宗准奏，派经略使胡宗宪督办此事。永定卫茅岗土司覃尧之与儿子覃承坤及桑植司向鹤峰、永顺司彭翼南、容美司田世爵等奉旨率兵出征，恰好赶上年关，覃尧之深知一去难返，决定与亲人过最后一个年，下令提前一天过年，用蒸甑子饭、切坨子肉、斟大碗酒做过年食物，因为时间紧促，来不及准备许多菜蔬，土司家厨把腊肉、豆腐、萝卜一锅煮，做成土家族的第一碗"合菜"，后来慢慢演变成现在的三下锅。士兵上前线后，很快打败倭寇，收复失地，世宗亲赐匾额。

现在的三下锅选材更加广泛，增加了张家界特有的酸萝卜、霉豆腐、酸菜做开胃菜，把肥肠、猪肚、牛肚、猪脚、猪头肉等多种食材作为备选。张家界现在的三下锅，菜品根据客人的喜好搭配，人数多，食材也多，种类不断增加，营养更加丰富。

二、非遗美食制作

（1）原辅料：腊肉、肥肠、猪肚、胡萝卜、豆腐、白萝卜、干辣椒、辣椒油、葱、姜、蒜等。

（2）制作步骤：

第1步 腊肉、肥肠、猪肚洗净，放入锅中，焯水。

第2步 锅内放菜籽油、辣椒油，炒香葱、姜、蒜，同时放入腊肉、肥肠炒制出油，猪肚后放入。

张家界三下锅

第3步 利用锅内余油炒香辣椒和豆瓣酱。

第4步 把炒好的材料放到煨锅中，烧开后，下萝卜块和豆腐块同煮至肉熟菜肥时，即可食用。

三、非遗美食风味特色

现如今的三下锅也从一开始的腊肉、豆腐、萝卜一锅炖演变成了种类多样化的"三下锅"，多为肥肠、猪肚、牛肚、羊肚、猪蹄、排骨或猪头肉等，选其中二三样或多样经过本地的厨师特殊加工成一锅，再配上自点的素菜予以搭配。同时，三下锅的吃法也演变为干锅与汤锅两类。干锅无汤，麻辣味重，汤锅是人们的热选。三下锅的食材很有讲究，如今一般会以三荤为主材的黄金搭配展现，这样则能保证二分爽口，三分浓香，五分辣，十分营养。

参考文献：

[1] 慧强. 张家界的土家美食[J]. 食品与健康，2008（7）：45.

[2] 李文杰. 张家界饮食文化旅游资源开发研究[D]. 吉首：吉首大学，2017.

湘西酸肉

一、非遗美食故事

据说，数百年前，湘西人正兴高采烈地在猪肉上抹盐准备制作腊肉时，突然传来了敌军杀来的消息。乡民们藏好粮食后，抹过盐的猪肉却让他们犯了难。急中生智，大家将抹了盐的猪肉放进平时制作酸菜的陶罐中，将其密封后埋进土里。等战事平息后返回家中，打开埋进土里的陶罐，里面的猪肉不仅没有腐败变质，还生出了别样的风味。因这偶然事件，湘西酸肉便被人们发现了。

对山里的男人们来说，酸肉带着进山既美味又方便。将酸肉炒好后，随便弄个什么包便能将其装上，放进衣服口袋里。干活累了，取出吃上几片，口齿留香。如今的酸肉是湘西人招待贵宾的必备佳肴。自古以来，湘西人对远方来的客人都是极为尊敬的，这种尊重不仅表现在语言和行动上，更会表现在客人的饮食上。当客人来了，他们会将家里腌制好的酸肉和腊肉全拿出来招待客人。

二、非遗美食制作

（1）原辅料：猪五花肉、玉米粉、糯米粉、干红椒、花椒面、精盐、青蒜等。

（2）制作步骤：

第1步 将猪五花肉烙毛后刮洗干净，滤去水切成大的长方片，用精盐、花椒粉腌5小时，再加玉米粉、糯米粉与猪肉拌匀，盛入密封的坛内，腌15天即成。

第2步 制作时取腌好的酸肉，将黏附在酸肉上的玉米粉扒下来，放入盘中，酸肉切5 cm长、3 cm宽、0.7 cm厚片，干红椒切末，青蒜切3 cm长段。

湘西酸肉

第3步 炒锅内放茶油，旺火烧六成热，下入酸肉、干红椒末煸炒2分钟左右，当酸肉渗油时用手勺扒在锅边，放入玉米粉，炒成黄色时与酸肉合炒，加肉清汤，焖几分钟，待汤汁稍干，放入青蒜合炒几下，出锅装盘即成。

三、非遗美食风味特色

传统酸肉以"色、香、味、形"四绝而著称，品质良好的酸肉瘦肉切面色泽呈鲜红色，皮面呈暗黄色，脂肪乳白，生嚼多汁，风味醇和，制后呈半透明，诱人食欲，瘦肉炒食略感粗糙，肥肉酱香四溢，有发酵酸味。酸肉是湘西苗族和土家族独具风味的传统佳肴。此菜色黄香辣，略有酸味，肥而不腻，浓汁厚芡，别有风味。

参考文献：

[1] 湘西酸肉[J]. 保健医苑，2018（9）：51.

[2] 彭军炜. 湘菜非物质文化遗产文化育人价值探析[J]. 四川旅游学院学报，2023（5）：12-16.

长沙臭豆腐

一、 非遗美食故事

长沙臭豆腐，长沙人又称臭干子。清同治年间，属长沙府管辖的湘阴县城有一姜姓人家世代制作豆腐，其中一种酱干制作讲究，放置时间过长便发臭、变黑，倒掉甚为可惜。一次，老板娘将有臭味的酱干放入茶油中炸，顿时香气四溢，引得左邻右舍前来品尝。后姜家潜心研究，改进制作技术，臭豆腐闻名全城。

二、 非遗美食制作

（1）原辅料：黄豆、辣椒油、酱油、卤水、盐、熟石膏等。

（2）制作步骤：

第 1 步　制豆腐。将黄豆用水泡发，泡好后用清水洗净，换入清水，用石磨磨成稀糊，再加入与稀糊同样多的温水拌匀，装入布袋内，用力把浆汁挤出，再在豆渣内对入沸水拌匀后再挤，如此连续豆渣不沾手，豆浆已挤完时，撇去泡沫，将浆汁入锅用大火烧开，倒入缸内，加进石膏汁，边加边用木棍搅动，搅转后，可滴上少许水，如与浆混合，表示石膏汁不够，须再加进一些石膏汁再搅。如所滴入的水没有同浆混合，约过 20 分钟后即成为豆腐脑。将豆腐脑舀入木盒内，盖上木板，压上重石块，压去水分，即成豆腐。

长沙臭豆腐

第 2 步　油炸臭豆腐。将青矾放入桶内，倒入沸水用棍子搅开，放入豆腐浸泡 2 小时左右，捞出豆腐冷却。然后将豆腐放入卤水内浸泡，春、秋季约需 3 小时，夏季约浸泡 2 小时，冬季约需 10 小时，泡好后取出，用冷开水略洗，沥干水分，再将茶油全部倒入锅内烧红，放入豆腐用小火炸约 5 分钟，一待焦黄，即捞出放入盘内，用筷子在豆腐中间钻一个洞，将辣椒油、酱油、麻油倒在一起调匀，放在豆腐洞里即成。

第 3 步　卤水制法。要求卤水上臭和上色快，泡制的豆腐外脆内嫩，油炸后呈不同程度的臭味，吃起来呈香味，卤水发酵时间越长越好。添加料丰富，不同季节卤水添加主料搭配不同，有科学合理的卤水养护方案。

三、非遗美食风味特色

长沙臭豆腐色焦黄，外焦里嫩，鲜而香辣。焦脆而不糊、细嫩而不腻，初闻臭气扑鼻，细嗅浓香诱人，具有白豆腐的新鲜爽口，油炸豆腐的芳香松脆。长沙臭豆腐外酥内嫩、清咸奇鲜，味美无与伦比，亦臭亦香的特色更是独领风骚，一经品尝常令人欲罢不能，故有尝过李家臭豆腐，三日不知肉滋味之美名。

参考文献：

[1]　张燕. 长沙臭豆腐：味之有余美玉食勿与传[J]. 中国食品工业，2021（19）：57-59.

[2]　丹若. 人间至味"臭豆腐"[J]. 百科知识，2021（14）：61-65.

剁椒鱼头

剁椒鱼头的出处，据说可以追溯到清代雍正年间，反清文人黄宗宪因"文字狱"而出逃，途经湖南的一个小乡村，借住在一个贫苦的农户家。农夫从池塘中捕回一条胖头鱼，农妇便用鱼做菜来款待黄宗宪。鱼洗净后，鱼肉放盐煮汤，再用自家产的辣椒剁碎后与鱼头同蒸，不想黄宗宪吃了觉得非常鲜美，无法忘怀。事平回家后，便让家厨将这道菜加以改良，于是便有了今天的"剁椒鱼头"，并成为湘菜蒸菜的代表。

（1）原辅料：雄鱼头、剁椒、大红椒、蒸鱼豉油、味精、盐、鸡精、猪油、豆豉。

（2）制作步骤：

第 1 步 将鱼头洗净，从鱼鳃后切出鱼头，去鳞，去鳃。

第 2 步 将料酒、胡椒粉、盐撒在鱼头上，抹匀。

第 3 步 锅烧热放入食用油，倒入剁椒，加姜末、豆豉、味精、鸡精，熬制拌匀备用。

剁椒鱼头

第 4 步 将剁椒均匀盖在鱼头上。

第 5 步 蒸锅内放入适量的水，烧开，然后摆入鱼头，盖盖，大火隔水足气蒸约 15 分钟。

第 6 步 将蒸好后的鱼头取出，倒去碗内多余的汤汁，撒上葱花，淋入蒸鱼豉油，然后将适量的油烧热，泼在上面即可。

剁椒鱼头，以鱼头的"味鲜"和剁椒的"辣"为一体。火辣辣的红剁椒，覆盖着白嫩嫩的鱼头肉，冒着热腾腾清香四溢的香气。蒸制的方法让鱼头的鲜香被尽量保留在肉质之内，剁椒的味道又恰到好处地渗入鱼肉当中，入口细嫩晶莹，带着一股温文尔雅的辣味。

出锅后的剁椒鱼头，香喷喷小米椒的气味环绕鼻尖，拿起筷子夹一口放入嘴中，烫到舌头，连忙哈气，小米椒的辣味一下子就从舌尖弥漫开来，辣得想哭，辣得想叫，又辣得出奇，辣得惊人！鱼头个头都很大，嫩肉多，鱼头每一块肉渗透了剁椒和泡椒的味道，可以体验到鱼肉之新鲜，口感之丝滑。湖南人吃鱼头有个习惯，吃完鱼后剩余的汤汁拿来泡面或者泡米粉，味道简直一绝。

参考文献：

[1] 王元. 川渝地区的食辣文化[J]. 文史杂志，2022（1）：109-111.

[2] 胡珉琦. 让"胖头鱼"拥有更出众的"头身比"[N]. 中国科学报，2022-09-06（1）.

永州喝螺

一、非遗美食故事

永州市何仙观乡传说是何仙姑的故乡。当初八仙过海，初到蓬莱仙境，都夸蓬莱胜景。唯有何仙姑一言不发，吕洞宾问何仙姑为何一言不发，何仙姑说，蓬莱美景虽佳，却不如淡岩的中秋之夜，不如永州八景。众仙不服，顺水而下，进长江，过洞庭，入湘江，来到永州市。一日一夜的长途旅行，众仙都有了饿意。当铁拐李拿起酒葫芦"咕噜咕噜"喝酒时，深叹有酒无菜。韩湘子听到，连忙拿笔想画一条大鲤鱼给众人吃，谁知沾墨太多，甩在地上，变成了一个个铁螺、铜螺，何仙姑一见大喜，忙烧火炒螺，众仙食后，都夸好菜，从此永州喝螺名扬三湘。

二、非遗美食制作

（1）原辅料：活铁螺、生姜、大葱、蒜泥、辣椒、紫苏、酱油。

（2）制作步骤：

第1步 选用大小相等的活铁螺，放入水中并滴几滴茶油；过一到两天，使之吐出污泥杂质。

第2步 用清水将铁螺洗净，把剁成泥的瘦肉掺入水拌匀，倒入盆内，使螺饱食。

第3步 剁掉螺尾，搓洗干净，放到烧红的铁锅内。

永州喝螺

第4步 稍炒干水汽后，加适量茶油，再加食盐和少量米酒复炒。

第5步 将生姜、大葱、蒜泥、辣椒、紫苏、酱油等佐料，匀撒在铁螺表面，倒入肉汤，加盖煮滚几分钟即可。

第6步 出锅时淋以生茶油，但久煮则不甜不香，不嫩不脆。

三、非遗美食风味特色

食螺时嘴要紧贴螺壳，嘴唇缩小到和螺口一样大，喝时用力要适当。用力过大会呛住，用力不足则喝不出肉来。如果螺肉仍喝不出来，可用嘴在螺尾一吸，再来喝。

参考文献：

[1] 潘雁飞，黄鹏. 柳子街民间传说故事田野调查[J]. 湖南科技学院学报，2021，42（4）：20-26.

[2] 易佳良. 推进全域旅游绽放全景永州[N]. 湖南日报，2017-04-29（4）.

贵州

民间非遗美食

花甜粑

思南"花甜粑"有一个美丽的传说：乌江边出了一个土家族贵人，到京城做了大官。后来贵人老了，梦里也思念着家乡。乡亲们见他做了大官也不忘故土，便打算派人给他送去故乡的山水、花木，也送去树林中活蹦乱跳的山羊、野兔，但是无法实现。正在众人犯愁的时候，一个 18 岁的土家族妹子想出了个主意：用一升白米做成甜粑，再让文人学士在甜粑上画上故乡山水，既能吃也能看，岂不两全其美。于是经过煞费苦心的制作，甜粑上就有了山水花木、飞禽走兽，送给了那大官，他见了十分喜欢。从这一传说中，我们可以看到思南"花甜粑"最初表达的是对故乡亲人的思念，在"花甜粑"发展的过程中，其文化内涵不断扩展和丰富。

花甜粑

（1）原辅料：糯米、粳米、面粉、食用色素。

（2）制作步骤：

第 1 步 先要选择上等的糯米和粳米按照 2∶1 的比例混合，然后淘去米糠浸泡，待米浸透发泡时再磨成细粉。

第 2 步 然后将磨成的细粉提取四分之一煮成熟浆（当地人叫打浆子），与干面糅合成团。再将面团分成若干、擀成薄片，每片涂上食红或其他颜色食用色素，根据自己所做花样的需要，以三层、四层、五层不等重叠，将叠好的面片卷成圆条扦合。

第 3 步 再用一条预制好的薄竹片，在圆条的周围向内压数条细槽，再将细槽用少许水抹湿扦合，再用一层涂色面片，包在扦合的圆条上，再扦合。

第 4 步 最后把扦合的圆条切开，便能清晰地看见所做的花样。扦合花甜粑是一件十分辛苦的事情，必须要用尽全部力气，否则做出来的花甜粑里面的花样就要变形或者无法形成花样。

第 5 步 花甜粑花样很多，有自然景物中的花、鸟、鱼，有汉字中的福禄寿喜、天作之合等吉祥文字。做好各色花样的花甜粑还有最后一道工序：蒸熟。将做好的花甜粑放在一个编好的竹蒸笼里，一般用大火蒸大约三小时，即可出笼。

花甜粑香糯微甜，可谓色香味俱全，是一种艺术美食。有些初来思南的客人，往往对那些美丽的花朵赞不绝口、不忍下口。而一片入喉，顿时齿颊生香。那些美丽的花瓣，更是令人从此难忘。

参考文献：

[1] 向秋樾. 粑粑飘香年味长，味蕾深处是故乡[N]. 贵州日报，2022-02-11（9）.

[2] 冯泽军. 贵州思南土家族"花甜粑"[J]. 寻根，2010（3）：79-81.

酸汤鱼

传说苗岭住着一位阿娜姑娘，青春貌美，能歌善舞，善酿美酒，酒有幽兰之香，清如山泉。小伙子们都来求爱，凡求爱者阿娜就斟碗美酒，不中意者吃了觉得其味甚酸，心里透凉，又不愿离去。夜幕临近，芦笙悠悠，山歌阵阵，小伙子们在房前屋后用山歌呼唤阿娜出来相会，阿娜只好隔篱唱着："酸溜溜的汤哟，酸溜溜的郎，酸溜溜的郎哟听妹来温暖；三月槟榔不结果，九月兰草无芳香，有情山泉变美酒，无情美酒变酸汤。"

苗族先民创造了稻田养鱼，也创造了美味佳肴酸汤鱼。这是苗族世代积累的经验，是苗族人民的集体智慧。苗家人自古以来就知道用酸汤煮鱼，在苗寨里，没有谁不用酸汤煮鱼的。苗家酸汤鱼经过数千年的实践与创造，形成了一整套特殊的传统技艺，制作和烹饪工艺都十分讲究。

二、 非遗美食制作

（1）原辅料：稻花鱼、酸汤、广菜、豆芽、白菜、香油、辣椒油、醋、胡椒粉、鸡精、葱、姜、蒜、香菜、色拉油适量。

（2）制作步骤：

第1步 鲜鱼可选择鲜活的鲫鱼、鲤鱼、草鱼，刮鳞、剪鳃、去内脏，冲洗干净。

第2步 把处理好的鲤鱼在背部肉厚的地方斩断，使腹部相连，加入葱丝、姜丝、盐、料酒腌渍约30分钟，入底味，去腥提鲜。

第3步 先将酸汤倒入锅中，并加入野生番茄、生姜、食盐、木姜子油、鱼香菜、猪油、麻油、味精、胡椒等佐料用猛火煮沸后，将鱼放入酸汤中煮15~20分钟即成酸汤鱼。若煮的时间更长，则其味更佳、其汤更鲜。

第4步 待鱼快煮熟时，放入事先准备好的各种时令蔬菜，例如广菜、豆芽、白菜等。再煮上几分钟后，用香油、辣椒油、醋、胡椒粉放入调味，待将出锅时放入香菜、木姜子、小葱等佐料便可食用，其汤鲜肉嫩，味道香美。

三、 非遗美食风味特色

吃酸汤鱼有三种方法，第一种是蘸食，用煳辣椒面、精盐、木姜花末、葱花、蒜泥等调为蘸汁，蘸食鲜鱼。鱼肉鲜香，汤汁酸鲜，蘸汁煳辣，香味浓郁。第二种是拌食，把鱼夹进菜钵，剔去鱼刺，把煳辣椒面、精盐、葱花、蒜泥、番茄调匀，倒入鱼肉拌匀后食用。鱼肉鲜香细嫩，煳辣香味浓郁。第三种是麻辣凉拌，雷山县苗家酸汤鱼又名凉拌麻辣鱼，用白菜、青菜等鲜菜合煮于酸汤中，水沸即可食用。鱼肉清香细嫩，辣味浓郁。

酸汤鱼

参考文献：

[1]　阮丹. 一汤一鱼道尽酸爽鲜香[J]. 当代贵州，2023（52）：44-45.

[2]　李定超. 回味悠长的贵州酸汤鱼[J]. 青春期健康，2022，20（21）：22-23.

土家油粑粑

一、 非遗美食故事

土家油粑粑最早是作干粮用的，相传明万历四十七年（1619 年），土司夫人白再香带着5000 士兵援辽抗金。新年出征，土家苗胞家家炸圆圆的香香的油粑粑相送，饼圆清香，士兵路上当干粮。这油粑粑还有深刻寓意：圆圆满满，载誉而归。

二、 非遗美食制作

（1）原辅料：粳米、黄豆、猪肉末、渣海椒、菜籽油、葱、蒜、酱油、盐等。

（2）制作步骤：

第 1 步 将粳米、黄豆泡胀，按照粳米与黄豆5∶1 配比，放到石磨中磨成浆液。黄豆一定要加够，加不够的话，炸出的油粑粑嚼着硬。磨浆最好是用石磨，用电磨加工的浆子没石磨磨得细腻。

土家油粑粑

第 2 步 磨好一盆浆子，还需要准备一盘渣海椒（红辣椒剁碎，拌以玉米面腌制）、一盘猪肉末、一碟葱蒜、数斤菜籽油。再搬出简单的工具——小锅一口、沥油的架子一个、油香提子（铜铁皮敲制的、带一个弯钩的圆柱形模具）数个、铁夹子一个、小火炉一个。

第 3 步 先往提子里舀底浆，再加入酱油、盐、小葱调好的肉馅或渣海椒馅。通常，馅是鲜肉的，称之为"肉油香"；馅是渣海椒的，称之为"渣海椒油香"。然后舀盖浆，浆子不能舀得过满。

第 4 步 接着就到了最关键的一步，把装有浆子的提子沉入五成油温油锅，慢火煎炸。油浪翻滚，热气涌冒。

第 5 步 2 分钟左右，浆液油炸定型，成圆饼油香，离提脱落，飘浮油面，逐渐变黄。马上又将空提再添料，轮番煎炸。同时用铁夹翻油里的粑粑，二面炸黄。最后，将煎炸好的油粑粑夹到铁丝架上滴油，等它冷却就可以食用了。

三、 非遗美食风味特色

油粑粑单独吃味道香脆，也可以放在骨头汤里稍稍烫一下，再用碗装起来，配上一小勺子汤料，撒上葱花吃。许多绿豆粉店都兼营油粑粑，一碗热气腾腾的绿豆粉，粉里加一个油粑粑进去，用筷子把油粑粑裹进浓香无比的汤中，待到稍稍软化后挑出来吃更加美味。

参考文献：

[1]　周书华. 市井小巷[J]. 躬耕，2023（10）：39-44.

[2]　李旭彩. 金灿灿的糖油粑粑[J]. 小学生导刊（中年级），2020（Z1）：92.

务川酥食

"当抱原来无人烟，开荒劈草是仡佬。"仡佬族世居于贵州高原，在历史的发展和演变中，创造了丰富而独特的民族文化。酥食就是一种具有浓郁民族文化的特色食品。每到逢年过节前夕，仡佬族家家户户擦酥食。除夕、元宵节之夜，人们提前吃完团圆饭后，摆上一大桌酥食等年货，围着火炉，吃着美食，拉拉家常，讲讲故事。给拜年客回礼叫回兜兜（客人拜年不能空着手回）。农村每逢喜事，寨子里人提前准备大麻饼、擦酥食等。婚礼中，待贵客用茶席，酥食是必不可少的。婚礼"作把"中，摆在八仙桌上的礼品，是待客的必需食品。消夜时摆上麻饼、酥食、瓜果，全寨人围桌而坐，拉拉家常。老人逝世，必须以之祭奠先祖。而酥食制作的技艺，是务川的非物质文化遗产，也是仡佬族儿女延续文脉、传承民族文化的重要方式。

（1）原辅料：糯米、花生、芝麻、白砂糖、蜂蜜等。

（2）制作步骤：

第1步 面食挑选。用最优质的糯米冷水淘洗干净，倒掉冷水用温水浸泡至糯米微软，沥干水分后放入锅内与干净的河沙一起炒，用特制的罗筛把糯米与河沙分离，冷却的糯米用石磨研磨成粉（面粉越细口感越好）。面食挑选的准备工作是酥食制作里至关重要的一步，糯米的优劣影响着酥食成品的口感。

第2步 准备馅料。准备自己喜欢的馅料，比如最为常见的酥麻、花生与芝麻，洗净后分别煮熟磨细备用。

第3步 熬制糖汁。糖汁主要用于调味，一般是用蜂蜜与白砂糖混合一定量的水熬制而成，晾凉后最好不会凝固。比例按自己口味调，单独的白砂糖甜而不香，单独的蜂蜜香而过浓。

第4步 揉制面食。将磨好的面粉放入盆内，加入冷却的糖汁搅拌均匀，用力揉捏面团使面团自然成团而不散即可。揉面团是体力活，需要不断地用力揉捏反复摔打直至成团。

第5步 擦酥食。之前揉好的酥食面用罗筛再筛一次，在特制的印版里填上一层酥食面粉，放入馅料再敷上一层酥食面粉（多过印版）用力压紧，用筷子刮去多余的沾在印版上的酥食面，再用瓷碗口来回将印版里的酥食面打磨光滑，准备好有白布覆盖的竹筛，最后用木槌等工具沿着印版两端轻轻敲打，使完整的酥食脱离印版。

第6步 蒸酥食。将放有酥食的竹筛放在沸水锅上蒸熟放凉，酥食制作完成。

第7步 打包封存。酥食制成后存放的方法也很关键，冷却后的酥食要用不透气的袋子密封保存，袋子要小一些，放在干燥通风之处。

酥食造型优美、寓意深远、口感绵软香甜。对于在外的务川仡佬族人来说，酥食是他们心中那抹抹不去的乡愁，无论何时谈起酥食，吃一口家乡酥食，那就是家的味道、幸福的味道。

务川酥食

参考文献：

[1] 申东弋，韩玄哲，冉昕. 仡佬族"酥食"文化传承和开发利用[J]. 产业与科技论坛，2018，17（21）：167-168.

[2] 简玲玲. 务川酥食雕花技艺[J]. 东方收藏，2020（17）：76-77.

仡佬族"三幺台"

一、 **非遗美食故事**

仡佬族"三幺台"习俗，2014年被列入国家级非物质文化遗产代表性项目名录。仡佬族的"三幺台"习俗，"三"指的是三台席，即茶席、酒席和饭席。"幺台"是正安、道真、务川一带地域土语，是"结束"或"完成"的意思。"三幺台"意思是一次宴席，要经过茶席、酒席、饭席才结束，故称"三幺台"。

客人到访，要打开堂屋大门迎接。男主人招呼大家坐下，女主人准备茶水和食品，孩子去喊左邻右舍来陪客，如果客人中有长辈就喊长辈相陪，平辈喊平辈相陪。宾主到齐后，八人一桌（也有十人一桌的），背靠香龛（俗称"香火"），面对大门为上席，左为客人席，右为主人席，下为晚辈席，座次与辈分有约定俗成的规矩，大家依次入座。辈分相同，以年长者坐上位。待大家坐定，第一台席茶席就开始了。

二、非遗美食制作

第一台——茶席，是以喝茶为主，伴以果品糕点。喝茶以大土碗盛，以解渴除乏为主。所谓"大碗喝茶，大碗喝酒"，民风如此。茶席所配果品糕点为九盘，一是瓜子，二是花生，三是板栗，四是核桃，五是红帽子粑，六是美人痣泡粑，七是百花脆皮，八是酥食，九是麻饼。茶多为土茶，土茶中以大树茶为上品（务川县大多喝素茶、土茶，道真、正安县都喝油茶），茶毕，撤去一幺台，转入二幺台。

第二台——酒席，摆放好杯盘碗盏后，首先焚香化纸，拜祭祖先，一是表示不忘祖先造福后人的功德，二是恭请祖先神灵共享佳肴。然后重邀客人入座。第二台酒菜大都为卤菜和凉菜，如香肠、卤猪杂、卤鸡、卤鸭、瘦腊肉、皮蛋、盐蛋、泡萝卜、泡地牯牛、花生米等，菜的内容不定，但必须是九盘。酒多是自酿的玉米小锅酒。当地饮酒习惯，凡端杯者，一定要喝三杯，不饮酒者以茶代酒。第一杯为敬客酒，由主人发话，向每一位客人敬酒，说一些欢迎的话，先干为敬。第二杯为祝福酒，由客人代表说一些答谢及祝福的话语，然后共同干杯。第三杯为孝敬酒，晚辈向长辈敬酒，晚辈必须等长辈喝完酒后再喝。待酒将酣，二台席结束，紧接着上第三台席。

第三台——饭席，这是"三幺台"的正席，菜的碗数仍然是九碗，俗称"九大碗"。"九大碗"是登子肉、酥肉、肉圆子、油果豆腐、灰豆腐、扣肉、黄花菜、笋子、汤菜等。其中"登子肉"又叫"大菜"，任何时候都不能少。吃菜时，晚辈不能随意用菜，每碗菜都必须等长辈先吃后才能动筷（尤其是吃"登子肉"。"登"是古代祭祀时盛肉食的礼器，《尔雅·释器》说"瓦豆谓之登"。）长辈夹菜时，要邀请大家一起用菜。吃完饭后，平端或合举筷子，示意"各位慢用"。晚辈等到长辈吃完饭，才能退席。每道菜造型非圆即方，寓团团圆圆、四季发财。

仡佬族的特色美食三幺台，60 道菜、80 个礼仪，宴饮时需要唱歌、摆碗筷。茶席、酒席、饭席，席席不同。油茶、咂酒、灰豆腐果等最富仡佬族特色的食品汇萃一桌，也正是借助于"三幺台"这一仡家盛宴，大量的仡式菜谱得以保留传承。

仡佬族"三幺台"之茶席

参考文献：

[1] 舒琴. 贵州省铜仁市土家族茶文化研究[D]. 合肥：安徽农业大学，2022.

[2] 郎丽娜. 作为仪式的宴席：仡佬族"三幺台"实践情境和象征[J]. 美食研究，2020，37（2）：8-13.

熬熬茶

相传楠杆曾有一株远近闻名的大茶树，已经生长了好几百年。这棵神奇的茶树，不但枝叶繁茂，而且冠盖如云。据说在茶树刚到百岁时，长势正旺，片片绿叶，闪闪发光。然而在一天中午，茶树附近天井书院处一声巨响，瞬间天昏地暗，雷电交加，洪水暴涨。此时一条巨龙飞过茶树的树梢，将那棵大茶树扫倒在地了。

从此以后，那棵茶树的树叶逐渐变黄，濒临死亡。此地乡亲们心急如焚，赶紧请来傩堂戏班子。傩师设坛祭祀以后，这棵茶树竟然起死回生了。乡亲们为了表达对这棵茶树的崇敬，于是摘下树叶和祭祀神灵的几种食物一起熬煮，从而就做成一种混合食物"熬熬茶"了。

（1）原辅料：阴米、茶叶、油渣、黄豆、花生、黑桃、花椒、芝麻、糯米、鸡蛋等。

（2）制作步骤：

第1步 阴米炒熟，在铁网上烘烤，制作成米花，米花的制作过程极为烦琐，技巧和原料都很重要，稍微疏忽就不能制出一张完美的米花。做完雏形马上进行烘烤，不断翻换位置，调整火候以及写上文字。

第2步 做完米花，接下来才是熬熬茶食材的准备，熬熬茶由茶叶、油渣、黄豆、花生、黑桃、花椒、芝麻、糯米、鸡蛋等食材组成，食材准备完毕才是熬熬茶制作的真正开始。

第3步 锅里的放入热猪油，一边打好之前准备好的鸡蛋，加入一定量的黄豆面和盐，充分融合三者的味道并且迅速调好，等到锅里的油冒出热气，发出滋滋的声响，轻轻地将鸡蛋倒入热油中铺开，形成一个金黄的大罗盘，等鸡蛋煎干煎黄以后，迅速用铲子把煎好的蛋皮捞起来用刀切细，鸡蛋对茶有着决定性的影响，加鸡蛋和不加鸡蛋的熬熬茶是两种截然不同的味道。

第4步 再次倒入现炸的猪油，把黄豆、花生、核桃粒、花椒、芝麻以及茶叶一起煎炒约两分钟，用木瓢将所有食材碾碎压细，掺水熬制，用细火慢熬，直到水烧开，这些食材在猪油中味道相互融合、渗透，挥发出饱含茶香和其他食材混合的独特香味。待水分熬干之后，再加一次，水温火慢热至所有食材融为一体，这样一锅茶香四溢的熬熬茶就可以出锅了。

熬熬茶既是楠杆独具特色的土家美食，又是楠杆土家群众款待贵客的饮食方式，展现了土家人的独特饮食文化。楠杆熬熬茶的产生和发展，不但演绎着动人的民间故事，而且蕴含着丰富饮食文化，是楠杆土家人质朴勤劳的智慧结晶。

熬熬茶

参考文献：

[1] 刘方林，梁成艾. 地方茶叶产业发展调研报告——以贵州省铜仁市为例[J]. 铜仁学院学报，2016，18（5）：133-138.

[2] 罗静. 铜仁茶文化初探[J]. 凯里学院学报，2012，30（4）：50-52.

侗　果

一、非遗美食故事

　　侗年是侗族人民的传统节日，在侗语里称"凝甘"。侗年起源于佳所。传说明万历年间，南部沿海某地总兵杨友相回佳所探亲，过年前获军情急报，倭寇犯我海疆，杨友相必须返回防地率部抗倭。家乡人民决定冬月初三提前过年，满足杨友相在家过年的愿望，使他安心杀敌报国。为纪念杨友相，佳所把每年的冬月初三约俗成"杨家年"，继而演绎成如今的"侗年"。侗年前后，佳所每家每户都制作侗果。这道美食是佳所侗寨待客必备的"点心"，也是祭祀的常用供品，颜色褐黄，表面裹有晶莹的糖衣，吃起来既香脆又甜蜜，寓意"侗年是一颗颗甜蜜的糖果"。深厚的文化内涵，厚重的文化底蕴，使侗果成为佳所侗年的必需品，款待客人的重要礼仪，升华为佳所侗族人民扩大社交的重要载体。侗果具有香、甜、脆、酥的特点。

二、非遗美食制作

　　（1）原辅料：甜藤、黄豆、糯米、白糖、菜籽油、白芝麻等。

侗果

　　（2）制作步骤：

　　第1步　甜藤处理。采集新鲜甜藤，去除残缺叶子并清洗干净，放进竹筛里沥干水分，然后将之割碎后反复捶打，按照配方将甜藤和水混匀，煮开过滤取汁备用。

　　第2步　豆浆制备。将市售的黄豆筛选后洗净，浸泡12小时后再次清洗，然后与水按配方比例混匀打浆，过滤豆渣，得到备用豆浆。

第 3 步　制备侗果坯。糯米淘洗干净，浸泡 5 ~ 10 小时，蒸熟，然后用石碓舂糯米饭的同时加甜藤水和豆浆，直至舂成糍粑，后晾 1 ~ 2 小时至半硬半软状态，将之切成指头大小的坯子，摊晾在室内通风干燥处 40 ~ 60 天直至阴干。

第 4 步　油炸坯子。取阴干的坯子与沙子混匀，在锅中炒至半胀后，立即取出过滤掉沙子，马上放入备好的油锅中，持续沿一个方向搅动，待坯子浮现胀至状如猕猴桃大小、色呈酱黄时，捞出沥油。

第 5 步　侗果。将糖与水按照配方比例同时倒入干净锅内，小火熬化，边搅边熬，待水分完全挥发即糖液起丝时将上述炸制的坯子放入锅中，铲动翻滚，即穿糖衣后从锅中取出，放在备有熟芝麻的簸箕上，迅速翻转滚匀，即成侗果。

第 6 步　包装。侗果冷晾后包装袋密封贮存。

三、非遗美食风味特色

侗果外形膨胀松泡，剖面如丝瓜瓤，外香内酥，芳甜爽口，芝麻馨香馥郁，酥、脆、甜俱全，地方特色浓厚。

参考文献：

[1]　於厚荣，彭茜. 黔东南旅游现状及发展策略研究[J]. 旅游纵览，2023（13）：81-83.

[2]　吴茂钊. 贵州民族菜概述[J]. 扬州大学烹饪学报，2003（2）：37-39.

鱼包韭菜

一、非遗美食故事

传说，水族的远祖从南方向北方迁移时，当地的老人送了一包菜，嘱咐道："这里面的菜就作为你们以后在新居招待宾客的一道菜。"北迁的远祖在半路打开一看，是香喷喷的鱼肉，吃后浑身添劲。之后，水族人一直走到都柳江畔安下家。

在水族村寨，随处可见大大小小的鱼塘。水族人烹调鱼的方法有很多，鱼包韭菜是水族端节的上品。传说水族远祖定下端节的日子后，叫大伙把鲜鱼沿背剖开，填上韭菜和广菜等佐料文火蒸熟，再按传统祭祖仪式放在供桌上，周围摆上瓜果谷穗和犁耙，接着敲铜鼓，跳牛角舞，以庆祝安居团聚和丰收。从此，这种特有的剖鱼方式沿袭下来，鱼包韭菜成为端节的特有佳品。鱼包韭菜吃起来鲜嫩香酥，酸辣适度，十分可口。

二、非遗美食制作

（1）原辅料：鲤鱼、白酒、糟辣椒、韭菜、盐、米酒、姜、葱、蒜、盐等适量。

（2）制作步骤：

第1步 将鲜鱼杀后去鳞、鳃、鳍及肚杂，清洗干净，入盆洒上好白酒。韭菜拣洗干净，切成寸段。葱、姜、蒜除去外皮，洗净剁细，泡辣椒剁碎。

第2步 韭菜入碗，加入葱末、姜末、蒜泥、泡辣椒粒、食盐拌匀，填入鱼腹内，用洁净草捆住，装入盘内。

第3步 木甑入锅，注入清水，以水漫出甑脚外沿为度，将鱼盘放入甑内，盖上甑盖。先用旺火将水烧开，改用小火蒸约10小时，至肉烂而不糜即成。

鱼包韭菜

三、非遗美食风味特色

"鱼包韭菜"包含着水族人民创造的丰富物质文明和精神文明内容，又有着独特的烹制工艺、特殊的风味。

参考文献：

[1] 薄乐. 饮食文化纪录片的叙事与传播策略研究[D]. 大连：辽宁师范大学，2022.

[2] 程林盛. 水族年——端节[J]. 百科知识，2017（19）：44-46.

牛瘪火锅

一、非遗美食故事

食"牛瘪"古已有之。据宋代朱辅著《溪蛮丛笑》记载："牛羊肠脏，略洗摆羹，以飨食客，臭不可近，食之则大喜。"目前吃牛瘪多见于贵州的黎平、从江、榕江和锦屏等县的侗族、苗族居住区，也见于广西三江、融水等县。据了解，牛瘪来源已不可考，据老一辈侗族人介绍，由于侗族先祖世代居住在大山中，缺医少药，有人肠胃不适，遇见同村宰牛时就去取少许牛胃中未消化的草，挤出汁液后煮沸喝下，发现有通肠健胃、促进消化的功效，逐步演变出牛瘪这道菜。牛瘪的做法特别，汤瘪与干瘪主要以汤汁多少决定，原理是用牛胃里还未消化的草挤出来的汁，过滤后熬制，加上当地的辣椒、花椒、盐等调味而成，被称"百草汤"，也可直接生切用汤汁搅拌，再加上蘸水，是侗族儿女最具代表性的传统佳肴之一。

二、非遗美食制作

（1）原辅料：牛肉、牛瘪、牛内脏、熟菜籽油、食盐、辣椒面、榧油籽、姜片。

（2）制作步骤：

第 1 步 牛肉、牛内脏，洗净切细，装盆里。

第 2 步 生姜大蒜洗净切细待用。

第 3 步 切细的牛肉加入木姜油、香油、生抽、盐，拌匀待用。

牛瘪火锅

第 4 步 萝卜青菜洗净切丝，待用。

第 5 步 红辣椒用炭火烧焦但不能烧糊，切段待用。

第 6 步 取牛胃、牛瘪加水在锅里煮开后舀出，用纱布袋过滤。

第 7 步 将过滤好的汤汁倒入锅中，加入烧好的辣椒、盐、榧油子、五香，继续煮开。

第 8 步 将煮好的汤汁盛到另一个锅里，放在装有炭火的炉灶上，放入一部分牛肉，就可以了。

第 9 步 吃的时候可以边吃边加入牛肉和萝卜、青菜。

三、非遗美食风味特色

青绿而浑浊的汤里有牛百叶、蜂窝肚、牛肠、牛红、牛筋等物，混合了浓重的植物青味，以及辟腥作料的香辛，五味杂陈。舀一小勺汤送入口中，像是喝草药汁一般，入口清凉，还略有些苦。再拣一块牛杂嚼食，韧脆爽口，食者感觉到"先微苦、后回甘""始尝有膔膻，渐渐吃出了鲜美之味"。地道的百草汤呈暗绿色，入口味道略为苦涩，伴有较浓的牛骚味，若与侗家油茶、糯米饭、酸食等搭配食用，则会别具风味。

参考文献：

[1] 聂晓英. 新世纪中国美食纪录片研究[D]. 济南：山东师范大学，2022.

[2] 赵世英. 昂贵的动物便便[J]. 发明与创新（B），2013（11）：46-47.

广西

民间非遗美食

梧州龟苓膏

一、非遗美食故事

古籍记载，梧州龟苓膏最早出现于秦末汉初。到了三国时期，蜀汉丞相诸葛亮率军南征，平定孟获叛乱时，因将士初到南方，水土不服，上吐下泻，严重影响了战斗力。当地人献上妙方，以本地特产乌龟、土茯苓等药材熬汤饮用，使大部分将士得以痊愈。此后一直到清末，梧州龟苓膏皆为宫廷御品及各国领事、传教士崇尚的保健食品。新中国成立之后，在当地政府和企业的共同努力下，龟苓膏也逐渐进入寻常百姓家。

二、非遗美食制作

（1）原辅料：鹰嘴龟、茯苓、生地、凉粉草、罗汉果、灵芝、田七、金银花、菊花等多味中草药。

梧州龟苓膏

（2）制作步骤：

第 1 步 首选清洗选好的十几种药材，进行研磨和熬制。

第 2 步 接下来将龟肉、龟板和药材一起进行熬煮，用过滤袋过滤后取得龟苓膏药液。然后将清洗好的凉粉草放置锅内进行熬煮，加入溶解好的草木灰碱，提取出有效成分，再经过滤袋过滤取得凉粉草提取液。

第 3 步 最后将凉粉草提取液和龟苓膏药材提取液按比例加入米浆蒸煮，冷却之后凝固成为龟苓膏。制作出来的龟苓膏成品色泽透明，微苦中带有甘甜。

三、非遗美食风味特色

龟苓膏的主要成分包括龟板、茯苓、金银花等中草药，经过炖煮、过滤、冷却等工艺制成。龟苓膏的口感滑嫩，带有淡淡的草药香，吃起来非常清凉爽口，食用时加入芒果、草莓等水果，淋上一层椰奶和蜜豆，既能增加口感的丰富度和视觉的美感，也能增加奶香味和口感的滑润度，尤其适合在炎炎夏日享用。

参考文献：

[1] 路仕晗，孟繁旭. 顺应理论下梧州龟苓膏传统配制技艺英译研究[J]. 现代英语，2022（2）：67-70.

[2] 李文妍，梁萍. 广西地理标志农产品保护研究[C]//国家标准化管理委员会. 市场践行标准化——第十一届中国标准化论坛论文集. 广西标准技术研究院；横县质量技术监督局，2014：4.

柳州螺蛳粉

一、非遗美食故事

20世纪80年代初期，有几个外地商人途经柳州，饥肠辘辘，但已是深夜，大部分的店铺都已经打烊，几位商人好不容易找到了一家马上就要打烊的米粉摊，可是摊上已经没有什么吃食了，煮米粉必用的骨头汤已经没有了，只剩下一锅煮螺剩下的螺蛳汤和一些零零碎碎的食材，还有一些米粉。可是几位商人饥饿难耐，恳求摊主随便做些东西给他们充饥，摊主情急之下把米粉放到螺蛳汤里煮，又加上了青菜、油炸腐竹以及花生等配菜。无巧不成书，几位外地商人吃后，对此赞不绝口，表示从未吃过这样的美食。说者无心，听者有意，摊主将此记在心中，并逐步完善其配料和制作，遂慢慢形成了柳州螺蛳粉的雏形。机缘巧合，满足了饥肠辘辘的外地商人，也成就了日后风靡柳州的一款经典美食。

二、非遗美食制作

（1）原辅料：米粉、猪骨、大料、砂姜、干枣、枸杞、香菇。

（2）制作步骤：

第1步 猪骨、大料、砂姜、干枣、枸杞、香菇加水熬汤待用。

柳州螺蛳粉

第2步 腐竹油炸之后切块待用。

第3步 将炸完腐竹的油趁热浇到盛着辣椒粉的碗里制成辣椒油待用。

第4步 干锅（不加油）炒干酸笋后加辣椒油、盐爆炒，加入骨汤、腐竹、螺蛳汤料煮沸。

第5步 清水烧开放入米粉煮好捞出装碗，加入适量油水，淋上骨汤，撒上切碎的酸豆角、香菜、小葱，香辣可口的螺蛳粉即完成。

三、非遗美食风味特色

柳州螺蛳粉与当地民众的生活息息相关，具有重要的社会功能和文化意义：其一，它承载着当地民众在味觉感知和食材处理层面的集体记忆，亦为当地多民族饮食口味融合的结晶，充分反映了当地的良好风气，是探究当地文化和民众精神面貌的有形载体；其二，柳州螺蛳粉营养丰富，味道极佳；其三，柳州螺蛳粉有较大的产业价值和社会经济效益，在带动周边产业发展以及解决就业、推进经济发展方面价值突出，创造出民族地区的可持续发展之路，极大提高了民众对于此项制作技艺的传承参与度。

参考文献：

[1] 刘政君，洪海娜，张伟. "柳州螺蛳粉"品牌价值评估方法研究[J]. 老字号品牌营销，2023（23）：3-5.

[2] 曹溢. 小螺蛳撑起大产业[N]. 中国纪检监察报，2023-12-05（001）.

桂林米粉

据传，秦王嬴政为了统一中国，派屠睢率 50 万大军征战南越，紧接着又派史禄率民工开凿灵渠，沟通湘江、漓江，解决运输问题。南越少数民族勇猛强悍，不服秦王。秦军三年不解甲，武器不离手，可见战斗之激烈。由于南越地处山区，交通不便，秦军水土不服，加上粮食供应困难，大量士兵经常挨饿、生病。这些西北将士，天生就是吃麦面长大的，西北的拉丝面、刀削面、羊肉杂碎汤泡馍馍，都是他们的美味佳肴。如今他们远离故土，征战南方，山高水深，粮食运不上来，人不可能空着肚子行军打仗，只有就地征粮，以解决食为天之大事。

但南方盛产大米，却不长麦子，这就叫一方水土养一方人。如何把大米演变成像麦面一样让秦军将士接受，史禄把任务交给军中伙夫们去完成。伙夫根据西北饸面制作原理，先把大米泡胀，磨成米浆，滤干水后，揉成粉团。然后把粉团蒸得半生不熟，再拿到臼里杵春一阵，最后再用人力榨出粉条，直接落到开水锅里煮熟食之。和面团不春，而米粉团通过春，使榨出的粉条更有筋力，传说旧时桂林米粉从二楼悬吊一根拖地也不会断，其筋力可想而知。秦军郎中采用当地中草药，煎制成防疫药汤，让将士服用，解决水土不服的问题。为了保健，也是由于战争紧张，士兵们经常是米粉、药汤合在一起三口两口就吃完了。久而久之，就逐渐形成了桂林米粉卤水的雏形。后经历代卖米粉师傅的改进、加工，而成为风味独具的桂林米粉卤水。

（1）原辅料：猪棒骨、牛骨、香料包、老姜、干葱头、桂林豆腐乳、色拉油等。

（2）制作步骤：

第 1 步 猪棒骨、牛骨洗净，入沸水中大火余 10 分钟，捞出放入正宗桂林米粉制作配方及不锈工艺钢桶中，加清水大火烧开，小火煮 5 小时，过滤留汤。

第 2 步 锅内放入色拉油，烧至五成热时放香料，小火煸炒 15 分钟，捞出香料，用纱布包起成香料包，下入汤中小火熬 2 小时。

第 3 步 锅内留油，烧至五成热时，放入豆腐乳小火翻炒 2 分钟，放调料小火熬开，出锅倒入不锈钢桶中调匀即可。

桂林米粉其特点是洁白、细嫩、软滑、爽口。其吃法多样，最讲究卤水的制作，其工艺各家有异，大致以猪、牛骨、罗汉果和各式佐料熬煮而成，香味浓郁。卤水的用料和做法不同，米粉的风味也不同。大致有生菜粉、牛腩粉、三鲜粉、原汤粉、卤菜粉、酸辣粉、马肉米粉、担子米粉等。

桂林米粉

参考文献：

[1]　周文俊，马翔. 在"村超"秀场中进一步打响桂林米粉知名度[N]. 桂林日报，2023-09-01（ 002 ）.

[2]　吴正阳. 广西非物质文化遗产产业化初探[D]. 南宁：广西民族大学，2023.

恭城油茶汤

一、非遗美食故事

俗话说："恭城土俗，油茶泡粥，祛瘴防疫，全身舒服。"油茶最初是瑶族发明的一种强身健体的饮料。同时，瑶族以杂粮为主食，为解决难以吞咽、不易消化问题，千百年来，恭城油茶得以传承发展而且长久不衰。

据说，清朝乾隆皇帝下江南，沿途百官大献殷勤，餐餐山珍海味，吃得乾隆茶饭不思，见食生厌。一位恭城籍的御厨忽然想起家乡的油茶之功效，便做出了一碗恭城油茶奉上御前，乾隆喝后顿时口舌生津，胃口大开，欢喜之下，御赐恭城油茶为"爽神汤"。

二、非遗美食制作

（1）原辅料：老叶红茶、姜、蒜、油。

（2）制作步骤：

第1步 把茶叶用热水泡软，水倒掉。

第2步 姜、蒜拍碎。

第3步 茶叶、姜、蒜一起下入油锅稍炒。

第4步 再将炒过的姜蒜茶用擀面杖锤蓉，加水煮香，即可。

恭城油茶汤

三、非遗美食风味特色

恭城人喝油茶，是与食品紧密结合在一起的，用食品与茶同食，叫"送油茶"。送油茶的食品很多，传统的有炒米（米花）、炒花生米、排散、油炸饭锅巴、红薯、芋头、玉米及各种"粑粑"，如柚子叶粑、狗舌粑、大肚粑、油堆粑、羊角粽等。随着时代的发展，"送油茶"的东西越来越丰富，人们在传统的基础上又增加了各种面食，各种市面上销售的糕点，还有各种肉食。近年来，随着市场经济的发展，该县的大排档经营者，推出了"三鲜油茶火锅"，受到了恭城人和外地人的青睐，使"恭城油茶"这一具有地方特色的民族家庭食品进入市场。

参考文献：

[1] 戴坤旭. 五排油茶沁人心[J]. 保健医苑，2023（12）：51.

[2] 李富宁，韦璐，张洁玉. "农文旅"融合模式下恭城油茶全产业链发展路径的探究[J]. 大众科技，2024，26（1）：146-150.

梧州纸包鸡

一、非遗美食故事

梧州纸包鸡距今已有 70 多年的烹制历史，当年，广西梧州北山脚下有一处环境幽雅的园林——同园。这园林深处有家专为豪门享乐聚会的"翠环楼"，掌厨的是一位桂林籍黄姓师傅。他发现食客们对鸡的炒、蒸、煎、炸等各种食法已厌腻。为了招徕买卖，他经过冥思苦想做出一道纸炸鸡。这种炸鸡选料考究，制作精细。选用一公斤重的地道"三黄鸡"，宰杀煺毛后，吊干水分，只取鸡腿和翼翅四件，用姜汁、蒜蓉、香麻油、白糖、汾酒，加入广西特产八角和陈皮、草果、大小茴香、红谷米、五香粉、胡椒粉配成调料。鸡块浸料后用炸过的"玉口纸"包成荷叶状，立即落锅以武火炸至纸包鸡浮上，油面呈棕褐色，鸡块金黄，滚油不入内，味汁不外泻，席上当众解开，香飘满堂。从此，梧州同园"翠环楼"纸包鸡的名声日渐大振。

二、非遗美食制作

（1）原辅料：小母鸡、姜汁、白糖、精制酱油、玉扣纸数张、五香粉少许、味精少许、黄酒、白酒、花生油。

（2）制作步骤：

第 1 步　将鸡切成小块，在每块的一面轻轻剞出梳子花刀，将玉扣纸裁成 25 cm 左右见方块 20 张，放入 150 度的生油锅内略炸，捞出备用。

梧州纸包鸡

第 2 步　将酱油、糖、白酒及适量姜汁、味精、胡椒粉、五香粉放在一起搅匀成酱料。

第 3 步　然后将鸡块放入酱料内腌渍十多分钟取出，每块抹上一点姜汁，用炸过的玉扣纸包成长方块，要包严实，勿使透气。

第 4 步　将锅放大火上，下花生油烧至 180～200 度时，放入包好的鸡块炸至浮上油面，而不发焦，原汁不流出，即捞出装盘，打开纸包食用。

三、非遗美食风味特色

包裹在纸包鸡外的玉扣纸能够锁住鸡肉和酱汁的味道，同时阻隔油的进入，使得制成的纸包鸡鲜嫩甘滑、色泽金黄、香味浓郁、醇厚不腻，享有"中国一绝"之美誉，是梧州美食的典型代表。

参考文献：

[1]　梧州市非遗保护、传承发展实践[J]. 文化月刊，2018（9）：54-55.

[2]　张彬. 浅谈桂菜形成与地方特色[J]. 食品界，2017（4）：78-79.

醋血鸭

　　醋血鸭最早起源于约公元 300 年前晋代的全州县文桥乡。据史实和口耳相传：三国末年，由蜀丞相诸葛亮亲自指定的接班人蒋琬（大司马）在蜀国灭亡时与长、次子蒋斌、蒋显同死国难后，其夫人毛氏带着第三子回到祖籍全州。老夫人去世后于晋惠帝永熙元年（290 年）葬在今文桥乡。因毛老夫人后来被追封为安阳候一品夫人（见现存毛氏墓碑），所以她的坟是有人守墓的。若干年后的一次半年节（农历六月六），本来正午时接班的下午班守墓人因过节迟到了半个时辰，上午班守墓人交班后赶回家时，已经是未时了。全州人有个铁定的风俗，半年节这天一定要杀鸭子、煮新米饭祭谷神敬狗尝新（如未收早谷则剥几粒风头谷的新米掺于饭中，用第一碗饭和煮好的鸭头鸭脚祭谷神后喂狗，传说洪水登天门时是狗尾巴保住了谷种）。守墓人的妻子是个见血晕头的妇人，所以到未时还未杀鸭。性急的丈夫边怨妻子边杀鸭时，错把妻子准备醋黄瓜用的半碗酸水（全州人自古爱吃酸辣，家家户户有酸坛数个）当成了准备冲鸭血的盐水，把鸭血淋进了酸水碗中。情急之下，鸭熟出锅时才记起鸭血未放，丈夫舍不得让鸭血浪费，也不管血凝固与否，顺手把一碗鸭血倒进锅里，正所谓忙中出错，当发现锅内鸭肉散发出一股刺鼻酸味时，夫妇俩再怎么互相埋怨也为时已晚——想吃怕吃不得，倒掉舍不得，怎么办？带着七分气、三分试的丈夫干脆添柴加火，并在屋后摘一把有异香的嫩花椒籽，又在屋前采一抓紫苏茴香，连洗未洗就丢进锅内，想把一锅有些汤的鸭肉变成炒鸭，用香味去除异味。谁知锅里鸭肉在炒拌中发出阵阵异香，且越炒越香，在炒干出锅后，夫妇二人对着这碗紫酱色的奇菜越吃越有味，并叫来左邻右舍品尝，众人边吃边称绝，醋血鸭由此产生，并在全乡、全县逐渐推广普及。

醋血鸭

二、 非遗美食制作

（1）原辅料：仔鸭、五花肉、醋血、生姜、独蒜、酸辣椒、花椒、老抽、葱、五香、茴香。

（2）制作步骤：

第 1 步 鸭子洗净砍成块备用。

第 2 步 五花肉切片备用。

第 3 步 准备醋血，酸辣椒切碎备用，生姜切片，蒜拍碎，葱切断，五香茴香洗净。

第 4 步 热锅倒入油，爆香花椒后，将花椒选出。

第 5 步 放入生姜、蒜爆香。

第 6 步 放入鸭爪、鸭头、鸭腿、鸭翅煎至变色。

第 7 步 放入五花肉炒至肉出油停火，如果油多了可以倒出，将鸭肉、酸辣椒放入后加盖焖煮约 5 分钟。

第 8 步 开盖倒入鹅米豆翻炒之后加盖再焖 10 分钟。

第 9 步 开盖之后如果有水的话加大火力继续炒，炒至见油不见汤时减至中火，再加入醋血、葱、五香、茴香继续炒 3 分钟即可。

三、 非遗美食风味特色

醋血鸭还可以放其他配料，比如"苦瓜炒血鸭""香芋炒血鸭""嫩南瓜炒血鸭""豆角炒血鸭""魔芋炒血鸭""蛾眉豆炒血鸭""荷苞豆炒血鸭""花生炒血鸭""芝麻炒血鸭""笋子炒血鸭""子姜炒血鸭"等，都是鲜香美味可口的菜。

参考文献：

[1]　棉花糖. 全州文桥醋血鸭[J]. 学苑创造（7-9 年级阅读），2017（5）：43-44.

[2]　张彬. 浅谈桂菜形成与地方特色[J]. 食品界，2017（4）：78-79.

五色糯米饭

一、 **非遗美食故事**

传说，古代有位才智超群的壮族人韦达桂，在土皇帝手下为臣。一年大旱，他为解除百姓疾苦，奏邀土皇帝亲往壮乡视察，用计使皇帝免去皇粮。土皇帝后来发觉上了当，把达桂视为眼中钉，下令捉拿他归案。壮乡百姓闻知，连夜送达桂上山躲藏。皇兵捉拿不着，就放火烧山，那天正是农历三月初三。皇兵走后，乡亲们在一棵大枫树洞里找到达桂尸体，含泪把他葬在枫树旁。以后的每年三月三，壮族人就用枫叶等植物颜汁把糯米染成红、黄、紫、黑等色，蒸熟后拿到山上祭祀达桂。

二、 **非遗美食制作**

（1）原辅料：糯米、枫叶、红蓝草和黄姜等。

（2）制作步骤：

第 1 步 黑色糯米饭，即用枫叶及其嫩茎之皮，放在臼中捣烂，稍为风干后浸入一定量的水中，浸泡一天一夜后，把叶渣捞出滤净，即取得黑染料液。黑染料汁要放入锅中文火煮至五六十度，再把糯米浸入其中。

五色糯米饭

第 2 步 黄染料，可用黄花汁（密蒙花，壮语叫"花迈"）、黄栀子、黄姜等植物的果实、块茎提取。将黄花汁煮沸，或将栀子捣碎放入水中浸泡，即得到黄橙色的染料液，也可用黄姜捣烂后与糯米拌匀用力搓，可得黄色的糯米（可直接蒸，不用浸泡）。

第 3 步 红染料、紫染料是用同一品种而叶状不同的红蓝草经水煮而成。叶片稍长，颜色稍深，煮出来的颜色较浓，泡出来的米即成紫色；叶片较圆，颜色较浅，煮出来的颜色较淡，泡出来的米即成鲜红色。

第 4 步 提取四种液汁出来后，分别把不等量的米放入其中浸泡，等其上色后放入蒸笼中蒸约一个钟头，便可蒸出黑、红、黄、紫、白（糯米本色）五种颜色的糯米饭。

三、 **非遗美食风味特色**

糯米饭蒸熟后即可食用，或咸，或甜，根据个人喜爱调味，可放入少许葱花、油、盐、腊味等配料（调料）炒制，这样味道更香，配料（调料）可根据个人喜好添加，也可将花生、芝麻炒熟、炒香、舂碎，撒入糯米饭中拌匀，这样的五色糯米饭吃起来香味浓郁。

参考文献：

[1] 君懿. 最炫民族风之壮族"三月三"[J]. 百科知识，2023（11）：50-56.

[2] 欧静. 探索柳州非物质文化遗产数字化保护与传承[J]. 参花（上），2023（4）：41-43.

横县鱼生

横县鱼生历史源远流长，据清代乾隆年间《横州志》记载，几千年前生活在横州郁江两岸的先民已开始食用鱼生。北宋著名诗人梅尧臣酷爱鱼生，甚至在家中供养了一位女斫脍高手制作鱼生，以便能时常品味佳肴。明代进士周孟中于弘治元年（1488 年）出任广西提学副史，在游历南宁的途中，亦曾以"鲶切银丝缩顿编，景物于斯亦佳处，甲科何患少登贤"赞叹横县鱼生形色之精妙。据称，把鱼生称为"横切"，也是周大官人的一大发明。

（1）原辅料：鲜鱼、鱼腥草、柠檬、紫苏叶、薄荷叶、海草、生姜丝、红萝卜丝、酸橘、大蒜、酸姜。

（2）制作步骤：

第 1 步 养鱼。捕捞上的鱼不可立即用于制作鱼生，须得净养数日，将体内的泥沙以及多余的水分脂肪排尽，才可用于制作鱼生。

第 2 步 放血。提起一条鱼，用力一刀将其敲晕，在鱼将醒未醒之际，除腮去尾，将鱼以头朝上尾朝下的方式悬挂起来，排掉鱼血。放血的时间由鱼的肉质和大小决定，留一些鱼血在体内可使鱼肉保持鲜美口感。

第 3 步 取肉去皮。把鱼置于案板之上，从鱼脊处下刀，割下两侧鱼肉。然后从鱼尾处轻轻切开一道口子，抓住鱼皮用力一拉，便可剥下整块鱼皮。取肉去皮之后，用吸水性较强的纱纸包裹鱼肉数分钟，吸干鱼肉里渗出的水分和残血。如此，鱼肉纹理清晰可见，白中透粉、晶莹剔透。

第 4 步 切片。将大块鱼肉摆上案板，用刀轻轻切下薄如羽翼的一片，刀法讲究一气呵成，看准便下刀，容不得半分犹豫。鱼片的厚度最好如牙签，若切得太薄，在切片的过程中鱼片会被师傅手心的温度温热，将达不到最佳口感。刀起刀落，五六分钟的时间便可品尝佳肴。

第 5 步 装盘。横县鱼生还以其独特的吃法闻名天下。横县鱼生配料多达二十几种，有鱼腥草、柠檬、紫苏叶、薄荷叶、海草、生姜丝、红萝卜丝、酸橘、大蒜、酸姜等。

鱼生和二十几种配料切成如发丝般精细，摆入白瓷盘中，色彩丰富，令人食欲大动。横县鱼生的配料原来只有三五种，后发展至二十种之多。其中主要考虑了食物特性的调和，鱼肉性凉，佐以生姜、胡椒等暖胃生热的配料即可与之中和，使菜品既美味可口又健康养生。

横县鱼生

参考文献：

[1] 黄怡. 横县鱼生的饮食人类学研究[D]. 南宁：广西民族大学，2021.

[2] 鲁煊. HACCP 体系在横县鱼生加工工艺中的应用研究[J]. 南宁职业技术学院学报,2020,
2（4）：14-16.

广东

民间非遗美食

客家盐焗鸡

盐焗鸡的来历，相传是从伏羲氏教民庖牺，把鲜鱼裹上泥巴投进火中烤的故事演化而成的。又传说在好几百年前，一位商人从外地买了一只肥鸡，准备带回家中过春节，但路途遥远，活鸡不易携带，便将鸡宰净用盐包封在包袱里。行至半途，找不到吃的，只好学着家乡"叫花子"的办法，把鸡用纸包住，再糊上泥巴放进火堆中煨熟来吃，出乎意料，这样弄出来的鸡肉味道非常好！后来，这种食法不断改进，成为客家传统名菜。

客家盐焗鸡

（1）原辅料：嫩鸡、土纸等。

（2）制作步骤：

第 1 步 取走地鸡宰杀洗净（走地鸡就是散养的鸡，肉紧实肥油少），去除脚趾、绒毛、嘴喙外壳、鸡尖、内脏、脂肪。控干水分用厨房用纸擦拭干爽备用。

第 2 步 用牙签在鸡大腿内侧、腹腔内部均匀地扎上小眼。将鸡脚弯折进腹腔，并将鸡翅膀反转成翅尖向前，形成"抱窝"状的完好外观。

第 3 步 将盐焗鸡粉、精盐、味精、砂姜粉、家乐鸡汁、黄栀子粉等调料倒入容器里搅拌均匀，然后倒上适量花生油搅拌均匀成稀糊状。

第 4 步 取处理好的鸡，用刚刚调制好的盐焗鸡料，把鸡里里外外涂抹均匀。

第 5 步 腌制 30 分钟左右，取盐焗专用纸包制 3 到 4 层。

第 6 步　取一口大锅倒入粗粒海盐，放置适量的八角、桂皮、香叶炒制出香。把香料取出。

第 7 步　然后用海盐把鸡覆盖好，倒入清水 100 g，盖上盖子，大火焗 20 分钟，改小火继续再焗 30 分钟左右成熟即可。

第 8 步　取出盐焗鸡，放入盘中去除锡纸和盐焗鸡专用纸，改刀装盘即可品尝。

三、非遗美食风味特色

吃盐焗鸡，最酣畅淋漓的吃法，只需一个字——撕！用手"暴力"地将骨肉分离，感受皮肉纤维之间的撕扯和纠缠，享受内里饱满的汁水，以及糅合在空气里的粗盐香气。鸡腿、鸡翅绝对是品尝的首要部位，肉质嫩滑到差点掉出嘴边，细嚼起来味道也颇有层次，汁水伴随着撕咬飞溅，大快朵颐之时还有出人意料的鲜甜。

参考文献：

[1]　康洁，刘建群，汪佳等. 让"预制菜"成为"致富菜"[N]. 汕头日报，2023-06-26（002）.

[2]　江初昕. 客家盐焗鸡[J]. 今日民族，2013（7）：46.

鸡仔饼

鸡仔饼原名"小凤饼"。相传在清咸丰年间，广州漱珠桥畔有家成珠茶楼，主人是富甲一方的伍家。他家有一小婢叫小凤，顺德人，心灵手巧，极得主人喜欢。她常常到成珠楼看师傅做点心、做菜，因此手艺很好。

一年中秋前夕，伍家来了几位贵客，主人吩咐下人端出点心招待，谁知点心刚好吃完，点心师傅又外出未归。幸好小凤善解人意，急忙把平时储存的惠州甜梅菜和新买的五仁月饼搓匀，加入面粉，捏成椭圆形的小饼，烤脆后送给客人品尝。客人一尝，大声叫好并问点心的名字。

主人一看，这点心他没见过，便知道是小凤所制，于是便说："这是我家独创的小凤饼。"从此，小凤饼就成了伍家招待客人的必备点心，也成为成珠酒楼的镇店点心。

后来，小凤饼几经改良，与一开始的小凤饼有了不少差别，但却一直保持着咸香酥脆的口感。因为广东人习惯称鸡为"凤"，而小凤饼的形状又酷似小鸡，因此又称为"鸡仔饼"。

（1）原辅料：中筋面粉、冰肉粒、麦芽糖、白糖、白芝麻（烤香）、花生碎、色拉油、南乳、胡椒粉、盐、蒜蓉、蛋黄。

（2）制作步骤：

鸡仔饼

第1步 肥肉切丁用开水汆烫后沥干水，加入白糖、白兰地酒（最好是玫瑰露酒）搅拌均匀放冷藏一周后取出用水冲净备用。（用白糖腌制的肥猪肉称冰肉，而这样用酒和糖腌制后的肥肉吃起来更香）

第2步 先将冰肉放进微波炉高火加热一分钟，取出备用。

第3步 中筋面粉放进盆里，在中间倒入融化的麦芽糖，然后依次放入所有的材料（除蛋黄外），充分搅拌均匀。

第4步 然后分别搓成小圆球，用手指压扁，排列在铺了锡纸的烤盘上，涂上蛋黄液。

第5步 烤箱预热190 ℃，放中层烤5分钟，转170 ℃再烤10分钟上色即可。

鸡仔饼色香味浓，既有蒜蓉的辛香，又有南乳的鲜香，细细品味，还有芝麻的油香和肥肉的甘香，让人回味无穷。鸡仔饼雅俗共赏。过去很多苦力喜欢在劳动间隙，花几毛钱买几个鸡仔饼，一杯双蒸酒，坐在台阶上一边吃饼一边品酒，慰劳自己辛苦的工作。港澳同胞、华侨回乡探亲临走时，也总要带上几盒鸡仔饼作为手信，给外地无法回乡的同乡带去一点慰藉。

参考文献：

阳芊语. 唤醒味蕾的鸡仔饼[J]. 广东第二课堂（上半月小学生阅读），2023（Z2）：8.

汕头卤鹅

一、 非遗美食故事

民间常说"无鹅肉勿滂沛"，意思是指没有鹅肉的宴席难以称之为丰盛，这体现了鹅作为一道菜肴在潮汕人们餐桌上的重要地位。潮汕传统民俗丰富，逢年过节、祭祀、宴饮或是日常饮食，鹅肉均是必备菜品之一。

据传，韦巨源官拜尚书令后，循例举行"烧尾宴"宴请皇帝，其中有一道称为"八仙盘"的菜，注云"剔鹅作八副"，即将鹅剔骨后切作八份装盘。如果是剔熟鹅作八副，其最恰当的烹调方法非卤莫属，故"潮式卤水鹅八珍"，是由此启发而成。

二、 非遗美食制作

汕头卤鹅

（1）原辅料：鹅、姜、花椒、丁香、桂皮、芫荽头、八角、甘草、香茅、冰糖、大蒜、料酒、食用油、盐、味精、酱油、清水。

（2）制作步骤：

第1步 先把鹅处理干净，用清水洗净后放着晾干，等到把鹅表皮的水分都晾干，再用盐均匀地涂抹到鹅的表面后，放置到一旁备用。

第2步 锅中放入花椒，开小火把花椒炒出香味，然后和所有事先准备好的香料配料一起装入到纱布袋中，再放入卤煮的锅中，加上事先准备好的各种调料和清水，接着大火烧开。

第3步 把大蒜、芫荽头和生姜塞入鹅的腹部，然后再放到锅中卤煮，大约卤煮90分钟即可，中途要把鹅吊起，离开卤水，然后再放下，反复多次，使其更加入味。

第4步 卤煮好之后，把卤鹅捞出，挂起来晾凉备用，等待温度自然下降，在卤鹅彻底晾凉之后，将其斩成小块放入餐盘中，即可食用，如果喜欢味道重一些，口感湿润一些的，可以在装盘之后，再淋入一些卤鹅剩下的卤汤。

三、 非遗美食风味特色

想要吃到口感最好的卤鹅，就连切卤鹅的刀工也是十分讲究的，肉的厚度和皮脂肉的比例搭配都会影响卤鹅的口感。切好的鹅肉皮连着肉，中间有一层薄薄的鹅肉，就是肥油。皮柔软咸香，肉坚韧结实，肥甜油润，咬下去口感丰盈，层次分明，越嚼越香。

此外，吃卤鹅必须搭配"蒜蓉醋"，狮头鹅多肥肉，蘸上酸辛的味道，既化解油腻，又提升香气。

参考文献：

[1] 陈欣琪. 让汕头"好味道"走向世界[N]. 汕头日报，2022-08-27（1）.

[2] 蔡晓丹. 抢占新赛道，汕头加速预制菜发展布局[N]. 汕头日报，2023-06-20（2）.

鸭扎包

"横山鸭扎包"是个统称，它包括鸭脚包、鸭下巴包（俗称鸭下铲包）和鸭翼包，均是用鸭脚、鸭下铲、鸭翼、鸭肝、鸭肠和肥猪肉采取独特的方法腌制晾晒，捆扎而成的。

"横山鸭扎包"自清朝光绪年间至今已传承一百余年，历经四代人。如今，每年秋冬"腊味飘香"季节，莲洲"横山鸭扎包"即进入制作销售旺季，畅销各地，名扬遐迩，成为餐桌佳肴，还被当作送礼佳品馈赠给亲朋好友。

（1）原辅料：鸭舌、鸭下铲、鸭脚、盐、生抽、老抽、白砂糖、天然香料、高粱酒充分拌匀。

（2）制作步骤：

第 1 步　取料。选取成鸭，宰杀、去毛，清洗干净，将鸭子开膛，并取出鸭内脏。

第 2 步　清洗。鸭翼拔去尚未拔干净的细毛，再用清水洗净；鸭脚：掰掉脚爪上的趾甲，掰开一个个脚掌，用粗盐反复搓洗，用清水洗净；鸭肝小心摘除，鸭胆丢弃，用清水清洗鸭肝；鸭下铲用刀顺着鸭舌头往鸭下巴方向切开，由于鸭子在水中觅食，嘴里会藏有泥沙，剪开后用手拿着在水里反复清洗，再用手剥掉舌头上的一层舌苔，清洗干净；鸭肠用小刀尖端穿入肠管口，剖开整条鸭肠，撕去肠外面黏附的脂肪，接着在自来水龙头下直接冲洗，然后用小刀轻轻刮去鸭肠上黏附的脏东西，用粗盐搓洗，搓干净后用清水洗一遍，再用淀粉搓洗一遍，直至完全洗干净。各种材料洗干净后再用温水洗一次，这样洗后就没有异味。

鸭扎包

第 3 步 选猪肉。做鸭扎包的腊肉必须选取本地饲养的成猪，取背部的肥肉，切成一寸见方的长条，因为本地饲养的猪是用纯天然饲料喂养的，腌制晾晒后的腊肉一口咬下去，甘香脆口，而且无渣。近年，由于人们比较注重饮食的低油低脂，也会选择猪肚子上的五花肉，同样是切成一寸见方的长条。

第 4 步 入缸。将晾干水的鸭脚、鸭下铲、鸭翼、鸭肝、鸭肠和肥猪肉分类放进陶缸，然后依次将调好的酱料倒进缸里，由于鸭下铲肉多，不容易入味，所以鸭下铲放的盐要比其他的多一些，保证它能入味，搅拌均匀后腌制。

第 5 步 腌制。腌制的时间约 8 小时，每隔 1 小时都要将缸里的鸭脚、鸭下铲、鸭翼、鸭肝、鸭肠和猪肉等搅拌翻转，使各种材料能均匀入味，再加入各种天然香料。

第 6 步 起水。腌制 7 小时后，再将鸭脚、鸭下铲、鸭翼、鸭肝、鸭肠和猪肉捞起，用白纱布或筛子晾干水分。

第 7 步 晾晒。将晾干水的鸭脚、鸭下铲、鸭翼、鸭肝和肥猪肉平铺在用竹片织成的竹箅上生晒，把鸭肠挂在干净的竹竿上晾晒，每天用手将鸭脚、鸭下铲、鸭翼、鸭肝和肥猪肉等翻转两次，历时 3 天，让它们尽量地出油、收缩，飘出阵阵的腊香，晒至八成干左右，这时就成为半成品。

第 8 步 扎鸭脚包。拿起一个腊鸭脚，左手握着上面部分，右手掰开鸭爪后，拿一片腊肉，放在摊开的鸭爪掌心上，再拿一片腊鸭肝，叠放在腊肉上面，把鸭爪握紧，尽量包紧掌心的腊肉和腊鸭肝，然后拿起一条腊鸭肠，从鸭爪往鸭掌心方向缠绕，紧紧地捆扎包裹鸭爪和里面的腊肉腊鸭肝，缠绕鸭脚 5 圈后留 3 cm 长的腊鸭肠，用剪刀将多余部分剪去，再拿起一根直径 0.5 cm、一头尖的金属针，用尖的一头把腊鸭肠末端藏到鸭脚的掌心处，一个鸭脚包就完成了。

第 9 步 扎鸭下铲包。拿起一个腊鸭下铲，尽量把鸭下巴掰开掰平，左手握着嘴巴和舌头部分，右手拿一片腊肉，放在掰开的鸭下铲上，再拿一片腊鸭肝，叠放在腊肉上面，把鸭下巴握紧，尽量包紧里面的腊肉和腊鸭肝，然后拿起一条腊鸭肠，从鸭下铲往鸭嘴巴方向缠绕，紧紧地捆扎包裹鸭下铲和里面的腊肉腊鸭肝，由于鸭下铲比较大，鸭肠必须比缠绕鸭脚和鸭翼多两圈，即 7 圈后留 3 cm 长的腊鸭肠，用剪刀将多余部分剪去，再拿起一根直径 0.5 厘米、一头尖的金属针，用尖的一头把腊鸭肠末端藏到鸭下巴里，一个鸭下铲包就完成了。

第 10 步 再晾晒。包扎完成的鸭脚包、鸭下铲包和鸭翼包再次拿到太阳底下晾晒，这样再晾晒过的腊鸭扎包颜色更具光泽，呈琥珀色，蒸熟后香气四溢，咬起来韧性适度又生津，吃起来更具风味。在包扎过程中，腊鸭肠缠绕必须均匀，缠绕的密度要合理，用的力度要恰到好处，确保鸭扎包扎得结实，并且外形美观。

三、非遗美食风味特色

"横山鸭扎包"是斗门区莲洲镇的一种民间传统美食，它与"上横黄沙蚬""粉洲禾虫""横山粉葛"并称为莲洲"四大美食"。

参考文献：

[1] 李金梅. 珠海"非遗"民俗文化旅游产品开发研究[J]. 大陆桥视野，2020（9）：82-83.

[2] 蒋雨辰，刘雨潇，张佳怡. 浅析地方非物质文化遗产自媒体营销推广策略——以珠海横山何叔公鸭扎包为例[J]. 现代营销（上旬刊），2024（5）：152-154.

虎山金巢琵琶鸭

一、 非遗美食故事

　　虎山金巢烧味店制作烧味的工艺已具百年历史,除了传统明炉手法制作的金巢琵琶鸭外,还有特色叉烧、烧猪等,由第一代传承人黄启浩创办。说起金巢"琵琶鸭"这道佳肴的诞生,可以说是颇有来头。由于虎山村地处南海之滨,太阳辐射较强,雨水充沛,气候条件十分适合种植荔枝树,盛产荔枝。也由于村内河涌交错,宜于鸭子生长,养鸭子的人较多,金巢琵琶鸭的第一代传承人黄启浩开始研究制作烧味,经常还会把鸭子做成烧鸭。到了第二代传承人黄楚云,发现用荔枝柴木烧火会有一种特别的果香味,因该木材木质坚硬,木纹细密,燃烧时明火小,起烟少,火焰温度高,耐烧的特点,于是开始利用荔枝柴木来烧制鸭子。到了第三代传承人黄鄂举利用村后山大片的荔枝树为依托,开始大量烘烧烧鸭,并发觉其外形像民乐器琵琶而正式取名为"琵琶鸭"。第四代传承人黄孔康与兄弟黄显康一起,在原基础上不断从味道和工艺上进行改良,制作出香味独特、外酥内嫩的吊烧金巢琵琶鸭,并开办烧味店,扩大经营项目。同时还经常把儿子黄以成带在身边,逐步培养出制作金巢"琵琶鸭"的第五代传承人。

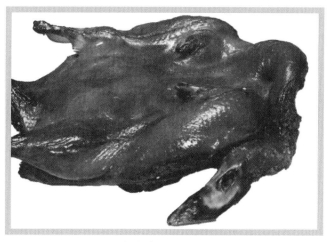

虎山金巢琵琶鸭

二、 非遗美食制作

　　(1)原辅料:白毛母鸭。

　　(2)制作步骤:

　　第 1 步　选购食材。金巢"琵琶鸭"的选料十分考究,本地散养的白毛母鸭肉质细嫩是用料的首选,一般选择 4 kg 重的最好,只有严格的选料才能保证烘烧的琵琶鸭质量达到最佳效果。

第 2 步　脱毛开膛。把选购回来的白毛母鸭人工脱毛并开膛，去掉鸭翅、鸭掌另作卤水之用。

第 3 步　清洗滤油。把脱毛开膛后的白毛母鸭清洗干净，再用热水滤掉鸭身上的肥油，以保证它的口感不肥腻。

第 4 步　配制酱料。用生油、食盐、白糖、生抽、老抽等常规的调味料，再按比例兑入特制的天然香粉和祖传的秘方香料，配制成私房秘制酱料。

第 5 步　腌制鸭身。把鸭子放进盛好酱料的腌盆，并反复涂抹秘制酱料腌制，直至鸭身完全渗入酱料的味道，随后吊晾 1 小时，再用糖浆加料酒在鸭身上反复扫涂匀称，使鸭肉更加酥香。

第 6 步　晾晒风干。腌制后的琵琶鸭挂钩晾起来，待在露天晾晒 3 小时后，再转到冷房晾干，为的是保持鸭身的新鲜干爽，烧出来效果更好。经过 24 小时后才能送去烧烤。

第 7 步　烘炉烧烤。先用荔枝柴木明火预热具有恒温保温作用的砖砌土炉 40 分钟，然后把风干的鸭放进烘炉明火吊烧约 1 小时。

第 8 步　整形出品。待烘烧到皮脆肉嫩时琵琶鸭即可出炉，用毛刷刷去表层脂油并晾干多余油水，再在鸭身撒上白芝麻。这样，金巢"琵琶鸭"的烤制大功告成。

三、非遗美食风味特色

制作的金巢"琵琶鸭"趁热乎之时品尝，轻咬表皮满口香脆，肉质嫩滑但不肥腻，鸭肉虽瘦却不失奇香，让人回味无穷。加以他们秘制的梅果酱沾蘸，咸甜适中，甘脆爽口，实在美味，是名副其实的一道传统美食佳肴。

参考文献：

[1]　李琨. 珠海传承中华优秀传统文化的策略研究[J]. 中共珠海市委党校珠海市行政学院学报，2018（5）：76-80.

[2]　李琨. 珠海市非物质文化遗产与经济特区文明建设研究[J]. 珠海潮，2018（4）：113-131.

阿水土鸡白切鸡

一、非遗美食故事

关于"白切鸡"这一名字的来历，有着广为流传的典故。据说，古时候有个读书人，他早年寒窗苦读，终于在朝廷觅得一官半职。但是后来他受不了官场的黑暗，于是就弃官回乡。回到家乡的他乐善好施、性格豪爽，又有文化，深得村民拥戴。但他生活清贫，年过半百了依旧膝下无儿。这年中秋又到了，他和妻子商量了一下，决定杀只母鸡，一来祈天保佑早生贵子，二来可以打打牙祭。

妻子刚将母鸡剥洗干净端进厨房，忽然他听见窗外有人呼号哭喊。出门一看，原来是小孩贪玩灯笼酿成火灾。时值秋高气爽，一些村民的家财眼看要化作灰烬。他二话没说，揣起一个水桶就冲了出去，他的妻子也跟着去救火。在村民的共同努力下，火势很快得到了控制，并最终被扑灭。他回家时发现灶火已熄，锅中水微温。原来妻子走得匆忙，只在灶中添柴，忘放佐料和盖上锅盖，锅中光鸡已经被热水烫熟了。于是，他让妻子把鸡捞起来直接白斩来吃。没想到，这只没加任何佐料煮出来的鸡竟然这么皮脆肉嫩，香滑多汁！数百年来白切鸡推陈出新，历久不衰。

二、非遗美食制作

（1）原辅料：光鸡、盐、花生油。

（2）制作步骤：

第1步　首先选用农村散养300天以上的土家鸡宰杀，手工拔毛去内脏，洗干净。

阿水土鸡白切鸡

第2步　其次，取大汤锅下姜片，加入少许盐，放入花生油，大火煮沸转中火持续煮30分钟，再小火煮5分钟，待鸡皮稍隆起，就可以把鸡从锅中沥干水分放盘中降温。

第3步　然后，接下来摊凉的鸡放置砖板上，先把鸡头、鸡爪、鸡翅、鸡腿依次卸下，然后全鸡切成小块装盘，一道皮脆肉嫩的白切鸡就做好了。

三、非遗美食风味特色

白切鸡的特点是色泽金黄、皮脆肉嫩，滋味还异常鲜美。

参考文献：

[1] 刘梦晓. 一只鸡，何以成就一个劳务品牌？[N]. 海南日报，2023-12-03（A03）.

[2] 李祉玥. 白切鸡加工关键工艺及贮藏条件对其品质的影响研究[D]. 武汉：华中农业大学，2023.

布拉肠粉

一、非遗美食故事

有一个传说，肠粉始于唐朝，由六祖惠能发明。话说有一年，碰上天灾，为了解决百姓饥饿问题，惠能和他的师父惠积和尚创造了一种叫"油味糍"的简单易煮的食物，这就是肠粉的始祖。

实际上，肠粉的模样，倒是与粤东客家地区的特色风味小吃"捆粄"有些相似。客家的捆粄，用大米做成米浆，然后用铁炊具通过蒸汽蒸成一张薄薄的米膜。对于为什么不用面粉而用米粉，有人推论客家人南迁后，想制作中原的传统美食春卷，但他们客居的岭南只产大米不产小麦，客家人便因地制宜地用大米磨粉以替代面粉，这就是现代肠粉的前身。这种说法有一定的道理。

二、非遗美食制作

（1）原辅料：粘米粉、马铃薯淀粉、小麦淀粉、水、盐、鸡蛋、生菜、瘦肉末。

（2）制作步骤：

第1步 先把黏米粉、马铃薯淀粉、小麦淀粉、盐放进一个容器中混合，慢慢加入水搅拌均匀成粉浆。

第2步 将一张干净光滑的白纱布浇湿后，倒入一勺调配好的粉浆。

第3步 平铺整块布，然后打入鸡蛋，放入生菜和瘦肉末，盖上盖子蒸4分钟。

第4步 时间到后，取出白布，用刀刮下肠粉，整理下后切开装入盘子。

第5步 淋上肠粉酱汁或酱油调味即可食用。

布拉肠粉

三、非遗美食风味特色

布拉肠粉出品时以"白如雪，薄如纸，油光闪亮，香滑可口"著称。在广东，肠粉是一种非常普遍的街坊美食，它价廉、美味，老少皆宜，妇孺皆知。

参考文献：

[1] 马跃辉. 江门的粉[J]. 人民司法（天平），2018（33）：22-24.

[2] 韩江雪. 口口香卷肠粉风味佳口口香无明矾油条众人夸[J]. 现代营销（创富信息版），2008（10）：89.

虾 酱

一、 非遗美食故事

据传银虾酱是南宋时期传入淇澳的。关于银虾酱，淇澳岛流传这样一个传说：古时候，南海龙王的七女亚珠，携两位少女仙童私游凡间，被珠海香炉湾美景吸引，流连忘返，后还与青年渔哥海鹏相恋互爱，发展起一段爱情美事。亚珠把两仙童亚翠、亚银安置在淇澳岛游山玩水，两仙童由此与村民结下深厚情谊。

有一年，岛内闹饥荒，为救村民度过危机，凭自身有限的法术，亚翠把自己化作青绿的西洋菜供贫民填饥，而亚银把自己化作银虾仔后，还把同类从其他海域吸引过来让岛民捕捞，使村民有丰富的资源制造可供常年食用的食品。淇澳西洋菜与淇澳银虾酱在民间传为佳话。

二、 非遗美食制作

（1）原辅料：银虾、盐等。

（2）制作步骤：

第 1 步 原料处理。原料为长约 2 cm 的银虾。选用新鲜且体质结实的虾，用网筛筛去小鱼及杂物，洗净沥干。

第 2 步 盐渍发酵。加虾重量 30% ~ 35%的食盐，盐量的大小可根据天气情况及原料的鲜度而确定。天气晴朗、原料鲜度好，适当少加盐，反之则多加盐。银虾和盐用毛竹片

虾酱

搅拌捣碎、拌匀，堆放发酵约 12 小时。发酵过程中需对堆放的原料搅动 2 ~ 3 次，每次 20 分钟，以促进分解，发酵均匀。

第 3 步 制成虾酱。发酵 12 小时后，将原料摊开，日晒 1 天，在晒的过程中也需要搅动 2 ~ 3 次，以保证原料均匀受热；晾晒过后的虾酱原料收回继续堆放发酵约 36 小时，然后连接晾晒 3 ~ 4 天后制成银虾酱成品。需要注意的是，在发酵和晾晒过程中，都需要对原料进行搅动。

三、 非遗美食风味特色

淇澳银虾酱保存状态较完好，且内涵丰富，承载了当地的社会变迁、族群组成、民间信仰等各方面的记忆，可以以银虾酱为点带出唐家湾相关的人文、社会、经济、信仰等层面的内容，有助于唐家湾非物质文化遗产保护与传承，使唐家湾的文化内涵更为丰满，也为唐家湾的发展赢得更为明朗的方向。

参考文献：

[1] 胡文芝. 珠海文化遗产精粹[M]. 厦门：厦门大学出版社，2021.

[2] 雷虎，哲静，笑英，等. 珠海担当时代使命建设美丽乡村[J]. 中国周刊，2016（5）：92-116.

鱼　饭

一、 非遗美食故事

　　古时，潮汕人以煮盐捕鱼为生，因没有更好的冷冻保鲜条件，打捞上来的海产品不是晒成鱼干就是腌制成咸鱼。这两种做法虽然可以减缓鱼肉的腐败，但却无法将鱼肉的鲜味保存下来。所以民间渔民就趁鱼肉还新鲜时用高盐分的盐水将其制熟，以求最大限度地保留鱼肉本身的口感与独特鲜味。

　　这种制法充满着潮汕先民的智慧，所烹调出来的鱼肉质洁白紧实，鲜美异常，所以很快就大受欢迎，大约在清末时期就已从达濠区传至潮汕地区，最后享誉全国。

二、 非遗美食制作

　　（1）原辅料：巴浪鱼、带鱼、金枪鱼、那哥鱼、鱿鱼、花仙鱼、红鱼、盐等。

　　（2）制作步骤：

　　第 1 步　清洗和腌制。这道工序只要加入一定比例的盐水就可以完成，对鱼的肉质起到浓缩结实、不失原味的良好效果。

　　第 2 步　处理。按照鱼的品种分门别类进行处理，大鱼需要开膛去肚，斩成小块；小鱼则可以直接装入竹篓。

　　第 3 步　烧煮。在每个鱼篓上放上铁筛，一次可叠装十几篓，然后放入盐水锅中猛火烧煮。

鱼饭

　　第 4 步　起锅。起锅之后，用沸盐水淋洒鱼身，冲洗干净。

　　第 5 步　晾凉。将鱼篓放在架子上晾凉，随着温度的下降，鱼的肉质变得更加紧实，鲜美的鱼饭就制作完成了。

三、 非遗美食风味特色

　　鱼饭最独特的地方，在于其鲜美的鱼肉汁水会在鱼皮内部形成一层鱼冻，入口会随着咀嚼在口中缓慢释放出汁水和鱼肉的甜美，如果再佐上一碟小小的普宁豆酱，口味便更加鲜美。

参考文献：

[1]　谢璇. 鱼饭不是饭[J]. 新教育，2024（3）：30.

[2]　杨舒佳. 潮汕预制菜出海闯世界[N]. 汕头日报，2022-10-13（12）.

客家酿豆腐

客家酿豆腐也称为肉末酿豆腐、东江酿豆腐，是客家名菜之一，据说与北方的饺子有关。客家先民原来居住在中原地区，当地盛产小麦，常常用面粉做饺子。

后来因为战乱等原因，客家先民迁徙至南方生活。岭南地方多产大米，少产小麦，面粉很少，酿豆腐则成为替代饺子的食物了。客家先民想到，用猪肉剁成馅料，用豆腐代替面粉，将馅料塞入豆腐，犹如饺子一般。因其味道鲜美，便成了客家名菜，如今也是客家人餐桌上的家常菜。

二、 非遗美食制作

（1）原辅料：豆腐、猪肉、香菇、酱油、香葱。

（2）制作步骤：

第1步 先把豆腐用清水洗一下，然后把豆腐切成小块。

第2步 把猪肉切成小块，把香菇和肉一起放到碗里，再加适量的盐，然后把香菇、肉一起倒入绞肉机里面，把他们搅碎。

客家酿豆腐

第3步 把搅好的肉用筷子填进豆腐里面去。

第4步 豆腐酿好之后，在锅里倒入油，先把锅烧热，然后转小火放入酿好的豆腐煎熟，转中火把两面煎至金黄即可。

第5步 提前在砂锅中准备好少量的清水烧开，放入煎好的豆腐，调入酱油，用中火焖煮3分钟，让豆腐充分吸收酱汁，最后撒入香葱即可。

三、 非遗美食风味特色

新鲜上桌的客家酿豆腐集软、韧、嫩、滑、鲜、香于一身，呈浅金黄色，豆腐的鲜嫩滑润，肉馅的美味可口，再加上汤汁的浓郁醇厚，让人垂涎欲滴。客家酿豆腐"孕他味于腹中"，以突出"酿"这一技艺的独特性，其以豆腐作为载体，以一种兼容并蓄的精神吸纳诸般他味，达到和谐的味道之美，是我国诸多菜系的豆腐烹饪中独树一帜的方法。

参考文献：

[1] 陶小淘. 客家摇篮之赣州特色美食[J]. 餐饮世界，2023（4）：60-63.

[2] 林桥华. 综合实践活动课实施路径——以"客家酿豆腐"为例[J]. 新课程导学，2021（20）：47-48.

福建

民间非遗美食

福鼎肉片

相传，明朝初期，南京丹徒县（今丹徒区）城郊村里有位青年叫吴旺三，为人诚恳朴实，勤劳果敢。他于偶然中结识了邻村一位苏姓姑娘，姑娘漂亮聪颖，贤淑有德。一来二去中，两人互生爱慕之情。到了婚嫁年龄时，吴旺三便请媒人到姑娘家去说亲。不料与此同时，有个叫董七的青年也看上了苏姓姑娘，并扬言非她不娶，董七是村中大户人家的子弟，在当地很有势头。

但是吴旺三并没有退缩。到了定亲那天，董七果然也携了一份比旺三厚十几倍的聘礼来了，两家撞到了一块，互不相让，形势顿时变得紧张起来。

就在这时，姑娘站出来解围说，两家都很有情意，她哪家都不愿得罪。于是她出一道题，谁完成得好，她就嫁给谁。姑娘的题目很简单，她从两家送来的猪脚上各一取下一斤瘦肉，要两个人现场做出一道菜来，用来招待今天来她家里的七八个客人。

一斤瘦肉七八个人吃，就是切成丁，一个人也只能吃上一小块呀，还怎么能招待客人呢？董七很聪明，他二话不说，将瘦肉切成丁，先煮了一锅肉粥。这样，旺三便不能再做这道菜了。

福鼎肉片

但是旺三并不慌张，他将瘦肉剁得碎碎的，再和上家常淀粉，这样一斤肉变成了两斤，再用手揪成一小块一小块放在水中煮熟，加入一些调料，用小碗居然能够打上十来碗。这东西人们还是第一次吃到，吃到嘴里嫩滑爽口，都边吃边赞不绝口，就连董七吃了也说不出话来，最后只好拿上聘礼悻悻离去。

事后人们问旺三这菜叫什么名称，旺三想了想说是叫肉圆，因为是它圆了他和姑娘的婚事。后来，旺三不幸早逝，苏氏为避战乱携子迁居到西阳村，是为西阳吴氏的先祖母。肉圆的做法也从苏氏手中代代传承下来，由于当地圆与丸的音相同，渐渐地人们便叫为肉丸，又称肉片。

二、非遗美食制作

（1）原辅料：精瘦猪肉、淀粉、紫菜、香菜。

（2）制作步骤：

第1步　取肉。把刚买来的肉里面的肥肉取干净，只剩下精肉。再把精肉切成小长条或小块，便于剁成肉酱则可。到这里还应该把取出来的肉称一下，以便放淀粉时心里有底。接下来就可以把精肉剁成肉酱，或者也可以用绞肉机绞。这时便可以在肉里加入葱盐等的调料。

第2步　搓。把肉酱放在案板上，用左右手的手腕使劲地搓。大约十来分钟，同时可以往肉酱里放小苏打和少许的水，然后继续搓，直到肉酱黏糊糊的，能自然地粘手方可。

第3步　混合，在搓好的肉里放入一定比例的淀粉，继续搓，直到淀粉完全和肉混合在一起为止，看上去只有肉色而看不到粉白时，肉片便完成了。

第4步　煮肉片时，先把水烧开，水一定是要开的，不然肉片汤就会浑浊了。把肉片用食指和拇指揪成一小块一小块地放入开着的水里，加盖两三分钟，可以看到水中的肉片全部都浮起来了，往锅里加入调味料，煮肉片不可缺少的几样调味料是姜丝、醋、辣椒。少了它们，肉片的味道会大打折扣。

第5步　此外，你还可以在肉片里加入紫菜、香菜等，味道会更加棒。

三、非遗美食风味特色

福鼎肉片因取料精，工艺巧，味独特，深得全国各地人们称赞，甚至把肉片卖到国外，食客们也是络绎不绝。肉片的"片"字，来得十分传神，别处叫肉丸、肉滑、肉圆，唯独福鼎人叫"片"。所谓的"片"，就是厨师用调羹、竹片等工具，一片片地将毡板上的肉泥刮飞入汤锅的动作。

参考文献：

[1]　黄宇韬. 基于宁德小吃的肉泥制品制作工艺探究[J]. 现代食品，2018（5）：180-184.

[2]　王淑湘. 我的肉片之家[J]. 小火炬，2013（9）：19.

一、非遗美食故事

平潭古代有一乡人含冤入狱，儿子送去的饭食总被狱吏吃掉。后来，乡人建议儿子用地瓜粉（当地俗称番薯粉）做皮，包入肉、鱼，搓成团送去，狱吏果然不吃，关在牢里的老父亲，终于能吃上一顿美食。此后，这种平潭民间特有的饺状丸子，当地称作咸米便流传下来。作为一种感恩、思孝奉献的象征，念家户户传祖德，逢节人人吃咸时。

二、非遗美食制作

（1）原辅料：胡萝卜、香菇、黄花菜、虾、鱿鱼、瘦肉、紫菜、红薯、红薯淀粉、圆白菜等。

（2）制作步骤：

第1步 将红薯、土豆去皮切块，入锅蒸熟，同时收拾馅料食材。

第2步 香菇、黄花菜洗净泡发切丁，胡萝卜洗净去皮切小段，小葱、青蒜、芹菜洗净根部和绿叶分开切碎装盘，圆白菜去掉外皮老叶，洗净切碎装篮。

第3步 要等馅料凉了才好包，所以为了节省总体时间，先炒馅料，把锅烧热烧干，调中火，倒入包菜，翻炒一会，待包菜略软，加少许盐，让包菜在这阶段多出点水。

第4步 热锅凉油，小葱、青蒜、芹菜根部爆香，放入瘦肉、鱿鱼、香菇、黄花菜、虾仁、胡萝卜等调味放凉。

第5步 把热红薯、土豆放到盆里，用擀面杖将其迅速捣碎，边捣边适量加入红薯淀粉，等红薯不烫手了，改用手揉加淀粉，手法类似揉饺子面，根据自己揉面团时感受到的均匀、干湿程度酌量加减红薯淀粉的用量，淀粉多了会干、少了会湿。

咸时

第 6 步 烧开一锅水，从半成品的咸时皮中揪出几块，搓成小丸子，放入锅中煮至表面晶莹，捞出放回盆中，继续揉进皮里，增强弹性。可能此时面团会偏湿，酌情再加点红薯粉。

第 7 步 弹皮前先准备好一点面粉，铺洒在案板上，需要用它来打底手掌心。慢慢弹皮、包馅料，包好后上锅蒸 10 分钟即可。

三、 非遗美食风味特色

"咸时"的外皮是用地瓜和地瓜粉做成的，蒸熟之后就会变成地瓜的颜色——有点金黄色，搭配着由包菜、紫菜、葱、芹菜、胡萝卜，还有瘦肉、鱿鱼、虾仁等所炒出来的鲜美的馅料，吃起来嫩弹爽口，还有浓浓的地瓜香味，让人回味无穷。

参考文献：

林心瑶. 福建平潭岛非物质文化遗产保护与旅游利用模式及其机制研究[D]. 福州：福建师范大学，2019.

佛跳墙

一、非遗美食故事

佛跳墙原名"福寿全",光绪二十五年(1899年),福州官钱局一官员宴请福建布政使周莲,他为巴结周莲,令内眷亲自主厨,用绍兴酒坛装鸡、鸭、羊肉、猪肚、鸽蛋及海产品等20多种原、辅料,煨制而成,取名福寿全。周莲尝后,赞不绝口。问及菜名,该官员说该菜取"吉祥如意、福寿双全"之意,名"福寿全"。

后来,衙厨郑春发学成烹制此菜方法后加以改进,口味胜于先者。到郑春发开设"聚春园"菜馆时,即以此菜轰动榕城。有一次,一批文人墨客来尝此菜,当福寿全上席启坛时,荤香四溢,其中一秀才心醉神迷,触发诗兴,当即曼声吟道:"坛启荤香飘四邻,佛闻弃禅跳墙来。"在福州话中,"福寿全"与"佛跳墙"发音亦雷同。

二、非遗美食制作

(1)原辅料:鲍鱼、海参、鱼唇、牦牛皮胶、杏鲍菇、蹄筋、花菇、墨鱼、瑶柱、鹌鹑蛋等。

(2)制作步骤:

第1步 先把18种原料分别采用煎、炒、烹、炸多种方法,炮制成具有煎、炒、烹、炸特色的各种口味。

第2步 然后一层一层地码放在一只大绍兴酒坛子里,注入适量的上汤和绍兴酒,使汤、酒、菜充分融合。

佛跳墙

第3步 把坛口用荷叶密封起来盖严,放在火上加热,用火也十分讲究,需选用木质实沉又不冒烟的白炭,先在武火上烧沸,后在文火上慢慢煨炖五六个小时即可。

三、非遗美食风味特色

"佛跳墙"风味独特,与坛煨的烹饪方式有莫大关系。高档"佛跳墙"还用炭火煨制,经过旺火、文火再到残火的不同温度,煨出的风味方为上乘。而且不同厨师的经验,以及不同食材、调料的下锅时间,都会影响菜品的口味。

参考文献:

[1] 毛宇."佛跳墙""花胶鸡"占领年夜饭餐桌[N]. IT时报,2024-01-26(006).

[2] 胡安阳,钟碧銮,田柬昕,等. 港式佛跳墙与闽式佛跳墙的差异研究及对比[J]. 食品工业,2023,44(12):330-334.

肉 燕

据传，在明嘉靖年间，一位福建浦城告老还乡的御史大人，在山区家中常觉口淡无味，其厨师便想出新花样，取猪腿瘦肉槌成肉泥，掺上薯粉，碾成纸片般薄片，内包肉馅，配以高汤，做成点心，美味可口。因包出的形状如同飞燕，便取名为"扁肉燕"，皮也就叫燕皮了。这打燕皮的手艺逐渐传入福州，燕皮成为商品，食者日众，成了福州具有乡土风味且家喻户晓的特产小吃。

在福州民间，扁肉燕加上剥壳的鸡蛋便成"太平燕"，象征"太平""平安""富贵""吉利"。福州人逢年过节、婚丧喜庆、亲友聚别、民间家宴，"太平燕"是必备的菜肴。

"同利肉燕老铺"是福州制作肉燕皮、烹制"太平燕"的老店，创建于清光绪二年（1876年），创始人陈官燃原是福州郊区的一个花农，以种茉莉花为主，学会制作肉燕皮后，将肉燕皮供给三坊七巷的达官贵人家中。后见生意兴隆，便在福州南后街的澳门路开了"同利肉燕老铺"。如今由第四代传人陈君凡经营。

（1）原辅料：精肉、淀粉、糯米、植物灰碱。

（2）制作步骤：

第1步 选料。选用猪后腿精肉，要现宰现用，力求新鲜。

第2步 剔肉。原料肉须剔净筋膜、碎骨等，然后将精肉块软硬搭配分组，每坯重750～1000 g。

第3步 捶肉。将精肉坯放置在砧板上，用木槌反复捶打，并加入适量糯米糊、植物碱以增强黏性，捶打时用力要均匀有节奏，肉坯要反复翻转，边捶打边挑除细小筋膜，直至肉坯打成胶状肉泥。

第4步 制燕。将胶状肉泥放在木板上，均匀地撒上薯粉，轻轻拍打压延，直至成型，称为鲜燕。

第5步 晾干。将鲜燕切成宽16 cm的长条叠卷，悬挂于通风处晾干，即成干燕皮。

第6步 将鲜鱼肉、猪腿肉，一起剁为肉泥，虾干、荸荠剁成末状，加适量骨汤、蛋液、味精、绍酒、虾油（或精盐），用筷子拌匀为馅。每张干肉燕皮用水浸湿放入馅一份。然后把燕皮中间捏紧，使边缘自然弯曲成长春花形，故名"小长春"（这是简化的包法），传统肉燕的包法是在每张干肉燕皮一角放上馅，用筷子卷起至将近对角线位置，再将对角线上的两个角捏紧，包好后的肉燕形似金元宝；摆在笼屉中用旺火蒸5分钟取出，加入沸水锅中，用旺火煮沸，捞起放在汤碗里，撒上芹菜末。骨汤下锅烧沸，加入适量虾油（或精盐）、绍酒、味精搅匀，倒在"小长春"上，随后洒上麻油即成。

肉燕

三、 非遗美食风味特色

肉燕别称扁肉燕，是福州一大特色小吃。肉燕皮是由猪肉加番薯粉手工打制而成的。肉燕有别于福建其他地区的扁肉（扁食），两者口感是完全不一样的。燕皮薄如白纸，其色似玉，口感软嫩，韧而有劲。

参考文献：

[1] 洛小宸. 福州肉燕[J]. 快乐语文，2023（31）：18.

[2] 禾雨. 福州肉燕：无燕不成席[J]. 中学生博览，2024（11）：68-69.

畲族乌饭

一、 **非遗美食故事**

　　闽东畲族乌饭制作技艺历史悠久。相传唐代畲族英雄雷万兴率领本族人反抗官府时，被朝廷军队围困于大山，断粮断水。雷万兴便吩咐部下在大山里寻找食物。当时，山里唯有一种名叫乌稔的野生植物，落叶以后枝条上还挂着串串像珍珠一样的甜果，畲军采了一把带回营中，雷万兴品尝后感到满嘴流蜜十分香甜，便传令大量采集这种野果充饥。农历三月初三，雷万兴率领畲军杀下山去，取得胜利。又是一年农历三月初三，雷万兴想吃当年的乌稔果，便吩咐随从去采些乌稔果给他开胃。这时正是春天，无处寻找甜果，随从只好将乌稔叶子采回，和糯米一起炊煮，结果糯米呈现出同乌稔果一样的蓝黑色，其甜无比。雷万兴下令畲军蒸食乌饭。畲民们为了纪念畲族英雄雷万兴，在每年的农历三月初三这天，都要制作乌饭，世代流传。

畲族乌饭

二、 **非遗美食制作**

　　（1）原辅料：乌稔树、糯米等。

　　（2）制作步骤：

　　第1步　选材。在农历三月初三前，大约农历二月二十七至二十八日，到向阳的山坡上采摘乌稔树当年刚长出的叶子。采摘时要注意不损伤乌稔树，以供来年继续使用。

第 2 步 加工。将采摘回来的乌稔树叶拣去其他杂物，倒入竹柄中晾干，避免叶子发黄。待制作乌米饭之时，将乌稔叶用清水洗净，用厨刀将乌稔叶切碎后放到石臼里捣碎，直到流出深绿色的汁液。之后将捣碎的乌稔叶渣放于铁锅里，并按比例加入清水，同时用火稍为加热（以手触汤不会热为宜），在锅中反复捞洗 3~4 分钟即可。

第 3 步 过滤。将捣碎的乌稔叶汁液和渣用木瓢捞起置于麻布袋中，在袋中把叶渣过滤掉，汁液滤入桶中，渣汁分离得越干净越好。如汁中含有杂质会直接影响到乌米饭的质量，所做的乌米饭会有苦涩的味道。待过滤后的暗绿色汤汁沉淀 1 小时左右，再用来浸泡糯米。

第 4 步 浸泡。将精选好、洗净的糯米倒入瓷缸中。按 10 斤乌稔叶汁液浸泡 30 斤糯米的比例，将沉淀好的表面无浑浊的乌稔叶汤汁，倒入糯米中浸泡 24 小时左右。

第 5 步 蒸熟。将浸泡好的糯米捞起放到饭甑里，将饭甑置于铁锅中蒸煮 30 分钟左右，乌米饭蒸熟。蒸熟的糯米显得乌黑光亮、香气扑鼻，既有原生态食品气息，又有畲家美味饮食的特色。至此，制作乌米饭的整个流程就完成了。

三、非遗美食风味特色

畲族乌米饭名副其实，吃起来连碗筷也被染成乌黑色。它的味道相当不错，吃一口清香糯柔，细腻惬意，别有情趣。倘若将乌饭贮藏在阴凉通风处，则数日不馊。畲家人喜用草袋当作容器，为乌饭增加独有香气。

参考文献：

[1] 夏婧，叶薇. 畲族特色饮食文化研究——以"畲族乌饭"为例[J]. 中国民族博览，2023（8）：54-56.

[2] 田丽艳，佘怡宁. 乌饭探源[C]//Singapore Management and Sports Science Institute，Singapore. Proceedings of 2015 5th International Conference on Applied Social Science（ICASS 2015 V83）. 北京联合大学应用科技学院媒体系，2015：5.

崇武鱼卷

一、非遗美食故事

崇武古城本是一座兵家必争的破碎海滩，因小镇位于关键的水路，在明初建城以后，便有士兵在该市长期驻扎。驻扎水域，士兵需常常出航巡视，每一次出航前便要提前准备充裕的军用口粮。尽管该市有充足的鱼种可供食用，但因欠缺合理的冷冻器材，每一次打捞的鱼都没法放置多日，定速巡航时间一长，食材补充常常无法跟上。

为了更好地贮备军用口粮，那时候驻扎水域的钱储千户侯，便让兵士们打捞亚欧中土特产的马鲛鱼，将其去骨取肉，手工制作撮溃成鱼糜，配上番薯粉，再加上一些调剂口味的辅材食物，卷条煮熟。经此处理的鱼类能够随时随地服用，大大地减轻了军用口粮紧缺的困境。如此一来，便造就出了颇具地区特点的军工用干食，因其条形，本地人别名之"鱼卷"。

二、非遗美食制作

（1）原辅料：马蹄、葱、盐、味精、白砂糖、地瓜粉、鸭蛋、五花肉、马鲛鱼等。

（2）制作步骤：

第1步 刮鱼泥。将处理好的马鲛鱼洗净，去骨取肉，刮下鱼泥，搅拌半小时，备用。

第2步 准备辅料。把葱切成葱花，五花肉去皮、切丝，取鸭蛋清备用。

第3步 搅拌。在鱼泥中加入适量盐、鸭蛋清，搅拌至鱼泥细腻，加入适量地瓜粉、肉丝、葱花、马蹄碎，搅拌一小时。

第4步 定型。鱼泥取适量放至薄膜（厚的）上，推成柱状，用薄膜包裹。

第5步 蒸熟。将定型鱼泥放入蒸笼，蒸制15分钟。

崇武鱼卷

三、非遗美食风味特色

因鱼卷中蕴涵的幸福喻义，崇武许多人到喜事时亦注重"无卷不了宴"的风俗习惯，婚宴通常会以一道鱼丸汤开席，并在一道清蒸鱼卷中落下帷幕，借此机会祝福新人的日常生活此后完满幸福快乐。

参考文献：

[1] 朱赟. 非物质文化遗产价值评价与旅游开发研究[D]. 泉州：华侨大学，2016.

[2] 黄宇菲. 将"名小吃"打造成"大品牌"——打造惠安崇武鱼卷品牌的思考和对策[J]. 中国高新技术企业，2014（34）：167-169.

泉港浮粿

一、非遗美食故事

浮粿因炸熟时会浮游在油锅上，故名浮粿，又因谐音被人们称为福粿，寓意有福之粿。其外表酥脆油亮，内里黏糯殷实，馅是海蛎与鲜肉的组合，咸香诱人。因其即炸即食、立等可取，故而广受欢迎，在泉港的大街小巷甚至惠安、泉州市区等地都有很多浮粿店。

二、非遗美食制作

（1）原辅料：盐、味精、酱油、猪瘦肉、胡椒粉、五香粉、新鲜海蛎、南瓜、卷心菜、葱花、地瓜粉等。

（2）制作步骤：

第1步 准备辅料。将南瓜、卷心菜擦丝，海蛎洗净，放入五香粉、味精腌制，猪瘦肉切丝，放入酱油、味精、胡椒粉腌制。

第2步 拌馅。在盆中倒入南瓜丝、卷心菜丝、盐、味精、清水、地瓜粉，搅拌均匀，再加入适量葱花，搅拌至糊状。

第3步 炸制。在浮粿模具中倒入少量面糊，中间放入海蛎、瘦肉丝，再倒入面糊，油温七八成热，下锅炸至金黄色即可。

三、非遗美食风味特色

该菜品皮薄而酥脆，内劲弹而不黏；刚炸出来的浮粿，用筷子掰开，里面有香喷喷的海蛎和鲜嫩的瘦肉，美味至极，让人品尝美味后齿颊留香。

泉港浮粿

参考文献：

[1] 陈智勇，殷斯麒. 家乡盛宴：甜在舌尖暖在心间[N]. 泉州晚报，2023-06-15（002）.

[2] 陈春华. 泉州文化体验旅游产品开发研究[D]. 泉州：华侨大学，2016.

土笋冻

土笋冻制作技艺流传于闽南沿海一带。相传土笋冻制作源于明朝，郑成功收复台湾时，一时由于粮草紧缺，士兵就在海边挖土笋煮汤喝，一日郑成功等土笋汤冷后才吃，却发现汤已凝结，味道非常鲜美，遂称"土笋冻"。另一说与戚继光有关。明朝屠本峻的《闽中海错疏》和清初周亮工的《闽小记》有关于土笋和土笋冻的记载，说明在明清时，土笋冻也是闽南人桌上的常菜了。

二、 非遗美食制作

（1）原辅料：新鲜海土笋、精盐、香醋、酱油、蒜泥、姜丝。

（2）制作步骤：

第 1 步 用石槌不断碾磨海土笋，滚出全部内脏杂物。把土笋放入清水中，将其体内的泥土漂洗干净，呈白亮捞起。

第 2 步 锅置火上，把凉井水和海土笋一起倒入锅中，放入盐，熬至沸熟胶质溶出后连汤舀起，分装在 6 cm 左右的小瓷碗中静放在露天过夜，自然冷却凝成固体物（夏天要放入冻箱才会凝结）。

第 3 步 用竹签挑出，配以陈香醋、酱油、蒜泥、姜丝等佐料，即可上席。

土笋冻

三、 非遗美食风味特色

土笋冻不仅得到本地百姓喜爱，而且深受外地游客好评，需求量较大，具有较高的经济价值。土笋冻还能告慰海外游子的思乡情怀。闽南自古以来有大批的民众离乡背井漂洋过海到南洋等地谋生。南洋一带一直流传着一首闽南语歌曲《哇，土笋冻》："土笋冻呀土笋冻，最最好吃真正宗……"回乡探亲的华侨专门带土笋冻，当作礼物送给亲朋。

参考文献：

[1] 洛小宸. 海沧土笋冻[J]. 快乐语文，2023（28）：18.

[2] 薛茜，汤璧蔚，王芳，等.闽南特色小吃"土笋冻"凝胶形成的影响因素[J]. 泉州师范学院学报，2020，38（6）：23-27.

江西

民间非遗美食

萍乡花果

萍乡这片青山叠嶂、绿水环绕的沃土很早就与美食结下了不解之缘。许多历史名人也在萍乡留下了不少赞叹美酒佳肴的诗篇。

花果据说已有千年的历史，真正有史料依据的是 1914 年欧阳子裁和他的子女们开设于萍乡城凤凰街月光塘的"日新德"花果店。所制作花果品种繁多，工艺精湛。外来客商来此成批购货销往外省地，有些甚至远销东南亚。

二、 非遗美食制作

萍乡花果

（1）原辅料：辣椒、冬瓜、刀豆、土豆、生姜、番茄、荸荠、峨眉豆、萝卜、橙、柚、柑橘、薄荷叶、梨、西瓜、白糖、饴糖、琼脂、石灰等。

（2）制作步骤：

第 1 步　选料。选用新鲜、成熟、形态完美、无腐烂变质的新鲜蔬菜和瓜果作原料。

第 2 步　造型。传统产品仍采用手工切、雕、织叠工艺造型，大宗产品采用机械压花，对边角料采用模压造型。

第 3 步　石灰水浸泡。将原料在常温下采用浓度 2%～3% 石灰水浸泡，视原料确定浸泡时间。蔬菜浸泡时间不超过 3 小时，瓜、果橙不超过 6 小时。

第 4 步　烫煮。将原料在 85～95 °C 热水中焯一下，达到 6～8 成熟。

第 5 步　上糖。首先，将烫煮和捻花后的原料在常温下置于浓度 25% 的白糖溶液中浸泡 6～8 小时。捞出，滤干，置于烘箱中烘至 7 成干，放到浓度 30% 的白糖溶液中常温浸泡 6 小时，捞出，滤干。

第 6 步　烘焙。上糖后制品放置在烘炉中烘焙，炉温控制在 60～80 °C。烘至水分含量为 6%～8% 时，取出，放置在密闭铁皮柜中冷却至室温后包装。

三、 非遗美食风味特色

制作成的花果色泽鲜美，造型独特，口感甜脆，加工后不破坏原有的营养质素，是名副其实的绿色食品，是大众休闲、馈赠亲友和招待客人的珍品。

参考文献：

[1]　文雯，古怡. 蜜饯雕刻研究——以靖州雕花蜜饯与萍乡花果为例[J]. 大众文艺，2024（3）：73-75.

[2]　邸瑞芳. 江西特产萍乡花果生产技术[J]. 农村新技术，2011（14）：39.

九江桂花茶饼

一、非遗美食故事

　　九江桂花茶饼起源于唐代，是"中国十大传统名饼""江西四大糕点之一"，诗人苏东坡曾赋诗赞誉："小饼如嚼月，中有酥和饴。"明清期间，随着九江商贾贸易的日益繁荣，茶饼作为一种糕点由茶坊生产转向作坊生产。来往商客把桂花茶饼视为江州特产，带回家乡馈赠亲友，九江桂花茶饼随之享誉大江南北。桂花茶饼采用传统工艺和现代技术研制而成，同时在配料上采用瑞昌、武宁的茶油，加入本地的桂花，使茶饼的质量、口味更佳。

二、非遗美食制作

　　（1）原辅料：精白面粉、熟面粉、熟芝麻、饴糖、茶油、碱粉、糖桂花、小苏打、白糖粉、糖精少许。

　　（2）制作步骤：

　　第1步　白糖加入糖精、熟芝麻、小苏打、糖桂花等拌匀后，再加入熟面粉搅拌均匀，成为馅料。

九江桂花茶饼

　　第2步　碱粉加入沸水500克溶成碱液。

　　第3步　锅置火上加入饴糖，再边搅边加入碱液，开始产生小气泡呈乳白色时，继续搅拌，搅至气泡逐渐减少，呈蜡黄色即可，成为糖浆。

　　第4步　精白面粉加入茶油、糖浆和面团揉匀，即成皮面（要求1小时内用完）。搓成长条，揪成面剂，按皮、馅2:8之比例包馅，封口朝下略按扁，在光面上盖上红印，即为九江茶饼生坯。

　　第5步　生坯摆入烤盘里，送入烤炉中烘烤，第一次进炉面火为200 °C，底火160 °C，当饼坯呈淡黄色、周边微凸时即可出炉，再放入40～45 °C烘箱内烘10多个小时，烘干多余的水分，使皮面酥松。

三、非遗美食风味特色

　　九江桂花茶饼色泽金黄，具有小而精，薄而脆，酥而甜，香而美的特点。由于散发着茶油的清香，丹桂的芳香及纯碱、苏打的奇香，故被人们称为"四香合一"的茶食精点。其营养丰富，易消化，老少皆宜，已成为旅游市场中最佳食品之一。

　　桂花茶饼是要配茶吃的，如沏的庐山云雾，当然要配"云雾"馅的茶饼，喜欢喝茉莉花茶，那就可以吃"茉莉花"味道的茶饼……茶与茶饼相得益彰，增色添香。

参考文献：

[1]　九江茶饼的做法[J]. 现代营销（经营版），2011（11）：43.

[2]　喻致祥. 九江桂花茶饼[J]. 食品工业科技，1983（1）：32-33.

金溪藕丝糖

相传，金溪还未建县时，上幕镇有一位唐把总，生性喜欢吃糖。而且用糖馈送亲友、巴结上司而捞得一身荣耀，因此人们背后叫他"糖老爷"。有一年，为庆祝老母生日，他除用糖做成一个禾斛样大的寿字外，还勒令全镇所有的糖师傅必须在九天以内做成一种又软又酥，没有牙齿都能吃得动的糖，如敢违抗，严惩不贷。这可难坏了所有的糖师傅，一个个束手无策。第八天晚上，当大家正对着一锅稀糖发呆的时候，忽然来了一个满面污垢的跛脚要饭老头，他向糖师傅乞讨点稀糖吃。糖师傅用碗盛给他，他不接，却自己伸手去抓。只见他一双又黑又脏的手，像织女穿梭似的不停地抓着。一会儿，便抓出两团又白又细的丝糖，随手向糖师傅一抛，霎时，人便不见了。事后，大家才知道是铁拐李大仙下凡来搭救他们。于是他们都学着抓，以后发展成拉，逐步演变成今天的藕丝糖。

（1）原辅料：糯米、大豆、麦芽等。

（2）制作步骤：

第1步 选料。要选取纯净的本地产的糯米，糯米必须无杂质、无沙子，而且要求米质新鲜，无黄变米粒。将选取的糯米置入容器内，用冷水浸泡，容器的大小以米的多少决定，应比米的体积大一倍以上。浸泡的时间根据气温的不同决定，一般浸泡约8小时即可，温度与浸泡的时间呈反比。

第2步 蒸煮。糯米经浸泡发酵后，即可进行蒸煮，以蒸笼为工具，蒸熟透为度。

第3步 发酵。将蒸熟的糯米饭冷却后入缸，加入麦芽粉，拌均匀进行发酵，发酵中要特别注意保持一定的温度，这也是一项关键技术，如果不控制好温度，就不能进行糖化，甚至会变酸。发酵糖化的时间在10小时左右，糖化的时间也与温度成反比。

第4步 滤浆。糯米饭经发酵糖化以后再进行滤浆。其办法是将糖化后的米饭装入苎麻织成的布袋中，加外力挤压，将糖水挤出，将糖渣作饲料，将滤出的糖水入锅进行加热熬制，其目的是将水蒸发掉，熬制过程中要特别注意火候，火过大容易使锅底焦煳，火太小了，熬制太慢，时间拖得过长，边熬还要边不停地搅拌，而且还要注意检查糖水的浓度。待熬制到可以上手控制时即可起锅，这样就成为麦芽饴糖，待冷却后转入拉丝工序。

第5步 拉丝、包馅。一般在盆中进行，每次拉丝量可根据操作人员的体力决定，盆中撒入豆粉若干，边拉边粘上豆粉、橘饼末、芝麻、桂花等配料。方法是先将食糖做成圆圈形，双手外拉，如此反复进行，每拉一次，丝量成倍增加，直至拉成藕丝一样的细丝即为成。

第6步 成形包装。拉成细丝后，根据消费者需要，将丝卷成乒乓球般大小的圆形丝团，然后进行包装。

金溪藕丝糖

金溪藕丝糖甜而不腻，脆而不碎，落口消融，余味绵长的藕丝糖深受金溪人民的喜爱。藕丝糖的制作标准相对较高，对调料、入窖、发酵温度、熬糖时间、火候、气候等都需精准掌握，且一年中只有在冬季才能生产。发酵过长，火色老了，不仅无丝，味道也偏苦，非常影响藕丝糖的口感。

参考文献：

[1] 刘小泉，袁金宏，于涵. 江西非物质文化遗产旅游开发模式探析[J]. 广西职业技术学院学报，2013，6（4）：39-44.

[2] 胡曦. 非物质文化遗产非商业化的旅游开发研究[D]. 南昌：南昌大学，2010.

莲花血鸭

据传宋丞相文天祥集师秦王，举兵抗元，路经莲花，血酒祭旗，百姓摆酒接风，厨师慌乱中，把血酒当成辣酱倒了进去，将错就错，出锅上菜，文天祥赞不绝口，说道："我们喝血酒，吃血鸭，誓与敌人血战到底!"第二天气势大震，威名远扬。从此，"莲花血鸭"也就名扬天下，世代流传。

（1）原辅料：活嫩鸭、新鲜鸭血、干椒、蒜头、姜、料酒、葱数根、油、盐、味精、胡椒粉、香油各适量。

（2）制作步骤：

第1步 取净碗一只，先装好料酒，把活鸭由颈下杀一刀，让鸭血流入碗内，用筷子搅匀。

莲花血鸭

第2步 将鸭子浸在沸水内烫一下，随即煺毛剖腹，挖出内脏，用刀切成1.8 cm见方的块，另用碗装好待用。

第3步 生姜洗净，切成1.2 cm见方的薄片；葱去根须，洗净，葱白切成1.2 cm长的小段，其余部分切成葱花。

第4步 干红辣椒斜切成0.9 cm长条，蒜瓣一切两半，一并放入净碗内。

第5步 坐锅，鸭块炒至收缩变白，随即加料酒、酱油、精盐再炒；然后加鲜汤或水，微火焖10分钟。

第6步 见汤约剩1/10时将鸭血淋在鸭块上，边淋边炒动，使鸭块粘满鸭血，淋完后加胡椒粉、味精，略炒一下即起锅，盛入盘中，再淋上香油即成。

莲花血鸭贵为名菜，源自独特的食材和技法。必不可少的食材是莲花麻鸭、莲花老酒、山茶油，这是莲花血鸭的基本底色，其中山茶油较为多见，莲花老酒是血鸭的秘制配料，色泽暗红、蜜香清雅。食材中最为特殊的当属鸭子。很多人认为，鸭子的区别在于麻鸭、板鸭、番鸭、木鸭之分。在莲花，因季节不同鸭食不同，这样养出的鸭子，味道自是不一样的，比如禾花鸭、蚯蚓鸭、秋鸭。

参考文献：

[1] 李平，朱剑，李金娜，等. 地方非物质文化遗产产业品牌打造与实现路径——以莲花血鸭为例[J]. 萍乡学院学报，2023，40（4）：62-66.

[2] 周礼. 赣西美肴莲花血鸭[J]. 保健医苑，2018（11）：53.

永丰状元鸡

相传永丰历史上第三位状元罗伦，自幼家境贫寒，常常缺衣乏食，靠兄嫂接济入学。明成化二年（1466 年），他赴京赶考，兄嫂杀鸡饯行，不意待书简行李收拾停当，鸡肉已凉。其嫂灵机一动，用热葱油调红辣椒干粉加入酱油、米醋兑成汁浇在鸡肉上以热鸡肉。罗伦吃后，感觉别有风味，精神大振。待他高中荣归之时，家乡父老都说是吃了其嫂做的鸡得彩而中。于是人们就将这道菜叫作"状元鸡"。当然，也有人以做法相称，叫作"油辣鸡"。

二、 非遗美食制作

（1）原辅料：三黄鸡、酱油、米醋、鲜红朝天椒末、蒜末、姜末、辣椒粉等。

（2）制作步骤：

第 1 步 先将选好的鸡宰杀去毛，去内脏洗净。取锅加入清水以盖过鸡身 5 cm 为准，放入鸡、姜片、葱结、料酒，用武火烧开水，盖上盖，再用文火煮二十分钟。

第 2 步 用余热将鸡煨熟至鸡身表皮金黄，鸡汤香味四溢为佳，也就是行话里的八成熟。

第 3 步 再将煮好的鸡捞出，待鸡身凉透。取深盘一个，用刀将鸡肉剁成块码放在深盘中。

第 4 步 另取碗一只，放入酱油、米醋、鲜红朝天椒末、蒜末、姜末、辣椒粉，加入些许鸡汤、盐兑成汁浇在鸡身上，放上蒜丝、葱花，淋上热油即可，也可以直接蘸料吃。成菜酸辣鲜香，清脆爽口，风味独特。

三、 非遗美食风味特色

状元鸡造型逼真，色彩艳丽，味香辣可口，油而不腻，已成为永丰招待客人及升学宴上的招牌菜。

永丰状元鸡

参考文献：

胡源愿. 抓住新"鸡"遇飞出金凤凰[N]. 西江日报，2023-08-11（004）.

凤眼珍珠汤

一、非遗美食故事

相传在清道光年间，龙南的龙头鱼丰收，一位名叫徐思庄的人大量进贡龙头鱼，皇上便派钦差大臣前往龙南给他赏赐。夏日炎炎，山路崎岖难行，钦差大臣途中中暑。来到徐思庄家已近黄昏，圩镇上大鱼大肉已卖完，徐思庄便炖煮"凤眼珍珠"汤给钦差食用，钦差取匙食之，顿时劳累尽消，甚觉是稀世珍肴。问其菜名，徐思庄看到珍珠米颗颗晶莹剔透，如龙眼一样，为取悦钦差，便说是"龙眼汤"，并说："此汤是取百丈龙潭的龙头鱼之目烹调而成，故名龙眼汤。"钦差听后，觉得此菜名犯上，徐思庄惶惶不安，忙解释此非贡品"龙头鱼"之目所煮。随即，徐思庄请钦差赐予菜名。钦差受其热情款待，难以推却，几经推敲后说："就叫'凤眼珍珠'汤吧。"因此，凤眼珍珠汤沿用至今。

二、非遗美食制作

（1）原辅料：红薯粉、油、盐、荸荠、葱。

（2）制作步骤：

第 1 步 湿润薯淀粉，团揉成如绿豆大小的颗粒圆珠，晒干备用。

第 2 步 煮食时，待锅内水沸，将珍珠颗粒徐

凤眼珍珠汤

徐撒入沸水中，边撒边搅拌，水宜多些，以免成糊。待煮至每颗珠粒内呈一小白点时，捞起放入冷水中浸凉。然后与高汤入锅煮沸，起锅撒上肉丝、香菇丝、姜丝等佐料即成美食。

第 3 步 将薯粉用开水冲成团状；再把成团的薯粉放入圆底锅中摊开（此时不烧火），用手顺时针将薯团轻压在锅上不停地旋转，使薯团慢慢分解成为像珍珠一样的颗粒，人们称为"珍珠米"。

第 4 步 用米筛过滤出均匀的珍珠米，接下来，就要进行烹调了。先在锅中放一勺水，将珍珠米逐步分批撒入锅中。当珍珠米全部漂浮在水面上时，用漏勺捞起。再重新烧一锅开水，放入珍珠米，加入油、盐、荸荠、葱等调料，珍珠汤便烹调而成了。

三、非遗美食风味特色

凤眼珍珠汤，观之，晶莹透亮，赏心悦目；食之，香味袭人，清爽可口。凤眼珍珠汤以其汤鲜美如甘露、珠圆润赛珍珠、食之口感柔中带刚而闻名遐迩。

参考文献：

[1] 徐丽芸，叶伟贤，黄全星. 亮出客家民俗文化品牌[J]. 当代江西，2013（2）：47-48.

[2] 桃川农夫. 赣南客家风味——凤眼珍珠汤[J]. 乡镇论坛，2019（33）：1.

三杯鸡

据传，宋末年，文天祥因英勇抗元，深受广大人民群众爱戴，他被俘后，街巷闾里传闻文天祥已被杀害，老百姓深感悲痛。一天，一位七十多岁的老婆婆手拄拐杖，提着竹篮，篮内装着一只鸡和一壶酒，来到关押文天祥的牢狱，要祭奠文天祥。却未曾想到文天祥还活着，老婆婆还意外地见到了他，悲喜交集，后悔没带只熟鸡来，只好请求狱卒帮忙。

那狱卒是江西人，本就很钦佩文天祥，又被老婆婆的言行深深感动，想到文丞相明天就要遇害，心里也很难过，便决定帮助老婆婆，用她带来的鸡和酒，做给文天祥吃，以示敬仰之情。于是，他和老婆婆将鸡宰杀，切成块，找来一个瓦钵，把鸡块放钵内，倒上米酒，加点盐，充做调料和汤汁，用几块砖头架起瓦钵，将鸡用小火煨制。过了一个时辰，他们揭盖一看，鸡肉酥烂，香味四溢，二人哭泣着将鸡端到文天祥面前。

文丞相饮酒汤，食鸡肉，心怀亡国之恨，慷慨悲歌，英勇就义，这一天是十二月初九。后来，那狱卒从大都回到老家江西，每逢这一天，必用三杯米酒煨鸡祭奠文天祥。因这样做的鸡醇香味美，便在赣南宁都一带流传开来。

二、 非遗美食制作

（1）原辅料：三黄鸡、米酒、香油、酱油。

（2）制作步骤：

第1步 将三黄鸡先用清水将外表清洗干净，然后用刀剁成大小均匀的小块，然后再次用清水清洗干净。

三杯鸡

第2步 砂锅中装入冷水，将洗好切好的三杯鸡放入锅中，开中火。置于砂钵中，不放汤水，只配一杯米酒、一杯香油、一杯酱油；烧煮时，先用旺火烧开，再用文火烩。

第3步 等鸡肉收红，卤稠汁浓，就做好了。

第4步 将三杯鸡盛出装盘，香葱切碎点缀上即可。

三、 非遗美食风味特色

三杯鸡成菜后，色泽酱红，肉香味浓，甜中带咸，咸中带鲜，口感柔韧，咀嚼感强，原汁原味，色香味俱全。

参考文献：

[1] 徐景. 江西有名菜赣菜要"出圈"[N]. 南昌日报，2023-01-04（5）.

[2] 何小军. 宁都三杯鸡[J]. 安全与健康，2012（16）：55.

进士米发糕

据传，明朝万历八年（1580 年），南昌县竹林章家的章邦翰赴京科考，亲戚朋友为他饯行。按风俗外婆家需送厚礼，其外婆聪明贤惠，让全家连日揉制米团，调配酒糖，蒸制白糖米发糕；又浸好糯米，洗刷竹叶，包成粽子。清晨，外婆叫来其母舅，指着做好的发糕和粽子说："去送给外甥吧！"母舅疑惑："人家都是银两相送，我是舅舅，光是食物怎么送得出手，也太寒酸了吧？"外婆笑着说："我们的礼最重，包管最有面子最光彩！"并交代了几句话。

母舅算准时间，在亲朋到齐的时候，敲锣打鼓抬杠进门，亲朋们齐来围着外婆家送来的厚礼，解开大红布，见是一杠发糕，一杠粽子，有人露出轻视的神色。母舅见外甥章邦翰高兴地出来迎接，高声念道："大米发糕高高高，糯米包粽中中中！"众人听了，皆应声接道："自古民以食为天，高中不忘根本重！"

后来，章邦翰果然高中进士。万历四十四年（1616 年），其儿子章允儒也高中进士，从此竹林章氏历代科甲鼎盛，人们认为是白糖米发糕和粽子给章邦翰家带来了好口彩，便称之为"进士米发糕"。从那以后，南昌县人读书升学，由外婆家送白糖米发糕和粽子的风俗便流传开来。

二、 非遗美食制作

（1）原辅料：发糕粉、预拌粉、糖等。
（2）制作步骤：
第 1 步 准备米发糕粉和预拌粉辅料包，糖，水。
第 2 步 米发糕粉放入盆中，加入水搅拌无干粉颗粒，搅拌均匀。
第 3 步 盖盖发酵 12 ~ 14 小时。
第 4 步 取出，倒入一袋预拌粉辅料包。
第 5 步 加入 35 ~ 40 g 白糖，搅拌均匀，室温饧制一小时。
第 6 步 倒入模具中八分满，放入蒸笼屉上，留出间距。
第 7 步 锅中放适量清水，水开后盖上锅盖，加热 15 分钟。.
第 8 步 室温放凉脱模。

三、 非遗美食风味特色

米发糕是本地传统的大米发酵面点，色泽洁白，绵软甜润，十分可口，是夏秋季节应时小吃。因米发糕风味独特，制作精美，又音谐"高"，象征吉利，遂成节日佳品。米发糕用作点心，或馈赠亲友，特别应景。米发糕花色品种多样，可以添加白糖、红枣、桂花、栗子等蒸制成白糖糕、桂花糕、核桃糕、红枣糕、栗子糕。

进士米发糕

参考文献：

[1] 蔡一芥. 传统米发糕生产工艺的现代化革新策略研究[J]. 现代食品，2023，29（15）：76-78.

[2] 严小琴，胡新平，丁文平，等. 生产工艺对米发糕品质的影响研究[J]. 武汉轻工大学学报，2023，42（2）：103-107.

酸菜炒东坡

一、非遗美食故事

相传北宋绍圣元年（1094 年），苏东坡第一次来到赣州。在游历赣州山水风光，访寻赣州风俗人情的同时，苏东坡自然不能错过赣州的美食。其中一道人人都会做的"酸菜炒猪肠"以其晶莹透明、清香扑鼻、色香味俱全的特点，将苏东坡深深迷住。建中靖国元年（1101 年），当苏东坡再次来到赣州，"酸菜炒猪肠"便成了他饭桌上必不可少的菜肴。

后来，赣南人为纪念苏东坡，便将他爱吃的这道菜取名为"酸菜炒东坡"，寓意吃这道菜的感觉，就像是读东坡诗词一样耐人咀嚼、回味无穷。

二、非遗美食制作

（1）原辅料：猪大肠、酒酿辣椒、酸萝卜、酸荞头、酸冬姜、生姜、香葱、调料盐、酱油、料酒、陈醋、干淀粉、湿淀粉、色拉油等。

（2）制作步骤：

第 1 步 猪大肠加纯碱、干淀粉反复搓揉，用清水冲洗干净；锅内放入清水，大火烧开后放入大肠大火汆 3 分，捞出控水，顺长剖开，切长 4 厘米的段，用料酒、盐、干淀粉上浆。

酸菜炒东坡

第 2 步 酒酿辣椒、酸萝卜、酸荞头、酸冬姜、生姜均切小片；香葱切段。

第 3 步 锅内放入色拉油，烧至七成热时放入大肠快速翻炒 2 分钟，取出控油。

第 4 步 锅内留油，放酒酿辣椒、酸萝卜、酸荞头、酸冬姜、生姜、香葱段小火煸炒 1 分钟，用味精、酱油、陈醋调味后勾湿淀粉芡，下入炸好的大肠翻炒均匀，淋明油出锅。

三、非遗美食风味特色

这是一道既下饭也下酒的菜，虽然大肠有点臭臭的，但是加入酸菜，大肠脆而不腻，也让很多人爱上了这道菜。

参考文献：

[1] 陆叔文. 回味悠长"炒东坡"[J]. 农村百事通，2024（9）：50.

[2] 高茂飞. 刍议手绘在赣州客家美食传播中的应用[J]. 传播力研究，2019，3（12）：21.

海南

民间非遗美食

海南土法红糖

据史料记载，琼岛在唐代已有制糖业，宋代已成规模。直到 20 世纪四五十年代，红糖条誉满全岛，远销广州、上海、出口日本、东南亚等地，一直是海南主要出口的土特产之一。蔗糖作为琼北特产，以万铺（今遵谭镇）传统手工制糖最为出名，俗称海南土糖。

（1）原辅料：甘蔗。

（2）制作步骤：

第 1 步 选料。一般在农历十月底至来年一二月，甘蔗成熟季节，选料时需去除甘蔗叶、尾端及杂质。

第 2 步 榨汁。用两个大石碾为土榨蔗机，大石碾上方凿有 18 个凹槽，插入木楔，相当于齿轮，上面有木桩固定，相当于轴心，轴心

海南土法红糖

木桩顶端横接一大梁（俗称"篙椇"），靠畜力（一般用一头牛）拉动"篙椇"，带动两个大石碾互为滚动，甘蔗被碾压成汁，蔗汁顺着大石碾底下的石槽，过滤后流入贮汁池。

第 3 步 过滤。糖工用木瓢将贮汁池里的蔗汁舀进木桶，再倒进装有纤细过滤网的大水缸中进行过滤。最后，通过竹制导管将过滤干净的蔗汁引进糖锅。

第 4 步 煮熬。将过滤后的甘蔗汁加热煮沸至 280～300 ℃，并不停地搅拌，去掉泡沫及杂质，让水分不断地蒸发。加热原料一般用木材或甘蔗渣。

第 5 步 凝固。用少量的甘蔗汁和海石灰（起凝固、中和的作用）混合搅匀，待糖锅里的甘蔗汁煮沸 2～4 小时后，将沉淀后的海石灰水倒进糖锅，并不停搅拌，糖浆逐渐形成。

第 6 步 起糖。由最初的甘蔗汁到糖水再到糖浆（整个过程 6～10 小时），整个过程要注意时间、火候、色泽、黏度等，起糖早，火候轻，难以凝固；晚了，火候重，糖有苦味。

第 7 步 成糖。起糖后（稍微比糖条起糖早些时间）将糖浆装入小铁锅中，用预先备好的木棒不停搅拌，要求力度均衡，速度适中。大约 20 分钟后，糖浆凝固欲成粒状，呈浅褐色，再用小铁铲将凝固后的糖浆弄成团状铲出即可。

手工做成的土糖，颜色为红褐色，把土糖含在嘴里，有浓浓的香甜味，再尝口有余香。土法制成的土糖没有漂白剂、凝固剂等化学物品，味道十分香醇，且营养价值很高，除了可以提供热量外，还含有丰富的铁质和胡萝卜素、钙、硒、铁等微量元素。

参考文献：

[1] 陈卫卫. 吃了年糕年年高[J]. 保健医苑，2017（1）：49.

[2] 徐灵均，袁义明，冯爱国，等. 传统红糖与精制赤砂糖理化性质比较[J]. 食品科学，2018，39（7）：125-129.

海盐晒制

一、 非遗美食故事

1200 多年前，覃正德和覃正明两兄弟领着盐工，从福建莆田市渡过琼州海峡，从儋州洋浦搬到濒临新英湾的海边居住，改为当地的谭姓。有一天早晨，海水退潮，他们发现经过风吹日晒，石凹里的海水被晒成盐巴。于是，他们把海滩上的一大片火山岩石凿成晒盐用的石槽，将"煮海为盐"变成"晒海为盐"，并给这片海滩取名盐田村，向村民传授晒盐技艺。

相传，乾隆听闻盐田村制盐方式独特，前来考察民情，下榻盐田村祠堂。当地村民热情招待，一日三餐供食盐焗鸡。辗转数日，乾隆虚不受补，喉咙疼痛起来。当时，盐田村缺药少医，村民便用开水泡老盐，并将其露天放置隔夜，第二天后再给乾隆喝。饮下老盐水，不足个把时辰，乾隆喉咙疼痛得以缓解，还高兴地赠送墨宝上书"正德"。

二、 非遗美食制作

（1）原辅料：海水。

（2）制作步骤：

第 1 步 先让涨潮时的海水淹没蓄海水池，用以浸泡晒盐泥地（盐田）里的泥沙。

海盐晒制

第 2 步 退潮后将海水淹浸过的泥沙翻耙曝晒两三天，泥沙干后再铺垫干茅草，将之夯填入堆筑起来的过滤池（盐泥池）。

第 3 步 随后把蓄海水池中的水倒入过滤池以湮浸池中泥沙，海水慢慢渗漏到盐泥池底后，透过石缝流入旁边低于地面的盐卤水池。

第 4 步 次日上午待池中盐卤水积蓄到一定数量并沉淀澄清后，直接浇灌到石槽里，经过大半天的暴晒，下午即可结晶成盐。洋浦盐田是目前国内保存比较完好的古盐场，这里沿用至今的传统晒盐技艺是我国制盐工业发展过程中留下的珍贵历史文化遗产。

三、 非遗美食风味特色

海南岛的日晒盐生产工艺至今仍保持着比较原始的操作方法，从海水引进盐田到日晒制成盐，完全依靠太阳光对海水的自然蒸发浓缩而成盐，采收盐与贮运盐的工具也是木、竹制的。海盐是经过洗涤离心脱水后再经人工分筛、选别才包装出口销售的，没有机械器具带来的污染，始终保持着环保的状态。凡是舔尝海南岛盐的人，无一不说其口感清纯鲜咸，有清鲜回甜的感觉。

参考文献：

[1] 郭媛媛，张佳楠. 生态美海岛兴[N]. 中国自然资源报，2022-07-21（005）.

[2] 方琴. 非遗文化生态区及其保护利用研究[D]. 金华：浙江师范大学，2022.

海南粉

一、非遗美食故事

海南粉起源于福建闽南，相传是由一位以加工米粉为生的陈氏居民迁居后带到澄迈老城的，而后逐渐遍布全岛。如今，海南粉在海南海口市、定安县和澄迈县等地的日常饮食中较为普遍，也是节日喜庆必备的、象征吉祥长寿的珍品，属于海派菜。2009 年，海南粉烹制技艺入选第三批海南省级非物质文化遗产名录。

二、非遗美食制作

（1）原辅料：大米、炒牛肉、豆芽、酸菜、炸酥油角、炸花生米、捣芝麻末、炸蒜头油等。

（2）制作步骤：

第 1 步 制作粉丝。粉丝的制作要经过发酵、打米浆、压出米团、挤米粉、煮米粉、冷水浸泡七个步骤，需要一个星期以上的时间才能完成。

海南粉

第 2 步 制作配料。腌制一碗海南粉，新鲜的配料是美味的关键。正宗的海南粉腌制前要先制作配料。配料制作有炒牛肉、豆芽、酸菜、炸酥油角、炸花生米、捣芝麻末、炸蒜头油等。

第 3 步 制作卤汁。将水煮开后，加入竹笋条，煮熟后加盐、味精、蚝油、生抽等调料，再把水和淀粉混合成水淀粉，缓缓倒入热锅中，不断搅拌、沸腾即可。

第 4 步 制作腌粉。制作腌粉是海南粉烹制技艺的最后一步。取适量粉丝，加入酱油、花生油，淋上制作好的热乎乎的卤汁，然后依次放入豆芽、酸菜、芝麻末、酥油角、花生米、牛肉、牛肉干、蒜泥、葱花、香菜等配料。

经过以上四个步骤，一碗色香味俱全的海南粉便制作好了。

三、非遗美食风味特色

海南粉分两种吃法，干吃腌粉，湿喝汤粉。腌粉关键在于卤汁的调配得当，配上十几种材料，淋上一勺灵魂卤汁，口感润滑，唇齿留香；汤粉则是加进滚热的鲜汤制成，味道鲜美。

海南粉传统的发酵制粉工艺和独特的腌制做法，延续着"老海南的味道"，形成了海南粉烹制技艺。

参考文献：

[1] 张期望. 罗氏海南粉世家：百年做好一碗粉[N]. 海南日报，2023-07-31（B04）.

[2] 雷茜而. 家乡的美食[J]. 新教育，2021（18）：56.

海南椰子鸡

一、 非遗美食故事

宋末元初，纺织家黄道婆在海南学习黎锦纺织，改进了纺车与织布机。黎族人民为表达对黄道婆的崇敬之情，常以久负盛名的文昌鸡赠送给黄道婆。

一日，黄道婆烹制文昌鸡时，将饮用的天然椰子水倒入锅中，香甜的椰子汁散发出诱人的清香，出锅后汤汁鲜香、鸡肉滑嫩，食用神清气爽。黄道婆对这道菜赞不绝口，取名椰子鸡。并将椰子鸡的制作工艺传授给黎族人民，从此，椰子鸡广为流传，成为海南最具特色的美食。

二、 非遗美食制作

（1）原辅料：嫩鸡、椰子、食盐、红枣、姜、老椰肉、水等。

（2）制作步骤：

第1步 把食材准备好。鸡砍好小块，嫩椰子倒出椰青备用，老椰子取椰肉半个。

第2步 锅里倒入水，把鸡放入烧开，鸡煮出浮沫后，捞起备用。

第3步 红枣去核，姜切片。

第4步 椰子切成块状，把材料逐一放入锅中，水的量刚好没过鸡肉表面。大火烧开，转中火。

第5步 椰青通过滤网倒入锅中，盖上锅盖，中火转小火15分钟。时间到后关火，焖5分钟，完成。

三、 非遗美食风味特色

海南椰子鸡属于海南菜中一道特色菜肴，其汤汁清爽，椰味芬芳，鸡肉滑嫩。椰子是椰树的果实，其汁清如水，甜似蜜，晶莹剔透，清凉解渴；椰子汁的风味独特，既有荸荠的味道，又在甜中带有椰香，椰子鸡肉香味美，风味独特。

海南椰子鸡

参考文献：

[1] 谢琼. 中国菜肴名称的社会文化研究[J]. 法制与社会，2007（7）：747-748.

[2] 郭萃. 琼味预制菜如何更吃香[N]. 海南日报，2023-08-16（A07）.

琼式月饼

一、非遗美食故事

"琼式月饼"源自海南，是中国传统节日食品，由苏式月饼演变而成，是苏式月饼（苏州）与广式月饼（广东）相结合的产物。它利用广式月饼的糖浆皮，突出一个"软"，包入苏式月饼油酥心，突出一个"酥"，形成了琼式月饼流派。经过几百年锤炼，不断改进，形成海南月饼鲜明地方特色：松、酥、软。

二、非遗美食制作

（1）原辅料：低筋面粉、糖浆、生油、熟猪油、纯碱水。

（2）制作步骤：

第1步 将面粉筛过，放案板上，加入熟猪油混搅，擦透即成油酥。

第2步 将面粉过筛在案板上，从中间拨开洞窝，把糖浆、生油、碱水倒入窝中搅拌均匀，再将窝逐渐扩大拌入面粉，全部面粉叠拌均匀就成糖浆皮。（注意：不可擦起面筋）

琼式月饼

第3步 将油酥和糖浆皮分别揪出重15 g和35 g的剂子若干个，揪完为止。取 1 个糖浆皮剂子，包入 1 个油酥剂子，对叠两次开酥即成饼皮。

第4步 将月饼皮按平，捏窝，包入馅料 75 g，按入饼模，压平压实，出模成胚，逐个整齐摆放烘盘中，入炉烤20分钟后出炉，用蛋浆扫匀饼面，再入炉烘烤 10 分钟，取出即成。

三、非遗美食风味特色

琼式月饼皮馅搭配合理，琼式月饼是糖浆酥皮，不同于广式月饼的糖浆皮，又有别于苏式月饼的水调面酥皮，其皮质软且酥而不脆。琼式月饼的馅料配制，不论是莲蓉、豆蓉、五仁，其糖油用量都比广式月饼低，加上馅饼皮糖油含量也低，所以琼式月饼有"拿不腻手，吃不甜喉"之说。

参考文献：

[1] 刘晓惠. 琼饼嚼月唤相思[N]. 海南日报，2023-09-27（A10）.

[2] 熊漪. 琼式月饼：申遗带动传承与发展[N]. 中国食品报，2009-08-19（2）.

文昌鸡

一、非遗美食故事

据传，文昌鸡发源于海南文昌的潭牛镇天赐村，村里有几棵大榕树，树籽落在地上，树籽富含营养，家鸡啄食，体质极佳。从光绪年间开始，就逐渐养成了身材娇小，毛色光泽，皮薄肉嫩，骨酥皮脆的优质鸡种。

二、非遗美食制作

（1）原辅料：文昌鸡、粗海盐、姜、黄粉、精盐、胡椒粉、高度白酒、生姜、味精、香油。

（2）制作步骤：

第 1 步 文昌鸡洗净沥干水分，用白酒淋在鸡身上，并且内外抹匀。

第 2 步 把姜黄粉、盐、胡椒粉、味精放入盘中，搅拌均匀，并涂抹在鸡身上，鸡腹内也抹一层。

文昌鸡

第 3 步 生姜切片放入鸡腹内，腌制 1 小时。

第 4 步 把鸡用绳捆好挂起来，风干 3 至 4 小时。

第 5 步 把一张锡纸铺好，表面刷一层油，放入风干后的三黄鸡，锡纸向上包好，另取一张锡纸覆盖在表面，并包好。

第 6 步 炒锅内放入粗海盐，中火炒至盐粒滚烫。

第 7 步 砂锅提前烧热，先放入海盐，再放入包好的三黄鸡。

第 8 步 把热盐都倒入砂锅内，砂锅加盖放到炉子上，小火焗 10 分钟，把鸡翻面再次埋入盐中焗烤 10 分钟即可关火。

第 9 步 敲碎盐壳，取出焗好的三黄鸡，打开锡纸，用毛刷在鸡皮上刷一层香油即可。

三、非遗美食风味特色

拨开海盐，锡纸已经完全贴在鸡身上，部分地方呈现焦黄色。撕开锡纸，金黄的鸡皮散发出诱人的光泽，撕下一只鸡腿，鸡汁顺着撕开的鸡肉流出，趁着热度咬下一口，带着点点烟熏的香味，鸡肉嫩滑，越咀嚼越有味。

参考文献：

[1] 蔡花. 文昌鸡产业高质量发展分析与展望探讨[J]. 北方牧业，2023（22）：9.

[2] 吴予灿，张紫涵，赵桂苹，等. 椰子汁煮制对文昌鸡食用品质的影响[J]. 中国农业科学，2023，56（16）：3199-3212.

临高烤乳猪

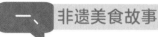

一、 非遗美食故事

在临高吃乳猪一般选择 20 斤左右的正宗本地猪。临高本地猪是全国特有的猪种，体小腰直，皮薄肉瘦。在临高人眼里，乳猪是保证烤猪品质的最好选择，猪太大肉质会变粗。临高乳猪与其他的家猪在饲养上是不同的。在喂养母猪时，以番薯藤、野菜、花生饼、米糠及米饭为饲料。平时喂粗些，产仔时喂精些。乳猪出生后一月后，就可以在槽里喂养了。过段时日，再加入花生饼、细米糠等，促小猪长膘。

二、 非遗美食制作

（1）原辅料：乳猪、白糖、姜蒜茸、红南乳和五香料等。

（2）制作步骤：

第 1 步　处理乳猪。

第 2 步　佐料。调料腌制是蒸乳猪的主要工序。先按一定比例配备好白盐、白糖、姜蒜蓉、红南乳和"五香料"，后加入适量红酒搅拌成糊状，拭擦乳猪的里里外外。

第 3 步　叉插。尖利的牙叉从乳猪的下部一直插穿到腮帮部位，而且串穿着排骨而过，又不能伤着表皮，此工艺简单扼要，烧烤的师傅基本精通。要将整只猪拉平，蠹起冲洗猪皮，直至将盐味洗净，以防烧烤时曝起米碎泡，影响美观。

第 4 步　勒紧。烧烤的时候，如果不将乳猪的四肢绑紧固定，烧烤时乳猪就会出现随着乳猪的烤熟而猪肉收缩的现象，既影响肉质的烘烤，又影响烤完后猪型的美观。

第 5 步　选炭。烤乳猪需要木炭烤，有些比较讲究的还要选木炭，荔枝木、龙眼木等水果树的木炭烤出来的乳猪更香。

第 6 步　文火。上佐料三个小时后，烘烤前在乳猪皮部位抹上一层天然含糖质佐料。将乳猪置于用铁皮做成半圆形的烤箱里，放进少量的木炭，用文火慢慢地烘烤。

第 7 步　火候。烤乳猪要特别注意掌握好火候，开始火力可以旺一些，要将乳猪不停均匀地翻转，随猪皮颜色的变化，经常给猪皮擦蜜糖水，提高耐火力。同时要注意"走火"，以防局部烤焦，保持火候均衡。一会的工夫，乳猪皮便开始略见焦黄。

第 8 步　抹油。轻轻翻动，相继涂上花生油，使皮不起泡又增色增味。

三、 非遗美食风味特色

烤一只乳猪需四五个小时，烤出来的乳猪要全身焦黄、油光可鉴，散发着浓郁香味，那才算高手。夹一块入口，轻轻一嚼，脆响的"咔嚓"声，声声伴耳，吃下后，仍留满口余香，令人回味无穷。

临高烤乳猪

参考文献：

[1]　方炜琦. 临高烤乳猪[J]. 新教育，2021（9）：55.

[2]　杨春虹. 临高烤乳猪：色同琥珀类真金[N]. 海南日报，2009-12-21（C13）.

浙江

民间非遗美食

西湖醋鱼

相传宋朝杭州西子湖畔，有宋姓兄弟两人，满腹文章，很有学问，隐居在西湖以打鱼为生。不料哥哥被官府迫害惨死，弟弟也因为哥哥报仇得罪了官府。宋弟避难临行前，宋嫂特意烧了一条鱼，加糖加醋，烧法奇特。宋弟问宋嫂为何将鱼烧成这般，宋嫂说："鱼有甜有酸，我是想让你这次外出，千万不要忘记你哥哥是怎么去世的，你的生活若甜，不要忘记老百姓受欺凌的辛酸，也不要忘记你嫂嫂饮恨的辛酸。"可惜后来，宋弟考取功名回到杭州，报了杀兄之仇，宋嫂已经音信全无。有一次，宋弟出去赴宴，宴间吃到一道鱼，就是他当年离家时宋嫂烧的味道，于是连忙追问是谁烧的，才知道正是他嫂嫂所做。宋弟找到了嫂嫂很是高兴，就辞了官职，把嫂嫂接回了家，重新过起捕鱼为生的渔家生活。

一盘醋鱼有着独特味道，寄托着宋嫂对弟弟的期望。西湖醋鱼，送了弟弟，最后带来了幸福的重逢。这是杭州名菜中的看家菜，也是最纯正的杭州味道。

二、 非遗美食制作

（1）原辅料：草鱼、盐、葱、姜、白糖、湿淀粉、醋等。

（2）制作步骤：

第1步 将草鱼饿养两天，目的是促其排尽草料及泥土味，使鱼肉结实。然后将鱼宰杀去掉鳞、鳃、内脏，洗净。

第2步 把鱼身劈成雌雄两片并斩去牙齿，在雄片上，从额下 5 cm 处开始每隔 5 cm 斜片一刀，刀口斜向头部，片第三刀时，在腰鳍后处切断，使鱼分成两段。再在雌片脊部厚肉处向腹部斜剞一长刀，不要损伤鱼皮。

第3步 将炒锅置旺火上，舀入清水 1000 g，烧沸后将雄片前后两段相继放入锅内。然后，将雌片并排放入，鱼头对齐，皮朝上盖上锅盖。待锅水再沸时，揭开盖，撇去浮沫，转动炒锅，继续用旺火烧煮，前后共烧约 3 分钟。用筷子轻轻地扎鱼的雄片额下部，如能扎入，就是熟了。炒锅内留下 250 g 清水，放入酱油、绍酒和姜末调味后，就将鱼捞出，装在盘中。

第4步 把炒锅内的汤汁，加入白糖、湿淀粉和醋，用手勺推搅成浓汁，见滚沸起泡，立即起锅，徐徐浇在鱼身上，就可以了。

三、 非遗美食风味特色

西湖醋鱼在烹饪的过程中需要注意的是必须用活草鱼烹制，入开水锅中氽至断生捞出，保持整条不碎，肉质不糊烂。浇鱼卤汁要薄而浓，其味才美。而最关键的一步就是草鱼在宰杀之前必须要先饿养两天，这是为了去除草鱼体中的草料和泥土味。

西湖醋鱼

参考文献：

[1]　曹晓波. 一条鱼的"杭州味道"[J]. 杭州，2021（22）：54-56.

[2]　周雨恬，陈颖，王聿梅，等."非遗"美食在新生代消费者中的传承路径[J]. 当代旅游，2021，19（33）：22-25.

定胜糕

一、非遗美食故事

南浔定胜糕因形如银锭（元宝状）而得名。相传南宋年间，金兀术率兵南犯江南。当时名将韩世忠奋勇迎战。一日百姓给韩将军送去一盆糕点，那糕点两头大，中间细，如同银锭（元宝）。韩将军拿起糕点一块掰开一看，见糕内夹有一张纸条上写"敌营像银锭，两头大，腰身细，当中一斩断，两头不成形"。韩将军大喜，连夜调兵遣将，如同一把尖刀，直向金营拦腰砍去，大获全胜，立了大功。韩将军报答百姓之助，将其命名为"定胜糕"。

二、非遗美食制作

（1）原辅料：粗糯米粉、粗粳米粉、干豆沙、糖板油丁、绵白糖、玫瑰酱、松子仁等。

（2）制作步骤：

第 1 步 将粗糯米粉、粗粳米粉一同放入木桶内拌匀，中间扒窝，放入绵白糖、红籼米粉拌匀后静置 8 小时，过筛后拌入玫瑰酱待用。

第 2 步 在糕模内垫入一块小竹板，先向糕模里撒上一层糕粉，放入干豆沙、糖板油丁，再铺满糕粉，刮平，撒上松子仁即成。

第 3 步 在蒸锅里放入清水烧沸，将焖桶放于锅上，将糕模放入桶中，蒸制 30 分钟。待蒸至焖桶中热气透足、糕坯成熟时，取出糕模将糕坯倒出即成。

定胜糕

三、非遗美食风味特色

在战争、战事、战乱中企求太平安详的"定胜糕"，演绎成日常生活顺畅、晋升高升的意象，也许就是这款点心的生命力。比如，迎亲乔迁、苦读求榜、生意兴隆，四海通融，用"定胜"之糕，贴切而实用，实惠而真情。这种吉祥喜庆的文化印记至今还在流传。当地凡是老人生日做寿的、小孩出生满月的、搬家乔迁的、读书高考的，平时如有人情世故往来的，以六对或八对定胜糕作为馈赠的礼品深得人心，而送上十对或以上的肯定是大礼之举。

参考文献：

[1] 燕志，朱江煜. 苏式糕点的传承与发展[J]. 食品工业，2023，44（11）：240-242.

[2] 李杨，方向阳，陈姝，等. 苏州定胜糕旅游食品开发策略研究[J]. 食品研究与开发，2023，44（21）：225-226.

邵永丰麻饼

一、 非遗美食故事

"邵永丰麻饼"古时称"胡麻饼"。早在唐朝，由商人"样学京都"而传入衢州，鼎盛于清代。清光绪年间，邵芳恭始创"邵永丰"。以其独特的传统制作手法，和双面上麻白炭吊炉烘烤工艺而名声大噪。旧时婚嫁、寿诞、上梁、丧事及宗族祠堂分香饼和馈赠都取其之用。

二、 非遗美食制作

（1）原辅料：面粉、麻油、饴糖、纯碱、撒粉、面麻、白糖、橘饼、核桃、花生、芝麻等。

（2）制作步骤：

第1步 皮料：饴糖不能太浓，其温度以35 ℃ 左右为宜。饴糖与麻油拌和后，下面粉与纯碱。视面粉的干、湿度酌量加水，一般可加水 1kg 左右。加水后，再搅拌 5~6 分钟，用手稍折叠，然后分皮。

第2步 心料：先下各种花果料、白糖，再下麻油，最后下饴糖和芝麻，逐次拌和，均匀即可。不宜多搅拌，以免使花果料呈酱状。

第3步 成型：专用模成型，然后打麻。饼面打麻应均匀，麻粒不能重叠；底面只打上少许芝麻，饼腰不能粘麻粒。打麻后即烘焙。

邵永丰麻饼

第4步 烘焙：用急火，炉温 350 ℃ 左右。进炉时饼面在下，烘焙 1 分钟左右，翻面，再烘焙约 1 分钟，芝麻炸裂有声时，即可出炉。

三、 非遗美食风味特色

邵永丰麻饼广泛应用于节庆、婚、诞、寿、丧等场合，麻饼礼俗体现了孝道、礼仪和和谐文化。其制作技艺是丝绸之路的活见证，是衢州地域文化和历史的载体。

参考文献：

[1] 戎彦. 邵永丰[J]. 老字号品牌营销，2023（14）：1-2.

[2] 徐成正. 让衢州"邵永丰"香飘世界[J]. 浙江档案，2009（9）：29.

缙云烧饼

说起缙云烧饼的起源，有一个流传度比较高的传说。据说在古时候，轩辕帝在缙云仙都的石笋上用大铁鼎炼仙丹，当地的村民为了求得长生不老，纷纷效仿，动手制作土鼎，上山采药炼制仙丹。后来村里一个妇人在家中烙饼，看见她的儿子刚炼好丹药，土鼎里面还有没完全熄灭的炭火而且内壁光滑，就顺手把饼贴到了鼎壁上，慢慢烤起饼来。烤饼的香味充满了整个村子，其他村民纷纷来看，大家吃过从鼎里拿出来的饼之后发现这样烤出来的饼比在锅中烙出的饼酥香糯软，于是这样烧饼的做法就逐渐形成，并流传至今。

二、 非遗美食制作

（1）原辅料：小麦面粉、霉干菜、酵母、夹心肉、黑芝麻适量、盐适量、麦芽糖适量。

（2）制作步骤：

第1步 将适量的面粉、酵母放入盆中，加入适量的温水，将其揉成光滑的面团。

第2步 将买来的霉干菜放入盆中，洗净，沥干水分。将冻肉放入水中浸泡进行解冻，剁成肉末。将肉末、霉干菜、食用盐放入盆中调制成肉馅，搅拌均匀，使其快速入味。

第3步 将发好的面团拿出，揉匀后，再将其均匀分成几等份，然后稍揉，擀薄。

第4步 将调制好的肉馅包入面片中，封好口后，用力按压，使其稍扁即可。

第5步 将面皮外面抹少许的麦芽糖后，撒上少许的芝麻。

第6步 将面饼放入陶炉中进行烤制。待面饼颜色金黄，出炉即可食用。

三、 非遗美食风味特色

缙云烧饼

缙云烧饼是具有浙南民间独特风味的传统面食，因采用特殊工具"饼桶"烤制而成，又称"桶饼"。传说它源于轩辕黄帝，盛于元末明初。长期以来，缙云烧饼师傅通过跟随戏班摆摊铺或挑着特制烤桶远赴他乡，以烤饼为生，从而形成地方特色鲜明的缙云烧饼。

参考文献：

[1] 张恒金，郑宇倩，陈滢如. 缙云烧饼：从"谋生技"到"致富经"[N]. 中国食品报，2023-12-19（002）.

[2] 刘彤. 缙云烧饼更香富民产业更旺[N]. 中国食品报，2023-11-15（1）.

温州粉干

一、非遗美食故事

温州粉干有近千年的历史，早在北宋初年温州市的粉干家坊制作就比较盛名，有些农户以制作粉干谋生。初期粉干制作工艺是把米用水磨磨成水粉，然后把它烧至半熟后用臼春捣蒸，用水浇并反复捻捣，直到捣透。粉团粘韧，压出后细如纱线，放在竹编上晾晒到干。其中永嘉的沙岗、苍南龙港余北村，把粉干加工当成了传统的家庭副业。

二、非遗美食制作

（1）原辅料：粉干、里脊肉、干香菇、虾干、包菜。

（2）制作步骤：

第1步 水烧开，放入粉干，煮至粉干变软；捞出，冲凉控水。

第2步 准备配菜，香菇虾干提前泡发，胡萝卜切丝，包菜撕小条，里脊切条放生抽白糖入味。

第3步 热锅冷油，下蒜瓣，加里脊炒至变色，加胡萝卜丝、虾干、香菇丝、包菜，炒至包菜变软；加入控好水的粉干，调味，加生抽、料酒、盐；炒至贴锅的粉干微微有点焦，起锅。

三、非遗美食风味特色

作为温州最有特色的汉族传统小吃，无论街头小吃、排档、餐馆或者是酒店都可以看到温州炒粉干的身影。不管是当主食还是点心，当正餐还是消夜，炒粉干配牛奶、紫菜汤、豆浆、鱼丸汤等搭配，不仅男女老少皆宜，而且吃后不干、不腻。

温州粉干

参考文献：

[1] 董玲玲. 文成县非物质文化遗产旅游开发研究[D]. 桂林：广西师范大学，2022.

[2] 王晟，林延彪. 温州特产杭城大受追捧[N]. 温州日报，2007-12-02（001）.

龙凤金团

龙凤金团的历史由来，民间传说可以追溯到南宋。据说南宋康王赵构为感激当地妇女的救命之恩，封浙东女子出嫁时可使用半副銮驾，乘坐龙凤花轿，他被救济时吃的糕团也因此赐名"龙凤金团"。

二、 非遗美食制作

（1）原辅料：米面、松花馅、豆沙馅、芝麻馅等。

（2）制作步骤：

第 1 步 米团拌和。要领是功夫要到，米面越熟口感愈滋润。

第 2 步 摘团嵌馅。把米粉揉成条状，摘成面团，要均匀得体，个个相似，然后把馅嵌在中间，搓圆。

第 3 步 制馅。金团内有松花馅、豆沙馅、芝麻馅等，先把原料炒熟或煨熟，捣成粉末或搅成糊状，加上香料、糖，拌匀。

龙凤金团

第 4 步 加印模。金团印模为一多边形木盘，内列多个刻有花鸟虫鱼各式图案的圆印模，把裹好的面团放进印模后，盖上与木盘同样大小、上有浅浅模槽的盖子，稍用力合上，即压出上有各式图案的金团。

三、 非遗美食风味特色

宁波金团色泽金黄、个头扁圆、花印和融、馅甜味香，宁波人不论寿辰、乔迁、小孩满月、兄弟分家、敬神祭祖等，都少不了它，特别在婚嫁礼仪中，龙凤金团是必不可少的食品。它包含着"金玉满堂、花团锦簇、五代见面、五世同堂、甜甜蜜蜜、团团圆圆"等民俗心态。总而言之，龙凤金团是象征团圆、表达美好祝愿的高尚礼品。

参考文献：

[1] 黄炜茜，黄文杰. 宋代明州饮食文化述略[J]. 浙江工商职业技术学院学报，2023，22（2）：46-52.

[2] 胡勇，龚维琳. 龙凤金团"老宁波"舌尖上的记忆[J]. 宁波通讯，2015（6）：76-79.

严州府菜点

一、非遗美食故事

九姓鱼头王，"九姓渔民"之九姓乃陈、钱、林、李、袁、孙、叶、许、何。据传，他们的祖先是元末明初陈友谅的部属，在与朱元璋争霸天下失败后，被贬入严州府水域生活，并永世不得上岸。"九姓鱼头王"是根据九姓渔民"顺风大吉，满载而归"的民俗愿景所整理出来的一道特色江鲜美食，香辣味浓，胶质醇厚。

二、非遗美食制作

（1）原辅料：有机鱼头、水发黄豆、青红椒圈、自制鱼鲜酱、盐、老抽、蚝油、胡椒粉、白糖、老酒、老汤。

（2）制作步骤：

第 1 步 将自制鱼鲜酱、姜末、蒜泥、干辣椒用油熬稍稍出香味后，放入老酒水、老抽调汤，待用。

第 2 步 将洗涤干净的鱼头放入锅内，菜油、猪油煎至断生，表面呈金黄色。

九姓鱼头王

第 3 步 加入调好的鱼汤，用小火慢炖 25 分钟，放入白糖（少许）、辣油，用中火收汁 2 分钟，出锅、装盘。

第 4 步 将炒好的黄豆、青红椒圈放上即可。

三、非遗美食风味特色

民以食为天。严州府菜点源自民间，是民众长期生产生活知识的积累，有广泛的群众基础。有九姓鱼头王、国太豆腐、圆笼糯香骨、炭火鸭、神仙养胃盅、特色粉条等一批代表作。它的显著特征是"野、鲜、咸、辣"，与丘陵地带的自然环境、气候条件有关，与这里人们的生活习惯、风尚习俗密不可分，反映了这里民众的喜好、气质和性格特质，对倡导文化多样性有利。它的"山水、美食、文化"理念与现代人崇尚自然生态，追求绿色、健康饮食的观念高度吻合，有较好的市场开发前景。严州府菜点制作技艺，2012 年 6 月被列入浙江省级非遗代表性项目。

参考文献：

[1] 蔡志忠. 漫画杭帮菜[M]. 杭州：杭州出版社，2019.

[2] 叶方舟. 杭州饮食类非物质文化遗产的现状、保护及传承研究[D]. 杭州：浙江工商大学，2017.

澉浦红烧羊肉

一、非遗美食故事

在澉浦红烧羊肉因何成名的典故里，有两则传说较为常见。一则是北宋时期的美食家、大文豪苏东坡在杭州为官时，曾来澉浦品尝红烧羊肉，对此大加赞赏，并挥笔写就一对联："世上千百件美事，无非饮酒；天下第一等佳肴，当属羊肉。"另一则与宋元航海世家——澉浦杨家的第二代、海盐腔创始人、曾任浙东宣慰副使、海道漕运万户的杨梓有关。相传，元朝皇帝派大军征讨爪哇时，杨梓以诏谕爪哇等处宣慰司官的身份，随福建行省平章政事伊克穆苏率十艘船五百余人先行前往爪哇诏谕，爪哇投降，杨梓引宰相昔剌难答吒耶等五十余人迎接征讨大军。因诏谕有功，杨梓被赐授杭州路总管。他经常要招待宴请蒙古族同僚。他觉得蒙古族官员喜欢吃羊肉，但烧煮太过简单，不是白水煮煮，就是用火烤烤。既不雅观，其味也不佳。他反复研究、试验，终于制成了色、香、味俱佳的杨氏私家菜"澉浦红烧羊肉"，蒙古族同僚吃之大加赞赏。

二、非遗美食制作

（1）原辅料：羊肉、黄酒、红糖、红梗芋艿。

（2）制作步骤：

第1步 取湖羊腿肉若干，切成二三两的大块，洗净，放于锅内清水中（以铁锅为宜），不加盖猛火急攻，不断沥去浮沫。

澉浦红烧羊肉

第2步 至三四成熟时加黄酒，稍煮片刻后盖上锅盖，用慢火煨煮。至筷子能贯穿皮肉时加红酱油（以不放盐为好），加入适量的红糖（可略偏甜一点）。

第3步 改由文火煮至卤汁收膏、肉质极酥软，即成。上桌时撒上蒜叶末。此时色泽红亮，酥而不烂，油而不腻，味极佳美。红烧羊肉的膏汁可加入红梗芋艿烧煮，称"羊汁芋艿"，其味尤佳。当地有"不吃羊肉吃芋艿"之说。意思是：你可以不吃羊肉，但羊肉芋艿是必须尝尝的。

三、非遗美食风味特色

红烧羊肉则既是一道最受人们青睐的美食，又是一道含有"红红火火""喜气洋洋"过日子寓意的佳肴。旧时，海盐城乡居民，凡逢男女嫁娶、长辈寿诞、婴儿满月、建房上梁等大喜日子时，都要举办隆重的庆贺仪礼，届时定会摆设丰盛的喜庆宴席，款待众多前来贺喜的亲戚朋友，而喜宴上必有红烧羊肉这道美味大菜。

参考文献：

[1] 唐好靖，李斯宜. 浦云峰：让非遗"活起来""传下去"[J]. 浙江人大，2024（8）：46-47.

[2] 马晓燕."农"字当头做"农家乐"文章[N]. 嘉兴日报，2006-03-23（9）.

玉环敲鱼面

每年春节前，玉环沿海一带渔区有着敲鱼面迎新年的习惯。以前，敲鱼面都得用带鱼、马鲛鱼。带鱼、马鲛鱼价格贵，敲起来又不韧，后来大都选用价格便宜、肉味更鲜美的红皮角鱼。据传木棍打击是戚继光抗倭时期，沿海居民相互传递信息的方法，后人沿用至今。

二、非遗美食制作

（1）原辅料：红皮鱼、红薯粉。

（2）制作步骤：

第1步 将红皮鱼去皮剔骨，专取鱼肉，滤干水分，捏成球状，置于撒有红薯粉的砧板上。

第2步 用一根小木棒轻轻敲打，边敲打鱼肉边撒红薯粉，以防鱼肉粘住砧板。

第3步 将敲好的一张张"大饼"放到铁锅壁上烘烤，待正反两面烤至七分熟时，将其取出卷成筒形，用菜刀切成毫米宽的条状，拨拉开后，就成了鱼面。

三、非遗美食风味特色

鱼面具有营养丰富、口感鲜美、容易消化吸收的特点。老少皆宜，人人可吃。但应该注意一定要选用新鲜的鱼和虾仁，不新鲜的鱼和虾仁里面有很多的有毒物质，非但做出来的食品味道差，对身体也有很大的危害。

玉环敲鱼面

参考文献：

[1] 陈宣成. 敲鱼面[J]. 新作文，2023（10）：40.

[2] 小和. 美食当道[J]. 温州人，2011（3）：21-25+20.

永康肉麦饼

一、非遗美食故事

永康农家在丰收喜庆季节一向有制作肉麦饼作为佐餐的传统。相传北宋兵部侍郎胡则就很喜欢吃肉麦饼，回到故里，总要吃上几个。至今永康旅外人士，兴致来时同样要做点肉麦饼尝鲜；旅外人士回故里，家乡亲人也喜欢烤几个肉麦饼供亲人品尝。

二、非遗美食制作

永康肉麦饼

（1）原辅料：面粉、五花肉、雪里蕻等。

（2）制作步骤：

第1步　用适量的面粉揉成面团，稍微稀一些。

第2步　把肉剁成小碎块，姜蒜也剁烂，一起放入和肉的容器，加少许盐（因为雪里蕻咸菜很咸）及少许味精，一起与肉等和均匀、备用。

第3步　将面团打成皮球大小，擀成面皮，制作过程中要由内往外擀，里厚外薄。不过在不会破的前提下，面越薄越好吃。

第4步　取适量的肉放入面皮上，撩起皮的一角依次按顺时针方向像做包子一样捻成饼状，把空气压到饼中，把捻时多余的面去掉。

第5步　把锅烧热，放饼入锅，盖上锅盖，用大火烧一分钟，再用小火焖一分钟，再把锅盖打开，翻面，每面都重复2~3次，七八分钟即可出锅。

三、非遗美食风味特色

永康肉麦饼所以受欢迎，一是因为外形美观：打摺收口时，有意识地多留一些空气在里面，空气受热膨胀鼓起饼皮，看上去显得分外圆实丰满。二是因为火候恰到好处：烤肉麦饼须用铁质平底熬盘和白炭炉，炭火不能太旺太急，翻动要及时，受热要均匀，表皮转黄却没有焦斑，只有饼香而无焦气。三是因为馅料独特：选用肥瘦相间以瘦肉为主的上等夹心肉，切成小丁块，作为主料；辅料用新腌的上等雪里蕻，或者隔年的上等雪里蕻，数量适中，拌和均匀。因此永康肉麦饼闻起来香气撩人，看起来养眼可人，吃起来油而不腻、鲜美爽人。而今，永康肉麦饼已从街头小吃，走进高档宾馆酒店，成为宴席上一道颇受欢迎的点心。

参考文献：

[1]　楼美如，应旭慧，胡克莉，等. 永康味道[M]. 杭州：浙江摄影出版社，2017.

[2]　林胜华，郑丽华，林丹燕. 金华农家乡野饮食文化初探[J]. 四川烹饪高等专科学校学报，2009（3）：6-8.

江苏

民间非遗美食

南京盐水鸭

盐水鸭是南京一道非常著名的小吃。据说这道美食还和乾隆有关。乾隆年间，乾隆下江南点名要吃一家餐厅的烤鸭。厨师连忙进了批鸭子。下午回来时却发现，鸭子全部死掉了。原来是养鸭人的孩子太顽皮，竟用盐巴来逗鸭子，最后鸭子被活活咸死。可是乾隆马上就要来了，再去找一批鸭子也来不及了，厨师硬着头皮把那几只鸭子给煮了（盐分太高，烧烤会炸开）。乾隆吃了表示"深得朕意"并御赐其名"盐水鸭"。从此这道南京名吃就这样流传开来了。

二、 非遗美食制作

（1）原辅料：鸭、料酒、盐、大葱、姜、八角、花椒、米盐、麻油。

（2）制作步骤：

南京盐水鸭

第1步 将嫩光鸭斩去小翅和鸭脚掌，再在右翅窝下开约3 cm长的小口，从刀口处取出内脏、拉出气管和食管，用清水冲净，滤干备用。

第2步 炒锅放在火上放入盐、花椒炒热后备用。

第3步 用1/2热的椒盐从翅下刀口处塞入鸭腹，晃匀，用剩下椒盐的1/2擦遍鸭身，再用余下的热椒盐从颈部刀口和鸭嘴塞入鸭颈，将鸭放入缸中腌制。然后取出挂在通风凉处吹干，用12 cm长的空心芦管插入鸭子肛门内，在翅窝下刀口处放入姜1片、葱结1个、大料1只。

第4步 烧滚清水，放入剩下的生姜、葱结、大料和料酒，将鸭腿朝上，鸭头朝下放入锅内，盖上锅盖，放在小火上焖20分钟。

第5步 将鸭拎起，使鸭腹内的汤汁从刀口处漏出，滤干倒入锅内。

第6步 鸭放入汤中，使鸭腹内灌入热汤，再放在小火上焖20分钟取出，抽出芦管，放入容器内冷却后，装碟即可。

三、 非遗美食风味特色

做好的盐水鸭体型饱满，光泽新鲜，皮白油润，肉嫩微红，淡而有咸，香、鲜、嫩三者毕具，令人久食不厌。盐水鸭最能体现鸭子的本味，做法返璞归真，滤油腻，驱腥臊，留鲜美，驻肥嫩。

参考文献：

[1] 刘青雯. 南京盐水鸭：从美食蹚出文创经济路径[J]. 中国食品工业，2021（22）：50-52.

[2] 余静，陈林，王卫，等. 禽肉制品加工技术研究进展[J]. 成都大学学报（自然科学版），2018，37（3）：278-281.

无锡三凤桥酱排骨

一、非遗美食故事

无锡三凤桥酱排骨相传是济公和尚为了报答三凤桥肉庄老板的施舍，而献出配方烹制成的。

传说在南宋年间，济公云游四方来到无锡，肚中饥饿，遂向路边肉店讨要肉吃。店主人大方施舍，济公吃罢说道："吃了施主的熟肉，我教你烧好骨头。"边说边用蒲扇对准灶膛扇了几扇。店主掀起锅盖，只见锅中的排骨绛红透紫，锃光晶亮，将生排骨放入锅中剩下的汤汁里，烧烹后又是一锅同样色香味美的酱排骨。

二、非遗美食制作

（1）原辅料：猪小排、盐、酱油、姜、八角、桂皮、料酒、糖桂花、白糖、小葱、红曲粉、植物油。

（2）制作步骤：

第 1 步 将排骨剁成块，用盐、嫩肉粉拌匀，腌制 12 小时。

第 2 步 腌好的排骨，加清水，用旺火烧沸，捞出洗净。

第 3 步 把锅内的汤倒掉，加少许底油、少许白糖炒出糖色后放入排骨煸炒至变色。

无锡三凤桥酱排骨

第 4 步 加料酒、葱段、姜片、大料、桂皮、糖桂花、清水，盖上锅盖，用旺火烧沸后，加入酱油、少许红曲粉，改用中火烧至汁稠即可。

三、非遗美食风味特色

作为无锡地区的三大特产之一，三凤桥酱排骨具有深厚的文化内涵，历百余年风雨而不衰。三凤桥酱排骨采用猪肉肋排或草排，配以八角、桂皮等多种天然香料，运用独特的烧制方法，烧制出的排骨色泽酱红，油而不腻，骨酥肉烂，香气浓郁，滋味醇厚，甜咸适中。

参考文献：

[1] 刘溪，沈培强，徐正杰，等. 无锡酱排骨制作工艺优化研究[J]. 农产品加工，2021（12）：36-38+42.

[2] 苗淑萍. 无锡酱排骨工艺研究进展[J]. 企业导报，2010（24）：111-112.

黄桥烧饼

黄桥烧饼产于苏北黄桥镇，是深受人们喜爱的物廉价美的快餐食品。黄桥烧饼吸取了古代烧饼制作法，成为一种半干式面点，保持了香甜两面黄，外撒芝麻内擦酥这一传统特色，并在花式品种上不断改进，已从一般的"擦酥饼""麻饼""脆烧饼"等品种，发展到葱油、肉松、鸡丁、香肠、白糖、橘饼、桂花、细沙等十多个不同馅的精美品种，烧饼出炉，色呈蟹壳红，不焦不糊、不油不腻、形、色、香味俱佳。

黄桥烧饼之所以出名，与著名的黄桥战役紧密相连，1940年陈毅、粟裕指挥的黄桥决战打响后，黄桥镇群众日夜赶做烧饼送到前线阵地，谱写了一曲军爱民、民拥军的壮丽凯歌。

二、非遗美食制作

黄桥烧饼

（1）原辅料：上白面粉、老酵、猪生板油、香葱、去皮芝麻、精盐、饴糖、食碱、熟猪油。

（2）制作步骤：

第1步 制作烧饼的前一天晚上，将面粉用温热水拌和，盖棉被发酵。发好后另用面粉同发面一起拌和，稍凉再与已发好的面团糅合，静置1小时后待用。

第2步 将面粉置放盆内，用熟猪油拌和成油酥待用。将芝麻用冷水淘净，去皮，倒入热锅中，炒至芝麻起鼓呈金黄色时出锅，摊到大匾内待用。将猪板油去膜，切成0.4 cm见方的丁。把香葱洗净去根切成细末，加猪板油丁和精盐拌匀。将油酥面加上葱末和精盐和匀。

第3步 将食碱用沸水化开，分数次兑入酵面里揉匀，饧10分钟。搓成圆筒形长条，摘成200个面剂，每个面剂包上油酥，擀成9 cm长、6.6 cm宽的面皮，左右对折后再擀成面皮，然后由前向后卷起来，用掌心平揿成直径6.7 cm的圆形面皮，放在左手掌心，铺上猪板油，再加带葱油酥，封门朝下，擀成直径9 cm的小圆饼。上面涂一层饴糖，糖面向下扣到芝麻匾里，蘸满芝麻后，装入烤盘，送入烤炉下层，关好炉门。3分钟后移到烤炉上层，再烤2分钟即可出炉。

三、非遗美食风味特色

黄桥烧饼风味独特，具有"香脆两面黄，外撒芝麻内擦酥"的传统特色。它外形饱满美观，色泽金黄如蟹壳，入口酥松，不焦不糊、不油不腻、堪称江南名点。

参考文献：

[1] 曹沁心,汪鸣鹤.清代扬州茶肆的商业运营与文化意义[J].福建茶叶,2023,45(11):126-128.

[2] 姜跃岭.大运河与饮食文化[J].新阅读,2020（2）:36-39.

太仓肉松

一、非遗美食故事

　　相传，清代同治十三年（1874 年），太仓城有名门望族一日大宴宾客，厨师倪水忙中出错，竟将红烧肉煮酥了，情急中去油剔骨，将肉放在锅里拼命炒碎，端上桌称是"太仓肉松"，不料举桌轰动，誉为太仓一绝。后来，厨师就去太仓南门开了家肉店，逢书场、庙会，总有听书人、香客购之解馋，也有逢时过节买了送礼的。抗日战争期间，主人已换作倪德，在南门桥堍下开了家倪德顺肉松店，小本经营，时断时续。新中国成立后公私合营，渐渐发展，成了如今的太仓肉松厂。

二、非遗美食制作

太仓肉松

　　（1）原辅料：猪腿肉、酱油、白糖、味精、料酒、茴香粉、姜、八角。

　　（2）制作步骤：

　　第 1 步 将猪腿肉顺其纤维纹路切成肉条，再横切成 3 cm 长的短条。

　　第 2 步 将切好的肉放在清水中煮制，同时加入姜、茴香粉、八角、料酒，待水沸时将表面油沫杂质撇净。

　　第 3 步 煮制 2 小时左右，待软烂时，捞出晾凉。再倒入另一锅中，加入适量的清水和原汁汤，倒入酱油、姜、茴香、八角，加热，待肉汤减少时，再加入料酒，白糖、味精翻动数次，约煮 3 小时，肌肉纤维软松后，用中火，一边用锅铲压散肉块，一边翻炒。注意不要炒得过早或过迟。因为炒得过早，肉块未烂，不易压散，炒压过迟，肉块太烂，容易焦糊，造成损失。在肉块全部松散和水分完全炒干时，颜色就由灰棕转变成灰黄色，最后就成为具有特别香味的金黄色肉松了。

三、非遗美食风味特色

　　吃过太仓肉松的人都知道，它可不是那种闻着香吃着也香的零食，而是像真正的肉类食品那样，细细咀嚼，唇齿留香。太仓肉松与传统肉干不同，整块肉都被烤干后切成丝状。经过烘焙后具有酥香味淡之特点，食用时用手抓一把放在嘴里细嚼，松脆酥软可口，简直是好吃极了。

参考文献：

[1]　李建. 肉松别太"松"[J]. 食品界，2023（4）：34-36.

[2]　太仓肉松加工技术[J]. 农家之友，2019（6）：63.

常熟叫花鸡

一、非遗美食故事

相传清代有个乞丐偷得一只鸡却苦无炊具，便将鸡宰杀去除内脏，带毛涂泥在火炕上煨烤，竟得香气四溢的美食。王祖康据此民间传说，仿以泥烤，加以调料，几经试验，终于制成独具风味的特色佳肴，因是乞丐始创，故命名为"叫花鸡"。常熟叫花鸡制作技艺独特繁复，每道工序都有严格的要求。选料必须是三四斤散放养的新草鸡。煨制采用泥烤法，鸡身外贴网络油，包以荷叶、高温纸、细草捆扎，再以泥糊作茧状，加以松木煨烘，控制火候和湿度。内料必须是上等火腿、松蕈、虾仁等物，配以丁香等香料。鸡肉酥烂异香，上筷骨肉脱离，荷香漫溢，原汁原味。

二、非遗美食制作

（1）原辅料：三黄鸡、荷叶、猪网油、肉丁、虾仁、香菇、笋片、面粉、料酒、酱油、糖、蚝油、盐、葱、姜、丁香粉、八角粉等。

（2）制作步骤：

第 1 步 制作叫花鸡要选用虞山特产、头小体大、肥壮细嫩的三黄（即黄嘴、黄脚、黄毛）母鸡。

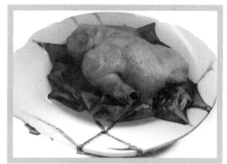

常熟叫花鸡

第 2 步 用刀背敲断翅膀、腿骨、胫骨，不能损伤鸡皮，要使整只鸡的鸡皮完整。

第 3 步 在网油外再包荷叶，防止鸡烤焦，又增加荷叶香味。

第 4 步 用酒坛泥包裹捆扎鸡时，把泥平摊在湿布上，约厚 7 厘米，再将鸡放在泥中间，把湿布四角拎起紧包，使泥粘紧粘牢，然后揭去湿布，再用包装纸包裹即成。

第 5 步 在煨烤时，有的用烤箱，有的用炭火煨烤，一般将鸡放在架上，紧贴炭火煨烤，每半小时翻动 1 次，约需要 4 小时可煨烤熟透。

三、非遗美食风味特色

制作叫花鸡选用的"山黄泥"很有韧性，不容易开裂，也不容易煨焦。而且虞山上的桂花落在泥土里，使山黄泥带有桂花的香气，煨出来的鸡也更香。煨鸡的火候需要多年的老师傅来把关，控制炉温，控制湿度，然后文火煨制 5 个小时。不仅如此，叫花鸡在吃的时候也很有讲究。食客在吃叫花鸡前，先敲敲裹在外面的泥巴，敲一下寓意身体健康，敲两下表示家庭和睦，敲三下期盼财运亨通，寄托着人们美好的愿望和无尽的祝福。

参考文献：

[1] 石辉娴，杨海龙，王雨欣.非物质文化遗产助力乡村振兴发展模式研究[J].文化产业，2022（7）：60-63.

[2] 史万震.常熟叫花鸡填馅改良工艺优化[J].肉类研究，2012，26（8）：22-25.

奥灶面

相传，清朝同治年间，在玉峰山下有一家小面食铺，店主是名女子，名叫颜陈氏。她悉心经营，取南北面食之长，制作出一种面白、汤红的红油面。由于色香味俱佳，因而深受过往食客的喜爱，生意兴隆而驰誉古城昆山全县。然而，有些同行为了竞争，便中伤其经营的红油面是"懊糟面"（即邋遢之意）。尽管如此，小面铺的红油面因其货真价实，依然受顾客青睐。一天，店铺来了一位书生，吃面时，他提出建议：干脆取"懊糟"之谐音，用"奥灶"两字为招牌，经营这一独特的风味。这样，经书生和其他食客的广泛传播，"奥灶面"美食享誉四方，很快成为江南的著名小吃。

奥灶面

（1）原辅料：高筋面粉、猪蹄、猪皮、鸭头、炸鱼头、炸鱼尾、花椒、桂皮、辣椒等。

（2）制作步骤：

第 1 步 制作面条。选料须用高筋面粉，按一定配方，制成粗 0.3 mm 的龙须面，这样制作的面条才嫩滑筋道，口感适中。

第 2 步　吊汤。昆山奥灶面的独到之处，便体现在这个环节上。它继承了传统风格，用多种肉料秘制而成，后经不断发展，成为极具地域风情的昆山奥灶面。吊汤即将浓度高的老汤，兑水烧开，小火加热保持温度，最后放入煮好的面中。

老汤是如何制作的呢？首先倒入酱油，再加入肉料和调料。肉料主要有猪蹄、猪皮、鸭头，爆鱼后的炸鱼头、炸鱼尾等。加入的调料有花椒、大料、桂皮、茴香籽、辣椒等。再加入适量盐，大火烧开，然后小火慢炖，捞出锅内废料，这样制作的老汤称红汤。除了香味浓郁的红汤，昆山奥灶面还有驰名的白汤。白汤是用卤鸭汤兑水后，加入开水焯过的大骨、猪蹄、鸭头、鸭脖等肉料，再加适量葱姜进行煮制的。

第 3 步　浇头制作。传统的昆山奥灶面，以红汤爆鱼面和白汤卤鸭面最为著名。红汤爆鱼面的鱼，选用当地淡水湖中的活青鱼作为原料。制作爆鱼浇头，先将青鱼切成块，加入适量葱姜盐和白酒腌制五到六个小时，放入油锅大火炸，炸至焦煳即可出锅。传统的昆山奥灶面炖制的卤鸭，皮身雪白，味香质朴，切成块，作为浇头放入面中，味道纯正，鲜嫩爽口，鸭香宜人。

第 4 步　打碗。打碗就是把蒸好的碗码放整齐，放入小料的过程。红汤面放入鸡精、爆鱼所用的油或根据客人要求放入香油。白汤的小料是鸡精和鸡蛋皮等。将打好调料的碗摆放好，放入吊好的红汤或白汤，汤里还要加入切好的韭菜丁，然后就可以煮面了。

第 5 步　煮面。面要大火大锅来煮，由于面细，下锅后翻一个小花就熟了。一碗碗奥灶面摆上餐桌，宽汤细面，汁浓油亮，香气扑鼻。用筷子轻轻一挑，热气腾腾而起，碗热，碗里的面、汤、浇头更热，好一个汤鲜味美的昆山奥灶面。

三、非遗美食风味特色

奥灶面的红汤讲究吊浓度和香度，而用猪大骨、鸡、鸭等食材熬制的白汤，则讲究吊鲜度。看似清淡，实则每一口汤都融入了食材的精华，鲜美爽口，沁人心脾。奥灶面经久不衰，还在于浇头有考究，主要有爆鱼和卤鸭两种。爆鱼与红汤面是绝配，而卤鸭则与白汤面组成了经典款。此外，焖肉、虾仁、鸭胗、牛肉、大肠等浇头也都各有千秋，通常来这里吃面的人都会点双浇甚至三浇，满满一层浇头盖在面上。还有现炸的面拖大排，黄澄澄一大块，散发着油炸食物的香气。咬一口，脆香中带着鲜美的肉汁，鲜香肥美的滋味布满味蕾。特制的龙须面，根根雪白如银丝，下锅仅七秒即捞起，沥干后放入面碗中。端上桌后赶紧动筷，吃起来爽滑劲道，口感非常好。

参考文献：

[1]　潘春华. 古今面条述略[J]. 现代面粉工业，2023，37（2）：12-15.

[2]　杨瑞庆."苏州一碗面"——昆山奥灶面[J]. 江苏地方志，2023（2）：54-56.

靖江蟹黄汤包

一、非遗美食故事

传说靖江"蟹黄汤包"是三国时传下来的。刘备白帝城托孤后，身在东吴的夫人孙尚香万分悲伤。忠于爱情的孙夫人遥望滚滚大江，满含悲愤登上了北固山。她祭拜过上苍和丈夫后，跳入长江。后人为了追怀孙夫人的忠贞与贤淑，用面粉包上猪肉茸和蟹肉馅的馒头，前往奠祭孙夫人。这种肉馒头味道鲜美可口，竟引来了不少美食家的关注，很快就成了饭店餐桌上的热门食品，从三国起代代相传至今，逐渐演变成今天的蟹黄汤包。蟹黄汤包到明清时代的制作工艺已达到巅峰，美名远播。

二、非遗美食制作

（1）原辅料：上白面粉、酵面、猪肉、蟹黄、蟹肉、葱、姜、猪肉皮冻、碱粉、酱油、精盐、绍酒、白糖、芝麻油、熟猪油。

靖江蟹黄汤包

（2）制作步骤：

第1步 将葱、姜洗净，各取5分切末，剩余的用刀拍松，放入盛有凉水的碗里浸泡，制成葱姜水。

第2步 蟹刷洗干净，入笼蒸熟，待稍凉后撬开蟹盖取出蟹黄，并用竹签取出蟹肉，勺内放猪油10克烧热，加入葱、姜末一烹，再加蟹黄、蟹肉煸炒，然后把剩余的猪油40克放入勺内继续拌炒，待蟹黄、蟹肉均呈橙黄色时，将其倒在盆内晾凉。

第3步 把猪肉搅成馅，放在盆内加酱油、精盐、绍酒、白糖、葱姜水，将肉皮冻搅碎，倒入肉馅中，再加蟹黄、蟹肉、芝麻油搅拌成馅。

第 4 步　面粉加温水与酵面一起和好，放在盆内发酵，再取面粉放在另一盆内，加沸水，搅拌稍凉后，加冷水揉成面团，然后与酵面团加碱和好。

第 5 步　案板上撒醭面，将面团搓成长条，做成面剂，擀成圆形面皮，包入肉馅，顶口捏成菊花顶形状，放入笼内，用旺火蒸 15 分钟出屉。

三、非遗美食风味特色

蒸熟的汤包雪白晶莹，皮薄如纸，汁多味美，几近透明，稍一动弹，便可看见里面的汤汁在轻轻晃动，使人感到一种吹弹即破的柔嫩。不了解制作方法的人，还以为汤汁是用针筒注射进去的呢。蒸汤包的时间误差不得超过 10 秒钟，所以蒸汤包的师傅必须专心致志。这些繁复的工序，非专业点心师不能完成，这不能不说是一绝。

参考文献：

[1]　叶建. 靖江：蟹黄汤包的产业化发展[J]. 区域治理，2019（52）：25-27.

[2]　刘文韬. 探讨非物质文化遗产与文化创意产业的深度融合——以靖江蟹黄汤包为例[J]. 参花（下），2019（11）：153-154.

扬州炒饭

据考，早在春秋时期，航行在扬州古运河邗沟上的船民就开始食用鸡蛋炒饭。旧时扬州的百姓，午饭如有剩饭，到做晚饭时，打一两个鸡蛋，加上葱花等调味品，和剩饭炒一炒，做成蛋炒饭。

明代，扬州民间厨师在炒饭中增加配料，形成了扬州炒饭的雏形。

清嘉庆年间，扬州太守伊秉绶开始在葱油蛋炒饭的基础上，加入虾仁、瘦肉丁、火腿等，逐渐演变成多品种的什锦蛋炒饭，其味道更加鲜美。

随后，赴海外经商谋生的华人，特别是扬州厨师，把扬州炒饭传遍世界各地。

二、 非遗美食制作

（1）原辅料：籼米饭、鲜鸡蛋、水发海参、熟的方鸡腿肉、中国火腿肉、水发干贝、上浆湖虾仁、水发花菇、净鲜笋、青豌豆。

（2）制作步骤：

第1步 将米淘干净，煮熟。控制米水比例和火候，饭颗粒松软，不夹生，不烂。

第2步 鸡蛋磕入碗中，搅拌后备用。

第3步 炒锅放置火上，舀入食用植物油（约 20 ml）烧至五成热时加入虾仁滑热，捞出备用。

扬州炒饭

第4步 准备水发海参、熟的方鸡腿肉、水发花菇。

第5步 鲜笋切成约 4 mm 的小方丁、火腿切成 2 mm×4 mm×4 mm 方片，干贝制成丝，煸炒后加入湖虾仔鸡清汤、绍酒和 3 g 精盐烧沸，作什锦料备用。

第6步 炒锅上中火，舀入食用植物油，烧至五成热时，倒入鸡蛋液炒至半凝固状。

第7步 加入米饭、青豌豆和剩余葱末炒匀，再加入什锦料，继续炒匀，加入盛器内。

三、 非遗美食风味特色

扬州炒饭是运河文化孕育出来的一颗璀璨的明珠，借着运河的影响力，沿着"海上丝绸之路"走向世界，成为中华饮食的代表性主食之一。

参考文献：

[1] 沐瞳. 扬州早茶多美味[J]. 阅读，2023（84）：20-23.

[2] 王璐，居小春. 看扬州非遗如何火爆"出圈"[N]. 扬州日报，2022-07-05（5）.

平桥豆腐

一、非遗美食故事

平桥是隶属淮安的一座古镇，濒临京杭大运河的东岸，古色古香的街道，加上淳朴敦厚的乡风民俗，使这里很自然地成为富有情趣、令人向往的地方。相传乾隆皇帝下江南之时，乘龙舟路经这里。当时有位名叫林百万的大财主，认为这是讨好皇上的大好时机，于是他依仗自己拥有百万家产，令人在淮安至平桥镇四十多里的路上，张灯结彩，铺设罗缎，准备接驾。

林百万是个很有心计的财主，早在接驾之前，他就派人探听到皇上的饮食口味，所以他命家厨用鲫鱼脑子加老母鸡原汁烩当地的特色豆腐款待乾隆。乾隆品尝以后，连连称好。鲜美可口的平桥豆腐从此誉满江淮，成为淮扬菜系里的传统名菜。

二、非遗美食制作

（1）原辅料：豆腐、香菇、竹笋、火腿肠、肉丝。

（2）制作步骤：

第 1 步 将竹笋切丝，香菇切长块，豆腐切丁，火腿肠也切丁。

第 2 步 锅里放水，水开倒入用盐腌制十分钟的肉丝，倒入切好的香菇、竹笋、火腿肠，加盐调味。

平桥豆腐

第 3 步 烧开后准备先勾点芡粉，喜欢加过豆腐后再勾芡的，这里可先少勾点芡。

第 4 步 辅料勾过芡后，加豆腐，烧开后就可以勾芡了。这样分两步勾芡，反而容易掌握勾芡的程度。

第 5 步 出锅前可以加点香油和香菜。

三、非遗美食风味特色

平桥豆腐经济实惠，美味可口，食而不腻，清素入肺。平桥豆腐含有丰富的营养，许多中外顾客在当地品尝这道历史名菜后，对其滋味之鲜美，均赞不绝口。肉质细嫩，清香爽滑，口味鲜咸。豆腐鲜嫩油润，汤汁醇厚，油封汤面，入口滚烫。豆腐片洁白细嫩，辅以鸡汁海鲜，味美汤浓，深受食者喜爱。

参考文献：

[1] 吴福林. 天下至美味人间淮扬菜——读《中国淮扬菜志》[J]. 江苏地方志，2023（2）：85-87.

[2] 谈昕，杨松. 淮安美食存在的问题及对策[J]. 市场周刊（理论研究），2017（3）：39-40+52.

上海

民间非遗美食

南翔小笼馒头

清代同治十年（1871 年），南翔镇日华轩点心店主黄明贤对大肉馒头采取"重馅薄皮，以大改小"的做法。他用不发酵的精面粉为皮，馅用猪腿精肉手工剁成的馅料加上肉皮冻制作而成。

（1）原辅料：新鲜猪前腿肉、上等精白面粉、煮熟肉皮冻、精制油、食盐、白糖、葱花、姜末等。

南翔小笼馒头

（2）制作步骤：

第 1 步 馅料。将鲜猪肉加工成肉酱，置于容器内，然后按配比加肉皮冻及适量的清水、食盐、白糖、葱花、姜末等一起搅拌，搅匀成馅待用。

第 2 步 面坯。将精白面粉加适量清水拌和揉成面团，然后撒上适量干面粉和适量精制油，反复糅合，做成柔软适度的面团待用。

第 3 步 小笼。按用量配比将面团均分成小笼面坯，然后用手将小笼面坯压成圆形薄饼状，放上猪肉馅，用手将饼状面坯包起，再用手指折叠捏合成小笼包，并形成 14 道以上折褶。

第 4 步 将小笼放入有草垫的竹制小笼格内，用旺火沸水蒸 5 分钟即可。

南翔小笼皮薄馅多，如果一口咬下去，要么烫得直吐舌头，要么因大咬一口而汤汁尽失。正确的吃法是，先小咬一口，咬出个小洞，就着吸吮，把汤汁美美地吸咂品味了，再吃包子的皮和馅。可以总结成一句话：一口开窗，二口喝汤，三口吃光。

参考文献：

[1] 李晓丽. 清代中国面食地理研究[D]. 重庆：西南大学，2023.

[2] 南翔小笼：让人齿颊留香[J]. 当代学生，2012（Z4）：127-128.

邵万生糟醉

邵万生创立于清朝咸丰二年（1852年），相传创始人为宁波三北一名唤"邵六百头"的渔民，起初在虹口黄浦江沿江码头一带摆摊制作宁绍乡土风味的糟醉食品和经营南北特产，经数年苦心经营发迹后，在吴淞路上择址开设邵万兴南货店。

随着周边街巷商贩及洋杂货号的兴起，生意蒸蒸日上。此后店主"邵六百头"看到南京路一带街铺十分兴旺，于清同治九年（1870年）迁址至南京路，将"邵万兴"店铺改号为"邵万生"，经营"两洋海味、闽广洋糖、浙宁茶食、南北杂货"。邵是他的姓，万兴是他的愿望，意思是取其生生不息，希望他新开的店铺能兴旺、能发达，能一兴而起地往前发展。

二、 非遗美食制作（黄泥螺）

邵万生糟醉之泥螺

（1）原辅料：泥螺、黄酒。

（2）制作步骤：

第1步 选体大壳薄、腹足肥厚、体内无沙、足红口黄、满腹藏肉、无破壳的泥螺为加工原料。

第2步 将选好的泥螺放入桶中，加20%～23%的盐水（波美度为24），迅速搅拌均匀，直至产生泡沫为止。然后，静置4小时。

第3步 将盐水浸泡过的泥螺捞起，摊放在筛上，用清水冲洗干净，并稍干燥。

第4步 将洗净的泥螺再放入桶中，加入20%～22%的盐水，搅拌均匀。第二天，盖上竹帘，压上石头，不使泥螺从盐水中浮起。腌制时间约半个月。

第5步 将腌制泥螺的盐水倒入锅中，加适量茴香、桂皮、姜片等，煮沸10分钟，经冷却、过滤，即为卤汁。

第6步 向泥螺坛、罐中加入卤汁至淹没泥螺，并加入泥螺重量5%的黄酒。

第7步 将加料后的泥螺坛、罐密封好，存放10天，即为醉泥螺成品。

三、 非遗美食风味特色

邵万生糟醉知名产品中有醉蟹、黄泥螺、醉螃蟹、醉香鸡、糟青鱼、醉香螺、糟蛋、虾子鳖鱼、醉蟹糊、醉蟹股、虾油露、虾子佐料等，素有"中华糟醉席上珍，众口皆碑邵万生"的美誉。

参考文献：

[1] 孙一元. 邵万生：多路径助力"老字号"振兴[J]. 上海国资，2021（2）：29-31.

[2] 王自强. 江浙糟醉人生之摇篮——邵万生[J]. 上海商业，2011（6）：48-53.

三林塘酱菜

据传明朝正德年间，官居江西参议的三林塘人储昱奉皇命监督重建紫禁城的乾清宫时，常以家乡的三林塘酱菜佐以饭食，引起正德皇帝好奇，皇帝尝味以后称赞不已，遂定名贡品，作为皇帝御膳。

（1）原辅料：面粉、豆粉、甘草、小黄瓜、精盐等。

（2）制作步骤：

第1步 黄梅天期间，将面粉（主料）、豆粉（辅料）磨成粉后制成糕状或饼状蒸熟。

第2步 放凉后平铺在露天的地方，让其自然发酵。

三林塘酱菜

第3步 随后以甘草（杀菌）加入适量的盐水熬制成酱料（老法制作酱菜最关键的材料）。

第4步 挑选不带籽的新鲜小黄瓜（带籽的会影响口感，带籽腌制会让酱瓜不够爽脆）。

第5步 洗净小黄瓜，确保不能破皮。

第6步 将小黄瓜放入陶缸内，加盐拌匀腌制，上面压上重物，每次盐腌要经过 2～3 天，去盐水。重复 3 次预计 1 周时间。但是咸度一定要到 18 度（专门仪器）。

第7步 将经过 3 次盐腌的小黄瓜，平铺在竹帘上风干，时长看当时气候决定，通常 2 天。（盐腌过后一定不能清洗！）

第8步 将酱料与水兑开后倒进腌制的缸内，加入适量白糖与冰糖。

第9步 将风干的小黄瓜放到腌制的缸内，接下来进行为期 1 个多月的腌制过程，其间需每隔三四天翻一翻，确保缸内食材吸收酱汁均衡。

第10步 当腌制到甜度到达 30 度，就可以食用，另外腌制好的酱瓜放置阴凉通风处可保存 5 年之久。

三林塘酱瓜之所以味道好，原因在于它用料精细，做工考究。所选用的黄瓜，全是 50 g 左右的童子小黄瓜，又称乳瓜，肚小嫩绿。腌制时，每条瓜胚上都要用针刺眼打洞，几经卤浸日晒，味道都渍入瓜内。而所用的酱料是用上好的面粉掺入黄豆粉加工而成的，兼配有白糖、桂花和甘草等佐料，因此色香味鲜。

参考文献：

三林. 三林酱菜的起源和传承[J]. 上海商业，2017（9）：49-51.

高桥松饼

一、 非遗美食故事

　　传说明末清初，浦东清溪镇上家家都会做各类塌饼招待亲友，后清溪镇毁于倭寇焚掠，此种点心及习俗便传至浦东高桥镇，光绪二十六年（1900 年）前后，镇上一大户赵小其之妻为做塌饼高手，所做之饼，小巧可口，又松又脆，入口即化。后赵家败落，为谋生计，赵妻将自制松饼提篮卖于茶坊烟铺，深受食客欢迎，被美称为"松饼"。

二、 非遗美食制作

　　（1）原辅料：特制粉、熟猪油、温开水、赤豆、白砂糖、桂花。

　　（2）制作步骤：

　　第 1 步　和皮面。把猪油和温开水倒入和面机内搅拌均匀，加入面粉再搅拌，同时适量加些精盐。

　　第 2 步　和油酥。把面粉与熟猪油一起倒入和面机内拌匀，油酥的软硬和皮面要一致。

高桥松饼

　　第 3 步　制馅。将赤豆水洗，去除杂质，入锅煮烂。舀入取洗机，制取细沙，再经过钢筛，流入布袋，挤干水分成干沙块。再把干沙与白砂糖一起放入锅内用文火炒，待白糖全部溶解及豆沙内水分大部分蒸发，且豆沙自然变黑即可。待豆沙有一定稠度，有可塑性时，加入桂花擦透备用。

　　第 4 步　包酥。包酥有大包酥和小包酥两种。

　　第 5 步　包馅。取细沙包入皮酥内即成。封口不要太紧，留出一点小孔隙，以便烤制时吸入空气，使酥皮起酥。用手将包酥的生坯压成 2 至 3 厘米厚的圆形饼坯。将包好的饼坯放在干净的铁盘内，行间保持一定距离，然后印上"细沙""玫瑰"等字样的红戳，以区别品种。

　　第 6 步　烤制。进炉时炉温应为 160 ℃至 200 ℃，饼坯进炉烤制 2～3 分钟取出，把饼坯翻过来，然后再进炉烤制 10 分钟左右即将铁盘取出，再一次把饼坯翻身后送进炉烤制即可出炉。松饼出炉后经冷却就可装箱或装盒。

三、 非遗美食风味特色

　　高桥松饼成品形如月饼，饼面呈金黄色，油润光洁，四周乳白色，底部不焦结发硬，酥皮层次分明，馅心无杂质，皮薄馅足，酥松香甜，具有葱香、麻香、脂香风味，油而不腻，甜而爽口，香气浓郁，皮酥馅糯，细软可口，余味无穷。

　　参考文献：

[1]　王娟. 中泰甜食名称对比研究[D]. 南宁：广西民族大学，2019.

[2]　张祜曾. 高桥松饼[J]. 中国工商，1991（3）：34.

小绍兴白斩鸡

一、**非遗美食故事**

　　相传，在 1940 年的时候，有一个名叫章润牛的绍兴青年逃难到了上海，当时年仅 16 岁。起初做些小生意糊口，后来以卖白斩鸡和鸡汤熬制的粥为生，人送外号"小绍兴"。由于小绍兴苦心钻研，生意越做越好，抗战胜利后已经初具规模了。当时，经常有一些地痞流氓来白吃白喝、敲诈勒索，甚至还顺手牵羊，章润牛很痛恨这些人。碰巧有一次遇到一个经常吃白食的人来吃鸡，小绍兴却不小心把刚出锅的鸡掉到了地上，他怀着报复的心理直接把鸡放到刚打出的井水里洗了一下，然后直接端上桌了。结果没有想到的是，这个人吃后大加赞赏，说这个鸡特别好吃。小绍兴细想一下，感觉应该与井水浸泡有关，于是就如法炮制，并在其他方面下了一些工夫，从而让这道菜更加好吃。后来又经过不断地改进，终于让小绍兴白斩鸡成为名菜。

二、**非遗美食制作**

　　（1）原辅料：三黄鸡、食用油、八角、花椒、桂皮、丁香、胡椒粒、草果、陈皮等。

　　（2）制作步骤：

　　第 1 步　烫鸡。锅得够大，锅里装水的水量一定要能淹没整只鸡。加入葱姜后，先烧水至沸腾，加入葱姜，提着鸡脖子，浸入已经沸腾的开水中，三起三落。这是给鸡定型，顺便把鸡肚子里的血水沥出。三起三落后，定型好的鸡会变得胀鼓鼓、黄亮黄亮的。

　　第 2 步　煮鸡。大火先烧开，后调小火煮。3 斤及以上的鸡焖煮 25～30 分钟，3 斤以下的鸡焖煮 20 分钟。

　　第 3 步　冻鸡。在鸡快要熟的时候，取一个大桶和一盆冰块，桶里倒入纯净水、冰块。迅速将刚焖煮完的鸡从锅里直接塞进冰水中浸没。

　　第 4 步　涂油。10 分钟后捞出，用厨房纸吸干水分，戴上手套，淋香油，把鸡全身都涂抹一遍，静置几分钟。

　　第 5 步　制作佐料。取锅加入少许油、八角和花椒炒香后，连同桂皮、丁香、胡椒粒、草果、陈皮一起装入卤包袋中绑紧；续于锅中，放入辛香料爆炒后盛起；在锅中加入砂糖炒匀后，加入剩余的调味料；熬成的高汤和烧过的甘蔗先以大火煮至滚沸，再以小火慢煮 3 至 4 小时即为卤汁佐料。

三、**非遗美食风味特色**

　　小绍兴白斩鸡，鸡皮脆嫩，食客看着师傅利落干净地把色白光亮的鸡切成小块，涂上一层黄灿灿的麻油，食欲就会大增。除了鸡肉好吃外，蘸料也是小绍兴的一绝。还有鲜香入味的鸡粥，这些都是人们对小绍兴白斩鸡内心深处最美好记忆。

小绍兴白斩鸡

参考文献：

[1]　木林，一平. 依托科技开发　创出名牌小吃——"小绍兴"白斩鸡做出大文章[J]. 上海商业，1998（2）：13-15.

[2]　"天下第一"的小绍兴白斩鸡[J]. 中国档案，1995（1）：44.

枫泾丁蹄

一、 非遗美食故事

"丁义兴"枫泾丁蹄的历史可以追溯到清代，始创于清咸丰二年（1852 年）的丁义兴酒店，卖酒也卖下酒的熟食。传闻那时生意不好，丁老板心情郁闷，茶饭不思。

枫泾丁蹄

老板娘心疼丈夫，特意煮了锅开胃的汤药。汤里放进丁香、桂皮、红枣、枸杞、冰糖等等。锅开，盛出汤药，却一不小心翻了碗，全都浇在了旁边正烹制着的蹄膀上。老板娘赶紧加火收汁，没想到，吃进汤药的蹄膀散发出扑鼻异香，再一尝，油而不腻、鲜中带甜。

丁老板心头的愁云顿时消散。第二天，"丁义兴"门口挂起一幅幌子，上写"特制冰糖蹄膀，又糯又鲜又香"。只需半个时辰，一大盆蹄膀统统卖完，从此丁家小店转了运，作为丁义兴酒店传承至今。

二、 非遗美食制作

（1）原辅料：猪蹄、酱油、冰糖、黄酒、丁香、桂皮、姜片等。

（2）制作步骤：

第 1 步 开蹄。要求开蹄后的每只蹄膀净重 0.75 公斤。

第 2 步 整形。修去软皮以及多余脂肪。

第 3 步 焯水。先将蹄髈放入温水中收皮，取出后用冷水降温、去腥。

第 4 步 拔毛。拔毛后丁蹄不留一根猪毛，据说如果一根毛没拔干净让顾客发现，要照价赔偿，这是一百多年来不变的规矩。

第 5 步 调味。丁蹄烧制用的是原汤，但每次新蹄髈入锅后，再选用特制红晒酱油、优质黄酒以及优质冰糖，另加红枣、枸杞等中药材。

第 6 步 烧制。烧制丁蹄讲究"三旺三文、以文为主"，旺为大火，文即小火，全程需约 4 小时，这过程考验着师傅们的耐心。

第 7 步 去骨。将烧制完成的丁蹄用剪刀尖头剖开后夹住筒骨抽出，全过程要求必须在三秒内完成。

第 8 步 包装。丁蹄冷却后，只见师傅将碗反扣倒出，拿去放在碗底的铸有"丁义兴制"的锡条，这时蹄子上留有凹凸的"丁义兴制"字样，然后用蜡纸包装，竹篮片包扎，一只枫泾丁蹄便可出售了。

三、非遗美食风味特色

"枫泾丁蹄"采用太湖黑皮纯种猪"枫泾猪"后蹄子精制而成，这种黑皮猪骨细皮薄，肥瘦适中。烹制时用嘉善姚福顺三套特晒酱油、绍兴老窖花雕、苏州桂圆斋冰糖，以及适量的丁香、桂皮和生姜等原料，经柴火三文三旺后，以温火焖煮而成。枫泾丁蹄制作技艺第七代传人沈云金介绍道："烹制丁蹄，需要整整 4 个小时，蹄髈一旦放入锅中，这 4 小时里轻易挪动不得，全凭'三旺三文'的火头伺候。"

参考文献：

[1] 罗震光. 枫泾丁蹄和黄酒[J]. 检察风云，2020（1）：91.

[2] 方劲鹭. 枫泾丁蹄：传承上海百年美食文化的精粹[J]. 上海商业，2015（8）：39.

梨膏糖

一　非遗美食故事

　　唐初的政治家魏徵据传是个十分孝顺的人。他母亲多年患咳嗽气喘病，魏徵四处求医，但无甚效果，使魏徵心里十分不安。唐太宗李世民知道后，即派御医前往诊病。御医仔细地望、闻、问、切后，处方书川贝、杏仁、陈皮等中药。可这位老夫人只喝了一小口药汁，就连声说药汁太苦，难以下咽，不肯再吃药，魏徵也拿她没办法，只好百般劝慰。

　　第二天老夫人把魏徵叫到面前，告诉魏徵，她想吃梨。魏徵立即派人去买回梨，并把梨削去皮后切成小块，装在果盘中送给老夫人。可老夫人却因年老，牙齿多已脱落，不便咀嚼，只吃了一小片梨后又不吃了。这又使魏徵犯了难。他想，那就把梨片煎水加糖后让老夫人喝煎梨汁吧。这下可行了，老夫人喝了半碗梨汁汤还舐着嘴唇说：好喝！好喝！魏徵见老夫人对煎梨汁汤颇喜欢，因此他在为老夫人煎煮梨汁汤时就顺手将按御医处方煎的一碗药汁倒进了梨子汤中一齐煮汁，为了避免老夫人说苦不肯喝，又特地多加了一些糖，一直熬到三更。魏徵也有些疲惫了，他闭目养了下神。等他睁开眼揭开药罐盖，谁知药汁已因熬得时间过长而成了糖块，魏徵因怕糖块口味不好，就先尝了一点，感到又香又甜，他随即将糖块送到老夫人处，请老夫人品尝，这糖块酥酥的，一入口即自化，又香又甜，又有清凉香味，老夫人很喜欢吃。魏徵见老夫人喜欢吃也心中乐了，于是他就每天给老夫人用中药汁和梨汁加糖熬成糖块。谁知老夫人这样吃了近半个月，胃口大开，不仅食量增加了，而且咳嗽、气喘的病也好了。

　　魏徵用药和梨煮汁治好了老夫人的病，这消息很快传开了，医生也用这一妙方来为病人治病疗疾，收到了好的效果。人们就称它梨膏糖。

梨膏糖

二、非遗美食制作

（1）原辅料：雪梨或白鸭梨、贝母、百部、前胡、款冬花、杏仁、生甘草、制半夏、冰糖、橘红粉、香檬粉。

（2）制作步骤：

第1步 煎液。将雪梨或白鸭梨削皮压榨成汁，并与7种中草药一起放入搪瓷大药罐内，加入适量的水，用火煎煮，每隔20分钟将汁液取出一部分，再加水继续煎煮。这样，连续取汁液4次。

第2步 浓缩。将4次取出的液汁倒入搪瓷锅内（不能与金属器皿接触），用旺火烧开，然后再改用文火熬煎。当锅内液汁浓缩至稍稠时，加入冰糖粉，并不断搅拌至黏稠状，再加入橘红粉和香檬粉，继续进行搅拌；当用筷子可以挑起并能拉成丝，即可停火，在整个熬煎过程中，火力应逐渐减小。

第3步 划切。将经浓缩的黏稠液倒入涂过熟菜油的搪瓷盘内，稍凉后压平，厚度为5~6 mm，然后，用薄刀片划切成长宽均为5~6 cm见方的小块（一般不切透），待凉透时，即为梨膏糖。

第4步 包装。出售的梨膏糖，一般按每片2排，每排6小块，两片24小块为一小包装。除外面包裹包装纸外，还需用无毒塑料薄膜封严。

三、非遗美食风味特色

梨膏糖口感甜如蜜、松而酥、不腻不粘、芳香适口、块型整齐、包装美观，由于品质优良，在国内外享有盛名，深受广大男女老少的喜爱。

参考文献：

[1] 孔一怡. 梨膏糖与冰糖葫芦[J]. 中文自修，2023（22）：44-45.

[2] 沈志荣. 小热昏和梨膏糖[J]. 杭州，2023（15）：74-75.

五香豆

一、非遗美食故事

城隍庙建成后，香火鼎盛。庙市上顾客、游人川流不息。商贩们纷纷来此设摊做生意。有一位名叫张阿成的外乡人，弄了一只煤球炉和一口铁锅，边烧边卖，做起了五香豆生意。五香豆虽长相一般，但烹时四溢的香味，吸引了众多顾客。美中不足的是，五香豆豆皮虽香，但豆肉夹生。在邻近设摊经营五香牛肉和豆腐干的商贩郭瀛洲，见做五香豆生意本微利厚，就改行试烧五香豆。他决心"取其所长，攻其之短"，与张阿成一比高低。凭着他烧五香牛肉"选料好、加工精"的经验，选用了嘉定产的"三白"蚕豆，在配料上动脑筋，加入了进口的香精和糖精，并注重调试火候。烧出来的五香豆既不夹生，又香甜可口。后来，他又发现，用铁锅烧豆，表皮发暗，色泽不美，遂精益求精，定制了一次能烧四十斤豆的大紫铜锅，做到色、香、味俱佳，口感呈软中带硬、咸中带甜，深受顾客赞誉，生意越做越兴隆。

二、非遗美食制作

（1）原辅料：蚕豆、花椒、白芷、八角、香叶、茇姜、草果、桂皮、精盐、香油、花椒油、酱油、芹菜、胡萝卜、甜椒。

（2）制作步骤：

第 1 步 蚕豆用清水浸泡一夜。

第 2 步 把准备好的香料用纱布包好，做成料包。

第 3 步 砂锅里加清水、倒入蚕豆、放入香料包，加一匙盐，大火煮开后改小火煮 30 分钟即可关火。

第 4 步 把芹菜、胡萝卜、青椒切小丁，焯水后捞出。

第 5 步 把五香豆、芹菜、胡萝卜、青椒丁倒入干净小盆里，滴入香油。

第 6 步 加少许胡椒油。

第 7 步 根据口感加适量精盐、倒入少许酱油，调匀即可装盘。

五香豆

三、非遗美食风味特色

将五香豆含在口中，慢慢享受，在舌蕾的品尝下，让豆在口腔中翻动，让香味在口中流露出来。含 30 秒左右以后将豆慢慢咬开，瞬间有天然植物的口味与甜蜜的芳香在口中荡漾。慢慢地细嚼，咀嚼到越细越佳，使豆中的甜味全部渗透到口腔中。闭上眼睛回味从咸到甜的感觉，感受甜到满口生香的过程，使人回味无穷。

参考文献：

[1] 张志耀. 五香豆百年飘香[J]. 上海商业，1997（2）：39-41.

[2] 上海五香豆的故事[J]. 上海商业，2005（7）：18-21.

徐泾汤炒

一、非遗美食故事

"徐泾汤炒"起源于青浦徐泾的蟠龙古镇，迄今至少有百余年的历史。多少年来，"汤炒"在青东地区及邻区闵行诸翟、松江泗泾、嘉定黄渡等地广为流传，凡是老百姓在婚丧嫁娶等宴请中，"汤炒"成为席面上必有的"特色菜"。"汤炒"，顾名思义就是用汤炒出来的菜肴。它的最大特征是不用高温油锅烹饪，仅用高汤（用鸡鸭、排骨等高汤勾制）和主食材烹饪制作，是厨师通过烹调手法和技巧制作出来的介于汤和炒菜之间的一种美味菜肴。

二、非遗美食制作（三丝干贝汤炒）

（1）原辅料：火腿丝、笋丝、青椒丝、干贝、高汤。

（2）制作步骤：

徐泾汤炒

第1步　高汤制作。先将准备好的老母鸡、老鸭、火腿、小排、肉骨头放到不锈钢汤桶内，放入清水、料酒、老姜，水必须浸没食材，开火煮开，捞出食材，洗净备用，保留焯水用的水；再将备用的食材放入汤桶内，加足量的水（清水必须一次性加入，在制汤中途不加水，水必须浸没原料）、料酒、老姜，旺火煮开后再小火熬6小时，将原料捞出，余汤冷却半小时，放入焯水用的水，再小火加热，凝结余汤中的杂质，将浮上来的浮沫撇掉，使汤料更清澈，汤制作完成备用。

第2步　凉开水里放少许料酒、生姜，将干贝放入并浸泡6小时，洗净后，放入蒸笼蒸半小时，再放到凉开水里冷却，捞出，将整粒干贝撕成丝状备用。

第3步　锅中倒入适量高汤，放入火腿丝、笋丝、青椒丝煮至七八成熟，再放入青椒丝，稍煮片刻，勾上芡，出锅装盘，淋上少许油，撒上葱花即可。

三、非遗美食风味特色

"汤炒"的起源也是因为过去百姓日子过得清苦，逢年过节，买点肉不够一大家子吃，于是有人就想出了用汤充场面。一碗汤炒，以少许肉片加配蘑菇片，或鸡丝、鸭丝配上木耳，水淀粉勾芡，着以少许盐、味精，最后点缀几滴菜油，增加菜肴亮色。一大碗咸鲜汤炒端上桌，既气派，又够一家人吃，物美价廉，经济实惠，深得民心。

参考文献：

[1] 王赛时. 中国古代海产珍品的生产与食用[J]. 古今农业，2003（4）：78-89.

[2] 刘慧. 上海老饭店本帮菜文化传承研究[D]. 上海：华东师范大学，2015.

崇明糕

崇明糕据说曾是旧时农民向灶神祈福的食品：古时候，崇明岛中部的一个地方，因为常年受到自然灾害的侵袭而收成不好。有次将近年关，一位由江南北嫁到崇明岛的年轻媳妇，按照自己娘家腊月二十四祭灶的习俗，动员四邻的乡亲在这天用米粉加糖、红枣和赤豆等辅料，蒸成了一种又糯又甜又香的点心，并以此来祭灶神。

二、 非遗美食制作

（1）原辅料：大米、糯米粉、白糖适量、红枣、核桃仁、葡萄干等。

（2）制作步骤：

第1步 把大米放盆里，加入水淘洗两遍，然后用水浸泡一晚上，红枣洗干净，去核切成小块，浸泡好后，捞出来晾干水分，晾干水分后磨成米粉，再加入糯米粉，比例要掌握好，搅拌均匀。

第2步 加入白糖、核桃仁、红枣、葡萄干，也可以根据自己的喜好放果干，搅拌均匀，准备模具，铺上一层米粉，这样一层一层地蒸，蒸出来更均匀。

第3步 放进蒸笼蒸，蒸的时候，四周用笼布或者毛巾密封好，一定要密封好，蒸至米粉变色熟后，再撒上一层粉继续蒸，蒸熟后再放上一层粉，就这样一层一层蒸熟。

第4步 最后一层粉铺上去后，盖上湿笼布，焖制十分钟，时间到后，把蒸笼拿下来，把崇明糕倒扣在桌子上，趁热切块，崇明糕就做好了。

三、 非遗美食风味特色

崇明糕是崇明特色小吃，它有硬的和松的两种，如果是松糕那么就可以吃冷的，如果是硬糕就需要加热以后再吃，也可以和酒酿搭配在一起制作成酒酿糕丝来吃。

崇明糕

参考文献：

[1] 顾鸣娣. 浅谈崇明区绿色食品发展[J]. 上海农业科技，2023（6）：35-36.

[2] 陆泽悠. 崇明糕[J]. 航空港，2019（1）：67.

安徽

民间非遗美食

一品锅

　　一品锅是徽州山区冬季常吃的特色传统美食，属于火锅类。相传，此菜由明代石台县"四部尚书"毕锵的一品诰命夫人余氏创制。一次，皇上突然驾临尚书府做客，席上除了山珍海味外，余夫人特意烧了一样徽州家常菜——火锅。不料皇上吃得津津有味，赞美不绝。后来，皇上得知美味的火锅竟是余夫人亲手所烧，便说原来还是"一品锅"！菜名就此一锤定了音。"一品锅"的烹调比较讲究，在火锅里，锅底铺上干笋子，第二层铺上块肉，第三层是白豆腐或油炸豆腐，第四层是肉圆，第五层盖上粉丝，缀上菠菜或金针菜，加上调料和适量的水，然后用文火煨熟即成。此菜乡土风味浓，味厚而鲜，诱人食欲。

一品锅

　　（1）原辅料：鱼翅（干）、鲍鱼、母鸡、花菇、冬笋、猪肘、草菇、海参（水浸）、鸭猪、蹄筋、对虾、猪肚、蘑菇（鲜蘑）、猪排骨（大排）、姜、酱油、冰糖等。

　　（2）制作步骤：

　　第1步 将洗净的水发鱼翅下沸水锅中，加姜片、葱、黄酒，煮10分钟捞出，拣去姜葱，汤不用。

　　第2步 锅洗净，放旺火上，加熟猪油烧热，放入鱼翅，加白糖、黄酒、酱油，焖10分钟取出整剔，排入扣碗。

第 3 步　将猪排骨洗净，斩成数块排放在鱼翅上，加入冰糖、味精、酱油，再加高汤上蒸笼蒸 2 小时取出，滗去蒸汁待用，拣去排骨块他用。

第 4 步　海参洗净泥沙，切成长 1.2 cm、宽 0.6 cm 的长条状。

第 5 步　锅置旺火上，倒入清水和海参，加黄酒、姜、葱、精盐烧 10 分钟，取出海参，汤汁不用。

第 6 步　洗净的猪肚放开水锅中烫煮 2 分钟取出，切成排骨块。

第 7 步　鲍鱼切片装碗中蒸 10 分钟取出。

第 8 步　猪脚脱蹄壳，刮净毛污，洗净后斩大块。

第 9 步　鸡鸭宰杀后，从背部开膛，与猪脚一并下沸水锅中烫一下，去掉血水，斩大骨排块。

第 10 步　取大炒锅一个，底部垫竹箅，将鸡鸭蹄筋、海参、猪肚装入锅内，上面放冬菇、虾肉，加酱油、冰糖、味精、黄酒、香醋、姜片、葱及高汤，放在木炭炉上煨 1.5 小时，取出各料，拣去葱姜，倒出煨汁待用。

第 11 步　取特制一品锅一个，冬笋余熟后切片，在一品锅中打底。

第 12 步　煨好的料及鱼翅、鲍鱼分类装于一品锅内，草菇、蘑菇作间隔用，倒入煨汁加高汤和鸡汤，盖上锅盖，上笼屉用中火蒸半小时。

第 13 步　上菜时，整锅端上席面。

三、非遗美食风味特色

"一品锅"乡土风味浓，味厚而鲜，诱人食欲。锅中鱼翅胶质丰富、清爽软滑，冬笋质嫩味鲜、清脆爽口。

参考文献：

[1]　田先进，汪瑞华. 一道徽菜"吃"出一条产业链[N]. 人民日报海外版，2023-08-25（10）.

[2]　范风华. 绩溪县徽菜产业现状分析与发展对策研究[J]. 安徽农业科学，2018，46（14）：219-222.

毛豆腐

一、非遗美食故事

元至正十七年（1357 年），朱元璋攻下般城后，又挥师北上，来到绩溪，屯兵于城南快活林（今绩溪火车站）。这一带百姓常以水豆腐犒劳将士。因水豆腐送多了一时吃不了，天热，豆腐长出了白色、褐色的绒毛，为防止浪费，朱元璋命厨子先油炸再用多种佐料焖烧，便产生了别具风味的毛豆腐。朱元璋登基后，曾以此菜招待他的徽籍谋士歙县槐塘人朱升，此菜便又传回了徽州。后经历代作坊多次改进制作工艺，形成现今的特色徽菜。

二、非遗美食制作

（1）原辅料：老豆腐、毛豆腐、植物油适量、小葱少许、生抽适量、米醋适量、白糖少许、豆豉辣酱少许。

（2）制作步骤：

第 1 步 准备一块老豆腐和毛豆腐的菌种。

第 2 步 豆腐切成小块，摆放在底部透气的容器上。

第 3 步 取毛豆腐菌粉，用少许的凉开水融化开，淋在豆腐上，保证每块豆腐上都有。

第 4 步 盖上盖子，放在阴凉的地方去发酵。

第 5 步 二天之后，一打开盖子，满满的白毛。

第 6 步 把白毛用勺子撸平整。

第 7 步 平底锅中放入适量的植物油，把毛豆腐煎至 4 面金黄。

第 8 步 所有的调料汁在碗中调匀。

第 9 步 调料汁浇在豆腐上，撒上一点葱花即可。

毛豆腐

三、非遗美食风味特色

毛豆腐是安徽的素食佳肴，一般叫黄山毛豆腐或者徽州毛豆腐。上好的毛豆腐生有一层浓密纯净的白毛，上面均匀分布有一些黑色颗粒，这是孢子，也是毛豆腐成熟的标志。此菜外皮色黄，有虎皮条状花纹，芳香馥郁，鲜味独特。上桌时以辣椒酱佐食，鲜醇爽口，芳香诱人，为徽州地区特殊风味菜。

参考文献：

[1] 掉线.《舌尖上的中国》：难以超越的视觉精神大餐[J]. 餐饮世界，2023（1）：56-59.

[2] 张继辉，赵丹丹. 传统发酵毛豆腐的研究进展[J]. 现代食品，2022，28（20）：32-36.

顶市酥

一、 非遗美食故事

据传说，顶市酥的由来和乾隆皇帝下江南有着密不可分的关系：乾隆六下江南，均由歙县人江春承办一切供应，筹划张罗接待，这就是所谓"江春大接驾"。江春，歙县江村外村人，清代著名的徽商巨富，为清乾隆时期"两淮八大总商"之首。因其"一夜堆盐造白塔，徽菜接驾乾隆帝"的奇迹，而被誉作"以布衣结交天子"的徽商。乾隆一次次下江南，江春就一次次变换着徽菜菜肴、茶点来接驾。有一次，乾隆在喝茶时，江春夫人将熬好的糖稀撒上炒熟的芝麻粉，做成细条状圈了几圈，然后用红纸包好呈现给皇帝吃。乾隆皇帝打开红纸，拿起一头的顶市酥却不断，吃起来甜而不腻。皇帝大加赞许，遂问这是什么茶点，江春却答不上来，一旁的江春夫人灵机一动说这是"顶市酥"。

顶市酥

二、 非遗美食制作

（1）原辅料：脱壳的白芝麻或黑芝麻、白糖、面粉或米粉、饴糖等。

（2）制作步骤

第 1 步 先制作好酥坯。

第 2 步 在工作台上撒一层酥屑，将酥坯放在撒好的酥屑上，表面再撒上酥屑。

第 3 步 用滚筒滚薄，当中夹上酥屑将酥坯相互对折，滚薄再夹酥屑，如此反复进行 7～9 次。

第 4 步 卷成细长圆条、切成小块，用一张小红纸包成长约 3 cm、宽约 2 cm 的长方体即可。

三、 非遗美食风味特色

徽州民谚曰："拜年不带麻酥糖（即顶市酥），请君不要进厅堂。"成品顶市酥白中显黄，抓起成块，提起成带，进嘴甜酥，满口喷香，不粘牙不粘纸，老幼皆宜，是徽州人春节拜年走亲戚的首选礼品。

参考文献：

[1] 阿琳娜. 安徽省传统文化旅游资源的评价与利用[D]. 芜湖：安徽师范大学，2018.

[2] 吴华倩. 徽州糕点包装设计研究[D]. 淮北：淮北师范大学，2015.

黄山烧饼

一、非遗美食故事

黄山烧饼又名皇印烧饼、救驾烧饼、蟹壳黄烧饼。相传元至正十七年（1357年），朱元璋避难来到徽州一农家，饥饿难当，这家主人便拿出平日爱吃的烧饼给朱元璋充饥，吃得他满口生香，大为赞赏。次年称帝时，朱元璋没忘这农户的救命之恩，说救驾有功，就称烧饼为救驾烧饼。

二、非遗美食制作

（1）原辅料：面粉、酵面、猪肥膘肉、霉干菜、葱末、精盐、芝麻仁、饴糖、芝麻油。

（2）制作步骤：

第1步 霉干菜放入温水中涨发，洗净切碎，放入盆内。

第2步 猪肥膘肉切成小丁，放入霉干菜中，加盐、葱末、芝麻油拌匀成馅料。

第3步 面粉放在案板上，先用沸水将1/6的面粉烫过，再与其他面粉拌匀，放入酵面和冷水揉匀，盖上湿

黄山烧饼

布，静饧10分钟左右，然后加食碱揉透，搓成长条，摘成每个重约125 g的面剂，逐个按成圆饼，包入馅料一份，按扁，刷上饴糖，撒上芝麻仁，即成烧饼生坯。

第4步 烤炉炉壁烧热，用洁净湿布擦去灰尘，堵塞炉门，取烧饼生坯在无芝麻仁一面沾点水，贴在炉壁上，待全部贴完后，去掉炉门塞，烤约10分钟即成。

三、非遗美食风味特色

刚出炉的黄山烧饼色泽金黄层多而薄，外形厚，口味香、甜、辣、酥、脆。不待入口，便觉得香味浓烈，咬一块，既酥又脆，层层剥落，油而不腻，满口留香，令人回味无穷。

参考文献：

[1] 张西霜，柳光明. 基于文化产业视角的黄山烧饼推广研究[J]. 黄山学院学报，2023，25（2）：41-44.

[2] 陶雨佳. 皖南地区"黄山烧饼"品牌形象树立与推广研究[J]. 明日风尚，2022（3）：183-186.

臭鳜鱼

一、 非遗美食故事

相传在 200 多年前，沿江一带的贵池、铜陵、大通等地鱼贩每年入冬时将长江鳜鱼用木桶装运至徽州山区出售，因要走七八天才到屯溪，为防止鲜鱼变质，鱼贩装桶时码一层鱼洒一层淡盐水，并经常上下翻动，鱼到徽州，鳃仍是红的，鳞不脱，质不变，只是表皮散发出一种异味。洗净后以热油稍煎，细火烹调，异味全消，鲜香无比，成为脍炙人口的佳肴。

二、 非遗美食制作

（1）原辅料：净鳜鱼、冬笋、猪肉片、姜末、姜片、蒜苗段、葱条、盐、鸡汤、老抽、熟猪油、味精、白糖、生抽、料酒、食用油各少许。

（2）制作步骤：

第 1 步 新鲜鳜鱼洗净，切花刀，用盐涂抹鱼身，肚子塞姜葱。

第 2 步 保鲜膜裹好，压重物，室温放置一周左右。

第 3 步 一周后，洗净，晾干。

第 4 步 煎鱼。

第 5 步 鱼煎好后，倒掉油，重新倒油，放咸肉丁，炒至透明，再放香菇丁，放豆瓣酱、姜，放

臭鳜鱼

鱼，倒入没鱼的水，加生抽、老抽、蚝油、醋、糖，大火煮开，中火煮 15 分钟左右，尝咸淡。

第 6 步 鱼好了后，先放葱花在鱼身上，然后撒汤在鱼上，鱼肉呈蒜瓣状。

三、 非遗美食风味特色

鳜鱼俗称为桂花鱼，是淡水类鱼，其肉质细嫩鲜美，营养价值很高。臭鳜鱼，闻起来臭，吃起来觉其很香很嫩。臭鳜鱼菜品鳜鱼形态完整，呈鲜红色，散发出纯正、特殊的腌鲜香味，肉质细腻，口感滑嫩，醇香入味。

参考文献：

[1]　汪永安. 年产值 45 亿元，这条臭鳜鱼为啥这么"香"[N]. 安徽日报，2023-11-20（9）.

[2]　阮文生. 徽州臭鳜鱼[J]. 科教文汇，2023（14）：195.

渔亭糕

一、非遗美食故事

渔亭糕出产于安徽省黄山市黟县的渔亭古镇，是徽州地区一种历史悠久的特色传统食品。因为脱胎于精致的木雕糕模，形状酷似徽派建筑上的砖雕，所以又被称为"能吃的徽雕"。据《黟县志》记载，渔亭为新安江水系最西的码头，自古为湖广江西与江浙皖的货运中转站之一，历史上是官路和商家必经之道，有"七省通衢"之称。往来的客商多了，人们对便携易存食物的需求也应运而生，所以在徽商鼎盛时期，渔亭糕更多充当的是干粮的角色。曾几何时，远走他乡的徽州人行囊里，总会有几块渔亭糕以备充饥。

渔亭糕

二、非遗美食制作

（1）原辅料：大米、芝麻、糖等原料。

（2）制作步骤：

第1步 将大米、芝麻等原料仔细筛选后淘洗、晾晒、烘炒、混合，然后磨成糕粉，再放置三天三夜让其充分冷却。

第2步 制作时按照一定比例将专门熬制的糖浆与糕粉混合，然后充分搅拌、搓制后压入模具之中，将其压实成型，切除杂边，最后脱模放入特制的竹筐中用木炭火烘干即可。

三、非遗美食风味特色

渔亭糕做工精致、配料考究，入口香酥松脆、口感细腻、齿颊留香，与绿茶相佐则更是美不胜收。渔亭糕以黑色和灰白色为主，与徽州粉墙黛瓦的建筑色调颇为一致，其外观的图案又与徽州三雕图案相同，是目前徽州地区最具代表性的传统特色食品之一，是徽州文化与传统糕点结合的一个典范。

参考文献：

[1] 牛璐璐. 浅析中国传统民俗的发展与传承——以"徽雕糕"的造物观念为例[J]. 明日风尚，2018（24）：95.

[2] 尘世伊语，安玉民. 大义渔亭糕[J]. 民间传奇故事，2012（12）：2.

五城豆腐干

一、非遗美食故事

相传早在盛唐时期，五城便有生产豆腐干的记载，代代相传，沿袭至今。因明朝开国皇帝朱元璋及清朝乾隆皇帝下江南时御品了五城茶干之后，叹为"江南一绝"而身价百倍，成为朝廷贡品。五城豆腐干主产地为五城、双龙两地。五城老街有各种商家店铺一百余家，单豆腐坊就有二十余家，名号至今尚未淡出历史的有"淇昌""悦来"等老招牌；新中国成立后，"豆腐华""豆腐箱""豆腐永"等豆干作坊经久不衰。

二、非遗美食制作

（1）原辅料：黄豆、糖、丁香、桂皮、茴香等。

（2）制作步骤：

第1步 将黄豆磨浆、过滤、做胚、包布、压榨。

第2步 用上等的原酱、糖、丁香、桂皮、茴香等佐料经过数小时卤煮，再捞起沥干。

第3步 最后抹上小磨麻油即可。

三、非遗美食风味特色

五城豆腐干具有对折不断，无裂纹等特征，品种较多，有五香、臭卤、开洋（虾仁）、火腿、香菇、麻辣等种类，是品茶的好点心，也是下酒佳肴。五城豆腐干用当地产的优质黄豆和地下水精制而成，具有香气扑鼻、味美质细、营养丰富、回味无穷等特点。

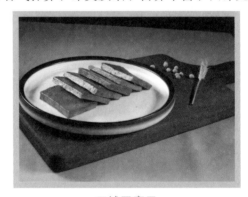

五城豆腐干

参考文献：

[1] 阿琳娜. 安徽省传统文化旅游资源的评价与利用[D]. 芜湖：安徽师范大学，2018.

[2] 孙升，陈彪. 安徽传统工艺发展与非遗保护[J]. 合肥学院学报（社会科学版），2012，29（5）：62-66+70.

无为板鸭

一　非遗美食故事

　　无为板鸭又名无为熏鸭，是安徽省芜湖市无为市的一道传统特色美食，属于徽菜系，早在清代道光年间就闻名于世，距今已近 200 年历史。传说很久以前，无为鼓楼附近，有一个名叫张忍的孤儿，有一手做板鸭的手艺。他与邻居家闺女何泉青梅竹马，只是无钱送上聘礼求婚。这年又临中秋节，张忍鼓起勇气，手提一只自己精心制作的板鸭，来到何家求婚。何泉的母亲素闻张忍聪明勤奋，对这门亲事倒也不反对，但看到张忍带来的所谓聘礼，仅是一只板鸭，唯恐世人讥笑，便暗示何泉，好言相慰，将张忍连同带来的板鸭送出家门。张忍回到家中，焖灶已将粥炖好，但他闷闷不乐，无心去吃，顺手将板鸭挂在焖灶上面的铁钩上，又往尚有余火的焖灶膛里添了几把木屑，便和衣在床上睡去了。木屑缓慢地半燃半灭地燎着，冒着一股细烟，袅袅升起，直熏板鸭。大约过了三四刻钟光景，一只光洁的板鸭，竟然变得色泽金黄，泛出芳香野味。扑鼻的香味熏醒了张忍。他见此板鸭，惊喜交加，便将板鸭又做一次短暂卤焖，顿时板鸭更显得肉嫩色美。当张忍将这只板鸭再次送到何家时，全家为之喜不自禁。何母郑重地说："张忍，这特殊的板鸭就是你的特殊聘礼，你和阿泉不日便可完婚！"张忍和何泉结婚后，悉心研制和经销板鸭，获得人们赞誉，并将板鸭作为定情信物。

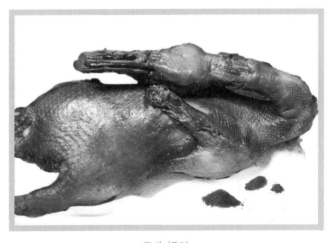

无为板鸭

二　非遗美食制作

　　（1）原辅料：散养麻鸭、特制香料水、卤水、香料包等。

　　（2）制作步骤：

　　第 1 步　将洁净的光鸭放入特制香料水中浸泡 8 小时，捞出控水，整齐地放入盆中，上平压一重物，目的是使鸭子的肌肉变得松弛，形体变得板直，也容易成熟入味。

第 2 步 找一大锅，锅底放入茶叶及白糖，锅中放铁算子，算子上铺上葱片。鸭子放入沸水锅中焯水，鸭皮绷紧时捞出，趁热放入算子上的葱片上，盖上锅盖，然后将铁锅上火，大火烧至锅中产生浓烟雾，约 5 分钟，鸭子呈金黄色时改小火，继续熏 10 分钟即可；再把鸭杂、爪、翅尖分别焯水备用。

第 3 步 将事先调好的卤水烧开，放入熏制好的鸭子以及鸭杂等原料，卤水复开锅后改小火，使得卤汤面呈菊花形状态，卤制 50 分钟，鸭杂大概卤 40 分钟即熟。用平头筷子能够轻易插入，即可熄火，然后让卤汤自然冷却，凉后将鸭子捞出来，刷上芝麻油即可。

第 4 步 食用前，将鸭子斩件，整齐地摆入盘中，还可以配上鸭下杂之类的卤味料。吃时可配炒好的辣椒酱、香醋、少许原卤水、青椒蓉泥味碟，食客可依据自己的口味选用。

三、 非遗美食风味特色

无为板鸭选料精细，首选上等麻鸭，制作考究，工艺复杂，先熏后卤，天然烟熏芳香。

成品鸭金黄油亮，皮脂厚润，肉质鲜嫩，醇香味美，兼具北京烤鸭的芳香和南京板鸭的鲜嫩。

参考文献：

[1] 钱念孙. 歪打正着的美食文化[J]. 群言，2023（5）：47-48.

[2] 董咚. 寻味芜湖，食在芜湖[J]. 科学之友（上半月），2021（6）：72-75.

汤口火腿

一、非遗美食故事

汤口火腿又名皖真乡火腿，是黄山地方传统名产之一，因其独特的"色、香、味、形"，享誉中外。据相关资料记载，火腿的制作始于唐，盛于宋，自古以来就有徽州火腿的说法，而汤口火腿就是其中较好的一种。

二、非遗美食制作

（1）原辅料：猪腿肉、盐。

（2）制作步骤：

第1步 选择农家土猪作为制作原料。

第2步 修割腿坯，然后用盐进行腌制，总盐量为鲜肉重的6%，腌制时间为50天左右。

第3步 腌制好后进行清洗，然后晾晒一个月。

第4步 火腿经洗晒整形后，即可上挂，上挂时应做到皮面、肉面一致，便于观察和控制发酵条件。

第5步 再发酵保管，火腿发酵基本成熟后仍应加强防虫检查，整个过程在十一个月左右。

三、非遗美食风味特色

汤口火腿肉质细嫩，皮色黄亮，肉红似火，香味浓郁，口感特爽，营养丰富，是火腿中的上品，享誉海内外。好的食用方法是清蒸火腿，先将火腿表皮用刀剔掉，切记千万不能用水清洗，将火腿切成薄片，最好是肥瘦搭配，放入锅中蒸十五分钟左右即可，也可用于小炒各种菜肴，还适合各种清炖，但因其脂肪含量高，不适合高血压、高血脂、腹胀人群食用。

汤口火腿

参考文献：

[1] 卢婷. 创新视阈下徽州传统技艺类非遗传承研究[J]. 廊坊师范学院学报（社会科学版），2019，35（2）：78-82.

[2] 孙升，陈彪. 安徽传统工艺发展与非遗保护[J]. 合肥学院学报（社会科学版），2012，29（5）：62-66+70.

符离集烧鸡

一、 非遗美食故事

符离集烧鸡是安徽省宿州市埇桥区的特色传统名菜，因原产于符离镇而得名。中国地理标志产品，也是中华历史名肴，和德州扒鸡、河南道口烧鸡、锦州沟帮子熏鸡并称为"中国四大名鸡"。

1984年，江苏徐州考古发掘汉墓，在楚王刘戊之墓的庖厨间，出土文物有铜鼎、盆、勺等食物容器及铁釜、陶甑等炊煮器具。据说在庖厨间保存有楚王属县的供奉物品符离鸡，符离鸡盛放在陶盆内，上有泥封，并盖有"符离丞印"的封记，鸡骨基本保存完好。据考古专家鉴定和推断，是古符离县贡鸡。这一发现证明符离鸡的历史，至少有2000年。相传，清乾隆二十二年（1757年），乾隆皇帝第二次南巡，宿州知州张开仕进贡符离集卤鸡，乾隆帝品尝后称赞不已。

二、 非遗美食制作

（1）原辅料：淮北麻鸡、饴糖、配料袋（八角、小茴香、砂仁、白芷、橘皮、辛夷、草果、良姜、肉蔻、花川、丁香等十几种香料）。

（2）制作步骤：

第1步 选用约重1000克的活鸡1只，宰杀并制造造型。

第2步 将别好的鸡挂在阴凉处，晾干水分，用毛刷蘸饴糖涂抹鸡身。涂匀后入大油锅中炸成金黄色时捞出，剩油留作别用。

符离集烧鸡

第3步 大锅内放足水，把所有香料装入一只纱布袋中，扎紧袋口，放入锅中，将水烧开，然后加入糖、盐，调好味，将炸好的鸡整齐地放入锅内，用旺火烧开，撇去浮沫，稍煮5分钟，将锅中鸡上下翻动一次，盖上锅盖，改用文火煮4~6小时，以肉烂脱骨为止。

三、 非遗美食风味特色

正宗的符离集烧鸡色佳味美，香气扑鼻，肉白嫩，肥而不腻，肉烂脱骨，鲜味醇厚，嚼骨而有余香。整鸡色泽鲜艳呈椭圆形，肉质细嫩劲道，烂且脱骨连丝、咸淡适中，郁香鲜美，味道独特，食有余香。

参考文献：

[1] 武艳芹. 乡村振兴战略背景下符离集烧鸡的综合开发与利用[J]. 宿州学院学报，2023，38（11）：43-47+84.

[2] 张典标. 符离集烧鸡的雄心壮志[N]. 新华每日电讯，2023-06-02（4）.

山东

民间非遗美食

油 旋

一、非遗美食故事

油旋又叫"油旋回"，外皮酥脆，内瓤柔嫩，葱香透鼻，因其形似螺旋，表面油润呈金黄色，故名油旋。相传油旋是清朝时期的齐河徐氏三兄弟去南方闯荡时在南京学来的，油旋在南方的口味是甜的，徐氏兄弟来济南后依据北方人的饮食特点将油旋的口味改成咸香味，一直传承至今。

二、非遗美食制作

（1）原辅料：花生油、猪油、盐、面粉、水。

（2）制作步骤：

第1步 把水逐渐倒入面粉里，让水和面粉充分地糅合。

第2步 开始用捶打法使面一层一层重叠。

第3步 在案板上抹些油，防止粘连，把面拿出放在案板上，取一小块面剂子，用擀面杖擀成长饼。

第4步 一只手抓着一端，另一只手放在中间，把它翻一下，先抹上油和盐，再把葱花和猪油蘸在一起均匀抹在面饼上。

第5步 将其对折，自一端开始卷起，边卷边拉抻，使饼薄，层次分明。

第6步 接下来放在鏊子上烙，按压成圆饼，按的时候，轻轻往四周推。

第7步 最后取出油旋，按照纹路，轻轻捅成螺旋状，即捅眼。

油旋

三、非遗美食风味特色

刚出炉的油旋外酥里嫩，咬一口，脆生生到软绵绵的口感全有了。油旋必须趁热吃，凉了，就塌了架，生动不起来；再吃，味同嚼蜡。更有精细者，在油旋成熟后捅一空洞，磕入一个鸡蛋，再入炉烘烤一会，鸡蛋与油旋成为一体，食之更美。

参考文献：

[1] 六水，王啸，几奥等. 冬日"济南味"深入泉城的烟火人间[J]. 城市地理，2023（12）：28-37.

[2] 刘雨. 品味非遗"食"光[J]. 走向世界，2022（33）：28-29.

流亭猪蹄

一、非遗美食故事

据民国七年（1918年）版《周氏族谱》记载及后人口述，流亭猪蹄创始及成名于清咸丰年间（1855年前后），经第二代传承人周中典对制作技艺和配方调料进一步研究提高及世代相传，成为青岛流亭的地域性品牌。

二、非遗美食制作

（1）原辅料：猪蹄、花椒、草果、陈皮、香叶等。

（2）制作步骤：

流亭猪蹄

第1步 选。选用最优体重110kg生态自养猪场谷物慢养年猪的带筋猪前蹄，每一只克重、大小均匀，均为500g左右，猪蹄表皮润白无损，肉质紧密有弹性且红白分明。富含胶原蛋白与弹性蛋白的筋腱完整，每一只新鲜饱满，蛋白含量高。

第2步 洗。流水冲洗将猪蹄表面杂质彻底去除，浸泡12小时，将猪蹄中残余血水循环去除，每只猪蹄白嫩洁净，安全卫生。

第3步 腌。精选国内外几十种香料，标准配比配方腌制，根据四季变化口味进行微调，分多次均匀涂抹酱料，24小时长时间入味，赋予猪蹄鲜美独特风味。

第4步 卯。冷水投料，严格按照标准水温、时间飞水，第一次飞水去油去脂，第二次飞水去血去腥，第三次飞水去渣杀菌，蹄皮爽口鲜香。

第5步 净。沿袭古法，火燎褪毛，手工清理残留毛发。纯手工方式，确保无化学浸入、无重金属污染。流水1小时冲洗烘烤印记，一定程度中和香料味道，瞬间冷却，锁住水分。

第6步 酱。使用青岛崂山泉水酱制，老汤慢炖，将丰富胶原蛋白析出，急火将营养锁住收汁，小火慢炖撇除蹄肉油脂，脱骨松软，香而不腻，蹄冻晶莹剔透。

三、非遗美食风味特色

流亭猪蹄保持了完整形态，整个猪蹄的外表呈现出一种诱人的桃木红色，在上桌前，猪蹄会沃以汤汁，让整个猪蹄看起来更加的鲜亮多汁，拿一个猪蹄，咬上一口，猪蹄伴着些许汤汁流到嘴里，味道鲜美，让人回味无穷。尤其是紧贴在猪骨上的瘦肉，夹杂在软弹弹的猪皮之间，劲道爽脆的口感实在是太棒了！

参考文献：

[1] 石海娥. 周相珍：打造青岛名片[J]. 光彩，2024（1）：20-21.

[2] 王欣，王勇森. 小吃，地道青岛味儿[J]. 走向世界，2019（7）：38-39.

周村烧饼

一、非遗美食故事

据考证，周村烧饼制作技艺已有一千八百多年的历史，山东周村烧饼源于汉代的胡饼。据《资治通鉴》记载，汉恒帝延熹三年（160年），就有贩胡饼者流落山东境内，世代相传，风靡各郡县。明朝中叶，一种名为胡饼炉的烘烤设备传入山东周村，饮食店的师傅们根据焦饼薄香脆的特点，用上贴烘烤胡饼的方法，创造出了山东大酥烧饼。清朝光绪年间，山东周村郭姓烧饼老店"山东聚合斋"对烧饼制作工艺潜心研制，几经改进，使山东周村烧饼以全新的面目、独特的风味面世。

二、非遗美食制作

（1）原辅料：面粉、水、糖、芝麻。

（2）制作步骤：

第1步 将面粉加食盐和水和成软面，在案板上进行揉炼加工，增加韧性、延伸性；芝麻用水淘洗干净，晾干将面团搓成长条状，摘成面剂，制成正圆形，逐个蘸水在瓷质圆墩上压扁，再向外延展成圆形薄饼片。

周村烧饼

第2步 经过水涝、去皮、炒熟的芝麻，放入木制晃盘内，双手端平，前后振晃，使芝麻均匀地排列在盘内。随即双手轻夹生饼，到晃盘中着麻，取已粘芝麻的饼坯，平面朝上贴在挂炉壁上，用锯末火或木炭火烘烤至戎熟，用铁铲子将其铲下，同时用长勺头按住取出。如制甜酥烧饼，可将盐换成白糖，用温水化开，与面粉和好，制法同咸烧饼，比咸烧饼稍薄。

三、非遗美食风味特色

周村烧饼用料简单，只需用面粉、芝麻仁、食糖或食盐即可制成。它以薄、酥、香、脆而著称，"薄"是指烧饼薄如纸片，拿起折叠，会发出"刷刷"之声；"酥"是说烧饼入口一嚼便碎，失手落地即摔成碎片；"香"是说烧饼入口久嚼不腻，越嚼越香，回味无穷；"脆"则与酥相辅相成，给人以上佳的口感。独特的传统手工技艺、原料配方、延展成型和烘烤是周村烧饼成败的关键，其核心在于一个"烤"字。烤主要看火候工夫，所谓"三分案子七分火"，若非高手，掌握不好烤的技艺，烧饼质量就难保上乘。

参考文献：

[1] 李峰. 山东省非物质文化遗产旅游产品开发研究——以传统手工技艺类为例[J]. 文化月刊，2022（12）：39-41.

[2] 王润晴. 周村烧饼[J]. 少年文艺（中旬版），2022（Z1）：64.

德州扒鸡

清康熙三十一年（1692 年），德州城西门外大街，有个叫贾健才的烧鸡制作艺人，家传做烧鸡，每天能卖上二三十只。因这条街通往运河码头，外地人多，买卖越做越好，就雇了个乳名叫王小二的伙计打下手。一天，贾掌柜有急事外出，锅里煮着鸡，就嘱咐小二压好火。可贾掌柜前脚走，小二就在灶前睡着了。一觉醒来，一锅鸡煮过了火。贾掌柜赶回来，赶紧撤出锅底的柴，小心翼翼地把鸡捞出锅，拿木盘端到门市上，打算低价处理掉。可是，这过火的烧鸡刚摆到门市上，其散发出的独特异香就吸引了过往的行人，有人买来一尝，不仅肉烂味香，而且穿香透骨，连骨头也入口即酥，眨眼间，一锅鸡就卖完了。

德州扒鸡

贾健才由此受到启发，他潜心琢磨，改进工艺，逐渐摸索出这种鸡的原始做法，即大火煮、小火焖，鸡的老嫩不同，"焖"的时间、火候也不一样。贾健才做的烧鸡出名后，老主顾们为区别其他烧鸡，建议更名为"运河鸡"或"德州香鸡"等，众说纷纭，莫衷一是。贾掌柜没了主意，自己也想不出好名堂来。过了些日子，他忽然想起了邻街有位马老秀才，才气过人，觉得他准能起个好名字，就决定为鸡求名。于是，他用荷叶包起两只刚出锅的热气腾腾的鸡，快步走到马家溜口街（现德城区商业街附近），进了马家大门，客气一番，就恳请秀才品尝自己改进的烧鸡，为鸡取个好名。马秀才问了问做法，又尝了尝鸡，细细品味，顿觉清香满口，遂边品边吟道："热中一抖骨肉分，异香扑鼻竟袭人；惹得老夫伸五指，入口齿馨长留津。好一个五香脱骨扒鸡！"就这样，名满天下的"五香脱骨扒鸡"便由此而得名。

（1）原辅料：鸡、砂仁、丁香、玉果、肉蔻、桂条、白芷等。

（2）制作步骤：

第1步　盘鸡。将鸡盘成精致的造型。

第2步　上色。最初，德州扒鸡的上色原料是饴糖。饴糖是以高粱、大麦、粟米、玉米等淀粉质粮食为原料，经发酵糖化而制成的，又称"饧""胶饴"，主要含麦芽糖、维生素B和铁等。后来，上色材料改为蜂蜜。先将蜂蜜放入适量水中搅匀，再把原料鸡放入蜜水中浸泡，业界称"沁蜜"。最近几年，又发展为"喷蜜"。

第3步　油炸。油温要控制在摄氏180度，鸡身炸至金黄略带微红。油炸的目的，一是断生，去除原料的腥臊之气；二是生色，所上之色经油炸后才能显现出来；三是增加鸡皮韧性，焖煮时不易破损；四是增加香味。

第4步　焖煮。雏鸡与有龄鸡最好分锅煮，如放一锅，按先老后小顺序排放，鸡头朝向锅中心；排好后，放上铁箅子，然后再压上适量的石头砣子，以防鸡身漂浮。

鸡排好后，下汤要盖过鸡身，经年老汤占75%，清水新汤占25%，同时加入其他配料；要旺火煮，细火焖，即"先武后文"，让浮油压气。煮的时间要短，焖的时间要长，要因鸡的老嫩和气候变化适当掌握，总时间一般在4~6小时。

三、非遗美食风味特色

德州传统扒鸡选用鲁北特有的农家散养大尾花鸡为主料，营养丰富。这种鸡高蛋白、低脂肪，适合各类人群食用。德州扒鸡制作先武后文，文武有序，养汤过程，文火煲就，符合现代烹饪科学。德州扒鸡营养搭配科学，成品扒鸡色鲜味美、肉质鲜嫩、五香脱骨、咸淡适中。

参考文献：

[1]　乔靖芳，韩金序. 美食特产健康吃[N]. 健康时报，2023-09-01（4）.

[2]　冯昭. 德州扒鸡从绿皮车驶向上市[J]. 中国品牌，2023（4）：56-59.

枣庄菜煎饼

一、非遗美食故事

20 世纪 70 年代，老百姓的主食以煎饼为主，煎饼的主要原料是地瓜干，条件好一点的可稍放点小麦，刚烙煎饼时鏊子凉，需把鏊子烧热擦些油才容易把煎饼从鏊子上揭下来，这样烙出的煎饼就很厚，稍等一会儿，煎饼凉了又板又硬，很难下咽。因此枣庄人把烙煎饼时前几张和后几张煎饼称为滑鏊子煎饼或滑塌子。这样的煎饼很难下咽，但丢了又可惜，精明的母亲们就将大白菜、土豆丝、粉条、豆腐切碎加点猪油，放上辣椒面、花椒面和盐，做成了所谓的菜煎饼，这样一来不但滑鏊子煎饼解决了，并且做出的煎饼还特别好吃，这样一传十、十传百，于是菜煎饼就在农村各家各户传开了！

二、非遗美食制作

（1）原辅料：小麦、大豆、玉米、大米、小米、高粱及各类新鲜蔬菜。

（2）制作步骤：

第 1 步 将小麦、玉米、大豆、大米、小米、高粱等谷物杂粮加工成面粉，根据个人口味按一定比例加入加工好的各类面粉，加水和成面糊，将和好的面糊均匀地刮捻或黏挂在煎饼机滚筒鏊面或平鏊子表面，加热（温度 180~200 ℃、时间 50~60 秒）、脱水、制成菜煎饼皮。

枣庄菜煎饼

第 2 步 制作菜煎饼菜馅。将各种时令蔬菜清洗干净并切好，从备好的蔬菜中选菜（可选择加入鲜禽蛋、火腿、火腿肠、熟肉、豆腐、粉条），加入花生油（或者大豆油）、芝麻油、食盐、香辛料、鸡精、味精、白砂糖，搅拌均匀。

第 3 步 制作菜煎饼。将煎饼皮放在鏊子表面（可将鲜禽蛋摊在煎饼皮上），将鏊子加热并将调好的菜馅均匀地摊入煎饼皮上，待菜馅五成熟后，菜馅上再放一张煎饼皮，叠合摊制，并多次翻转加热（温度 200~220 ℃、时间 300~420 秒），至煎饼皮两面金黄，取下冷却，折叠，切断装盘。

三、非遗美食风味特色

菜煎饼为鲁南地区独具风味的地方传统小吃，老少咸宜，久吃不厌，是适合快节奏工作人们的即时快餐。摊熟的菜煎饼外表色泽金黄，外酥里嫩，煎饼折叠再分切几块，用洁净的纸一包，捧在手里，香气扑鼻，配上可口的小米粥、八宝粥，老少皆宜，让人胃口大开。

参考文献：

[1] 程丽，赵子瑶，李杰. 舌尖上的枣庄[J]. 走向世界，2017（10）：94-97.

[2] 姚远. 菜煎饼上做文章[J]. 致富之友，2005（10）：16.

糁　汤

关于糁的来历，很多历史文献中都有记载，最早的时候是在春秋时《墨子·非儒下》中，"孔子穷于陈蔡，藜羹不糁"，这个记载距今已有 2400 多年历史。

在东晋时期，有一对逃荒的夫妇来到临沂，正好偶遇书法家王羲之，见他们穷困潦倒非常可怜，于是经常接济他们，夫妇二人非常感动。

有一天王羲之病了，夫妇二人等来了报恩的机会，于是就将把家中留着下蛋的惟一一只母鸡杀了做汤，并在汤里加了一些普通的驱寒中草药。

夫妇二人本想把鸡煮得烂一些，可看火的丈夫睡着了，不想汤就煮了一整夜。第二天，看着煮得黑乎乎的鸡汤，妻子很生气，可家里又没有其他东西，只好把煮"糊"的鸡汤送给了王羲之。

王羲之本来卧病在床，吃了中药病也略有起色，但口干舌苦，没有食欲，看着送来的鸡汤，又不好意思拂了人家的一番好意，就盛上一碗尝了尝，没想到这一喝，鸡汤味道鲜美，顿时食欲大开，神清气爽，病好了大半，一时兴起，随手提笔写下"米参"二字，到了后来，后人就把它称作糁。

（1）原辅料：肥牛羊肉、母鸡肉、大麦麦仁、大料、葱、姜、辣椒、胡椒、味精、食盐。

（2）制作步骤：

第 1 步　头一天晚上将白条鸡、牛羊肉洗净，滤去血水，放入套在锅上的木桶内，再将水烧开，然后放入大麦麦仁、葱、姜、大料（包括花椒、元茴、丁香、草果、草蔻、三代、桂皮、良姜等，装入袋内）、辣椒（另装入袋内），煮 4 小时后，改文火再煮 1~2 小时，闷紧盖严，不能跑气。

第 2 步　第二天早上再将煮好的汤锅烧开，兑入适量开水及芡汁，滚锅后放味精、胡椒即成。

第 3 步　食用时，用长把勺盛入碗内，淋上香油，汤面上撒一把韭黄或蒜苗花。此汤经反复煮熬，不腥不膻，鲜美可口，香味俱佳。它吃肉不见肉，原汤原味，浓香诱人。

由于此汤以多种肉类为主，又加以数种配料，热量高，味道全，冬季特别受人欢迎。糁的用肉，古代仅用牛、羊肉，传入内地后兼用鸡、鸭肉，后来汉族人又制作了猪肉糁。喝糁有四大讲究，即热辣香肥，一碗热糁配以油条、烧饼、油饼、蒸饺等食用，是美好的早餐享受。

糁汤

参考文献：

[1]　李海流. 鲁南风味早点——糁汤[J]. 烹调知识，2012（12）：1.

[2]　兰楚. 热烫的糁汤[J]. 四川烹饪，2012（2）：1.

单县羊肉汤

一、非遗美食故事

单县人喝羊肉汤的历史已有数千年。原始社会末期，舜的老师单卷及其部落就生活在单县一带，他们过着半耕半渔半牧的生活。当时饲养的家畜主要是青山羊，而羊的吃法，由烧烤演变为主要吃肉喝汤。

清嘉庆十二年（1807年），单县人徐桂立、曹西胜、朱克勋三人开设"三义和汤馆"，后三家分开。由于徐桂立制作精细，不断改进提高，一时间风靡全城，在竞争中占了上风，远近驰名，被公认为单县羊肉汤的正宗。

二、非遗美食制作

（1）原辅料：青山羊肉、羊骨、草果、良姜、羊油、花椒水、丁香面、红油、桂皮、酱油、陈皮、香油等。

（2）制作步骤：

第1步 首先把羊肉洗净，切成长10 cm、宽3 cm、厚3 cm的块，羊骨砸断。香菜切末，葱切段。

单县羊肉汤

第2步 锅内用羊骨垫底，上面放上羊肉，加水至没过肉，选用旺火烧沸，撇净血沫，将汤滗出不用。另外加清水，用旺火烧开，撇去浮沫，再加清水，开锅后撇去浮沫，随后把油放入稍煮，再撇一次浮沫，然后将花椒、桂皮、陈皮、草果、良姜、白芷等用纱布包起成药料袋，与姜片、葱段、精盐同放入锅内，继续用旺火煮至羊肉八成熟时，加入红油、花椒水，煮2小时左右即可。

第3步 捞出煮熟的羊肉，顶丝切薄片，放入碗内，加少许丁香面、桂子面、酱油、香油，由锅内舀出原汤盛入碗内，撒上香菜末即成。喜辣者，可加辣酱油或配以荷叶饼卷大葱段食之。

三、非遗美食风味特色

单县羊肉汤呈白色乳状，鲜洁清香，不腥不膻，不粘不腻，独具特色。单县羊肉汤名目繁多，品种各异。肥的油泛脂溢，瘦的白中透红。

参考文献：

[1] 潘传锋. 家乡的羊肉汤[J]. 政工学刊，2024（2）：94-95.

[2] 李升祥，翟丽莹. 地方特色美食的品牌建设与发展研究——以"单县羊肉汤"为例[J]. 老字号品牌营销，2024（2）：13-16.

陈楼糖瓜

一、非遗美食故事

祭灶习俗由来已久，《战国策·赵策》云"复涤侦谓君曰：臣常梦见灶君"，唐罗隐送灶诗亦有"一盏清茶一缕烟，灶君皇帝上青天"的名句，可见两千多年前已有祭灶之礼，且历代相传成习。然而用陈楼糖瓜祭灶王爷这一民间习俗，是从明代初期的陈楼村开始的。陈楼村属莱城区杨庄镇。据村碑碑文记载：明初陈氏祖先陈孟春率妻子从河北枣强逃荒来此地落户，因该地在嬴汶河南岸，曾名"水南村"，后陈孟春在村中建一小楼，改名为"陈家楼"。陈氏祖先从河北迁来时，就带来了制作糖瓜的传统手艺。

陈楼糖瓜

从此，每年的腊月二十三，乡亲们便凑些小米、大麦，让陈孟春做些糖瓜，用又粘又甜的糖瓜来祭祀灶王爷，以保平安。从此，用糖瓜祭祀"灶王爷"这一民间习俗一直延续至今。

二、非遗美食制作

（1）原辅料：大麦、小米。

（2）制作步骤：

第1步 泡麦芽，即让大麦生芽。

第2步 熬糖稀。将粉碎了的大麦芽和蒸熟的小米拌匀，倒入发酵缸内发酵后生成饴糖，然后添加开水，使经过发酵产生的糖溶于热水之中，饴糖沉入底部，渣子会漂浮上来。然后将澄清的糖浆放入锅中，再溶入一定比例的白糖，用旺火烧开至满锅冒泡，并开始搅拌，防止糊锅，搅拌的过程也叫炒糖。在水分完全蒸发后，把糖舀出。

第 3 步 拔糖。大锅内放水加温，盖好锅盖并留出气孔，出气孔上挂一木钩，待水烧开，出气孔上有蒸汽时，把炒好的糖拔出一块，挂在木钩上，开始用手拔，边拔边在出气口的蒸汽上蒸，越拔越白，直至松软洁白。

第 4 步 成型。三个人将拔好的糖像拉拉面一样，来回拉几次，形成糖片，再经过合缝形成糖管子。再用细绳把一个个糖管子截断，用筛子晃动，使其冷却、定型。

第 5 步 粘芝麻。把成型的糖瓜再放到出气孔周围，让成型的糖瓜有黏性，放入炒好的芝麻中，使其粘满芝麻，糖瓜就做成了。

三、 非遗美食风味特色

陈楼糖瓜表面有一层薄薄的芝麻，吃在嘴里既粘又甜，香气四溢，入口一嚼即碎，久嚼不腻，越嚼越香，深受大众喜爱。既甜又圆的糖瓜，既是生活甜甜蜜蜜、家庭团团圆圆的象征，又是百姓祈求上天保佑来年风调雨顺、五谷丰登、安居乐业、国泰民安的美好祈愿。

参考文献：

[1] 刘雪，曲业芝. 小年习俗里的"糖瓜"[J]. 走向世界，2019（6）：20-23.

[2] 王天宇，杨甜艺. 大餐太腻？来些除夕小食[J]. 走向世界，2016（6）：26-28.

利津水煎包

利津水煎包因制作工艺中有"水煮油煎"这一工序，加之工艺成熟于利津，故名为利津水煎包。19世纪初，刘凤岗掌作"茂盛馆"。迫于生计，聪明好学的刘凤岗对传统煎包工艺进行了一系列改良。先是用发酵的面做包子皮，使包子形体增大，口感松软。接着他又对面的发酵技术进行了改良，将酵母发面改为"老面"发酵法。不久他又发明了"搭面水"这一关键技术，"水煮油煎"名副其实。同时在传统的基础上对包子馅的配料及制作又进行了大胆改良创新，渐渐形成了自己独特的风味。民谣"刘凤岗，开了张，别家的包子不吃香"便是当时的真实写照。

二、 非遗美食制作

（1）原辅料：筋小麦粉、泡沫打粉、干酵母、温水、豆油、脱皮五花肉、甜酱、生抽、生姜、麻油等。

（2）制作步骤：

利津水煎包

第1步　包。把面发好，包成包子。荤包多以猪精肉、羊肉、虾仁、海参、大白菜、韭菜、韭黄等为主馅；素包多以粉条、煎豆腐、野菜、胡萝卜、木耳等为主馅。

第2步　煮。平底铁锅锅底擦油，将生包口朝下依次排列锅内，每锅50个左右，加热后，将调好的面浆水均匀浇入锅中（要漫过包子）大火细攻。

第3步　蒸。当浆水只剩三分之一时，用长柄铲子将包子逐个翻转过来，盖上锅盖，文火细烧热蒸。

第4步　煎。当浆水收尽时，用专用油壶沿包子间的缝隙注进豆油或香油，细火烧煎，看准火候，适时出锅。

三、 非遗美食风味特色

利津水煎包精心选料，科学搭配，精心制作，是具有黄河口浓郁特色的美食，最主要的特色在于兼得水煮油煎之妙，色泽金黄，集焦脆、嫩软、馅多皮薄、香而不腻、酥而不硬于一体，堪称面食佳品。

参考文献：

[1] 李晓丽. 清代中国面食地理研究[D]. 重庆：西南大学，2023.

[2] 李伟伟，王霞君，魏媛媛. 利津水煎包的味道[J]. 走向世界，2013（37）：68-69.

锅子饼

相传，清朝末年，滨州西关有位姓邢的做饼人，在继承父业做饼的基础上，按照当地人的口味，以饼卷馅。集饼与包子的优点于一体，创造了一种新的独具特色的饼食，取名锅子饼，锅子饼呈长方形，面皮用发酵面油煎做成，包以菠菜、青辣椒、鲜虾皮、豆腐末、粉条末等制成的馅，滑酥多馅，咸鲜适口，香而不腻。

（1）原辅料：面粉、水、黄瓜、鸡蛋、木耳、豆腐、盐、鸡精、食用油。

（2）制作步骤：

第1步 先将面粉与水和好，面团手感应与水饺面团手感相当，松弛30分钟。

第2步 黄瓜切丝，豆腐切块，鸡蛋炒熟，木耳切碎。

第3步 把面团揉好切成30 g小剂子，两个剂子之间抹少量食用油，抹好油后和在一起。

第4步 用擀面杖擀成薄饼，用电饼铛烙得鼓起来。

第5步 再把烙好的小饼分开，用干净的毛巾盖好，防止失水变硬，没办法卷菜。

第6步 热锅，放少许油，油7成熟后放葱花炒香，再放豆腐煸炒，再放鸡蛋煸炒，再放木耳翻炒，最后放黄瓜丝，放盐、鸡精，最后可以放点香油出香。如果想吃得更丰富一点，还可以放些猪头肉、辣椒等。

第7步 最后把炒好的菜放到小饼上卷起来。

锅子饼

滨州锅子饼历史悠久，风味独特，是滨州本地的传统名吃。锅子饼就如同这个城市的符号，深深地烙印在小城人们的心里。锅子饼每页薄如纸软如绸，焦柔相济、清香味美。食之酥而不硬、香而不腻、味鲜可口，因老少皆宜而久负盛名，是滨州最具特色的地方小吃之一。

参考文献：

[1] 穆瞳. 来滨州，吃出花样来[J]. 走向世界，2016（41）：88-91.

[2] 曹锡山. 山东民间饮食文化资源开发研究——以老字号名吃为例[J]. 南宁职业技术学院学报，2013，18（5）：11-14.

潍坊朝天锅

潍坊朝天锅是一道传统名菜，源于清代乾隆年间的民间早市。当时潍县赶集的农民吃不上热饭，便有人在集市上架起大铁锅，为路人煮菜热饭，因锅无盖，人们便称之为"朝天锅"。

潍坊朝天锅

朝天锅据说与郑板桥有关。当年，郑板桥治理潍坊时，十分关心民间疾苦。某年腊月，他微服赶集以了解民情，见当时潍县赶集的农民吃不上热饭，便命人在集市上架起大铁锅，为路人煮菜热饭，锅内煮着鸡、猪的肚与肠、肉丸子、豆腐干等。汤沸肉烂，顾客围锅而坐，由掌锅师傅舀上热汤，加点香菜和酱油等，并备有薄面饼，随意自用，因锅无盖，人们便称之为"朝天锅"。

（1）原辅料：猪大肠、猪肚、猪肉、大葱、高汤、香菜、水洛馍、黑木耳等。

（2）制作步骤：

第1步 将猪肠放入盐水中反复搓洗，然后放入锅中，加入葱、姜、花椒、大料，煮一会儿，去除异味，否则放入火锅内做汤底时，会盖过整个锅的香味。

第2步 将猪肠找出，切段，将猪肚放入盐水中反复搓洗，切成条。在火锅中放入适量水，烧开。

第3步 准备好炖肉料和自家保存的陈皮，将炖肉料、陈皮、高汤放入烧开的锅中，放入盐、少量料酒、鸡精，煮一会儿，让调味料的味道浸入汤水中。

第 4 步 将冻的猪肉卷从冰箱中取出，将猪肉卷、猪肚、猪肠放入锅中，将其中的味和油都煮到汤中。

第 5 步 葱和香菜洗净，将葱和香菜切碎，香菜撒在火锅表面，解油腻，增香。

第 6 步 将干豆腐卷成卷，用牙签固定，装盘。

第 7 步 将虾放入盐水中，放入姜片，煮熟，当配菜。

第 8 步 将金针菇、生菜、香菇去根，洗净，黑木耳提前泡发，去根分别装盘。

第 9 步 将鱼丸装盘，干豆腐切宽片，卷成卷，装盘。

第 10 步 将水烙馍准备好。以上所有配菜及高汤已全部准备就绪，将水烙馍平铺在盘子上，从火锅中捞出肉，铺在馍上，撒上葱花或香菜。从一端开始卷，卷紧一些，然后就可以开口大吃了。朝天锅肉肥而不腻，汤清淡而不浑浊，加以薄饼卷食，其味无穷。

三、 非遗美食风味特色

朝天锅因其经济实惠、方便快捷、味道纯美、营养丰富等特点深受潍坊本地群众欢迎，发展到今天常盛不衰，也成为潍坊标志性的地方名吃之一。

参考文献：

[1] 刘腾. 潍坊"朝天锅"[J]. 食品安全导刊，2017（34）：57.

[2] 孙友斌，甄士光. 就爱潍坊朝天锅[J]. 走向世界，2012（25）：54-55.

聊城铁公鸡

一、非遗美食故事

相传陈镛在主持修建光岳楼时，为犒劳民工，令陈府家人做了上百只陈氏烧鸡送到工地。由于天气寒冷，待大家吃饭时，烧鸡已经冰凉。陈镛令人支架烧烤，顿时烧鸡发出了奇异的香味，弥漫全城，食者赞不绝口。后来，陈镛曾多次请京城来的官员们品尝这种熏制的烧鸡。有一次，燕王来聊城，陈镛陪他游览观光，他们在堠堌冢处将带来的烧鸡现场熏烤，燕王品尝后，连称味美，赐名曰"堠堌熏鸡"。

二、非遗美食制作

聊城铁公鸡

（1）原辅料：公鸡、子姜、砂仁、肉豆蔻、鸡油、白芷、桂皮、丁香、糖色、盐、八角、茴香籽、植物油等。

（2）制作步骤：

第 1 步 将嫩公鸡宰杀煺毛除去嗉袋、内脏洗净，放入清水中烫泡一下捞出，控净水分晾干。

第 2 步 将公鸡盘窝成形后抹上糖色。

第 3 步 把肉蔻拍烂，桂皮掰开，姜整块拍碎。

第 4 步 油锅烧至八九成热时，下入抹好糖色的鸡，炸至皮呈深红色时捞出，控净油。

第 5 步 把各种香料和姜块一起下入清水锅并放入所有调料，烧沸后把炸好的鸡逐个放入煮锅内，旺火煮 30 分钟，停火焖两小时出锅，控净汤汁。

第 6 步 熏锅下部放松、柏、枣木锯末，点燃后上部放熏鸡架铁网，然后把煮好的鸡摆放在架网上，上盖一层席做原熏锅盖，以保温、出烟、出气，开始 1 小时翻一次，后半小时翻一次，熏 5 小时即好。

第 7 步 出锅后，逐个表面抹上鸡油即成。

三、非遗美食风味特色

熏鸡水分少，皮缩裂，肉外露，无弹性，药香浓，形成了肉嫩骨酥，色鲜味美，入口余香深长的特色。

参考文献：

[1] 张莎莎. 浅谈聊城非物质文化遗产的活化传承[J]. 文化月刊，2023（2）：38-40.

[2] 倪东衍. 聊城铁公鸡加工技术[J]. 农民科技培训，2012（8）：37.

香港

民间非遗美食

盆　菜

一、非遗美食故事

盆菜是香港新界的传统食物，已有数百年的历史，是将荤素各道逐一烹制好的菜肴，一层层码放在盆里端上宴席，盆菜里可荟萃百菜百味，包罗万象。传统的盆菜用木盆盛载，每逢喜庆节日，例如新居入伙、祠堂开光或新年点灯，新界的乡村均会举行盆菜宴。

关于香港盆菜的起源说法不一，有人说盆菜是"一品锅"的始祖。相传南宋末年，宋帝途经新界饥寒交迫，当地居民希望殷勤招待，但仓促之间找不到大量盛装菜肴的器皿，居民急中生智用大木盆盛载菜肴，于是就有了"盆菜"。

二、非遗美食制作

（1）原辅料：白菜、莲藕、白萝卜、西兰花、提前发好的干鲍鱼、深井烧鸭、煲好的蚝干、煲好的鹅掌翼、发好入味的花胶、发好的辽参、水发花菇、白斩鸡、发好的鹿蹄筋、鲜白灵菇、水发瑶柱、大虾。

盆菜

（2）制作步骤：

第1步　将白菜、莲藕、白萝卜切块备用，花胶改刀切块、白斩鸡斩块、深井烧鸭斩块、白灵菇切厚片备用。

第2步　起锅烧火倒入二汤，将白灵菇、花胶块、整个的鲍鱼、蹄筋加入锅中大火烧开改小火，加入财神蚝油、古越龙山花雕酒、食用盐、小飞马味粉、老冰糖煨煮10分钟左右备用。大虾煮六成熟备用。将白菜、白萝卜、莲藕也用二汤煨煮熟捞出，装入砂锅底部，上面依次按顺序摆上提前煨好的鹿蹄筋、蚝干、白灵菇、深井烧鸭、大虾、白斩鸡、鹅掌翼、干鲍鱼等。

第3步　另取一个炒锅制作盆菜汁，用二汤、财神蚝油、美国厨师鸡粉、老冰糖调味，用生粉勾芡淋入熟鸡油，浇在食材上面点火烧开即可上桌享用。

三、非遗美食风味特色

盆菜富有乡土气息，但看似粗粗的盆菜实则烹饪方法十分考究，分别要经过煎、炸、烧、煮、焖、卤后，再层层装盆而成，内里更有乾坤，由鸡、鸭、鱼、蚝、腐竹、萝卜、香菇、猪肉等十几种原料组成。盆菜吃法也符合中国人的传统的观念，一桌子食客只吃一盆菜，寓意团圆。大家手持筷子，在盆中不停地翻找，定然会呈现出情趣盎然的情景，而且越是在盆深处的菜，味道越鲜美。传统的盆菜以木盆装载，现时多数改用不锈钢盆，餐厅亦有采用砂锅的，可以随时加热，兼有火锅的特色。

参考文献：

[1]　董瑞希，李佑恩，安孝慈. 港澳台年夜饭这些是当家菜[N]. 环球时报，2024-02-09（9）.

[2]　李隽瑶. 预制菜产业经济发展研究——以广东地区为例[J]. 商业观察，2022（33）：37-40.

[3]　全国首个预制盆菜团体标准正式发布[J]. 标准生活，2022（6）：7.

丝袜奶茶

抗战前香港流行喝南洋咖啡，直到 20 世纪五六十年代，港人才开始爱上奶茶，但最初的奶茶味道普遍较苦涩。原因是当年大部分食肆用大水壶煲茶，大水壶分量多，要很久才冲完一壶，不停煲着，结果煲到过了火，冲出来的茶自然苦涩。

丝袜奶茶的传承人林木河于是找来打铁师傅，用铜打制体积较小的茶壶，取名手壶，其妻则用制棉袄的毛布，自制隔茶渣的茶袋，茶壶体积细，茶可以不用煲太久，用茶袋冲来冲去，可以去草青味，令茶味均匀。

煲茶时间要控制得宜，太短去不掉草青味，太久则过火苦涩，喝完会胃部不适。尽管早期顾客一般是苦力，但林木河选用上等的斯里兰卡科伦坡季后茶叶，雨季后生长的茶叶饱满且色泽雄厚；配以膻味较低的马来西亚植脂奶。正因这份敬业乐业的精神，很快兰芳园渐为中环居民及上班族所熟悉，生意也愈做愈大，由大排档演变至如今的两间茶餐厅。其他食肆、茶餐厅争相仿效推出丝袜奶茶。

丝袜奶茶

（1）原辅料：粗茶、中茶、幼茶。

（2）制作步骤：

第 1 步 估茶。传统上丝袜奶茶的茶与水的比例是 50∶1500，也就是一壶 1500 ml 的茶一般会使用 50 g 的红茶。但几乎所有的煲茶师傅都是按照自己的手感进行配比。

第 2 步 撞茶。撞茶之前有些煲茶师会选择洗茶。撞茶则是丝袜奶茶必不可少的一个步骤。即用沸水冲入茶袋，让茶叶在茶袋内上下翻滚，达到充分舒展茶叶的作用，同时也可以去掉部分的草青味。

第 3 步　煲茶。煲茶是丝袜奶茶风味形成的关键，整个步骤的核心就是让茶汤沸而不滚，即只可小沸，不可大滚，虽然现在有些电加热的设备已经可以做到自动温控了，但这个步骤依然是考验煲茶师对于火候掌握的关键点。

第 4 步　焗茶。焗茶是丝袜奶茶香和茶体的形成阶段，这个步骤的温度会比煲茶更低一些，一般会要求稳定在 92～96 ℃ 之间，这个阶段煲茶师一般会通过闻"茶香"来判断焗茶的时间和火候。

第 5 步　拉茶。拉茶是通过加快丝袜奶茶的氧化过程，来达到柔化口感的作用。操作拉茶时和撞茶一样，一般需要两个壶对拉。习惯上煲茶师左手持一个塑料壶，右手则持铝壶，左手的壶往右手倒称之为左拉，反之则是右拉，在拉茶的过程中茶汤都会穿过茶袋进入另一个壶。

第 6 步　撞奶。撞奶的做法有茶撞奶和奶撞茶，丝袜奶茶出品的最后一步往往加入淡奶，有些煲茶师主张先加淡奶，然后再冲入茶汤，另一些则主张先加入茶汤，之后加入淡奶。两者各有利弊，茶撞奶的做法有利于让茶汤带着更多的空气撞入淡奶，空气的注入可以使丝袜奶茶喝上去更加饱满和新鲜；而奶撞茶则可以通过观察汤色的变化，准确地掌握奶和茶的比例，使奶和茶的味道更平衡。

三、非遗美食风味特色

一杯港式奶茶需要香、浓、滑俱全，由于每位奶茶师傅的冲茶方式各有不同，所用的材料、分量和冲茶手法也没有一定标准，因此每位师傅冲制的奶茶味道也各异。丝袜奶茶作为一种草根文化，煲茶师们潜心研究怎样用精湛的技艺和普通的材料为普通老百姓做一杯人人都爱喝也喝得起的饮料，也只有这样的产品和技术才会具有生命力，最终成为香港非物质文化遗产，被代代相传。

参考文献：

[1]　汪蕾. 知名奶茶推出"产品身份证"引热议[N]. 金华日报，2023-08-14（A06）.

[2]　刘宁宁，李星宇，付静，等. 奶茶的研究进展[J]. 食品工业，2022，43（1）：246-250.

咸　鱼

一、非遗美食故事

咸鱼业是香港一个历史悠久的行业，盛行于 20 世纪，多集中于西营盘、上环海味街一带及大屿山，但随着在香港所捕得的渔获日渐减少及饮食习惯改变，不少经营咸鱼业的店铺倒闭，行业渐渐式微。现大屿山大澳的渔民仍懂得腌制咸鱼技术的多为退休渔民。

二、非遗美食制作

（1）原辅料：三牙鱼、鳊白鱼、马友鱼等。

（2）制作步骤：

第 1 步 藏鱼。首先挖去鱼鳃和内脏，洗掉鱼血，擦干水分后，把盐放进鱼肚，把鱼放在撒了盐的腌鱼箱底，再在鱼身上面撒上适量的盐；大鱼放在底层，小鱼放在上层，如此，一层层地铺上盐。藏鱼的时间视鱼的大小而定。

咸鱼

第 2 步 起鱼。用水洗去鱼的盐分后，便把鱼鳞刮掉（鳊白鱼不需刮鱼鳞），有需要时，把鱼放入水中浸泡。泡完后抹干鱼身的水分，把鱼一条条排在竹搭或窝篮上，放在太阳下晒干。

第 3 步 晒鱼。晒制的时间按鱼的大小而定。天气好的话，小鱼晒数天便可，大鱼要晒 10 多天；若天气欠佳，小鱼需晒 10 天，而大鱼需要更长的时间，凭经验决定。

三、非遗美食风味特色

腌制咸鱼时多以合时令的鱼类来晒制，常用鱼类有三牙鱼、鳊白鱼、马友鱼、鲛鱼等。腌鱼所需的时间按鱼的大小而定，体型较大的需要 18 至 24 小时，体型较小的则需时较少。

另外，晒制淡口咸鱼所需的盐量亦较少。将体型较小的鳊白鱼晒制成淡口咸鱼后，鱼身会呈现半透明状。一条约两斤重的马友鱼需腌藏三日，然后放入水中浸泡，以减低咸度，并令鱼结实；过肥的鱼难以晒至结实，所以一般不会选用过肥的鱼来晒制咸鱼。

参考文献：

[1]　子龙. 澳门咸鱼[J]. 民族论坛，2006（1）：45-46.

[2]　吴文昊. 文学和美食的结合，是世间最美好的相遇[N]. 中国出版传媒商报，021-08-10（19）.

虾膏、虾酱

虾膏、虾酱由银虾腌制而成，捕捉银虾的季节分别是农历四月初八日至八月之间和农历十一月开始，冬季天气清凉不利银虾发酵，故而晒制银虾多于夏季进行。银虾失收及不利的天气都会影响虾膏、虾酱的产量和品质。购买银虾有一行规：秤砣落地要掉钱，即指作银虾交易时，一般都需要立即结账。

虾膏

虾膏、虾酱制作多为家庭式作业，由于制作时需经常翻动在猛烈阳光下摊晒的虾膏，所需劳动量颇大；制作数量较多的时候，便要雇请临时工。虾膏、虾酱为香港离岛如长洲、大澳及南丫岛等地区的特产。

二、 非遗美食制作

（1）原辅料：银虾。

（2）制作步骤：

第1步 虾膏的晒制程序：以碎肉机搅碎银虾至糊状，然后摆放到太阳下摊晒。待银虾由白色晒成红色后，便用铲子一块块割开并翻转，待底面皆晒干后，再用制面机器把它打成条状，然后把它桩至结实，再打成半圆形，储存在竹箩中，到售卖时才逐块砌开。

10斤已搅好的银虾大概能晒成3斤虾膏。好的虾膏须用靓鲜（即指银虾不会过干或过湿）银虾，少量盐。有些商贩会将长方形的虾膏以透明胶纸封存，并置入胶袋，再以机器封口，用舢板运载至岸上出售。

第 2 步 虾酱的晒制程序：放银虾入桶，加入食盐，桩碎。数日后，搅动虾桶，虾酱完成前，要经常重复这种搅动工作，使味道均匀；储桶数天后，把它碾磨幼细，把虾酱倒进窝篮，上铺薄薄一层虾酱，让水流去后，再放在太阳下蒸晒，此法称上蒸下流。

晴天，虾酱只需晒制一天便可从窝篮铲起，放进桶内储存，一个月后便闻香虾气味，这时就可以把虾酱入樽出售。虾酱新鲜时不会有香味，回香是经过焗（即放进桶内储存）的程序才会产生的。由于酱内储有水分，10 斤搅烂的银虾能晒制出 6 斤虾酱。

三、 非遗美食风味特色

晒虾酱虾膏需要阳光，阳光越好成品越多，制酱人盼望着每天都是阳光灿烂的好日子，在阳光的滋养下，一瓶颜色紫红、细腻黏稠、气味鲜香无腥味的虾酱，才能算得上是一瓶好虾酱。

作为发酵食品，虾酱在储藏期间，蛋白质会分解成氨基酸，使之具有独特的清香，咸度适中，滋味鲜美，回味无穷。虾酱作为调味品，搭配各类蔬菜、肉类、米饭都不违和，锦上添花而不喧宾夺主。

因为虾膏虾酱的存在，虾酱炒通菜、虾酱炒饭、虾酱蒸肉饼、虾酱蒸鱼、虾膏蒸猪腩肉等粤港名菜纷纷出炉。

参考文献：

[1] 唐仁承. 大澳虾酱[J]. 食品与生活，2017（11）：33.

[2] 邓海. 虾酱和虾油的加工方法[J]. 农村百事通，2019（7）：45.

菠萝包

一、非遗美食故事

菠萝包是源自香港的一种甜味面包，据说是因为菠萝包经烘焙过后表面金黄色、凹凸的脆皮状似菠萝而得名。

菠萝包实际上并没有菠萝的成分，面包中间亦没有馅料。菠萝包据传是因为早年香港人认为面包味道不足，因此在面包上加上砂糖等甜味馅料而成。菠萝包外层的脆皮，一般由砂糖、鸡蛋、面粉与猪油烘制而成，是菠萝包的灵魂，为平凡的面包加上了口感，以热食为佳。酥皮要做得香脆甜美，而包身则是软才好吃。

菠萝包是香港最普遍的面包之一，差不多每一间香港的饼店（面包店）都售卖菠萝包，而不少茶餐厅与冰室亦有供应。一般作为早餐或点心食用居多。菠萝包售价亦相当便宜，深受香港人欢迎。

二、非遗美食制作

（1）原辅料：干酵母、高粉、低粉、糖、盐、鸡蛋、盐、软化奶油。

菠萝包

（2）制作步骤：

第 1 步 把干酵母、高粉、糖、盐、鸡蛋搅拌成团。

第 2 步 倒在桌上加奶油用力揉 15 分钟至面筋扩展，发酵 40 分钟。

第 3 步 整成圆形，收口在下面。

第 4 步 最后发酵 40 分钟左右，发酵的时候作菠萝皮。

第 5 步 酥油、白油、盐及糖混合搅匀，加入鸡蛋搅匀，再加入低粉和奶粉，放在冰箱里冻一下会更容易整形。

第 6 步 把适量菠萝皮放在塑料袋里擀成圆形，再铺到发酵好的面包上，用刮刀压上格子即可。

第 7 步 烤箱预热 190 ℃ 上下火，面包放入烤 12～15 分钟。

三、非遗美食风味特色

菠萝包是点心文明中不断衍化、蜕化、升华的点心代表。其实菠萝包本身很朴实，只是因了它的新奇和不寻常的口味，才令人们匪夷所思，一样的面粉发酵，这是阿婶阿婆们都会做的，一样的菠萝、什果，但做包点的内馅却很少有人能想到，这就是一份创意，甜腻的面点内夹杂着一些新鲜、美味、爽口的馅料，可以解腻，消滞生津；在这两样之上还覆盖着一层香脆的酥皮，制作出成品之后还要涂抹一层蛋黄，放入焗炉便焗成金黄诱人的美点了。

参考文献：

[1]　王帆."小菠萝"撑起特色大产业[N]. 中山日报，2023-12-21（2）.

[2]　刘卓毅，江志伟. 面包制作技术[M]. 广州：暨南大学出版社：2023.

凉 茶

香港气候炎热，多雨潮湿，大众习惯饮凉茶，例如五花茶、夏枯草、鸡骨草、银菊露等，以祛湿降火、解燥消暑和防治感冒。

凉茶

凉茶在香港已有百余年历史，初期凉茶店以家庭作坊模式为主，只卖凉茶。20世纪50～60年代，凉茶店大多设有唱机和电视机以吸引顾客，一时成为市民大众消遣娱乐的地方。凉茶业于70年代开始式微，凉茶店致力转型，推出便携式包装和颗粒冲剂，大量生产并推广，衍生出新式的凉茶产业。凉茶至今仍是香港市民经常饮用的饮品。凉茶承载了独特的民间智慧及饮食文化，于2006年列入国家级非遗代表性项目名录。

二、 非遗美食制作

（1）原辅料：鸡骨草、夏枯草、金银花、罗汉果等。

（2）制作步骤：

第1步　切割研磨。药材的切割、研磨主要是使原本较大的药材分成小块，令药材在熬制中增加与水的接触面，减少熬制所需的时间；其次通过切割、研磨的药材体积较小，也方便准确称取。

第2步　称量。为保证药材的用量达到其配方的要求，一般在药材浸泡前均需要经过严格的称取。过量的药材会使凉茶药效过强，容易对人体产生不良作用，而过少则会降低功效，不能达到正常的保健作用。

第3步　浸泡。经过浸泡后的药材，水分渗入，溶解药材的有效成分，从而保证药效。一般花、叶、草类为主的凉茶宜浸泡20分钟左右，根茎、种子、果实为主的凉茶则应浸泡1小时。夏天温度较高可缩短其浸泡时间；冬天时药物干硬，浸泡时间可稍长。

第 4 步 入煲。由于药材在熬制中会产生复杂的化学反应，所以煲凉茶以陶瓷器为最佳选择。如选用金属器皿，则在熬制过程中金属元素容易与药材中的中药成分发生化学反应，降低凉茶药效。另外，陶瓷的传热性能缓和，受热均匀，有利于凉茶熬制。

第 5 步 加水。古代对熬制用水较为讲究，《本草纲目》中提到的用水就分为天水、地水两类共 43 种之多。其实对现代人而言，凡可供饮用的纯净、无杂质的水都可以用来熬制凉茶。至于用水的分量则通常将药物置于煲内平摊，然后加水浸泡超过药材 2 ~ 3 厘米（约 1 指节）为宜。

第 6 步 熬制。一般凉茶熬制宜"先武后文"，即先用武火煮沸，然后用文火保持微沸状态，以免药汁溢出或煎煳。此外，特别注意凉茶熬制时不宜经常"揭盖"搅拌，因为凉茶药性多芬芳辛散，如果反复"揭盖"则令药物中的挥发成分随之升散，从而降低凉茶功效。

第 7 步 存贮。一般的单店多采用保温瓶存贮，以确保凉茶味道不会散失，短期内质量不会变坏；连锁店或加盟店采用固定的塑料容器从生产场地运送至门店，然后放进冰箱冰藏保管，售卖时再根据客人的需求冷饮或加热饮用。

三、非遗美食风味特色

凉茶品种甚多，有金银菊五花茶、葫芦茶、健康凉茶、龟苓膏汤、胡萝卜竹蔗水等。虽然叫凉茶，但实际上该饮料里面是没有茶叶成分的，而所谓"凉"，是指能够消除夏季人体内的暑气。

参考文献：

[1] 王轩. 香港凉茶文化推陈出新[J]. 沪港经济，2014（8）：50-51.

[2] 舒义顺. 香港凉茶香四海[J]. 农业考古，2000（4）：287.

澳门

民间非遗美食

葡式蛋挞

一、非遗美食故事

葡式蛋挞发明于 18 世纪初里斯本的一处修道院内，1837 年在一家世俗面包店出售。因为它位于里斯本的 Belin 区，所以它被称为 Belin 蛋挞。20 世纪末被英国人传去澳门，从此在亚洲大受欢迎。

二、非遗美食制作

（1）原辅料：低筋面粉、高筋面粉、酥油、片状麦淇淋、牛奶、砂糖适量、鸡蛋等。

（2）制作步骤：

第 1 步 低筋面粉、高筋面粉、酥油等材料混合揉成光滑的面团，醒 20 分钟；让麦淇淋在室温软化，放入保鲜袋擀成 0.6 cm 薄片；面擀成长片，麦淇淋放在中间是面片长度的 1/3。

葡式蛋挞

第 2 步 然后把面片折三折后，用面片包住麦淇淋，小心地擀成长条。再将长条四折（就像叠被子）。再重复一次以上步骤（擀长，叠四折）。然后用保鲜膜包住，松弛 20 分钟。

第 3 步 松弛结束，擀成 0.6 cm 左右的大片（小心不要擀漏了，如果用植物黄油代替，要很小心地擀，不然很容易漏油）；然后将面片卷起来，用保鲜膜包住放冰箱松弛 30 分钟。

第 4 步 把牛奶、砂糖、鸡蛋、低粉混合成为挞水；从冰箱取出松弛好的面，切成 1 cm 左右的段；然后在其中的一面沾少许面粉；沾面粉面朝上，放在模子里压出形状。

第 5 步 倒入挞水，七分满就好；然后放入烤箱，置于 220 度烤 15 分钟，香喷喷的葡式蛋挞就新鲜出炉了。

三、非遗美食风味特色

作为澳门著名的小吃，葡式蛋挞有着其独特的风味和诱人之处。葡式蛋挞的特点是色泽金黄诱人，闻着奶香浓郁令人直吞口水，外皮吃起来层叠酥脆富有层次感，内馅香甜嫩滑，给人舌尖上丝滑细腻的享受。

参考文献：

[1] 金晨. 打卡美食节，品澳门多元滋味[N]. 人民日报海外版，2023-12-30（4）.

[2] 迪迪. 特色澳门[J]. 下一代，2015（4）：40-41.

猪扒包

一、 非遗美食故事

据传，葡萄牙人占领澳门后，欺骗好多华人去西方旧金山淘金，西方人称这批华人苦力为猪仔，每顿只给白面包，白面包难以下咽，华人吃不惯，聪明的华人就夹一块猪肉来吃，澳门的猪扒包就诞生了。

二、 非遗美食制作

（1）原辅料：猪扒、生菜、番茄、黄瓜、菠萝、洋葱、面包、黑胡椒、沙拉酱、生抽、糖、盐等。

（2）制作步骤：

第 1 步 猪扒用刀背敲松，加入料酒、生抽、黑胡椒碎、蒜蓉、盐、糖调味，腌制 15 分钟。

第 2 步 锅烧热，倒入适量油，然后放入猪扒开始煎。

猪扒包

第 3 步 猪扒煎至两面都呈现金黄色，放入黄油增香，然后捞出。

第 4 步 洋葱放入锅中炒香，捞出。

第 5 步 两个面包对半切开，然后涂上黄油，180 度烤 5 分钟。

第 6 步 面包上铺上生菜，挤上沙拉酱，撒上炒熟的白芝麻。

第 7 步 再加上番茄片、黄瓜片和煎好的猪扒，还有菠萝和洋葱条。

第 8 步 合上即可开吃。

三、 非遗美食风味特色

猪扒包是一种澳门著名的食品，以位于氹仔的大利来记猪扒包最有名。大利来咖啡室的猪扒包用老式柴炉烘制而成。为了保证质量，店里每天只会准备出产一炉的面包原料，等到下午三点半准时出炉，出炉即卖；至于猪扒，也要事先用特殊的香料腌制，松过骨之后才能下油锅炸。猪扒带骨，口感一流，猪扒分量十足，炸至松化香口，一啖之下，肉质鲜美爽甜，猪肉味浓而不油腻，配以用炭炉烤制的面包，外脆内软，令人回味无穷。

参考文献：

[1] 陈心悦，蔡毓瑜. 澳门猪扒包[J]. 小学生作文，2023（Z1）：7.

[2] 胡祖义. 澳门大利来记猪扒包[J]. 保健医苑，2019（4）：57.

马介休球

一、 非遗美食故事

马介休，对于中国人来说是个陌生的词；可对于葡萄牙人来说，却是近乎"国宝"的名字。马介休其实是一种非常特别的黑色银鳕鱼。

500 多年前，葡萄牙有一群海员出海经过挪威海时，遇见了马介休鱼群。因为在海上航行的日子太过漫长，新鲜鱼钓上来很容易坏掉，所以葡萄牙人就把它用盐腌制起来。神奇的是，腌制好的马介休，不但放一两年都不会坏，而且一旦泡在水里，冲淡其咸味，吃起来又会如新鲜鱼一般丰腴鲜嫩。

二、 非遗美食制作

（1）原辅料：咸鳕鱼、土豆、洋葱、香菜、蒜末、鸡蛋、生粉。

马介休球

（2）制作步骤：

第 1 步 将咸鱼蒸熟或煮熟，取出放凉，然后用刀剁碎（越碎越好）。

第 2 步 土豆煮熟，取出压成泥。

第 3 步 洋葱、香菜切碎待用。

第 4 步 热油锅，将洋葱、蒜末放锅里炒 2 分钟左右，然后加入咸鱼，一起翻炒干水分，装盘待用。

第 5 步 将炒好的咸鱼装在深宽的容器中，加土豆泥香菜末，然后打入一只鸡蛋，用手搅拌均匀，然后再撒上生粉再次搅拌均匀。

第 6 步 左右手各拿一只铁匙，右手挖一匙反盖到左手铁匙上，来回反盖，令其形成一个橄榄球状即可，一个个摆放好待用。

第 7 步 热油锅，待油温七成热时放入橄榄球状的马介休球，改中小火炸至表面金黄色即可捞出，摆盘享用了。

三、 非遗美食风味特色

马介休球应该是澳门最有代表性的一道菜，可以让人充分体验到马介休的肉香。用马介休肉泥搭配土豆泥，以及洋葱、青椒等碎粒，调料拌匀，搓成椭圆形的团，放入油锅炸至金黄，取出沥油，即可装盘。上桌的马介休球呈诱人的金黄色，咬一口，外层脆香，内里绵软，满满的都是马介休鲜嫩的肉香。

参考文献：

[1] 阿瑶. 澳门品味[J]. 食品与健康，1999（8）：20.

[2] 李莹，杨振宇. 回味无穷的澳门[J]. 时代经贸，2007（8）：20-24.

非洲鸡

一、非遗美食故事

非洲鸡是澳门的一种地道美食，是由葡萄牙人从非洲的莫桑比克（有人说是安哥拉）传入澳门的，经当地的厨师的改良后，成为澳门独有的非洲鸡。非洲鸡是澳门的葡萄牙菜里一般都有的标准的菜式。传统葡人料理的非洲鸡较为干涩，而改良后的非洲鸡则酱料丰富。

二、非遗美食制作

（1）原辅料：鸡大腿肉、非洲鸡酱、葱姜蒜粉、盐、料酒等。

（2）制作步骤：

第 1 步　鸡腿肉洗净沥干后去骨，用刀在没有鸡皮的那一面划上几刀，这样肉会更易熟并入味，煎好后也不会缩得很厉害。

第 2 步　加入腌料腌制 30 分钟左右至入味备用。

第 3 步　热油锅以中火将的鸡腿肉煎至 8 分熟。

第 4 步　加入做好的非洲鸡酱至锅内，煮滚后开小火，直到锅内汤汁收干即可。

第 5 步　也可先切成小块再浇上酱汁摆盘，会更方便多人一起食用。

三、非遗美食风味特色

非洲鸡，起源于非洲，随着葡国新航路的开辟，食谱从非洲起航又在澳门登陆。土生葡人不追求效仿葡国的原汁原味，敢于创新突破，这种文化的包容，成为葡国菜非洲鸡声名在外，而葡国本地却没有的重要原因。

非洲鸡

参考文献：

[1]　刘少才. 澳门印象[J]. 百科知识，2019（35）：59-64.

[2]　刘强. 品味澳门[J]. 传承，2009（23）：58-59.

澳门杏仁饼

一、非遗美食故事

元末，元朝统治者不断向人民收取各种名目繁杂的赋税，人民被压迫被掠夺十分严重，全国各地揭竿而起，其中最具代表的一支队伍是以朱元璋统领的起义军。朱元璋的妻子马氏是一位贤良聪慧之人。在起义初期，因为战火纷纷，粮食十分短缺，为了方便军士携带干粮四处作战，于是马氏想出了用小麦、绿豆、黄豆等可以吃的的东西和在一起，磨成粉，做成饼，分发给军士，不但方便携带，而且还可以随时随地吃，对行军打仗起到了莫大的帮助。由于这样乱七八糟加在一起的东西做出来的饼比较难吃，于是聪明的人们就在这种饼的基础上增加或减少原料，更新方法，最后人们发现用绿豆粉、猪肉等原料做出来的饼非常好吃，饼入口甘香松化，肥而不腻，这就形成了杏仁饼的始祖！

澳门礼记饼家创立后，发展了杏仁饼的做法，经历了将近一个世纪时间的洗礼，礼记饼家已经从小店铺成了今天驰名中外的百年老字号，澳门杏仁饼也发展出了二十多个品种，上百个制作方法，数百个不同口味。

澳门杏仁饼

二、非遗美食制作

（1）原辅料：绿豆粉、糖粉、植物油（或酥油）、水肉片和烤香的杏仁碎各适量。

（2）制作步骤：

第1步 肥肉片用砂糖和少许酒腌过夜，使用前先用水烫熟沥干；绿豆粉、糖粉和油先拌匀，再加入水拌至无粉粒便是饼料（把杏仁粒加入拌匀便是杏仁粒杏仁饼料）。

第2步 饼模内先填入一半的粉料，放入内心在中间；再填入另一半粉料，刮去多余的粉料，并用手心压实，用木棍轻敲几下，把饼小心倒出饼模；接着将杏仁饼放在烤盘上（用烤架效果更佳），用 150 ℃ 烤约 25 分钟即可。

三、非遗美食风味特色

杏仁饼是澳门特产的代名词之一。在口岸、机场，游客们几乎人手一份。他们大包小包提着的各种澳门糕饼，有的来自大工厂制作，也有的来自"最香饼家"这样的家庭式作坊。几十年来，这种"手工制作，炭火烘焙"的香味，源源不断吸引着游客。

参考文献：

[1] 蒋明智，樊小玲. 粤港澳大湾区非物质文化遗产的协同保护[J]. 文化遗产，2021（3）：1-9.

[2] 郭嘉. 澳门一个繁华与宁静并存的城市[J]. 时尚北京，2015（12）：206-209.

附 录

黑龙江省民间非遗美食项目名录

序号	项目名称	类别	非遗级别	获批时间	所属地区	备注
1	东北小鸡炖榛蘑传统制作技艺	传统技艺	黑龙江省省级	2006 年	哈尔滨市	隶属龙江民间传统饮食项目
2	哈尔滨红肠制作技艺	传统技艺	黑龙江省省级	2006 年	哈尔滨市	
3	老都一处水饺制作技艺	传统技艺	黑龙江省省级	2008 年	哈尔滨市	隶属老都一处饮食制作技艺
4	老李太太熏酱制作技艺	传统技艺	哈尔滨市市级	2018 年	哈尔滨市	
5	白肉血肠制作技艺	传统技艺	黑龙江省省级	2024 年	哈尔滨市	隶属满族全猪宴烹饪技艺
6	锅包肉传统制作技艺	传统技艺	黑龙江省省级	2014 年	哈尔滨市	隶属老厨家滨江官膳传统厨艺
7	老汤精制作技艺	传统技艺	国家级	2014 年	哈尔滨市	
8	哈尔滨熏鸡传统制作技艺	传统技艺	黑龙江省省级	2006 年	哈尔滨市	
9	大列巴传统制作技艺	传统技艺	黑龙江省省级	2006 年	哈尔滨市	
10	鸡西朝鲜族大冷面制作技艺	传统技艺	黑龙江省省级	2016 年	鸡西市	

吉林省民间非遗美食项目名录

序号	项目名称	类别	非遗级别	获批时间	所属地区	备注
1	乌拉满族火锅制作技艺	传统技艺	吉林省省级	2009 年	吉林市	
2	李连贵熏肉大饼制作技艺	传统技艺	国家级	2021 年	四平市	
3	朝鲜族米肠制作技艺	传统技艺	吉林省省级	2009 年	图们市	
4	朝鲜族打糕制作技艺	传统技艺	吉林省省级	2009 年	汪清县	
5	查干湖全鱼宴制作技艺	传统技艺	吉林省省级	2009 年	前郭县	
6	蒙古族荞面制作技艺	传统技艺	吉林省省级	2009 年	前郭县	
7	朝鲜族大酱制作技艺	传统技艺	吉林省省级	2009 年	延边州	
8	牛马行传统牛肉饸饹制作技艺	传统技艺	吉林省省级	2011 年	吉林市	
9	龙岗山蝲蛄豆腐制作技艺	传统技艺	吉林省省级	2016 年	柳河县	

辽宁省民间非遗美食项目名录

序号	项目名称	类别	非遗级别	获批时间	所属地区	备注
1	老边饺子制作技艺	传统技艺	辽宁省省级	2011 年	沈阳市	
2	马家烧卖制作技艺	传统技艺	辽宁省省级	2011 年	沈阳市沈河区	
3	海城牛庄馅饼制作技艺	传统技艺	辽宁省省级	2011 年	海城市	
4	锦州小菜制作技艺	传统技艺	辽宁省省级	2011 年	锦州市凌河区	
5	金州益昌凝糕点制作技艺	传统技艺	辽宁省省级	2015 年	大连市金州新区	
6	沟帮子熏鸡制作技艺	传统技艺	辽宁省省级	2011 年	北镇市	
7	金州老菜制作技艺	传统技艺	辽宁省省级	2015 年	大连市金州新区	
8	北镇猪蹄制作技艺	传统技艺	辽宁省省级	2020 年	锦州市	
9	兴城全羊席制作技艺	传统技艺	辽宁省省级	2015 年	兴城市	
10	人参炮制制作技艺	传统技艺	辽宁省省级	2015 年	新宾满族自治县	
11	老龙口白酒制作技艺	传统技艺	辽宁省省级	2006 年	沈阳市	

内蒙古民间非遗美食项目名录

序号	项目名称	类别	非遗级别	获批时间	所属地区	备注
1	乌兰伊德制作技艺	传统技艺	内蒙古自治区级	2009 年	苏尼特左旗	
2	炒米制作技艺	传统技艺	内蒙古自治区级	2009 年	伊金霍洛旗	
3	察干伊德制作技艺	传统技艺	内蒙古自治区级	2009 年	正蓝旗、克什克腾旗	
4	赤峰对夹制作技艺	传统技艺	内蒙古自治区级	2018 年	赤峰市	
5	六户干豆腐制作技艺	传统技艺	内蒙古自治区级	2022 年	突泉县	
6	喀喇沁白家熏鸡制作技艺	传统技艺	内蒙古自治区级	2018 年	喀喇沁旗锦山镇	
7	奶酒制作技艺	传统技艺	内蒙古自治区级	2022 年	乌审旗	
8	茶食刀切制作技艺	传统技艺	内蒙古自治区级	2020 年	呼和浩特市	
9	苏尼特式石头烤全羊制作技艺	传统技艺	内蒙古自治区级	2015 年	苏尼特左旗	
10	包头老茶汤制作技艺	传统技艺	内蒙古自治区级	2003 年	包头市	

北京民间非遗美食项目名录

序号	项目名称	类别	非遗级别	获批时间	所属地区	备注
1	都一处烧卖制作技艺	传统技艺	国家级	2008 年	北京市	
2	东来顺涮羊肉制作技艺	传统技艺	国家级	2008 年	北京市	
3	月盛斋酱烧牛羊肉制作技艺	传统技艺	国家级	2008 年	北京市	
4	王致和腐乳制作技艺	传统技艺	国家级	2008 年	北京市海淀区	
5	全聚德挂炉烤鸭制作技艺	传统技艺	国家级	2008 年	北京市	
6	便宜坊焖炉烤鸭制作技艺	传统技艺	国家级	2008 年	北京市	
7	天福号酱肘子制作技艺	传统技艺	国家级	2008 年	北京市	

天津民间非遗美食项目名录

序号	项目名称	类别	非遗级别	获批时间	所属地区	备注
1	桂发祥十八街麻花制作技艺	传统技艺	国家级	2014 年	河西区	
2	天津皮糖制作技艺	传统技艺	天津市级	2022 年	和平区	
3	起士林罐焖牛肉制作技艺	传统技艺	天津市级	2022 年	和平区	
4	七里海醉蟹制作技艺	传统技艺	天津市级	2022 年	宁河区	
5	天津煎饼果子制作技艺	传统技艺	天津市级	2019 年	和平区	
6	陈官屯冬菜制作技艺	传统技艺	天津市级	2016 年	陈官屯镇	
7	大福来锅巴菜制作技艺	传统技艺	天津市级	2009 年	红桥区	
8	天津耳朵眼炸糕制作技艺	传统技艺	天津市级	2009 年	红桥区	
9	狗不理包子制作技艺	传统技艺	天津市级	2009 年	和平区	
10	德馨斋路记烧鸡制作技艺	传统技艺	天津市级	2022 年	红桥区	

河北民间非遗美食项目名录

序号	项目名称	类别	非遗级别	获批时间	所属地区	备注
1	槐茂酱菜制作技艺	传统技艺	河北省省级	2007 年	保定市	
2	正定宋记八大碗制作技艺	传统技艺	河北省省级	2007 年	石家庄正定县	
3	一百家子拨御面制作技艺	传统技艺	河北省省级	2007 年	承德隆化县	
4	吊炉烧饼制作技艺	传统技艺	河北省省级	2009 年	沧州黄骅市	
5	驴肉火烧制作技艺	传统技艺	河北省省级	2012 年	沧州河间市	
6	潘氏风干肠制作技艺	传统技艺	河北省省级	2012 年	秦皇岛抚宁县（今抚宁区）	
7	藁城宫面制作技艺	传统技艺	河北省省级	2013 年	石家庄藁城市（今藁城区）	
8	吊桥缸炉烧饼制作技艺	传统技艺	河北省省级	2013 年	唐山乐亭县	

河南民间非遗美食项目名录

序号	项目名称	类别	非遗级别	获批时间	所属地区	备注
1	葛记焖饼制作技艺	传统技艺	河南省省级	2009 年	郑州市	
2	秋油腐乳制作技艺	传统技艺	河南省省级	2009 年	兰考县	
3	万古文盛馆羊肉卤制作技艺	传统技艺	河南省省级	2009 年	滑县	
4	逍遥胡辣汤制作技艺	传统技艺	河南省省级	2009 年	西华县	
5	道口烧鸡制作技艺	传统技艺	河南省省级	2009 年	滑县	
6	桐蛋制作技艺	传统技艺	南阳市市级	2008 年	唐河县桐河乡	
7	怀府闹汤驴肉制作技艺	传统技艺	河南省省级	2009 年	沁阳市	
8	浑浆凉粉制作技艺	传统技艺	焦作市市级	2008 年	南庄镇	
9	王五辈壮馍制作技艺	传统技艺	河南省省级	2009 年	濮阳县	

山西民间非遗美食项目名录

序号	项目名称	类别	非遗级别	获批时间	所属地区	备注
1	郭杜林晋式月饼制作技艺	传统技艺	山西省省级	2006 年	太原市	
2	太谷饼制作技艺	传统技艺	山西省省级	2006 年	晋中市太谷县（今太谷区）	
3	剔尖面制作技艺	传统技艺	山西省省级	2009 年	太原市	
4	莜面栲栳栳制作技艺	传统技艺	山西省省级	2009 年	太原市	
5	六味斋酱肘花制作技艺	传统技艺	国家级	2008 年	太原市	
6	闻喜煮饼制作技艺	传统技艺	山西省省级	2009 年	闻喜县	
7	大阳馔面制作技艺	传统技艺	山西省省级	2011 年	泽州县	
8	鱼羊包制作技艺	传统技艺	山西省省级	2013 年	榆次区	
9	剪刀面制作技艺	传统技艺	山西省省级	2011 年	侯马市	

宁夏民间非遗美食项目名录

序号	项目名称	类别	非遗级别	获批时间	所属地区	备注
1	中宁蒿子面制作技艺	传统技艺	国家级	2021 年	中宁县	
2	宁夏八宝茶制作技艺	传统技艺	宁夏回族自治区级	2019 年	吴忠市利通区	
3	黄渠桥辣爆羊羔肉制作技艺	传统技艺	宁夏回族自治区级	2007 年	石嘴山市平罗县	
4	西吉洋芋擦擦制作技艺	传统技艺	宁夏回族自治区级	2007 年	西吉县	
5	宁夏手抓羊肉制作技艺	传统技艺	国家级	2021 年	吴忠市	

新疆民间非遗美食项目名录

序号	项目名称	类别	非遗级别	获批时间	所属地区	备注
1	沙湾大盘鸡制作技艺	传统技艺	塔城区区级	2023 年	沙湾市	
2	伊犁特色烤包子制作技艺	传统技艺	伊犁哈萨克自治州州级	2022 年	伊宁市	
3	库车大馕制作技艺	传统技艺	新疆维吾尔自治区级	2009 年	库车县(今库车市)	
4	红柳烤肉制作技艺	传统技艺		2008 年	巴楚县	隶属维吾尔族卡瓦甫(烤鱼、烤肉)
5	新疆椒麻鸡制作技艺	传统技艺	昌吉州州级	2021 年	昌吉州	
6	巴楚烤鱼制作技艺	传统技艺	新疆维吾尔自治区级	2012 年	巴楚县	

甘肃民间非遗美食项目名录

序号	项目名称	类别	非遗级别	获批时间	所属地区	备注
1	岷县点心加工技艺	传统技艺	甘肃省省级	2010 年	定西市岷县	
2	陇西腊肉制作技艺	传统技艺	甘肃省省级	2010 年	定西市陇西县	
3	静宁烧鸡制作技艺	传统技艺	甘肃省省级	2010 年	平凉市静宁县	
4	王录拉板糖制作技艺	传统技艺	甘肃省省级	2008 年	庆阳市正宁县	
5	兰州清汤牛肉面	传统技艺	国家级	2021 年	兰州市	
6	天水呱呱制作技艺	传统技艺	甘肃省省级	2017 年	天水市秦州区	

陕西民间非遗美食项目名录

序号	项目名称	类别	非遗级别	获批时间	所属地区	备注
1	牛羊肉泡馍制作技艺	传统技艺	国家级	2008 年	西安市	
2	德懋恭水晶饼制作技艺	传统技艺	陕西省省级	2007 年	西安市	
3	岐山臊子面制作技艺	传统技艺	陕西省省级	2007 年	宝鸡市岐山县	
4	渭北面花制作技艺	传统技艺	陕西省省级	2007 年	渭南市大荔县	
5	鹿羔馍制作技艺	传统技艺	陕西省省级	2009 年	扶风县	
6	紫阳蒸盆子制作技艺	传统技艺	陕西省省级	2009 年	紫阳县	
7	泾阳水盆羊肉制作技艺	传统技艺	陕西省省级	2011 年	泾阳县	
8	潼关肉夹馍制作技艺	传统技艺	陕西省省级	2011 年	潼关县	

青海民间非遗美食项目名录

序号	项目名称	类别	非遗级别	获批时间	所属地区	备注
1	背口袋制作技艺	传统技艺	青海省省级	2013 年	互助县	
2	湟源陈醋制作技艺	传统技艺	青海省省级	2007 年	湟源县	
3	狗浇尿制作技艺	传统技艺	青海省省级	2018 年	互助县	
4	化隆拉面制作技艺	传统技艺	青海省省级	2018 年	化隆县	

西藏民间非遗美食项目名录

序号	项目名称	类别	非遗级别	获批时间	所属地区	备注
1	古荣糌粑制作技艺	传统技艺	西藏自治区级	2009 年	堆龙德庆区	
2	日喀则朋必制作技艺	传统技艺	西藏自治区级	2009 年	日喀则市	
3	甜茶	传统技艺	西藏自治区级	2024 年	拉萨市	藏茶制作技艺

云南民间非遗美食项目名录

序号	项目名称	类别	非遗级别	获批时间	所属地区	备注
1	蒙自过桥米线传统技艺	传统技艺	国家级	2009 年	蒙自县（今蒙自市）	
2	宜良烤鸭制作技艺	传统技艺	云南省省级	2009 年	宜良县	
3	汽锅鸡制作技艺	传统技艺	云南省省级	2009 年	建水县	
4	云腿月饼制作技艺	传统技艺	云南省省级	2013 年	昆明市	
5	宣威火腿制作技艺	传统技艺	云南省省级	2009 年	宣威市	
6	易门豆豉制作技艺	传统技艺	云南省省级	2017 年	易门县	
7	丽江粑粑制作技艺	传统技艺	云南省省级	2017 年	丽江市	
8	建水豆腐制作技艺	传统技艺	云南省省级	2017 年	建水县	
9	乳扇制作技艺	传统技艺	云南省省级	2022 年	大理市	

四川民间非遗美食项目名录

序号	项目名称	类别	非遗级别	获批时间	所属地区	备注
1	麻婆豆腐制作技艺	传统技艺	成都市市级	2010 年	成都市	
2	灯影牛肉制作技艺	传统技艺	四川省省级	2007 年	通川区	
3	军屯锅盔制作技艺	传统技艺	成都市市级	2013 年	彭州市	
4	夫妻肺片制作技艺	传统技艺	四川省省级	2011 年	成都市	
5	成都三大炮制作技艺	传统技艺	成都市市级	2019 年	成都市	
6	龙抄手制作技艺	传统技艺	成都市市级	2010 年	成都市	
7	川北凉粉制作技艺	传统技艺	四川省省级	2011 年	南充市	
8	牛佛烘肘制作技艺	传统技艺	自贡市市级	2011 年	自贡市	
9	富顺豆花制作技艺	传统技艺	四川省省级	2007 年	自贡市	
10	赖汤圆制作技艺	传统技艺	四川省省级	2011 年	成都市	

重庆民间非遗美食项目名录

序号	项目名称	类别	非遗级别	获批时间	所属地区	备注
1	黔江鸡杂制作技艺	传统技艺	重庆市级	2016 年	黔江区	
2	洪安腌菜鱼制作技艺	传统技艺	重庆市级	2016 年	秀山县	
3	土家油茶汤制作技艺	传统技艺	重庆市级	2016 年	酉阳县	
4	秀山米豆腐制作技艺	传统技艺	重庆市级	2019 年	秀山县	
5	灰豆腐制作技艺	传统技艺	重庆市级	2011 年	彭水县	
6	斑鸠蛋树叶绿豆腐制作技艺	传统技艺	重庆市级	2011 年	黔江区	
7	血粑制作技艺	传统技艺	黔江区区级	2014 年	黔江区	
8	擀酥饼制作技艺	传统技艺	重庆市级	2018 年	彭水县	
9	郁山鸡豆花制作技艺	传统技艺	重庆市级	2009 年	彭水县	
10	鲊（渣）海椒制作技艺	传统技艺	重庆市级	2016 年	黔江区	

湖北民间非遗美食项目名录

序号	项目名称	类别	非遗级别	获批时间	所属地区	备注
1	利川柏杨豆干制作技艺	传统技艺	湖北省省级	2011 年	利川市	
2	张关合渣制作技艺	传统技艺	恩施州州级	2020 年	恩施州	
3	建始花坪桃片制作技艺	传统技艺	湖北省省级	2011 年	建始县	
4	土家砸酒制作技艺	传统技艺	恩施州州级	2017 年	咸丰县	
5	热干面制作技艺	传统技艺	湖北省省级	2011 年	武汉市	
6	蟠龙菜制作技艺	传统技艺	湖北省省级	2011 年	钟祥市	

湖南民间非遗美食项目名录

序号	项目名称	类别	非遗级别	获批时间	所属地区	备注
1	泸溪斋粉制作技艺	传统技艺	湘西州州级	2015 年	湘西州	
2	乾州板鸭制作技艺	传统技艺	湘西州州级	2017 年	湘西州	
3	张家界三下锅制作技艺	传统技艺	张家界市市级	2008 年	张家界市	
4	湘西酸肉制作技艺	传统技艺	湘西州州级	2017 年	湘西州	
5	长沙臭豆腐制作技艺	传统技艺	国家级	2021 年	长沙市	
6	剁椒鱼头制作技艺	传统技艺	湖南省省级	2023 年	长沙市	
7	永州喝螺制作技艺	传统技艺	永州市市级	2019 年	永州市	

贵州民间非遗美食项目名录

序号	项目名称	类别	非遗级别	获批时间	所属地区	备注
1	思南花甜粑制作技艺	传统技艺	贵州省省级	2019 年	思南县	
2	凯里酸汤鱼制作技艺	传统技艺	国家级	2021 年	凯里市	
3	土家油粑粑制作技艺	传统技艺	铜仁市市级	2008 年	铜仁市	
4	务川酥食制作技艺	传统技艺	遵义市市级	2014 年	遵义市	
5	仡佬族"三幺台"制作技艺	传统技艺	国家级	2014 年	遵义市	
6	土家熬熬茶制作技艺	传统技艺	贵州省省级	2015 年	德江县	
7	侗果制作技艺	传统技艺	黔东南州州级	2023 年	黔东南州	
8	达地水族鱼包韭菜制作技艺	传统技艺	黔东南州州级	2023 年	黔东南州	
9	牛瘪火锅制作技艺	传统技艺	贵州省省级	2019 年	榕江县	隶属百草汤制作技艺

广西民间非遗美食项目名录

序号	项目名称	类别	非遗级别	获批时间	所属地区	备注
1	梧州龟苓膏制作技艺	传统技艺	国家级	2020 年	梧州市	
2	柳州螺蛳粉制作技艺	传统技艺	国家级	2021 年	柳州市	
3	桂林米粉制作技艺	传统技艺	国家级	2021 年	桂林市	
4	恭城油茶汤制作技艺	传统技艺	广西壮族自治区级	2008 年	恭城县	
5	梧州纸包鸡制作技艺	传统技艺	广西壮族自治区级	2016 年	梧州市	
6	全州醋血鸭制作技艺	传统技艺	广西壮族自治区级	2010 年	桂林市	
7	五色糯米饭制作技艺	传统技艺	广西壮族自治区级	2010 年	南宁市	
8	横县鱼生制作技艺	传统技艺	广西壮族自治区级	2010 年	横州市	

广东民间非遗美食项目名录

序号	项目名称	类别	非遗级别	获批时间	所属地区	备注
1	客家盐焗鸡制作技艺	传统技艺	广东省省级	2013 年	梅江区	
2	小凤饼（鸡仔饼）制作技艺	传统技艺	广东省省级	2011 年	广州市海珠区	
3	汕头卤鹅制作技艺	传统技艺	广东省省级	2018 年	汕头市	
4	横山鸭扎包制作技艺	传统技艺	广东省省级	2013 年	珠海市	
5	虎山金巢琵琶鸭制作技艺	传统技艺	珠海市市级	2016 年	珠海市	

序号	项目名称	类别	非遗级别	获批时间	所属地区	备注
6	阿水土鸡白切鸡制作技艺	传统技艺	茂南区县级	2020 年	茂南区	
7	布拉肠粉制作技艺	传统技艺	广州市市级	2022 年	广州市	
8	淇澳银虾酱制作技艺	传统技艺	珠海市市级	2014 年	珠海市	
9	达濠鱼饭制作技艺	传统技艺	广东省省级	2018 年	汕头市	
10	客家酿豆腐烹饪技艺	传统技艺	广东省省级	2015 年	惠州市	

福建民间非遗美食项目名录

序号	项目名称	类别	非遗级别	获批时间	所属地区	备注
1	福鼎肉片制作技艺	传统技艺	福鼎市市级	2019 年	福鼎市	
2	咸时制作技艺	传统技艺	福州市市级	2008 年	平潭县	
3	佛跳墙制作技艺	传统技艺	国家级	2008 年	福州市	
4	肉燕制作技艺	传统技艺	福建省省级	2007 年	福州市	
5	畲族乌饭制作技艺	传统技艺	福建省省级	2007 年	宁德市	
6	崇武鱼卷制作技艺	传统技艺	泉州市市级	2016 年	泉州市	隶属泉州小吃制作技艺
7	泉港浮粿制作技艺	传统技艺	泉州市市级	2016 年	泉州市	隶属泉州小吃制作技艺
8	土笋冻制作技艺	传统技艺	福建省省级	2022 年	厦门市	

江西民间非遗美食项目名录

序号	项目名称	类别	非遗级别	获批时间	所属地区	备注
1	萍乡花果制作技艺	传统技艺	江西省省级	2006 年	萍乡市	
2	九江桂花茶饼制作技艺	传统技艺	江西省省级	2008 年	九江市	
3	金溪藕丝糖制作技艺	传统技艺	江西省省级	2008 年	金溪县	
4	莲花血鸭制作技艺	传统技艺	江西省省级	2009 年	莲花县	
5	永丰状元鸡制作技艺	传统技艺	吉安市市级	2018 年	吉安市	
6	龙南凤眼珍珠制作技艺	传统技艺	赣州市市级	2010 年	龙南市	
7	九江县三杯鸡制作技艺	传统技艺	九江市市级	2019 年	九江市	
8	进士米发糕制作技艺	传统技艺	上饶市市级	2019 年	上饶市	
9	酸菜炒东坡制作技艺	传统技艺	赣州市市级	2021 年	赣州市	

海南民间非遗美食项目名录

序号	项目名称	类别	非遗级别	获批时间	所属地区	备注
1	海南土法红糖制作技艺	传统技艺	海南省省级	2009 年	儋州市	
2	海盐晒制制作技艺	传统技艺	国家级	2008 年	儋州市	
3	海南粉制作技艺	传统技艺	海南省省级	2024 年	三亚市	
4	海南椰子鸡制作技艺	传统技艺	海南省省级	2009 年	文昌市	
5	琼式月饼制作技艺	传统技艺	海南省省级	2017 年	海口市	
6	文昌鸡制作技艺	传统技艺	海南省省级	2009 年	文昌市	
7	临高烤乳猪制作技艺	传统技艺	海南省省级	2024 年	临高县	

浙江民间非遗美食项目名录

序号	项目名称	类别	非遗级别	获批时间	所属地区	备注
1	西湖醋鱼制作技艺	传统技艺	浙江省省级	2009 年	杭州市	
2	定胜糕制作技艺	传统技艺	浙江省省级	2012 年	湖州市	
3	邵永丰麻饼制作技艺	传统技艺	国家级	2021 年	衢州市	
4	缙云烧饼制作技艺	传统技艺	国家级	2021 年	缙云县	
5	温州粉干制作技艺	传统技艺	温州市市级	2009 年	温州市	
6	龙凤金团制作技艺	传统技艺	宁波市市级	2023 年	宁波市	
7	严州府菜点制作技艺	传统技艺	浙江省省级	2012 年	建德市	
8	澉浦红烧羊肉制作技艺	传统技艺	嘉兴市市级	2019 年	嘉兴市	
9	玉环敲鱼面制作技艺	传统技艺	台州市市级	2021 年	台州市	
10	永康肉麦饼制作技艺	传统技艺	浙江省省级	2023 年	永康市	

江苏民间非遗美食项目名录

序号	项目名称	类别	非遗级别	获批时间	所属地区	备注
1	南京盐水鸭制作技艺	传统技艺	江苏省省级	2007 年	南京市	
2	无锡三凤桥酱排骨制作技艺	传统技艺	江苏省省级	2007 年	无锡市	
3	黄桥烧饼制作技艺	传统技艺	江苏省省级	2009 年	泰州市	
4	太仓肉松制作技艺	传统技艺	苏州市级	2013 年	苏州市	
5	常熟叫花鸡制作技艺	传统技艺	江苏省省级	2007 年	常熟市	
6	奥灶面制作技艺	传统技艺	江苏省省级	2009 年	昆山	
7	靖江蟹黄汤包制作技艺	传统技艺	江苏省省级	2009 年	靖江	
8	扬州炒饭制作技艺	传统技艺	江苏省省级	2007 年	扬州市	
9	平桥豆腐制作技艺	传统技艺	江苏省省级	2007 年	淮安市	

上海民间非遗美食项目名录

序号	项目名称	类别	非遗级别	获批时间	所属地区	备注
1	南翔小笼馒头制作技艺	传统技艺	国家级	2014 年	上海市	
2	邵万生糟醉制作技艺	传统技艺	黄浦区区级	2007 年	黄浦区	
3	三林塘酱菜制作技艺	传统技艺	黄浦区区级	2013 年	浦东区	
4	高桥松饼制作技艺	传统技艺	上海市级	2017 年	上海市	
5	小绍兴白斩鸡制作技艺	传统技艺	上海市级	2011 年	上海市	
6	枫泾丁蹄制作技艺	传统技艺	上海市级	2007 年	上海市	
7	梨膏糖制作技艺	传统技艺	国家级	2021 年	上海市	
8	五香豆制作技艺	传统技艺	黄埔区区级	2009 年	黄埔区	
9	徐泾汤炒制作技艺	传统技艺	上海市级	2018 年	上海市	
10	崇明糕制作技艺	传统技艺	上海市级	2013 年	上海市	

安徽民间非遗美食项目名录

序号	项目名称	类别	非遗级别	获批时间	所属地区	备注
1	一品锅制作技艺	传统技艺	安徽省省级	2006 年	绩溪县	隶属徽菜传统技艺
2	毛豆腐制作技艺	传统技艺	安徽省省级	2022 年	黄山市	
3	徽州顶市酥制作技艺	传统技艺	安徽省省级	2014 年	黄山市屯溪区	
4	黄山烧饼制作技艺	传统技艺	安徽省省级	2014 年	黄山市	
5	臭鳜鱼制作技艺	传统技艺	安徽省省级	2022 年	黄山市	
6	渔亭糕制作技艺	传统技艺	黄山市市级	2008 年	黄山市	
7	五城豆腐干制作技艺	传统技艺	安徽省省级	2008 年	休宁县	
8	无为板鸭制作技艺	传统技艺	安徽省省级	2014 年	无为县（今无为市）	
9	汤口火腿制作技艺	传统技艺	安徽省省级	2008 年	黄山市黄山区	
10	符离集烧鸡制作技艺	传统技艺	安徽省省级	2008 年	宿州市埇桥区	

山东民间非遗美食项目名录

序号	项目名称	类别	非遗级别	获批时间	所属地区	备注
1	油旋制作技艺	传统技艺	山东省省级	2009 年	济南市	
2	流亭猪蹄制作技艺	传统技艺	山东省省级	2016 年	青岛市	
3	周村烧饼制作技艺	传统技艺	国家级	2008 年	淄博市	
4	德州扒鸡制作技艺	传统技艺	国家级	2014 年	德州市	
5	枣庄菜煎饼制作技艺	传统技艺	枣庄市市级	2019 年	枣庄市	

序号	项目名称	类别	非遗级别	获批时间	所属地区	备注
6	糁汤制作技艺	传统技艺	山东省省级	2013 年	临沂市兰山区	
7	单县羊肉汤传统制作技艺	传统技艺	山东省省级	2013 年	单县	
8	陈楼糖瓜制作技艺	传统技艺	山东省省级	2009 年	莱芜市（今济南市莱芜区）	
9	利津水煎包制作技艺	传统技艺	东营市市级	2007 年	利津县	
10	滨州锅子饼制作技艺	传统技艺	山东省省级	2013 年	滨州市滨城区	
11	潍坊朝天锅制作技艺	传统技艺	山东省省级	2013 年	潍坊市	
12	聊城铁公鸡制作技艺	传统技艺	山东省省级	2009 年	聊城市东昌府区	

香港非遗美食项目名录

序号	项目名称	类别	非遗级别	获批时间	所属地区	备注
1	盆菜制作技艺	传统技艺	特别行政区	2017 年	香港	
2	丝袜奶茶制作技艺	传统技艺	特别行政区	2017 年	香港	
3	咸鱼制作技艺	传统技艺	特别行政区	2013 年	香港	
4	虾膏虾酱制作技艺	传统技艺	特别行政区	2013 年	香港	
5	菠萝包制作技艺	传统技艺	特别行政区	2013 年	香港	
6	凉茶制作技艺	传统技艺	国家级	2018 年	香港	

澳门非遗美食项目名录

序号	项目名称	类别	非遗级别	获批时间	所属地区	备注
1	葡式蛋挞制作技艺	传统技艺	特别行政区	2020 年	澳门	
2	猪扒包制作技艺	传统技艺	特别行政区	2012 年	澳门	
3	马介休球制作技艺	传统技艺	特别行政区	2012 年	澳门	
4	非洲鸡制作技艺	传统技艺	特别行政区	2017 年	澳门	

参考文献

[1] 蓝勇. 中国川菜史[M]. 成都：四川文艺出版社，2019.

[2] 张小兵，康华，李颖. 陕北饮食文化研究[M]. 西安：陕西人民出版社，2020.

[3] 冯玉珠. 饮食文化旅游开发与设计[M]. 杭州：浙江工商大学出版社，2017.

[4] 季鸿崑. 中国饮食科学技术史稿[M]. 杭州：浙江工商大学出版社，2015.

[5] 吴茂钊. 贵州名菜[M]. 重庆：重庆大学出版社，2020.

[6] 孙克奎，金声琅. 安徽名菜[M]. 合肥：合肥工业大学出版社，2019.

[7] 刘晨. 浙江名菜制作与创新[M]北京：中国商业出版社，2021.

[8] 傅培梅. 中国传统名菜典[M]. 北京：中国轻工业出版社，2018.

[9] 彭文明，赵瑞斌. 内蒙古名菜[M]. 重庆：重庆大学出版社，2018.

[10] 南书旺，于海祥. 北京风味菜[M]. 青岛：青岛出版社，2022.

[11] 许永强. 潮州菜[M]. 广州：广东人民出版社，2021.

[12] 郦悦，王敏平. 中国名菜[M]. 杭州：浙江科学技术出版社，2022.

[13] 史军. 中国食物——蔬菜史话[M]. 北京：中信出版社，2022.

[14] 虫离. 食尚五千年——中国传统美食笔记[M]. 南京：江苏凤凰科学技术出版社，2022.

[15] 张竞. 餐桌上的中国史[M]. 北京：中信出版社，2022.

[16] 刘宝江. 从小爱吃的乡土菜[M]. 北京：中医古籍出版社，2021.

[17] 汪曾祺. 人间滋味[M]. 西安：西安出版社，2021.

[18] 廖君. 非遗美食——梅州客家味道的前世今生[M]. 广州：广东科学技术出版社，2022.

[19] 杨金砖，周玉华，唐浪. 食俗流芳[M]. 长沙：湖南人民出版社，2019.